JN423464

생각이 필요한 식품위생학

FOOD HYGIENE

개정판

생각이 필요한 식품위생학

서울대학교 농업생명과학대학
농생명공학부 식품위생공학실

수학사

머리말

인간은 원시시대부터 현대에 이르기까지 생존에 필수적인 '식품'을 확보하기 위하여 끊임없는 노력을 기울여 왔습니다. 하지만 산업화에 의해 식품을 제조 가공하는 기술이 발달하고, 유통의 세계화로 인해 식생활이 다양해졌으며, 식품의 편의성을 중시하게 되었습니다. 산업화를 통해 식품 산업도 발전해 왔지만, 이러한 과정 중에 발생하는 식품첨가물이나 식중독 미생물 등에 의한 식품위생 안전문제 또한 함께 대두되고 있습니다. 그러므로 오늘날의 식품은 영양적 측면은 물론이고, 위생적이며 안전한 식품을 확보하는 것이 무엇보다 중요합니다.

이 책에서는 식품위생의 개요를 시작으로 안전성이 확보되지 않은 식품으로 인해 인체에 위해를 끼칠 수 있는 미생물의 종류와 특성을 알아보고, 이러한 식품을 섭취함으로써 발생하는 식중독과 감염병, 기생충과 위생동물과 같이 잠재적으로 식품의 위생에 영향을 끼칠 수 있는 주변 환경, 식품의 영양성과 상품성을 높이기 위해 첨가되는 식품첨가물, 식품 산업에서 중요시되고 있는 식품안전관리인증기준(HACCP)에 대한 내용을 서술하였습니다.

또한 위와 같이 식품의 안전에 위협을 끼치는 요소와 더불어 소비자가 식품을 섭취하기 이전에 검출하여 제어하는 과정이 매우 중요합니다. 따라서 이 책에서는 식품 유래 병원성 미생물의 종류와 각각의 특성을 서술하고, 더불어 그에 따른 식품미생물 검출방법과 이를 제어하기 위한 최신식 열처리 및 비열처리 제어 기술에 대하여도 이해하기 쉽도록 자세히 설명하였습니다.

이번에 출간하는 개정판은 새로운 자료를 업데이트하고 최신 기술을 추가하였습니다. 앞으로 이 책이 식품위생학에 대한 이론과 실무를 습득하고자 하는 독자들에게 많은 도움이 되기를 기원하며, 부족한 점에 대한 진심 어린 충고도 부탁드립니다. 이 책의 출판을 위해 조언과 노력을 아끼지 않으신 수학사 이영호 사장님과 편집진 여러분께 깊은 감사를 드립니다.

서울대학교 농업생명과학대학
농생명공학부 식품위생공학실
저자 일동

차례

CHAPTER 1 식품위생의 개요

CHAPTER 2 식품과 미생물

CHAPTER 3
식중독

CHAPTER 4

식품첨가물

CHAPTER 5

미생물 검출법

CHAPTER 6
미생물 제어법

CHAPTER 7
식품안전관리인증기준 제도

CHAPTER 1

식품위생의 개요

1. 식품위생의 정의
2. 식품의 위해요인 및 건강 장애
3. 식품 안전성 평가
4. 위해성 평가

1. 식품위생의 정의

의식주는 인간이 생활을 유지하기 위한 기본 요소이며 생존의 수단이다. 그중에서도 '식(食)'은 생명 유지와 생활현상을 영위하기 위한 가장 필수적인 요소라고 볼 수 있다. 식생활은 경제적, 지리적, 문화적 요인 등에 영향을 받기 때문에 개인 특성에 따라 다양하게 형성되며, 그 범위는 식품 선택부터 섭취하는 일반적인 행위를 포함한다.

식품 산업은 산업화, 공업화를 거치면서 발전을 거듭한 결과 인간의 삶의 가치를 높이고 풍요로운 식생활 문화를 가져왔지만, 인간의 생명과 건강을 위협하는 요소로 식품첨가물, 농약, 식중독 등 식품위생 및 안전에 대한 문제가 함께 상존하고 있는 점은 부인할 수 없는 사실이다.

위생(sanitation, hygiene)이란 라틴어 'sanitas'에서 온 말로 'health'의 뜻을 가지고 있다. 식품위생학은 세계보건기구(World Health Organization, WHO)에서 사용하는 국제 표준으로, 영국에서는 'food hygiene'으로 표기하고 미국에서는 식품 안전성에 보다 큰 비중을 두어 'food sanitation'으로 사용하고 있다.

식품이란 "의약으로 섭취하는 것을 제외한 모든 음식물"로 「식품위생법」 제2조제1항에 정의되어 있다. 하지만 동법 제2조제11항에서는 "식품위생이란 식품, 식품첨가물, 기구 또는 용기·포장을 대상으로 하는 음식에 관한 위생을 말한다"라고 명시되어 있으므로, 단순히 음식으로 범위를 한정해서는 안 된다. 또한, 식품위생은 가공 분야뿐 아니라 식품 원료의 생산에서 가공 후 소비까지의 전 과정을 포함하는 정의가 필요하다. 따라서 1955년 WHO 환경위생전문위원회에서 이와 같은 내용을 포함하여 내린 정의가 학문적으로 좀 더 설득력 있게 받아들여지고 있다.

> "Food hygiene means all measures necessary food ensuring the safety, wholesomeness, and soundness of food at all stages from its growth, production or manufacture until its final consumption."
>
> "식품위생이란 식품의 재배, 생산 혹은 제조로부터 최종적인 섭취에 이르기까지 모든 단계에서 식품의 안전성, 완전성 및 건전성을 확보하기 위해 필요한 모든 수단"을 말한다.

따라서 식품위생의 목적은 식품으로 인한 위생상의 위해 사고를 방지하고, 식품영양의 질적 향상을 도모하여 궁극적으로 국민보건의 증진 및 향상에 이바지하는 것이다.

식품위생에 대한 행정업무는 보건복지부 식품의약품안전처가 식품위생 행정업무를 총괄 관장하고, 식품의약품안전평가원이 보조, 검사하고 있다.

2. 식품의 위해요인 및 건강 장애

우리가 섭취하는 식품의 영양적 가치와 동시에 안전성을 확보하는 것이 또 하나의 필수적인 조건이다. 식품의 안전성은 식품 위해(food injury)와 직결되며 그와 관련된 건강 장애로는 식중독, 경구감염병, 인수공통감염병, 기생충증이 주류를 이룬다. 최근에는 식품과 관련된 발암물질이 위험인자로 부각되고 있다.

표 1-1 식품으로 인한 건강 장애

<table>
<tr><th colspan="4">건강 장애의 분류</th><th colspan="2">주요 원인 미생물 및 질병</th></tr>
<tr><td rowspan="6">식중독
(광의)</td><td rowspan="5">식중독
(협의)</td><td rowspan="2">세균성</td><td>감염형</td><td colspan="2">Salmonella, 장염 Vibrio, 병원성 대장균 등</td></tr>
<tr><td>독소형</td><td colspan="2">황색포도상구균, Botulinus 등</td></tr>
<tr><td rowspan="2">자연독</td><td>식물성</td><td colspan="2">독버섯, 청매, 소철, 고사리, 독보리 등</td></tr>
<tr><td>동물성</td><td colspan="2">복어독, 조개독, ciguatera 등</td></tr>
<tr><td>화학물질</td><td colspan="3">메탄올, 비소, 주석, 납, PCB 등의 오용 및 혼입</td></tr>
<tr><td colspan="2">기타</td><td colspan="3">곰팡이독, 알레르기성 식중독, 잔류농약 항생물질, 항균물질, 공해병 등</td></tr>
<tr><td>경구감염병</td><td colspan="5">콜레라, 이질, 장티푸스, 급성 회백수염, 전염성 설사증 등</td></tr>
<tr><td>인수공통감염병</td><td colspan="5">결핵, 탄저, 브루셀라증, 야토병 등</td></tr>
<tr><td>기생충증</td><td colspan="5">회충, 구충, 요충(이상 선충류), 광절열두조충, 무구조충(이상 조충류), 간흡충, 폐흡충(이상 흡충류) 등에 의한 질환</td></tr>
</table>

건강 장애의 원인은 식품 원재료 자체의 성분(내인성), 원재료 자체에는 함유되어 있지 않으나 그것의 생산·제조 및 소비까지의 과정에서 외부로부터 혼입된 외적 요인(외인성), 그리고 식품의 제조·저장 과정 중에서 식품 내에서나 생체 내에서 유해물질이 생성됨으로써 병해를 일으키는 요인(유기성)으로 구별할 수 있다. 이 3가지 원인의 병인물질의 종류와 예를 분류해 보면 다음과 같다.

첫째, 내인성 요인은 식품 고유의 성분이 유해하거나 유독성을 나타내는 성분으로 버섯독, 복어독 같은 자연독과 신체에서 이물로 인식되는 식이성 알레르겐(allergen)과 변이원성 물질 및 기타 생리작용 성분 등이 있다.

표 1-2 식품으로 인한 건강 장애의 생성 요인에 따른 분류

생성 요인	병인물질의 종류		병인물질의 예
내인성	식품 고유 성분	식물성 자연독	버섯독, 일반식품(솔라닌, 시안배당체 등)
		동물성 자연독	어패류독(복어독, 조개독)
		식이성 알레르겐	histamin, 이물로 인식된 단백질 등
		변이원성 물질	cycasin(소철), ptaquiloside(고사리), safrol 등
		기타 생리작용 성분	항비타민성 물질, 항효소성 물질, 항갑상선 물질
외인성	생물성 (식품에 부착·기생)	식중독균(미생물)	감염형(*Salmonella*, 장염 *Vibrio*, 병원성 대장균 등), 독소형(포도상구균, *Botulinus* 등)
		경구감염병(미생물, 바이러스)	이질균, 콜레라균, 장티푸스균, 급성회백수염, 간염바이러스 등
		곰팡이독	aflatoxin, citrinin, patulin 등
		기생충(동물)	회충, 십이지장충, 무구조충, 간디스토마흡층 등
	인위성	의도적 식품첨가물	부정 첨가물(붕산, auramine, dulcin, rongalite 등)
		비의도적 식품첨가물	잔류농약(DDT, BHC, parathion 등), 공장 배출물(알킬 수은 등), 방사성 물질, 기구, 용기, 포장재 용출물
		제조·가공 과오	비소, PCB 등
유기성		물리성	조사유지, 가열유지(산화유지 등)
		화학성	아질산염 및 amine, amide 반응물질(N-nitroso 화합물)
		생물성	아질산염 및 amine, amide류와의 생체 내 생성물(N-nitroso 화합물)

둘째, 외인성 요인의 경우는 크게 생물적인 것과 인위적인 것으로 나뉜다. 생물적 요인은 세균성 식중독, 경구감염병, 곰팡이독, 기생충에 의한 것이고, 인위적 요인은 의도적 또는 비의도적인 유해성 식품첨가물, 용기·포장재의 유독 성분, 제조·가공 중 과오 등이 속한다.

마지막 유기성 요인에 의한 것은 물리적·화학적 및 생물적 작용에 의해 생성되는 물질로 나누어 볼 수 있다. 식품 섭취에 따라서 유해물질이 생성되는 것으로 그 예로 N-nitroso 화합물, 가열 산화된 유지 등이 있다.

3. 식품 안전성 평가

오늘날과 같은 식품 안전성에 대한 개념이 생긴 것은 그리 오래되지 않았다. 인류가 오랫동안 섭취해 온 식품은 오염물질에 노출되기 이전에 자연환경에서 수렵, 채집과 함께 재배해 온 원료를 그대로 이용했기 때문이다. 그러나 현대에서는 식품의 심미성, 보존성 등의 이유로 적은 양으로 유해성을 나타내거나 유해성을 알 수 없는 물질(식품첨가물, 농약) 등을 일정량 첨가하기도 한다. 또한, 식품에 첨가하는 원료 중에서도 새로운 유해물질이 생성되면서 식품 안전성에 검증의 필요성은 더욱 절실해지고 있다. 이러한 유해물질의 발견 및 유해물질에 대한 분석기술의 발달로 점차 미세한 양까지 검출할 수 있는 단계에 이르러 식품에 안전성의 개념이 적용되기 시작하였다.

모든 물질은 독성물질로의 가능성을 갖고 있다. 따라서 식품 안전성의 범위는 모든 식품원료 또는 식품 가공에 사용하는 첨가물뿐만 아니라 유전자재조합식품(GMO) 등과 같이 다양한 환경에 맞춰 새로이 개발·생성된 식품에 대해 신속하고 정확한 안전성이 확보되어야 한다.

식품의 안전성을 위협하는 요인은 생물적 요인과 유독성 요인으로 크게 나누어 볼 수 있다. 이전부터 지금까지 언급한 식품위생은 미생물, 자연독에 의한 식중독, 경구감염병 등과 같은 생물적 요인에 의한 질병으로, 그 원인과 예방 및 대책 등이 마련되어 있으며 법적인 규제 장치가 엄격하여 비교적 잘 대처할 수 있는 위생관리 수준에 이르렀다. 그러나 최근에는 생물적 요인 외에 유독성 요인, 즉 식품 중에 혼입 또는 잔류하는 화학물질에 의한 오염, 잘못 관리된 농약이나 사료첨가물, 식품첨가물, 그리고 용기 및 포장에서의 오염 등 식품환경의 오염과 함께 화학물질의 사용량이 급증함에 따라 식품의 화학물질에 대한 피해의식이 상대적으로 높아지고 있어 식품에 사용되고 있는 모든 위험 요소에 대한 안전성 평가가 절실하게 요구되고 있다.

1) 용량-반응곡선

독성을 가진 물질이 있다고 한다면 투여된 독성물질의 용량과 그에 따른 생체의 반응의 상관관계를 파악하는 데 중요한 역할을 한다. 용량-반응곡선은 미지의 독성을 가진 식품이 있다고 한다면 그 식품의 독성 용량과 비독성 용량의 기준 및 특성 등을 파악하는 데 중요한 요소이다.

개별적 용량반응(individual dose-response)은 독성물질의 투여량이 증가하면 체액 안에 물질에 대한 농도가 증가하면서 치명적인 반응이 나타날 때까지 증가하는 것이다. 주로 효소반응, 혈압 또는 호흡률과 같은 생물학적인 반응이다.

양적 상관관계는 독성물질의 투여량과 특정 생물집단 안에서 반응을 보이는 개체의

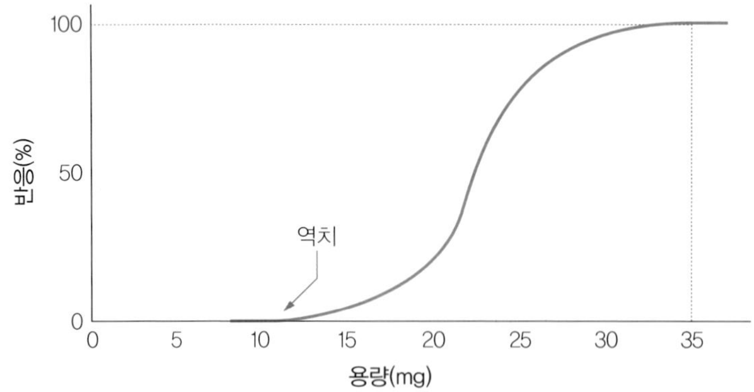

그림 1-1 용량-반응곡선

분포 관계가 S자형 곡선(Sigmoidal curve)을 이룬다. x축의 용량(dose)은 투여횟수, 기간, 빈도 및 노출경로에 따라 한 번 투여하는 물질의 총량이다. 또한, 손상에 대해서 회복하는 능력이 넘어서는 지점에서 역치가 발생하며 낮은 용량에서는 독성을 보이지 않고 포화점이 존재한다. 독성의 안전성을 비교할 때 특정 용량에서의 독성을 예측하는 데 기울기를 이용할 수 있다.

2) 독성시험

(1) 일반독성시험

식품에 포함된 화학물질의 안전성을 평가하기 위해서는 각각의 화학물질에 대한 독성 실험자료가 필요하다. 이를 위해 1955년 FAO/WHO 합동 식품첨가물 전문가위원회(Joint FAO/WHO Expert committee on food additives, JECFA)가 설치되어 식품첨가물의 사용을 규제하는 일반원칙이 결정되었고, 1957년에는 식품첨가물로 화학물질을 사용할 때의 안전성 확인법이 정해짐에 따라 그 안에 독성시험법이 포함되어 농약 및 의약품에 대한 독성시험에도 이용되고 있다. 우리나라에서는 식품의약품안전처(Ministry of Food and Drug Safety, MFDS)의 식품의약품안전평가원에서 위해의 우려가 있는 잠재적인 화학물질의 독성시험에 대한 표준적인 시험방법을 정하여 선별·판단하여 시행하고 있다.

① 급성독성시험(1회 투여 독성시험)

시험물질을 한 번만 투여(24시간 이내에 분할하여 투여하는 경우도 포함)하였을 때 단기간에 나타나는 독성을 검사하는 시험이다.

- 실험동물 : 2종 이상(설치류 1종, 토끼를 제외한 비설치류 1종)
- 용량단계(투여량[1]) : 설치류는 개략의 치사량을 구하기 위해, 비설치류는 독성 증상을 관찰하기 위해 적절한 단계를 설정한다. 5 g을 초과하는 사망 예가 생기면 정확한 치사량을 측정할 필요가 없다.
- 투여경로[2] : 2개 이상
- 관찰 기간 : 2주
- 시험 결과 : 치사량 및 매일 관찰기록을 작성하며, 3회 이상 체중을 측정 기록한다. 관찰 기간 종료 후에는 육안적 해부 소견이 있어야 한다.

1회 투여로 24시간 이내의 치사량을 산출한다. 설치류에 한하여 LD_{50}(50% Lethal Dose, 반수치사량)을 정한다. LD_{50} 값을 측정하여 다른 물질과의 독성을 비교·확인할 수 있고 다른 실험에 필요한 투여량을 예측할 수 있다. LD_{50}이 작을수록 독성이 강하며, 용량별 사망률에서 통계처리법에는 Lichfield-Wilcoxon법이 쓰인다.

② 아급성(단기)독성시험

시험물질을 실험동물에 중·장기적(몇 주~몇 달)으로 반복 투여하여 독성을 검사하는 시험으로, 실험동물은 일반적으로 래트(rat) 1종과 비설치류 중 개(dog)를 선택하여 2종 이상 실시한다.

용량단계는 적어도 3단계의 시험물질 투여군에 대조군을 추가하여, 최대내성용량[3] (maximum tolerated dose) 및 무해용량[4](no observed adverse effect level, NOAEL) 등을 포함해서 90일간 노출시킨다. 관찰 기간은 처리 기간과 동일한 90일로 한다.

시험을 통해 일반증상, 체중, 사료 섭취량 및 필요에 따라 물 섭취량, 혈액 및 요 검사, 병리조직학적 검사 등의 기능검사를 통하여 확실중독량[5](definite toxic dose) 및 무작용

---

1 투여량 : 투여물질이 급성독성인지 만성독성인지 결정하는 중요한 인자이다. 예를 들어 에탄올은 급성독성일 때 중추신경계를 억제하고, 만성독성일 때는 간경화를 일으킴

2 투여경로 : 인간의 노출경로를 반영하고자 대부분의 표준화된 시험법에서는 흡입, 경구, 피부를 통한 경로를 사용

3 최대내성용량 : 시험물질을 실험동물에 투여 시 대조군에 비하여 10% 이내의 체중 증가 억제 또는 상승을 나타내면서 사망에 영향을 미치지 않는 독성증상이 나타날 것으로 기대되는 최소 용량

4 무해용량 : 시험물질을 실험동물에 투여하였을 때 어떠한 독성증상도 나타나지 않는 것으로 기대되는 최대 용량

5 확실중독량 : 시험물질을 실험동물에 투여하였을 때 독성이 명확하게 나타나는 최소 용량

량(no toxic dose)을 검토한다.

③ 만성(장기)독성시험(반복투여 독성시험)

아급성독성과 유사하며 실험 기간이 길게 확장되어 생애 대부분의 노출로부터 일어날 수 있는 독성을 확인하는 데 이용된다.

- 실험동물

	연령	동물수
설치류(Mouse, Rat)	약 5~6주령	암수 각각 10마리 이상/군
비설치류(dog)	약 5~6개월	암수 각각 3마리 이상/군

- 용량단계 : 아급성독성과 마찬가지로 음성 대조군, 필요에 따라서는 비투여 대조군, 양성 대조군을 설정하여 최소 3단계의 시험물질 투여군으로 하고, 최대내성용량 및 무해용량 등을 포함하여 용량반응 관계가 나타날 수 있도록 한다. 또한 시험물질의 용량은 기간 동안 식별되는 유해 효과를 나타내는 양이 적당하며, 생존 수에 분명한 감소가 나타나는 경우에는 시료에 대한 농도가 10%를 넘지 않도록 한다.

(2) 특수독성시험법

① 발암성시험

동물을 사용한 발암성시험은 시험물질을 실험동물에 만성독성시험보다 오랜 기간 투여하여 암(종양)의 유발 여부를 질적, 양적으로 검사하는 시험이다.

발암은 정상세포의 개시단계(Initiation) → 촉진/전환단계(Promotion/conversion) → 진행단계(Progression)의 3단계가 순차적으로 진행되어 암이 발생된다. 개시단계에서 발암물질의 노출 또는 타고난 결함으로 인해 정상세포의 DNA가 돌연변이가 된다. 돌연변이 된 DNA에 여러 성장인자들과 상호작용을 통해 발암세포의 증식이 진행된다. 진행하던 세포가 악성 형태로 전환되어 암으로 진화하게 된다.

식품 관련 화학물질에 대하여 발암성시험을 하는 경우, 실제로 동물에 모든 화학물질을 장기간 투여하여 종양이 발생하는가를 지켜보는 것이 아니라, 다른 어떤 세포의 암호 메커니즘에 근거한 생물학적 변화를 지표로 하여 그 단계에서 많은 화학물질을 스크리닝(screening)하여 양성으로 판정되는 것에 대하여 발암성시험을 하는 것이다.

종을 선택할 때는 원칙적으로 기존에 알려져 있는 발암물질에 대해 반응성이 높고 자연적으로 발생하는 종양의 발생률이 낮은 계통을 선택하며 상대적으로 생애주기가 짧은 마우스와 래트를 선호하며, 18~24개월 동안 노출시켜 매일 관찰하도록 한다. 이 시험에서는 최고 용량이 최소 독성을 나타내야 하는 것이 중요하다.

② **생식독성시험**

시험물질이 생식 기간의 성숙, 임신, 수정 및 태자(胎子)의 성장, 발달, 분만, 수유뿐만 아니라 후손의 행동 기능 발달 등을 포함한 생식 기능에 어떠한 영향을 미치는가에 대한 정보를 얻기 위한 동물실험이다. 용량단계는 독성을 나타내는 최대 용량에서 모체는 죽지 않아야 하며, 최소 용량은 독성을 나타내지 않아야 한다. 설치류 1종을 실험동물로 사용하는데 군당 암수 각 20마리 이상으로 한다. 관찰 기간은 상당히 긴 편이며, 시험물질을 교배 전, 임신 기간, 이유기 동안의 모체(A_1)에게 투여한다. 모체에 수유를 받은 새끼(A_2)가 성장 후에 교배하여 임신, 출산을 통해 낳은 새끼(A_3)가 21일이 될 때까지 A_2에게 투여하여 관찰한다.

③ **유전독성시험**

화학물질이 세포의 유전물질(DNA)에 직접 또는 간접적으로 영향을 끼쳐 돌연변이를 유발하는 것을 유전독성이라 하는데, 이를 기초로 하여 시험물질의 돌연변이 유발성 또는 발암 가능성 여부를 *in vivo, in vitro* 실험을 통해 정성적으로 표시하는 일련의 시험을 말한다. 박테리아를 이용한 복귀돌연변이시험(ames test), 포유류 배양세포를 이용한 체외염색체이상시험(chromosomal aberrations test), 그리고 설치류 조혈세포를 이용한 체내소핵시험(micronucleus test) 등이 있다.

복귀돌연변이시험은 특정 아미노산 합성이 저해된 미생물을 이용하여 시험물질에 의한 아미노산 합성 균주로 전환되는지를 확인함으로써 독성을 측정하는 시험법이다. 이 시험법은 5균주 이상을 이용하여 DNA의 single base level에서 유전적 손상을 측정하므로, 빠르고 간편하면서도 발암성 시험 결과와 매우 밀접한 상관관계를 보이는 시험법으로 널리 사용되고 있다. 체외염색체이상시험은 시험물질에 의한 염색체의 구조적 이상을 측정하기 위한 시험법이고, 소핵시험은 만일 소핵을 가진 다염성 적혈구가 증가한다면 시험물질이 염색체를 손상시켰거나 세포분열장치에 이상을 유발한 것으로 평가할 수 있다.

④ **발생독성시험**

태아의 기관형성기 동안 임신 모체에 약물을 투여하여 기형 유발 여부 및 차세대의

한국식품의약품안전처에서 「비임상시험관리기준」(식약청고시, 제2009-183호) 제4조에 따라 임상실험을 할 수 있도록 현재 총 20개의 임상시험기관을 지정하고 있다.

표 1-3 비임상시험기관 지정 현황

시험종류 / 시험기관	지정일자	단회 투여	반복 투여	생식 발생	유전	항원성	면역	발암	국소 독성	국소 내성	기타 독성	안전성 약리	일부 수탁
한국화학연구원 부설 안전성평가연구소	1988.07.22	○	○	○	○	○	○	○	○		○	○	
(주)바이오톡스텍	2002.03.14	○	○	○	○	○	○	○	○	○	○	○	
산업안전보건연구원 산업화학연구실	2002.06.04				○								
(주)켐온 전임상연구센터	2002.08.12	○	○	○	○	○		○	○	○	○	○	
서울대학교병원 의생명연구원	2003.01.09	○	○		○					○			
(재)한국화학융합시험연구원 화순	2003.05.30	○	○	○	○	○			○	○			
바이오코아(주)	2005.05.24												
대구가톨릭대학교 GLP센터	2005.07.26	○	○		○								
크리스탈지노믹스 부설 서울의약연구소	2006.07.21												
한국건설생활환경시험연구원 바이오융합연구소	2006.11.06	○	○		○	○			○				
(주)바이오인프라	2009.01.15												
한국원자력의학원 방사선비임상센터	2009.03.02	○											
(주)한국의약연구소	2011.05.23												
호서대학교 안전성평가센터	2011.07.12	○			○	○			○				
(주)스카스비티티 바이오애널리시스	2011.07.12												
안전성평가연구소 전북흡입안전성연구본부	2012.12.12	○	○		○								
(주)인터내셔널사이언티픽스탠다드	2014.10.01												
(주)크로엔	2014.11.10	○	○		○				○				
(주)우정바이오	2016.06.01				○								
(주)제니아	2017.04.17	○											

자료 : 식품의약품안전처 임상제도과(2019.01.08 기준)

신체 발달, 반사 기능, 학습 기능 발달 등의 이상 유무를 일으키는 물질을 확인하기 위한 시험이다. 설치류 1종 및 비설치류 1종으로 일반적으로 래트, 햄스터, 토끼 등을 종으로 사용한다. 투여량은 시험물질이 어미에게 악영향을 미치지 않는 최대 농도, 즉 최대량보다 낮은 농도로 한다. 물질을 교배 전~태아의 장기가 생성되는 시기~임신 기간 중에 투여하고, 설치류의 2/3는 임신 말기에 희생하여 태아를 관찰하고, 1/3은 자연분만시켜 출생한 태아를 관찰하는데 관찰 내용은 모체의 이상 유무, 태아의 흡수, 외형적 기형, 내장기형, 골격기형, 분만 후 수유 등이다.

이외에도 피부독성시험, 안구독성시험, 신경독성시험 등이 있다. 피부독성시험은 피부에 손상을 주어 염증을 유발하는 물질을 확인하는데, 직접적으로 물질을 투여하여 관찰하거나 투여 간격의 차이를 두어 민감성을 이용하여 피부독성을 관찰한다. 안구독성시험은 주로 토끼를 실험동물로 선택하여 시험물질을 1초 동안 눈에 노출시켜 관찰한다. 신경독성시험은 래트, 마우스, 닭 등이 이용되며, 90일 정도 물질에 노출시키면서 전기적 감각, 움직임 등을 관찰하고 병리학적 검사 등을 통해 결과를 알 수 있다.

4. 위해성 평가

식품과 관련되는 물질의 위해성 평가는 위험성 확인 → 위험성 결정 → 노출 평가 → 위해도 결정을 통해 평가하며 위해물질에 노출되었을 경우를 예측하여 평가하고 예방할 수 있다.

1) 위해성 평가단계

(1) 위험성 확인

감염성 세균, 바이러스 등과 같은 생물학적 위해 요소와 농약, 식품첨가물과 같은 화학적 위해 요소뿐 아니라 의도적/비의도적이었는지 확인해야 한다. 식품 안에는 유통기한을 연장하기 위해 방부제를 넣거나, 선명한 색을 나타내기 위해 넣은 첨가물과 같이 의도적으로 사용되는 물질이 있는 반면, 제조과정 중 작업자의 실수로 이물이 유입되었거나 화학적 작용에 의해 의도치 않게 유해물질이 생성되어 오염되는 경우로 구분할 수 있다. 따라서 의도적/비의도적, 만성/급성, 발암/비발암 등의 기준을 가지고 위해성을 평가한다.

예 식중독균에 대해 위험성이 확인되면 *Listeria*, *Salmonella*, 황색포도상구균 등을 생각할 수 있다. 이러한 균의 감염원, 감염경로, 주요 오염원, 특징 등을 파악한다.

(2) 위험성 결정

용량-반응 평가를 통해 식품 중의 유해물질의 정량적 관계를 밝히는 것이며, 이미 유해성 물질로 확인된 물질을 정량하여 위험도를 평가한다. 섭취량 추정은 사람에 대한 노출 정도를 결정하는 것으로서 노출횟수, 빈도, 기간 및 경로에 대해 정성적 또는 정량적으로 측정한 것을 기초로 하는 것이 원칙이다. 의도적/비의도적, 만성/급성, 발암/비발암 등의 기준을 가지고 그에 맞는 검토방법을 찾아 무해용량(NOAEL) 및 인체안전기준치(Health based guidance level) 등을 결정한다.

예 어느 정도의 양 이상일 때 식중독을 일으키는지를 파악하는 단계이다. 용량-반응 평가, 역학자료 등을 참고하여 예측하며, 오염된 식품의 위해 수준을 비교분석할 경우에는 최소 감염량을 사용한다.

(3) 노출평가

사람이 식품 등을 통해 섭취·노출된 위해 요소의 양 또는 수준을 정량적 또는 정성적으로 산출하며, 확보된 데이터베이스를 바탕으로 식품의 오염도, 노출 대상, 빈도, 기간 등을 종합적으로 고려하여 산출한다. 이때 중요한 요인으로는 다음과 같다.

① 노출 가능성이 있는 사람의 수

② 연령, 체중 및 특이사항

③ 노출 경로, 빈도, 기간 등의 분포

예 식중독균에 감염된 식품을 섭취했을 때 그 양을 예측하는 단계이다. 대상을 둘러싼 여러 환경(식품의 생산, 유통, 보관, 적정온도, pH)에 따른 증식모델을 예측한다. 예측한 증식모델을 토대로 미생물의 양과 회당 섭취량을 곱하여 총미생물섭취량을 산출한다.

(4) 위해도 결정

유해물질의 노출량과 인체안전기준치를 비교하여 인체에 미치는 위험성 확인, 결정, 노출 평가의 순서를 통해 얻은 결론을 토대로 인체 건강에 어느 정도 좋지 않은 영향을 주는지에 대한 정도를 정량적 또는 정성적으로 예측한다. 위해도가 100% 이상일 경우에 위해 가능성이 있다고 판단한다.

예 평가 대상에 따른 질병 발생률, 사망률 등을 결정하는데, 실제 노출량과 허용 가능한 용량(최소 감염량)과 비교하여 판단한다. 미생물은 환경에 따라 성장에 영향을 미치는 정도가 크기 때문에 개별적으로 위해도를 결정해야 한다.

2) 위해성 평가도구

받아들일 수 있는 위험의 정도는 입장에 따라 차이가 다를 수 있지만 합리적 결정을 위해 지속적인 노력이 필요하며, 이러한 위험도의 판정을 위해 여러 가지 도구를 고려해야 한다.

(1) 안전계수법

모든 화학물질이 전형적인 양반응 곡선을 나타내며 독성이 나타나지 않은 한계값(역치)이 있는 원리에 근거하여 어떤 화학물질의 위해가 나타나는 수준과 나타나지 않은 수준을 설정한다. 독성의 특성이나 자료의 신뢰도에 따라 100 이외의 안전계수를 사용할 수 있으며, 일례로 발암성이 의심되는 물질의 경우에는 1,000을 사용하여 관계상 10~1,000의 안전계수를 채택하고 있다. 안전계수는 대개 100이 이용되는데 이는 동물과 사람 간의 차이(10배)와, 사람 개인 간의 차이(10배)의 상승 효과를 고려하여 정한 값이다.

(2) 일일 섭취허용량

일일 섭취허용량(acceptable daily intake, ADI)은 "사람이 일생 동안 섭취하였을 때 현 시점에서 알려진 사실에 근거하여 바람직하지 않은 영향이 나타나지 않을 것으로 예상되는 (화학)물질의 1일 섭취량"으로, 체중 kg당 mg이다. 식품첨가물, 농약, 잔류물질 등에 대한 허용량을 결정하기 위해서는 동물에 대한 장기간의 만성독성시험에서 얻어지는 무해용량(NOAEL)을 먼저 정하고, 그 값을 FAO/WHO에서 인정하는 각 물질에 대한 안전계수(일반적으로 100)로 나눠 그 양을 사람에 대한 ADI로 한다.

ADI는 사람이 일생 동안 아무런 장애 없이 섭취할 수 있는 양으로 무해용량을 안전계수로 나눈 값으로 단위는 mg/kg·body weight/day이다. 또한 ADI, 성인체중(60 kg),

식품계수[6](food factor) 등을 고려하여 1인당 1일 최대섭취허용량(maximal permissible intake per day, MPI)과 식품 중의 최대잔류허용량(maximal residue limit, MRL)을 산정한다.

독성 평가, 첨단 예측기술 개발한다!

식품의약품안전처 식품의약품안전평가원은 식품·의약품 등의 안전성 연구에서 큰 비중을 차지하고 있는 동물실험 대신 컴퓨터 시뮬레이션을 통한 독성 평가를 할 수 있는 환경친화적인 '첨단독성예측평가기술' 개발을 추진한 바 있다. 첨단독성예측평가기술이란 분자생물학적 기법을 활용하여 독성이 세포 또는 조직 내에서 일어나는 생명반응을 컴퓨터에서 재구성하여 독성 결과를 예측·평가하는 기술로, 특히 윤리적 문제나 고비용 등의 이유로 식품·의약품의 독성 연구에 실험동물의 사용을 축소하려는 국제적인 추세와도 부합된다.

식품의약품안전처는 지난 2010년 '녹색성장 기반 첨단독성평가 기술개발사업단(단장 부산대 김형식 교수)'을 출범시키고 의약품 등의 비임상 실험에서 동물 대신 컴퓨터를 사용해 독성평가를 하는 환경친화적 기술을 개발하였다. 독성물질에 의해 특이하게 변화하는 유전자와 단백질을 찾아내고 세포의 변형 및 사멸 메커니즘에 대한 규명 연구를 바탕으로 가상세포를 이용해 신장 독성예측 시스템을 구축하였고, 컴퓨터를 이용한 예측 평가 모델로 QSAR 모델을 개발하였다. 최종적으로 첨단독성평가 기술 개발을 위하여 생체지표 및 독성물질 간의 생물학 네트워크를 생성하고 효율적 생체지표를 발굴할 수 있는 메타분석 기반 통합된 시스템을 개발하였다.

자료 : 식품의약품안전처 독성연구과

6 식품계수 : 매일 소비하는 그 식품의 양

단원정리

- 의식주는 인간이 생활을 유지하기 위한 기본 요소이자 생존의 수단이다. 그중에서도 '식(食)'은 생명 유지와 생활 현상을 영위하기 위해서 가장 필수적인 요소라고 할 수 있다.
- 식품의 안전성을 확보하는 것이 무엇보다 중요하며 식중독, 경구감염병 등과 같은 건강 장애가 증가하고 있다.
- 식품의 안전성을 위협하는 요인은 생물적 요인과 유독성 요인으로 크게 나누어 볼 수 있으며, 그에 따른 원인과 예방 및 대책이 필요하다. 그에 따라 독성시험, 위해성 평가 등이 이루어지고 있다.

연습문제

1 설치류와 토끼가 독성시험에 가장 일반적으로 사용되는 이유를 설명하시오.

2 급성과 만성 독성 사이의 주된 차이점을 설명하시오.

3 LD_{50}이 나타내는 것을 설명하시오.

4 특수독성시험법에는 어떤 방법이 있는지 간단히 설명하시오.

5 용량-반응곡선의 특징을 설명하시오.

6 용량-반응곡선이다. A와 B 물질 중에서 안전한 물질을 고르고, 이유를 설명하시오.

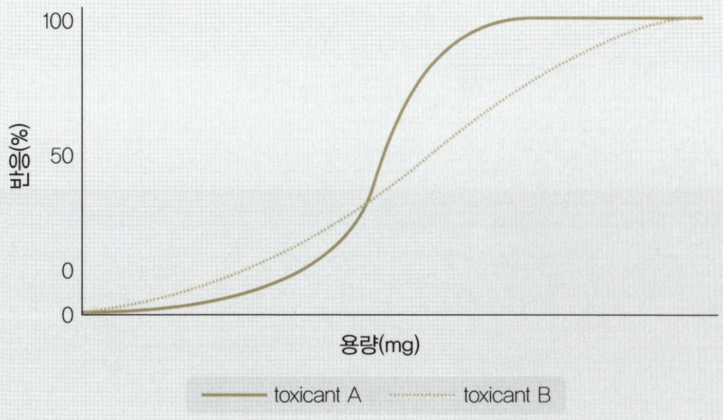

7 ADI의 정의는 무엇이며 계산은 어떻게 하는지 설명하시오.

8 위해성 평가단계는 무엇이며, 각 단계를 간단히 설명하시오.

CHAPTER 2

식품과 미생물

1. 미생물의 종류 및 특성
2. 미생물에 의한 식품의 오염
3. 미생물에 의한 식품의 변질
4. 미생물 관리

1. 미생물의 종류 및 특성

미생물은 육안으로 볼 수 없어 현미경으로 관찰해야 될 정도로 작지만, 주변에 늘 존재하고 있으며 우리에게 긍정적 또는 부정적인 영향을 미치고 있다. 특히 식품은 미생물의 가장 좋은 서식장소로 온도와 수분 등의 조건이 충족되면 미생물들은 단기간 내에 증식한다. 긍정적인 영향으로는 요구르트, 김치, 장류 등 발효식품 제조에 이용된다는 것이다. 그러나 식품에서 미생물이 어느 정도 이상으로 증식하게 되면 식품의 품질은 급격하게 저하되어 이용할 수 없게 되며, 섭취했을 때 건강 장애를 일으키게 된다. 식품위생과 관련이 있는 미생물로는 세균, 효모, 곰팡이, 바이러스 등이 있으며, 미생물이 원인이 되어 식품을 통해 건강 장애를 일으킨다. 그러므로 식품의 안전성을 확보하여 건강한 식품생활을 영위하기 위해서는 우선 식품미생물의 특성에 대해서 정확히 이해하는 것이 필요하다.

1) 미생물의 생장 조건

미생물의 생장에 관여하는 요인들은 여러 요인이 복합적으로 작용한다. 따라서 각각의 미생물에 대한 적정환경이 모두 다르기 때문에 식품 안전 및 위생을 위해 위해 요소를 조절할 수 있어야 한다.

① 영양소

탄소원, 질소원, 무기물, 비타민 등의 영양소를 필요로 하며, 단백질, 탄수화물이 풍부한 식품은 미생물의 생장을 돕는다. 따라서 육류, 해산물, 유제품, 감자 등과 같은 식품들은 보관 및 취급에 주의해야 한다.

② 산성도(pH)

미생물은 적정 pH를 가지고 있다. 젖산균과 같이 산성에서도 잘 자라는 세균이 있지만, 대부분의 세균은 중성 pH 6.5~7.5 또는 알칼리성에서 잘 자라고 산성에서는 억제된다. 반면 곰팡이와 효모는 pH 4~6의 약산성 상태에서 가장 잘 발육한다.

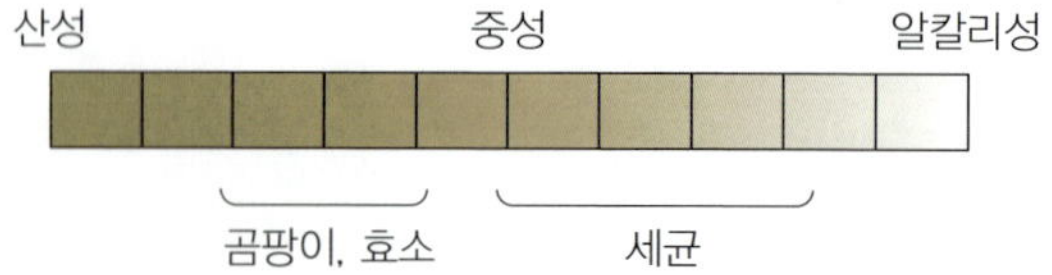

미생물의 명명법

미생물은 속(Genus)+종(Species)으로 표시하며 이탤릭체(또는 underline)를 이용해 표기한다. 첫 문자는 대문자로 쓰고 나머지는 모두 소문자이다(예 : *Escherichia coli, Aspergillus, Bacillus*).

③ 온도

생장을 위한 온도 조건은 미생물마다 다양하다. 저온균에는 *Yersinia enterocolitica*, *Listeria monocytogenes* 등이 속하며, *Listeria*의 경우 중온에서도 생육 가능하여 넓은 생육 온도 범위를 가진다. 중온균은 자연계에 가장 널리 분포하며 *Salmonella*, *Staphylococcus aureus*, *Clostridium perfringens* 등과 같은 대부분의 식중독세균이 속한다. 고온균의 최저 생육온도는 45℃ 정도이고 *Bacillus*속과 *Clostridium*속이 속하며 특히 통조림 멸균공정에서 중요한 지표세균으로 이용된다. 40℃ 이하 및 70℃ 이상에서는 생육할 수 없다.

곰팡이는 세균보다 저온에서 발육하고 낮은 온도에서 저항이 크다. 효모의 발육 최적 온도는 25~30℃이며 40℃ 이상이면 사멸한다.

저온균은 실온 및 냉장 상태에서 발육이 가능하므로 주의해야 하며, 대부분 부패세균인 경우가 많다. 중온균은 사람의 체온인 37℃에서 가장 빠른 생장을 하며, 고온균은 모두 부패세균이다.

병원성 미생물은 5~60℃ 사이에서 생장을 하기 때문에 찬 음식은 5℃ 이하, 뜨거운 음식은 60℃ 이상에서 보관해야 한다는 것을 의미한다.

표 2-1 증식온도에 따른 미생물의 분류

구분	최적 온도	발육 가능 온도
저온균(psychrophiles)	10℃	0~20℃
중온균(mesophiles)	25~35℃	20~40℃
고온균(thermophiles)	50~60℃	40~70℃

④ 산소 요구량

최적의 발육을 위한 산소 조건에 따라 반드시 산소를 필요로 하는 호기성 균, 산소의 존재와는 무관하게 증식하는 통성혐기성 균, 산소의 존재로 증식이 저해되는 절대혐기성 균 등으로 나눈다. ***Bacillus*** spp., ***Micrococcus*** spp., 곰팡이 등은 산소를 필요로 하는 호기성 미생물이고, 산소를 절대적으로 기피하는 절대혐기성 균에는 ***Clostridium*** spp., ***Bifidobacterium*** spp. 등이 속한다. 산소를 요구하지 않으며 있더라도 이용하지 않는 통성혐기성 균은 대부분의 세균 및 ***Escherichia*** spp., 효모 등이 있다.

⑤ 수분

생리 기능을 조절하는 데 필요한 미생물 몸체의 주성분이다. 각 미생물의 종류에 따라 요구 수분량이 다르며, 일반적으로 식품에 결합되어 있지 않아 미생물이 이용 가능한 수분을 수분활성도(water activity, a_w)라 하며 이것을 기준으로 생각한다. 증식 가능한 수분활성도를 보면 일반세균은 0.90~0.91, 특히 세균 중 황색포도상구균은 0.85, 효모는 0.70~0.80, 그리고 곰팡이는 0.7~0.8에서 증식한다. 건조한 환경에서는 곰팡이의 발육 능력이 크며, 세균의 경우 생세포보다는 포자 형태에서 오래 견딜 수 있다. 소금물, 설탕물에서는 요구 수분량의 부족으로 미생물 생육을 억제할 수 있다. 대부분의 미생물은 0.6 이하에서는 생육할 수 없다.

2) 세균

(1) 형태 및 특성

경구감염병, 식중독과 관련된 병원미생물의 대부분을 차지하며, 식품위생상 가장 중요한 미생물이다. 일반적으로 세균(bacteria)은 핵의 구조가 없는 원핵세포의 형태로 매우 단순한 단세포 생물이다. 형태에 따라 크게 구균(구형, coccus), 간균(막대형, bacillus), 나선균(spirillum)으로 나누며, 구균은 배열 상태에 따라 단구균(monococcus), 쌍구균(diplococcus), 사련구균(tetracoccus), 팔련구균(sarcina), 연쇄상구균(streptococcus), 포도상구균(staphylococcus)으로 분류한다. 세균의 크기는 보통 구균은 0.5~1 μm, 간균은 0.5~1×3 μm 정도로 미생물 중에서 가장 작다.

또한 운동성을 나타내는 편모(flagella)에 따라 분류되는데, 편모의 수와 위치에 따라 단모균, 양모균, 속모균, 주모균으로 나뉜다. 단모균은 한쪽에, 양모균은 양쪽에 한 개의 편모가 붙어 있는 균이며, 속모균은 한쪽 끝 또는 양쪽에 다수의 편모가 붙어 있는 균, 주모균은 균 전체에 다수의 편모가 붙어 있는 균을 말한다.

세균을 구분하는 방법 중의 하나는 세포벽 구조의 차이이다. 그람(gram)양성균의 세

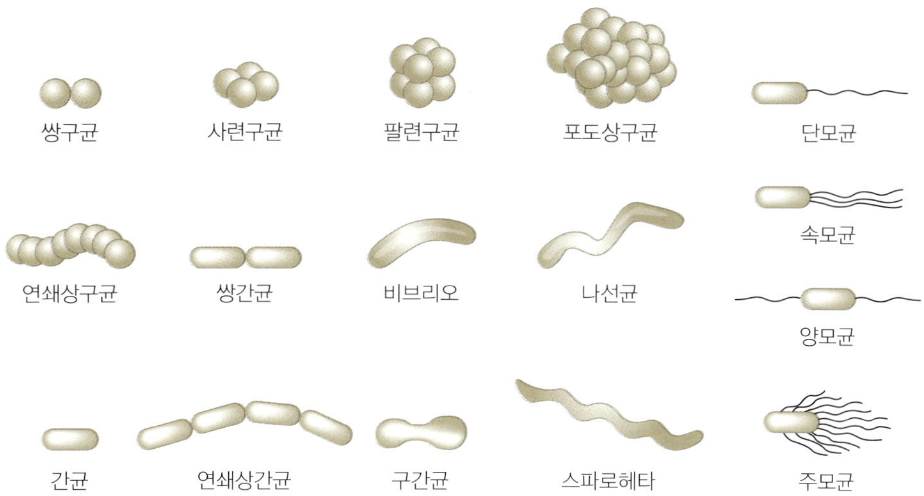

그림 2-1 **세균의 형태**

포벽은 두꺼운 세포벽(peptidoglycan층)+1개의 얇은 세포막(inner membrane)의 구조이고, 그람음성균의 세포벽은 2개의 세포막(inner membrane, outer membrane)과 그 사이에 매우 얇은 세포벽으로 이루어져 있다. 그람양성균과 그람음성균의 구분은 그람염색법에 의해 결정되는데, 염색 후 남색을 띠면 양성균, 분홍색을 띠면 음성균으로 볼 수 있다.

또 *Bacillus*, *Clostridium* 등의 특정한 세균은 환경적 스트레스에 가장 저항성이 높은 형태인 포자(spore)를 형성한다. 이 포자는 두꺼운 피층에 싸인 코어(core) 중에 존재하는 Ca^{2+}와 디피콜린산(dipicolinic acid)의 결합체(DPA)로 인해 열, 냉동이나 화학약품에 저항력이 강하여 가열 처리, 냉동 또는 소독에도 저항성이 커서 살아남을 수 있다. 포자 형태로는 생육할 수 없으므로 생육 조건이 유리할 때 발아하여 증식하게 된다.

세균은 이분법(2n)에 의해 증식이 이루어지기 때문에 증식 속도가 매우 빠르다. 미생물 증식곡선(microbial growth curves)에 따라 유도기(lag phase) → 대수기(exponential phase) → 정지기(stationary phase) → 사멸기(death phase)를 거쳐 증식한다. 유도기는 미생물이 새로운 환경에 적응하는 시기로 미생물의 수적 증가가 없는 적응기이다. 대수기는 단위 시간에 따라 두 배로 증가한다. 식품의 안전을 위해서는 이 시기가 되지 않도록 주의해야 한다. 영양소 부족 등의 원인으로 미생물의 증식이 정지 혹은 숫자의 변화가 없는 시기(증식 수=사멸 수)인 정지기가 지속되고, 노폐물이 쌓이고 환경이 불리해지

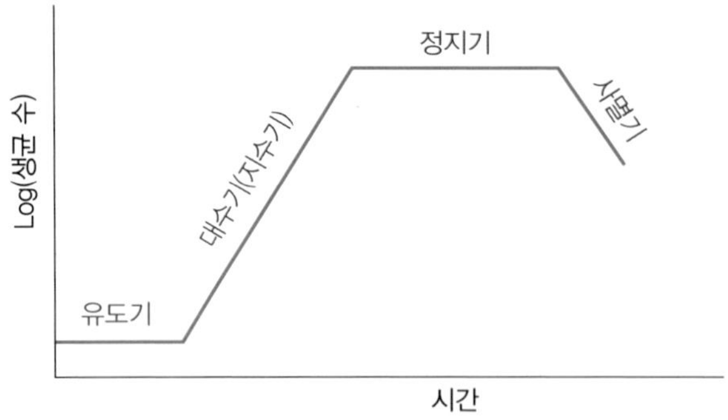

그림 2-2 미생물 증식곡선

면 미생물이 수적으로 감소하는 시기(사멸기)까지 도달하게 된다.

(2) 식품위생 관련 세균

① *Bacillus*속

아포를 형성하는 간균은 내열성이 강하며 호기성 또는 통성혐기성의 아포를 형성하는 그람양성 간균이며, 중온성 균도 있고 호열성 균도 있다.

토양, 공기 등 사람의 생활환경에 널리 분포하며, 이 균의 포자는 135℃에서 수분~수십 분 가열해도 사멸하지 않고, 가열 처리한 식품을 부패시키는 균도 있다. 탄수화물, 단백질의 분해력이 강해 여름철에 밥이나 빵을 방치하였을 때 부패가 쉽게 일어나게 하며, 가열할 때 살아남은 포자가 발아해서 증식하여 부패가 일어난다.

대표적인 균종은 고초균(*Bacillus subtilis*)이며, 육류 및 어육 제품, 밥, 빵, 채소, 우유 및 유제품 등에서 부패를 일으킨다. *B. licheniformis*는 빵의 점질화(ropiness) 현상을 일으키며, *B. cereus*는 김밥 등에 증식하여 식중독을 일으키기도 하고, 인수공통감염병인 탄저병의 원인균인 *B. anthracis*도 있다. 특히, 50~65℃에서 증식이 활발한 *B. stearothermophilus*는 통조림의 플랫사워(flat sour) 원인균으로 알려져 있다.

② *Micrococcus*속

그람양성의 호기성 구균으로 황색 또는 백색의 비수용성 물질을 생성한다. *Bacillus* 다음으로 많이 분포하고 있으며, 특히 이 균은 단백질 분해력이 강한 동시에 내염성이 강해 3~5%의 식염배지에서 증식하여 육류, 어패류와 이들 가공품의 주요 부패균으로 알려져 있다. 포자를 형성하지는 않지만 저온살균에 견디는 균주도 있다.

③ ***Clostridium*속**

그람양성의 간균으로 내열성이 강한 아포를 형성하는 세균이며 중온성과 호열성 균이 포함되어 있다. 이 균은 토양에 널리 분포하며 절대혐기성 균으로 통조림 식품, 햄, 소시지 등에서 문제를 일으켜 악취를 낸다.

*Clostridium botulinum*는 포자의 내열성이 강하고, 균종에 따라 강한 독소를 생산하기 때문에, 통조림 살균의 가장 큰 목적이 이 균의 포자를 죽이는 데 있다. 이 밖에도 *C. perfringens*, *C. tetani* 등도 식중독을 일으키는 병원성 세균이다. *C. thermosaccharolyticum* 균은 탄수화물을 분해시키는 호열성 균으로 통조림 품질 변화의 원인균이기도 하다.

④ ***Pseudomonas*속**

편모를 가진 그람음성 호기성 간균이다. 물을 중심으로 널리 분포되어 있어 어패류에 대표적인 부패균이다. 0℃ 저온에서 잘 자라고 단백질, 유지의 분해력이 강해 어패류, 우유, 달걀 등의 가장 중요한 부패균이다. *Pseudomonas fluorescens*는 겨울철 생유에 발생하여 쓴맛 우유의 원인이 되기도 하고, *P. aeruginosa*와 함께 우유를 청색 및 녹색으로 변화시키는 부패균이다. 이 균은 방부제에 대한 저항성이 강한 것으로 알려져 있다.

⑤ ***Listeria*속**

그람양성의 통성혐기성 균으로 주모성 편모로 이동한다. 아이스크림이나 수산냉동품 등에서 검출되는 *Listeria* 중에서는 *Listeria monocytogenes*가 대표적인 식중독균으로, 5℃ 이하의 냉장온도에서도 증식이 가능할 뿐 아니라 식품 표면에 부착하면 바이오필름(biofilm)을 형성하여 세척하여도 잘 제거되지 않는다. 이 균은 고염 농도, 저온 상태에서도 잘 적응하므로 이러한 식품의 취급이 매우 중요하다. 냉장이나 냉동 식품 수출입 시

미국에서 식중독으로 16명 사망... 멜론이 원인 "사망자 더 늘어날 수도"

미국에서 리스테리아균 감염으로 인한 식중독으로 모두 16명이 숨졌다.

미국 질병통제예방센터(CDC)는 27일(현지시각) 콜로라도산 칸탈루프 멜론을 통해 전파됐을 것으로 추정되는 리스테리아균 감염자가 72명에 이르며 이 가운데 13명이 숨졌다고 밝혔다. 지역 관리들은 이와 관련된 사망 사례 3건에 대해 추가로 조사를 벌이고 있다고 말했다. 지난 8월 이후 현재까지 리스테리아균 감염사례가 보고된 곳은 콜로라도와 캔자스, 메릴랜드, 미주리, 네브래스카, 뉴멕시코, 오클라호마, 텍사스 등 18개주에 이른다. CDC의 로버트 톡시 박사는 리스테리아균에 감염된 음식을 먹고 증상이 나타나기까지는 4주 정도가 걸리기 때문에 향후 몇 주 내에 감염자와 사망자 수가 더 늘어날 것이라고 전망했다. 미 언론들은 이번 일을 10여 년 사이 일어난 가장 치명적인 식중독 사태라고 표현하고 있다.

에 검사항목으로 요구되는 경우가 많으며, 식품 제조단계에서 균의 오염 방지가 먼저 필요하다.

⑥ ***Vibrio*속**

이 균은 그람음성균으로 균이 증식할 때 Na^+을 요구하는 호염성 균과, Na^+이 없는 담수에서도 증식할 수 있는 비호염성 균으로 나뉜다. *Vibrio*속에는 현재 30여 종이 분리되었는데 이 중 사람의 건강과 관계 있는 것만도 10여 종이 알려져 있으며 계속해서 새로운 균종이 검출되고 있다. 이 균은 해수온도가 15℃ 이상이 되면 급격하게 증가한다.

호염성 균종은 장염비브리오라고 불리는 *Vibrio parahaemolyticus*, 패혈증 비브리오인 *V. vulnificus*이다. Na^+이 없는 곳에서도 증식할 수 있는 종류에는 *V. cholerae*, *V. mimicus*가 있고, 수역에서 자주 분리되는 *V. cholerae* non-O1(NAG *vibrio*라고도 함) 중에는 콜레라 독소를 생산하는 유전자를 가진 세균도 있다.

⑦ ***Salmonella*속**

Salmonella spp. 세균은 장내세균과에 속하는 그람음성, 아포를 생성하지 않는 간균으로, 자연계에 널리 분포하며 그 종류가 많아 현재 약 2,000여 종이 알려져 있다. *Salmonella*속 세균 중 약 50여 종은 식중독과도 관계가 있으며 포유동물, 조류, 파충류 등에서 검출되고 있다.

*Salmonella*속에는 *Salmonella Typhi*와 같이 법정 감염병의 원인세균도 있고, 식중독 세균으로는 *S.* Typhimurium, *S.* Enteritidis도 포함하고 있다. 특히 *Salmonella*속 세균은 달걀, 닭고기, 돼지고기 등에서 자주 검출되어 식품위생상 사회적 문제가 되는 경우가 많으므로, 동물사료에 대한 세균검사 시 *Salmonella* 검사를 중요시하고 있다.

⑧ ***Staphylococcus*속**

이 균은 장독소(enterotoxin)에 의해 식중독을 일으키는 독소형 식중독균으로 4~5개 정도의 구균이 모여 있는 경우가 많아 포도상구균이라 부른다. 균의 배열 형태가 포도송이처럼 불규칙하며, 사람의 피부에 많이 서식한다. 혐기적으로 탄수화물을 분해하지만 산소가 있는 조건에서도 잘 자란다. 소금 농도가 높은 곳에서도 잘 증식할 정도로 내염성이 강하며, 식중독의 원인이 되는 것은 *S. aureus*이다. 특히 건조 상태에서도 저항성이 강하여 장기간(수개월) 생존하며 식중독을 일으키는데 60℃, 30분의 가열로 거의 사멸된다. 그러나 식중독 원인 물질인 장독소는 100℃에서 60분간 가열해야 파괴된다.

⑨ ***Proteus*속**

Salmonella, *Shigella*와 함께 병원성 장내세균이며, 그람음성의 간균으로 요소를 분해하는 특징을 가진다. *Proteus morganii*는 히스티딘 탈카르복실화효소(histidine decarboxylase)를 가지고 있어 히스티딘(histidine)을 분해시켜 히스타민(histamine)을 축적하는데, 이것은 알레르기성 식중독을 유발시킨다. 대표적인 호기성 부패세균으로 냉장하지 않은 상온의 동물성 식품을 주로 부패시킨다.

⑩ ***Escherichia*속**

그람음성의 무아포성 간균으로 젖당을 분해하여 산과 가스를 생산하는 통성혐기성균으로 운동성이 있다. 주로 동물의 대장 내에 서식하며 대부분 식중독을 일으키지는 않으나, 전염성 설사증, 급성장염을 일으키는 대장균을 병원성 대장균(Pathogenic *E. coli*)이라고 한다. 특히, 병원성 대장균 중 베로독소(verotoxin)를 생성하여 대장점막에 궤양을 유발하여 조직을 짓무르게 하고 출혈을 유발시키는 대장균을 장관출혈성 대장균이라고 한다. 장관출혈성 대장균의 대표적인 균이 *E. coli* O157:H7이다.

(3) 식품위생의 지표미생물

식품의 미생물적 안전성을 위한 식품 오염 여부와 정도를 측정하는 주요 미생물 지표는 총균 수, 대장균(*E. coli*) 및 대장균군(coliform), 장구균 그리고 병원성 미생물 등으로 구분할 수 있다. 이 분류를 통해 세균학적 검사를 진행하여 미생물의 품질 평가를 할 수 있다.

① 총균 수와 생균 수

식품 내에 포함되어 있는 총미생물의 수를 통해 식품의 오염도를 평가할 수 있다. 한편, 생균 수는 미생물 증식과정에서 사멸한 미생물을 제외하고 살아 있는 균 수로 판단하는 지표이다. 식품의 부패, 식중독 발생의 위험성 등 오염 여부를 확인할 수는 있지만 특정 미생물을 확인할 수 없는 단점이 있다. 따라서 균 수가 많이 나왔다고 해서 무조건 질병에 걸린 것으로 생각하면 안 된다.

② 대장균 혹은 대장균군

분변(fecal)오염지표균으로서 대장균군(coliform)은 세균 분류학상 대장균(*E. coli*)과 반드시 일치한다고 할 수 없는 이른바 coli-aerogenes group이라고 하는 특정균군의 통칭 명이다.

대장균군이란 그람음성 무아포의 간균으로 젖당을 분해하여 산과 가스를 생산하고, 담즙산염(bile salt)에 대한 내성이 있는 호기성 또는 통성혐기성 세균으로 *Escherichia*, *Klebsiella*, *Citrobacter*, *Enterobacter* 등을 포함한다. 일반적으로 인축의 분변 중에는 *Escherichia*가 압도적으로 많으며 여기에 *Klebsiella*, *Citrobacter* 등이 혼재되어 있다. 그러나 반드시 분변에서만 유래된다고 할 수 없으며, 토양이나 식물 등에서 유래되기도 하는 *Erwinia*, *Enterobacter* 등과 분변과는 무관하고 장내세균과가 아닌 *Aeromonas* 등도 포함된다. 따라서 대장균군이 검출되었다고 무조건 그것을 분변오염에 의한 것으로 단정할 수는 없다.

그러나 일반적으로 어떤 식품에서 대장균군이 검출되었다는 것은 그 식품에 분변이 존재할 수도 있다는 가능성으로 해석할 수 있으며, 불결하고 취급에 잘못이 있다거나 감염병원균에 의한 오염 가능성을 시사하는 위험신호로 볼 수 있다. 특히 가열 처리한 제품에서 대장균군이 검출되었을 때는 식품위생상 비위생적으로 취급한 증거로 생각하여야 하므로 품질관리상 유력한 지표가 된다. 대장균군은 병원성 세균보다 생존력과 저항력이 강하나 검출해 내기 쉽고 검사법도 간단하다.

최근에는 일본이나 미국에서 분변에 의하여 오염된 것을 직접적이고도 확실하게 판단하는 방법으로, 생식용 굴이나 가열 섭취용 냉동식품의 검사에서 대장균을 직접 검사하는 EC test가 실용화되어 있다.

표 2-2 대장균군 정성시험

	정성시험	판정
추정시험	LB(Lactose Broth) 배지에서 35~37℃, 24±2시간 배양	가스 생성 = 대장균군 존재 추정
확정시험	BGLB(Brillant Lacose Bile Broth) 배지에 이식하여 35~37℃, 48±3시간 배양 후 가스가 생성된 것을 1백금이 취해서 EMB한천배지(Eosin Methylene Blue agar)에 분리배양	금색광택의 청동색깔 집락 형성 = 대장균군 존재 확정
완전시험	LB(Lactose Broth) 배지 배양 후 확인	가스 생성, 그람음성 확인(그람염색법), 무아포성 간균으로 증명 = 대장균군 양성 판정

③ 장구균

장구균은 일반적으로 사람이나 온혈동물의 장관 내에 상존하는 그람양성 구균으로, *Enterococcus* spp.의 *S. faecalis*는 사람의 분변에 널리 분포하고 *S. faecium*과 그 변종으로 생각되는 *S. durans*는 사람은 물론 동물의 분변에서도 검출된다.

장구균은 대장균군과 같은 근거를 통해 음식물의 분변오염지표균으로 이용된다. 일반적으로 분변 중의 장구균은 대장균군보다 적지만, 대장균군의 분포가 반드시 분변에 의한 오염과 일치하지 않는 경우가 있는 것과는 달리 장구균의 분포는 사람과 가축의 분변에 의한 오염과 관계가 상당히 높다. 특히 저온에서 대장균군은 빨리 사멸되나 장구균은 오래 생존하므로 냉동식품의 오염지표로 이용된다.

오염지표균인 대장균군과 장구균을 비교해 보면 표 2-3과 같다. 결론적으로 양자 중 어느 쪽을 오염지표균으로 하는가 하는 문제는 아직 통일된 견해가 없다. 따라서 보다 정확한 분변오염 실태를 파악하기 위해서는 동시에 검사하는 것이 바람직하다.

표 2-3 분변오염지표균으로서 대장균군과 장구균의 비교

특성	대장균군	장구균
형태	간균	구균
그람염색성	음성	양성
장관 내 균 수 수준	분변 1 g 중 10^7~10^8	분변 1 g 중 10^5~10^8
각종 동물의 분변에서의 검출상황	동물에 따라서는 불검출	대부분의 동물에서 검출
장관 외에서의 검출상황	일반적으로 낮음	일반적으로 높음
분리, 고정의 난이	비교적 쉬움	비교적 어려움
외계에서의 저항성	약함	강함
동결에 대한 저항성	약함	강함
냉동식품에서의 생잔성	일반적으로 적음	일반적으로 큼
건조식품에서의 생잔성	적음	큼
생선, 채소에서의 검출률	낮음	일반적으로 높음
생육에서의 검출률	일반적으로 낮음	일반적으로 낮음
절인 고기에서의 검출률	낮거나 없음	일반적으로 높음
식품 매개 장관계 병원균과의 관계	일반적으로 큼	적음
비장관계 식품 매개 병원균과의 관계	적음	적음

④ 병원성 미생물

식품 유래 병원성 미생물(foodborne pathogens)은 식품의 안전성과 직접적으로 연관이 있는 미생물로, 질병을 일으키기 때문에 주의하여야 한다.

대장균군 중에서 *Escherichia coli*(EC) 배지를 공기배양기 45.5±0.5℃, 수조배양기

44.5±0.2℃에서 24시간 또는 48시간 배양했을 때 양성반응을 나타내는 세균을 분변계 대장균이라 하며, 분변오염의 지표로 대장균군보다 정확하다. 특히 이 중에서도 인돌시험(indole test), 메틸레드검사(methyl red test), 포게스-프로스카우어검정(voges-proskauer test), 임빅시험(IMViC test, citrate utilization test)에서 [+ + − −] 반응을 나타내는 세균이 전형적인 *E. coli*이다. *E. coli* 중에서 일반 세균학적 특성은 차이가 없으나 혈청형에서 차이가 나고 설사를 주증상으로 하는 일군의 대장균을 병원성 대장균이라 한다. 이것도 그 독성의 발현 특징에 따라 4종류로 나누어지며, 이 중에서 vero 세포 독소를 생산하는 *E. coli* O157:H7은 장관출혈성 대장균이라 하여 최근에 식품위생상 크게 문제를 일으키고 있다.

3) 곰팡이

(1) 특징

진균류에 속하는 곰팡이(fungi, mold)는 일상생활에서 가장 흔히 볼 수 있는 미생물로

유럽발 박테리아 공포에 전 세계 벌벌… 美·英 등에서 의심환자

유럽발 변종 박테리아 공포가 전 세계로 확산되고 있다. AFP 통신은 2일(현지시간) 슈퍼박테리아인 병원성 대장균에 따른 '용혈성 요독증 증후군(HUS)'으로 유럽에서 18명이 사망하는 등 슈퍼박테리아 공포가 급속히 확산되고 있다고 전했다. 지난달 22일 독일에서 처음 감염자가 발생한 이후 현재까지 약 2,000명 이상이 감염됐고 독일 17명, 스웨덴 1명 등 유럽에서만 사망자가 18명 발생했다.

유럽에서 확산되고 있는 신종 박테리아와 함께 새로운 바이러스균들이 속속 발견되고 있다. 일본 도요마현에서는 식중독을 일으키는 병원성 대장균 O-157 감염 환자가 나왔다. 교도통신은 지난달 6일 이 지역에 있는 한식 체인점 '규가쿠'에서 식사를 한 뒤 식중독에 걸린 20명 중 15명에게서 O-157균이 검출됐다고 현지 관리의 말을 인용해 전했다. 일본 당국은 이 대장균이 최근 유럽에서 발생한 신종 변종 박테리아와는 다른 것으로 보인다고 밝혔다. 해당 식당 운영업체 측은 호주산 수입 소고기로 인해 감염된 것 같다고 말했다.

또 영국과 덴마크에선 항생제가 듣지 않는 신종 슈퍼박테리아가 발견됐다고 AFP 통신이 보도했다. 영국 케임브리지대 마크 홈스(예방수의학) 교수는 3일 의학저널 《랜싯 감염병(Lancet Infectious Diseases)》에서 영국과 덴마크에서 생산하고 있는 우유와 사람들에게서 전혀 새로운 종류의 항생제 내성 슈퍼박테리아를 발견했다고 밝혔다. 연구진은 영국 남서부 450개 목장에서 채취한 표본 940개 중 13개에서 같은 돌연변이 유전자가 있는 신종 MRSA를 검출했다. 홈스 교수는 "이 슈퍼박테리아가 메티실린 내성 황색포도상구균(MRSA)으로 지금까지 보고된 바 없는 신종"이라며 "공중보건에 잠재적 위협이 될 것"이라고 경고했다. '살을 먹는' 박테리아로 불리는 MRSA는 전 세계 병원 환자들의 주요 위협 요인이다. 세균에 감염될 경우 생명을 위협할 수도 있다. 연구진은 이 박테리아는 살균우유나 유제품의 안전에는 큰 문제가 되지 않지만 동물을 직접 다루는 사람들에겐 위협이 될 수 있다고 강조했다.

자료 : 국민일보 쿠키뉴스, 2011. 6. 3.

균체는 지름 5 μm 정도 되는 실 같은 형태의 균사가 가늘고 길게 뻗어 있으며, 여러 갈래로 나누어 증식한다. 이러한 형태적 특징 때문에 곰팡이를 사상균이라고도 한다. 곰팡이가 집락(colony)을 이루면 육안으로 확인할 수 있으며 흰색, 검은색, 붉은색, 푸른색 등의 다양한 색상을 띤다. 대부분의 곰팡이는 생육적온이 25~30℃인 중온성으로 세균보다 낮은 편이며, *Fusarium* spp. 등과 같은 일부 곰팡이는 저온에서도 성장이 가능하여 눈에 덮인 곡류에서 증식하여 독소를 생성하는 것도 보고되어 있다.

대부분의 곰팡이는 절대호기성 미생물로 생육에 산소를 요구하므로 식품의 표면에 육안으로 보일 정도로 증식한다. 특히 곰팡이는 건조한 환경에 견디는 종류가 많아 수분활성도(a_w) 0.58까지 증식이 가능하고 ***Eurotium repens*(*Aspergillus glaucus*** group)와 같은 일부 내건성 곰팡이는 a_w 0.61 정도에서 증식하는 것도 있다. 또 pH 2~8.5의 넓은 범위에서 성장이 가능하고, 특히 pH 3.5~4 정도의 낮은 pH의 식품에서도 잘 증식한다. 또한 아밀라아제(amylase), 프로테아제(protease) 같은 효소 생산력이 높은 것이 많으며, 유기산을 생산하는 종류도 많다. 이러한 곰팡이의 생육 특성은 식품의 저장에 매우 중요하게 작용한다.

(2) 생식법

곰팡이의 번식도구는 포자이다. 포자는 적당한 환경이 되면 생식할 수 있는 균사가 되고 그 후 균사체를 형성한다. 이 포자를 만드는 기관이 자실체이며, 종류에 따라 특정한 형태를 하고 대부분은 균사 끝에 혹은 균사로부터 특별히 나누어져 만든다.

포자에는 유성생식으로 생기는 유성포자(sexual spore)와 무성포자(asexual spore)가 있고 그들의 모양과 형성방법은 다양하므로 진균류를 분류하는 데 있어서 중요한 특징이 된다(표 2-4).

표 2-4 곰팡이의 분류

분류		주요 특징
조상균류(Phycomycetes)		균사의 격벽이 없는 것
순정균류(Mycomycetes)		균사에 격벽이 있는 것
	자낭균류(Ascomycetes)	자낭포자를 만드는 균
	담자균류(Basidiomycetes)	담자포자를 형성하는 균
불완전균류(Fungi imperfecti)		유성포지의 형성이 확인되지 않는 것

(3) 식품위생 관련 곰팡이

① ***Mucor*속**

토양, 퇴비, 과일 등에 잘 발생하며 집락은 솜털 모양이다. 예로부터 중국 대륙에서 누룩과 유부 등의 제조에 이용되어 온 곰팡이가 많다. 그 속의 형태는 균사로부터 포자낭병(sporangiophore)이 공중으로 뻗어 그 끝이 부풀며 중축(columella)이 되고, 그 주위에 구상의 포자낭(sporangium)이 되며, 내부에 많은 포자낭포자(sporangiospore)가 생긴다. 대표적으로 ***Mucor rouxii***는 중국의 누룩으로부터 분리한 유용한 ***Mucor***속으로 cymomucor형에 속한다. 전분 당화력이 강하고 약간의 알코올 발효 능력도 있다.

② ***Rhizopus*속**

Rhizopus는 구형의 포자낭으로 격벽이 없는 균사가 거미줄 형태의 집락을 형성하며, 유성생식으로 증식한다. 원예작물(딸기, 귤, 채소 등)에 증식하는 변패의 원인균이다. ***Rhizopus*** spp.는 산을 생산하는 유일한 곰팡이이다.

대표적인 균종은 ***Rhizopus nigricans***이며, 복숭아, 딸기 등의 과실과 곡류, 빵에 잘 발생하고, 고구마 연부병의 원인균이다. 푸마르산(fumaric acid)의 생산 능력이 강한 균으로 알코올 발효 공업에 이용된다. ***R. javanicus***는 특히 감자와 고구마 등 전분의 당화력이 강하다.

③ ***Aspergillus*속**

누룩곰팡이라고도 하며, 아밀라아제, 프로테아제 등의 생산 능력이 강하고 우리나라에서는 쌀, 밀가루, 콩 등에 배양하며 탁주, 약주, 간장, 된장 등을 양조하는 데 이용한다. 소화효소 등 약품효소제 제조에도 이용된다. 온도 25~30℃, 수분 16% 이상, pH 4.0 정도의 생육 조건을 가지고 있다.

대표적인 균인 ***Aspergillus oryzae***는 황국균이라고도 한다. 전분의 당화력과 단백질 분해력이 강하기 때문에 양조, 장류에 이용된다. 흑국균이라 불리는 ***A. niger***는 흑색이며 강한 산성에 대한 내성이 있는 것이 특징이다. 따라서 발효 후에 유기산이 생성되면 산성에 대한 내성이 있으므로 견디는 것이다. 옥살산(oxalic acid), 글루콘산(gluconic acid), 시트르산(citric acid) 등을 다량 생산하는 균주가 많으므로 유기산 발효공업에 이용된다. 펙틴(pectin) 분해력이 강한 균주도 있다. ***A. flavus***는 토양과 식품에 널리 분포하는데 아플라톡신(aflatoxin)이라는 발암(간암)성 물질을 생성한다.

④ ***Penicillium*속**

빗자루 모양의 격벽이 있으며, 자연계에 널리 분포하고 과일, 떡, 빵 등에 잘 번식한다. *Penicillium citrinum*은 황변미의 원인이 되는 균으로 알려져 있고, 비대칭(asymmetrica)으로 독성 있는 황색 색소 시트리닌(citrinin)을 만든다. 이외에 *P. islandicum*은 대칭(symmetrica)이고, *P. toxicarium*은 단윤생(monoverticillata)이며 이들 곰팡이는 황변미로부터 분리된 것으로 중독을 일으킨다. *P. expansum*, *P. italcum*, *P. digitatum*는 과일의 부패를 일으킨다.

반면에 치즈의 숙성에는 *P. roqueforti*, *P. camemberti*가 이용되며, *P. chrysogenum*는 페니실린(penicillin) 생산에 이용되는 등 유용한 곰팡이도 있다.

⑤ ***Monascus*속**

분홍색 색소를 생성하므로 균총이 선명한 홍색/분홍색을 나타낸다. *Monascus purpureus*는 방부력이 있는 색소를 생성하며, 기능성 제제(혈압 강화, 콜레스테롤 합성 저해) 등에 이용되기도 한다. *M. anka*도 이 곰팡이와 유사한 균이며 홍국 외에 홍두부의 제조에도 이용한다.

4) 효모

(1) 특징

진균류에 속하는 효모(yeast)는 일반적으로 영양세포가 단세포인 진핵세포 미생물로 식물체에 다수가 서식한다. 효모 세포의 크기는 5~10 μm 정도이며, 형태는 구형, 난형, 타원형 등이다. 효모의 증식은 대부분이 무성생식에 의한 출아법으로 이루어진다. 생육 최적온도와 pH 범위가 곰팡이와 비슷하며, 일반적으로 pH 4~5 정도의 산성 조건에서 잘 자란다. 수분 요구는 곰팡이보다 다소 높아 a_w 0.85까지 증식이 가능하지만 일부 내삼투압 효모는 a_w 0.62에서도 성장하는 종류가 있다.

낮은 pH나 낮은 온도, 낮은 수분활성도의 환경에서도 잘 자라는 생리적 특성은 곰팡이와 같으나 혐기적인 조건에서도 성장하는 종류가 많은 것이 다르다. 그러므로 효모는 특히 소금이나 설탕으로 절인 식품의 숙성과 부패의 원인이 된다.

피부 질환의 원인이 되는 종류도 있으나 식중독 유발 등 식품위생상 위해성은 적은 편이다. 오이지, 피클(pickles)과 같이 산성이고 소금이 첨가된 식품의 표면에 증식하여 막을 형성하는 산막효모에 의한 식품의 변질이 일반적으로 볼 수 있는 현상이다. 내삼투압 효모들은 잼과 같이 당 함량이 높은 식품에서 서서히 증식하여 거품을 발생하고 알코올 냄새를 낸다. 때로는 식품을 변색시키거나 점질물을 형성하여 변질시키는 종류도 있다.

① *Saccharomyces*속

이 속의 효모는 식품 공업, 발효 공업과 관계가 깊으며 *Saccharomyces cerevisiae*, *Sacch. carlsbergensis* 등이 대표적이다. 두 효모의 차이점은 *Sacch. cerevisiae*는 상면발효(top fermentation)의 맥주효모로 발효된 물질이 위로 뜨고, 라피노즈(rafiinose)를 1/3 정도 이용한다. 반면 *Sacch. carlsbergensis*는 하면발효로 라피노즈를 완전 발효한다. *Sacch. rouxii*는 식염의 농도가 높아도 생육하는 내염성 효모로 간장 주발효 효모로서 유용하다.

② *Candida*속

다른 속에 비하여 균종 수가 매우 많으며, 세포의 형태는 구형, 달걀형, 원통형 등이다. *Candida mycoderma*, *C. krusei*는 변패효모이다. 한편 *C. albicans*는 사람의 피부, 점막 등에 칸디다증(Candida)을 일으키는 병원균이며, 각종 동물에도 기생한다.

5) 바이러스

바이러스는 무세포 구조로 단백질 껍질(capsid), 효소, 그리고 RNA나 DNA 중에서 한 가지 핵산만을 가지고 있다. 살아 있는 숙주세포 안에서만 증식이 가능하며, 그 결과 숙주세포를 죽게 한다. 숙주 특이성이 있는 것이 특징이다. 세균성 식중독과의 차이는 소량으로 발병이 가능하고, 2차 감염이 일어나 대형사고가 일어날 수도 있다.

(1) 노로바이러스

1968년 미국 오하이오주의 노르워크(Norwalk) 마을의 초등학교에서 집단 발병한 식중독의 원인으로 그 마을의 이름을 따서 붙여진 이름이다. 노로바이러스(norovirus)는 장관계 바이러스(enterovirus, hepatitis A virus 등) 중의 한 종류로 환자의 분변을 통해 체외로 배출되어 지표수, 해수를 통하여 널리 전파된다. 주로 급성장염을 일으키며 확산이 잘 되므로 2, 3차 감염이 많이 일어난다. 우리나라에서는 2003년에 학교급식으로 집단 발생함에 따라 주목을 받기 시작하였다. 노로바이러스에 의한 식중독은 40% 수준을 차지한다.

노로바이러스는 크기가 27 nm로 아주 작은 구형으로 단일가닥의 RNA 형태이며 외피가 없다. 감염 균량은 10개로 적은 양으로도 식중독을 발병시키고 연중 발생이 가능하므로 주의가 필요하다.

(2) 로타바이러스

로타바이러스(rotavirus)는 '바퀴(wheel)'를 뜻하는 라틴어 'rota'에서 이름을 따온 것에서 알 수 있듯이 수레바퀴 모양의 소화기 바이러스이다. 1973년 호주의 비숍(Bishop) 등이 급성설사증 환자의 십이지장 생검조직에서 전자현미경검사로 처음 바이러스 입자를 관찰하였다.

로타바이러스는 A, B, C형으로 분류되는데, 이 중에서 주로 A형 로타바이러스의 감염 빈도가 가장 높다. A형 로타바이러스는 전 세계적으로 발생하며, 특히 영·유아와 아동에게 중증 설사를 유발한다. 미국의 경우 매년 300만 건 이상의 로타바이러스 장염이 발생한다. 감염경로는 일반적으로 오염된 식수나 식품을 경구 섭취하는 경구감염, 오염된 기계나 기구, 또는 감염된 환자와의 접촉(person-to-person contact)에 의한 접촉감염이 있다.

일반적으로 로타바이러스는 유아 및 2세 이하의 소아 설사 환자의 30~50%에서 발생하고, 성인에서는 드물게 발생한다. 이때 잠복기는 1~3일(평균 2일)이며 구토, 설사, 복통, 미열 등의 증상을 동반하는 장염 증세는 3~8일간 지속된다. 건강한 성인의 경우 임상증상이 비교적 약하지만, 노인요양시설이나 병원 등에서 생활하는 면역력이 떨어진 성인에서는 집단으로 발생하는 경우가 많다.

(3) A형 간염바이러스

형태적으로 외피를 가지지 않는 정이십면체 바이러스인 A형 간염바이러스(hepatitis A virus, HAV)는 7.5 kb 양성극성 단일가닥(positive-sense single-stranded) RNA를 유전체로 가진다. 최근 ***Hepatovirus***속으로 재분류된 이 바이러스는 4개의 유전자형이 알려져 있으며, 1개의 혈청형이 존재한다.

A형 간염바이러스는 주로 분변-경구감염(fecal-oral transmission) 또는 접촉감염(contact infection)에 의해서도 감염된다. 드물게 수혈의 의해 감염되는 경우도 있다.

1988년 중국 상하이에서는 A형 간염바이러스에 오염된 패류를 충분히 익히지 않고 섭취하여 30만 명의 환자가 발생한 사례가 있었다. 2003년에는 멕시코에서 수입한 파

(green onion)가 바이러스에 오염된 상태로 유통되고 소비되면서 A형 간염이 집단 발생한 사례가 미국에서 보고되었다. 국내에서는 2005년 이후 A형 간염 환자 발생이 급격히 증가하고 있는데, 최근 들어 그 발생률이 수백 배 증가한 것으로 집계되고 있다. 이는 비교적 깨끗한 환경에서 성장하고 A형 간염바이러스에 대한 항체를 보유하지 않은 20~30대 성인에서 발생률이 급격히 높아지는 특징을 보인다.

A형 간염바이러스는 평균 3주 정도의 잠복기를 거쳐 간에서 증식하며, 바이러스 혈증과 분변 중 바이러스 배출이 일어난다. 이때 간에서 소화관으로 배출되는 담즙을 통해 분변으로 배출된다. 5세 이하 어린이의 50~90%는 무증상 경과가 일반적이지만, 성인의 경우는 70~90%가 발열, 전신 권태감, 근육통, 복통 등의 감기 증상이 나타나고, 혈청 아미노기전환효소(transaminase)의 상승, 황달 등의 간염 증상이 나타난다. 보통 1~2개월이면 회복되고, 한번 A형 간염이 발병하면 영구면역을 획득하게 된다.

(4) E형 간염바이러스

E형 간염바이러스(hepatitis E virus, HEV)는 1983년 바라얀(Balayan) 등이 비A형, 비B형 간염(non-A, non-B hepatitis) 환자의 검사 대상물에서 최초로 분리한 바이러스이다. 직경이 32~34 nm 정도로 매우 작은 입자 형태를 나타낸다. 2000년 국제바이러스분류위원회(International Committee on Taxonomy of Viruses, ICTV)는 HEV를 Hepeviridae과(family), ***Hepevirus***속(genus)으로 재분류하였다.

HEV의 혈청형은 현재 한 종류가 알려져 있으나, 염기서열을 바탕으로 하여 4개의 유전자형으로 분류할 수 있다. 이 유전자형은 발생 지역 또는 발생 국가와 상당히 밀접한 상관관계가 있기 때문에 역학조사를 할 때 중요한 의의를 가진다. E형 간염은 오염된 물을 섭취하는 경구감염이 주된 감염경로였으나, 최근 북미 지역과 유럽의 선진국에서도 E형 간염의 발생빈도가 높아지고 있다. 이는 E형 간염에 오염된 육류를 섭취한 것에 의한 감염으로 보고되고 있다.

감염의 임상 증상으로는 약 2주간의 바이러스혈증(viremia)을 보이고 주증상인 황달이 나타난 후 39~112일 정도까지 혈장 빌리루빈 상승, 복부 통증, 식욕 부진, 간장 종대, 구토, 발열 등의 증상을 동반한다. 평균 40일 정도 이후에는 자가 회복하기 때문에 치사율은 3% 미만으로 매우 낮지만, 임산부가 감염되는 경우 치사율이 25%로 높아지며 특히 노약자에 대한 주의가 필요하다.

(5) 아데노바이러스

아데노바이러스(adenovirus)는 이중가닥 선형 DNA(double-stranded linear DNA)를 가지며, 7종의 57개 혈청형이 알려져 있는데 각각의 혈청형별로 호흡기, 비뇨기, 위장관 질병 및 결막염과 관련이 있다. 전염경로로는 호흡기 비말(droplets)을 통하여 전파되기도 하고, 위장관염을 일으키는 혈청형의 경우는 분변을 통하여 배출되기 때문에 경구감염되기도 한다. 아데노바이러스는 화학적 또는 물리적 처리에 매우 안정적이므로 외부 환경에서도 장기간 생존할 수 있는 특징이 있다.

아데노바이러스의 잠복기는 평균 7일 정도로 다른 바이러스보다 길고 설사, 발열, 구토와 상기도 염증을 동반한다. 설사 횟수는 다양하고, 발열은 37.5~38.9℃가 2일 정도 지속된다.

(6) 아스트로바이러스

아스트로바이러스(astrovirus)를 전자현미경으로 관찰하면 별 모양으로 보이기 때문에 별을 의미하는 'astro-'를 접두어로 붙여 명명하였다. 아스트로바이러스는 8개의 혈청형이 알려져 있으며 1형과 2형은 면역력이 약한 어린이에게 위장관염을 일으킨다. 일본에서는 학생과 선생님 1,500명이 바이러스 4형에 의해 대량 식중독이 발생하기도 하였다.

일반적으로 아스트로바이러스는 2~3일간의 잠복기를 거쳐 설사, 오한, 두통, 구토, 복통과 발열 증상을 보이며, 이러한 증상은 약 3~4일간 지속된다. 가을부터 겨울까지 우리나라에서 유행하는 영·유아 장염의 2~8%가 아스트로바이러스에 의한 것으로 분석되나, 아직 예방 백신이 개발되지 않아서 위생적인 검사 대상물 처리와 손 씻기가 필수적이다.

2. 미생물에 의한 식품의 오염

1) 미생물의 오염원

식품에 병원성 미생물이나 유해한 물질이 오염되는 것을 식품오염이라 한다. 특히 미생물은 생활환경 주변에 흔하게 존재하므로 식품의 오염원 중 가장 많이 나타나는 것이 미생물에 의한 오염이다. 미생물 중 병원성 미생물에 의한 식품오염은 1차 오염 및 2차 오염으로 나눌 수 있다. 식품의 가공·저장 등 식품을 취급하기 전에 오염되는 것을 1차

오염이라 하고, 식품 취급 중 또는 취급 후에 오염되는 것을 2차 오염이라 한다.

(1) 토양미생물

토양은 대다수의 미생물이 존재하는 곳으로, 토양 내 미생물은 1 g당 10^6~10^8 수준이다. 토양미생물의 대부분은 세균이며, 호기성 세균, 혐기성 세균, 방선균, 사상균의 순서로 분포되어 있다. 세균 다음으로는 곰팡이, 효모의 순서로 분포되어 있다. 토양미생물은 토양 내 유기물을 분해하여 정화시키지만, 동물의 배설물 내 미생물에 의해 오염되기도 한다. 이렇게 오염된 미생물들은 가축 및 농작물 등을 오염시키거나, 하수로 흘러 수질오염의 원인이 되기도 한다. 또한 먼지에 의해 대기 중에 존재하다가 기계 및 도구에 부착되기도 한다.

식품의 오염원이 되는 주된 토양미생물 가운데 세균으로는 *Bacillus*, *Leuconostoc*, *Micrococcus*, *Enterobacter*, *Citrobacter*, *Clostridium*, *Pseudomonas*, *Klebsiella*, *Corynebacterium*, *Serratia*, *Proteus*, *Brevibacterium*, *Aerobacter* 등이 있으며, 방선균에는 *Actinomyces*, *Streptomyces*, *Nocardia* 등이 있다. 또한 곰팡이에는 *Penicillium*, *Mucor*, *Aspergillus*, *Rhizopus*, *Trichoderma*, *Alternaria*, *Fusarium* 등이 있으며, 효모에는 *Saccharomyces*, *Torula*, *Candida* 등이 있다.

(2) 수생미생물

수생미생물 중 세균은 대부분 저온균 또는 호냉균이며, 분포하는 장소에 따라 민물세균, 해수세균, 하수세균으로 분류된다.

민물(담수)이란 하천, 호수, 늪, 연못 등이며 대부분 동물의 배설물이나 토양미생물로부터 오염되는 경우가 많고 1 mL 내에 10^5~10^6 수준으로 존재한다. 이들은 식수를 오염시키거나 저장된 어류나 육류를 부패시키기도 한다. 민물세균은 그람음성 간균으로 *Pseudomonas*, *Acinetobacter*, *Alcaligenes*, *Aeromonas*, *Flavobacterium*이 있다.

해수세균은 해수의 식염 농도가 1~3%이므로 이 농도에서 잘 증식하는 호염성 또는 내염성 세균인 *Vibrio*, *Pseudomonas*, *Achromobacter*, *Aeromonas*, *Photobacterium* 등이 존재한다. 이들은 주로 토양, 어시장 및 폐수로부터 유입되어 해수 어류, 조류, 패류의 부패 원인이 된다.

하수세균은 토양, 민물, 배설물, 가정 및 공장의 폐수 등에서 유래하는 세균이다. 분변에서 유래하는 *Escherichia coli*, *Proteus*, 토양에서 유래하는 *Citrobacter*, *Klebsiella*,

Enterobacter, *Clostridium*, *Bacillus*, 그 외에 *Pseudomonas*, *Micrococcus*, *Vibrio* 등이 존재한다.

(3) 공중미생물

공중에는 고유한 미생물이 존재하지 않고, 바람에 의해 토양미생물이 공기 중으로 비산된 세균 가운데 자외선에 잘 견디는 미생물이 대부분이다. *Bacillus* 등 포자를 형성하는 세균, *Micrococcus*, *Staphylococcus*, *Streptococcus* 등 그람양성 구균류 및 곰팡이의 포자가 공중미생물에 속한다. 이들이 식품 공장, 조리실 내의 공기 중으로 유입되면 식품 속으로 낙하하여 오염되어 제품의 품질에 영향을 준다.

(4) 분변미생물

사람이나 동물의 배설물에 포함된 미생물로 장내세균이 대부분이다. 병원성을 나타내지 않는 비병원성 세균도 있지만 감염병 및 식중독의 원인균도 존재한다. 주요 분변미생물로는 *Escherichia coli*, *Clostridium*, *Streptococcus faecalis*, *Bacteroides*, *Klebsiella*, *Bifidobacterium*, *Shigella*, *Lactobacillus*, *Citrobacter*, *Serratia*, *Proteus*, *Salmonella* 등이 있다.

식품에 분변미생물이 오염되는 경로는 퇴비를 충분히 부숙시키지 않고 사용하거나, 배설물 처리시설의 부재 및 불법 방류 등으로 토양이나 하천에 유입되어 식품에 직접적 또는 간접적으로 오염되는 것으로 식중독의 원인이 될 수 있다.

(5) 동·식물체의 미생물

사람이나 동물의 피부 및 점막, 상처 부위에 증식하는 세균으로는 *Micrococcus*, *Streptococcus*, *Staphylococcus*, *Corynebacterium* 등이 있으며, 이 중 식중독 발병의 원인이 되는 세균이 있다. 특히 손에 상처가 난 부위에서는 화농균이 검출되므로 상처가 발생하면 식품을 직접적으로 다루지 않도록 주의해야 한다.

식물의 표면 및 상처 부위에 증식하는 세균으로는 *Micrococcus*, *Pseudomonas*, *Xanthomonas* 등이 있으며, 곰팡이는 *Alternaria*, *Fusarium* 등이 있다. 특히 곰팡이 중에는 곰팡이 독소를 생성하여 질병을 일으키기도 하다.

(6) 식품 가공과정에서의 오염

농작물을 수확하면서, 가축이 도살되는 과정에서, 우유를 착유하는 과정에서 이미 토양, 물, 공기 등 주변 환경으로부터 1차 오염에 노출되므로 식품원료는 항상 청결하게 다루어야 한다. 따라서 식품을 취급하는 곳은 항상 청결한 위생 상태를 유지해야 한다. 또한 작업하는 주변 환경으로부터 세균이 증식, 오염되지 않도록 온도가 낮은 상황에서 가공, 유통, 보관해야 한다.

(7) 식품의 2차 오염

식품의 2차 오염은 대부분 식품을 취급하는 공장 및 조리실에서 식품을 취급하는 가공, 조리, 포장, 유통, 보관 등의 과정에서 비위생적으로 다루거나 부주의함으로 인해 유해미생물이 식품에 비의도적으로 오염되어 발생한다. 그러므로 식품을 취급할 때에는 개인위생을 청결히 하고, 위생적인 환경에서 식품을 다루어야 한다.

조리과정 중 교차오염을 통해 2차 오염이 쉽게 발생하므로 특히 주의해야 한다. 예를 들면 가금류를 자른 칼로 채소를 자르는 경우, 전처리과정 중에 있는 생식품을 손으로 만진 후 세척, 소독하지 않고 조리된 식품을 만지는 경우, 생식품에 접촉된 행주로 조리된 음식을 담는 그릇을 닦는 경우 등이다.

3. 미생물에 의한 식품의 변질

일반적으로 미생물에 의해 당질, 지질이 분해되어 산미를 생성하거나 특유의 방향을 잃는 현상을 변패(deterioration)라고 하며, 나아가 주로 단백질이 *Pseudomonas*, *Bacillus*, *Clostridium* 등의 부패세균의 작용을 받아 분해되어 악취나 여러 가지 유해물질을 생성하는 과정을 부패(putrefaction)라 한다.

식품의 변질 또는 열화(spoilage, rot 또는 decay)는 식품이 어떤 요인에 의해 분해되고 맛, 냄새, 색깔 및 외관 등이 나빠져서 식품으로서의 가치를 잃게 되는 현상이다. 식품의 변질은 물리학적 요인(광선, 열에 의한 식품 성분의 변화, 동결에 의한 조직의 파괴, 건조, 전분의 노화 등), 화학적 요인(자기소화, 효소작용, 유지의 산화, 중합, 갈변 등), 생물학적 요인(미생물, 곤충 등) 등의 변질 요인이 한 가지 또는 그 이상으로 복합적 작용을 통하여 일어나는데, 그중 생물학적 요인인 미생물에 의한 경우가 대부분이므로 가장 중요하다고 볼 수 있다. 반면에 같은 변질이라도 당질이 미생물의 작용에 의해 일상생활에 있어서나 또는 상품 가치로서 유용한 물질을 생성하는 과정은 발효(fermentation)라고 한다.

1) 부패에 영향을 미치는 요인

부패는 온도 및 pH, 수분활성, 식품 성분의 조성, 기타 요인에 의해 좌우된다.

(1) 온도 및 pH

온도는 미생물 증식에 가장 큰 영향을 미치는 요인으로, 세균은 각각 발육에 적합한 범위가 있어서 저온균은 0~20℃, 중온균은 25~40℃, 호열균은 45~60℃에서 잘 증식한다. 대부분의 병원세균이나 부패세균은 중온균이다.

세균은 생육최적 pH가 대부분 중성 부근이다. 대부분의 부패세균은 pH 5.5 이하에서는 발육이 저해되지만 효모와 곰팡이는 산성 영역에서 증식이 잘 되며, 증식 범위는 효모 pH 4.0~8.5, 곰팡이 pH 2.0~8.5이다. 여러 가지 부패 요인 중 pH만을 고려했을 때도 식품별로 어느 것이 빨리 부패할 것이며 주종을 이루는 부패 미생물이 어떠한 것인가를 짐작할 수 있다.

(2) 수분활성

식품의 성분 중 미생물 증식에 이용 가능한 수분의 양을 수분활성도(water activity, a_w)라고 한다. 세균은 효모 및 곰팡이보다 높은 수분활성도가 필요하다. 세균은 수분활성도 0.90~0.91에서 증식 가능하나, 특이적으로 황색포도상구균의 경우 0.83에서도 생육할 수 있다. 효모는 통상 0.87~0.94에서 증식 가능하나, 내삼투압성 효모는 0.60 배지에서 생육할 수도 있다. 곰팡이는 0.70~0.80에서 증식하나, 내건성 곰팡이는 0.65에서도 자란다.

식품의 수분활성도를 떨어뜨리는 건조, 담장(당절임) 등과 같은 과정을 거친 후에는 세균, 효모, 곰팡이의 순으로 생육하기 어려워지며, 수분활성도 0.65 이하에서는 어떠한 미생물도 생육하지 못한다. 곰팡이는 수분활성도가 높은 식품에서도 자라지만 건조식품에서 더욱 잘 증식하는 이유는, 높은 수분활성도에서는 세균 및 효모의 증식으로 인해 곰팡이가 잘 증식하지 못하지만 수분활성도가 낮아져 세균 및 효모가 증식하기 어려운 환경에 도달하면 곰팡이가 증식 가능하기 때문이다.

식품의 수분활성도는 건조, 가열, 냉동, 담장, 염장, 조림 등의 방법을 통해 낮출 수 있으므로 식품위생학적으로 안전하고 저장성이 좋은 식품을 생산할 수 있다. 대부분 식품의 수분활성도가 0.90 이하이거나 10% 이상 염 성분이 함유된 식품은 저장성이 좋다. 그러나 건조된 식품에 수분이 첨가되면 잠재적 위해식품이 되므로 주의해야 한다.

(3) 식품 성분의 조성

셀룰로오스(cellulose), 전분(starch), 펙틴, 단백질 등을 분해하는 세균 종류는 많지 않으나 이들이 분해되어 단당류나 유리아미노산을 활용하여 증식하는 세균류가 많기 때문에 변패가 잘 일어난다.

(4) 기타 요인

식품을 가공할 때의 혼합 비율과 식품첨가물의 사용에 따라서도 부패에 영향을 줄 수 있으며, 제조공정, 위생 수준, 포장 재질 및 방법, 식품의 저장·유통 환경 등도 영향을 준다. 뿐만 아니라 식품 성분 중에는 미생물의 발육을 억제하는 물질, 발육을 촉진하는 성분들이 있어서 식품의 종류, 가공 형태 등에 따라 부패 미생물의 종류나 변패 양상은 크게 달라진다. 이외에 산소에 의한 변화, 효소에 의한 변화도 부패를 촉진시키는 요소이다.

2) 식품군별 부패

쌀과 같은 곡류는 주로 건조를 시켜 저장하므로 저장환경이 좋지 않거나 수분이 남아 있는 경우에 미생물에 의한 부패가 발생한다. 수분활성이 낮은 식품이므로 주로 곰팡이에 의해 발생한다. 밀가루와 같은 전분류 식품은 *Bacillus subtilis*, 젖산균, 곰팡이에 의해 부패가 진행된다.

과일 및 채소류는 수분 함량이 풍부해 미생물에 의해 일어나거나 효소의 활성에 의해 자가소화로 부패가 시작된다. 과일은 산성식품이므로 세균보다는 산성 조건에서 잘 자라는 곰팡이가 주요 원인균이며, 과일 표면에 흑색의 균사체가 발생하거나 과일조직이 물진다. *Mucor* spp.과 같은 곰팡이는 펙티나아제(pectinase)와 같은 효소를 생산하는데, 이 효소가 펙틴을 분해하여 조직이 부드러워지게 된다. 채소는 과일의 부패현상과 비슷하지만 채소 전체에 영향을 미친다. 또한, 곰팡이뿐 아니라 세균도 원인균이 되며, 펙티나아제를 생산하는 세균은 *Clostridium*, *Erwinia* 등이 있다.

육류는 단백질, 지질이 풍부한 급원 식품으로 효소 등에 의해 분해되어 세균 발육에 이용된다. 탄수화물은 세균 발육의 에너지원으로 이용되며, 가장 풍부한 급원인 단백질 식품은 신선도가 저하되면 탈아미노반응, 탈탄산반응으로 인해 아민(amine), 암모니아(NH_3)가 생성된다. 유해 아민은 알레르기성 식중독의 원인이 되기도 한다. 지질은 작은 분자인 지방산, 글리세롤로 분해되는데, 이 지방산이 산패되면서 역시 산패취를 발생시킨다.

고기의 부패가 진행되면 고기 표면에 점액질(slime)이 형성되는 것을 볼 수 있다. 이것은 0~10℃의 온도에서도 잘 번식하는 호기성 세균과 효모가 많이 쌓인 현상으로 온도와 습도에 영향을 받는다. 색은 변색이 되어 광택을 잃고 어두운 색을 띠며, 탄력이 없어진다. 아미노산이 아민이 되어 탈탄산효소의 작용으로 카복실기(carboxyl)가 생성

표 2-5 식품 유형별 변질·부패의 주요 형태 및 요인

식품 유형	변질·부패 형태	주요 요인
우유	산화, 가수분해형 산패, 세균 발육	산소, 온도, 빛, 금속
분유	산화, 갈변화, 응고	산소, 습도, 온도
유제품	산화, 산패, 젖당 결정화	산소, 온도, 빛, 금속
아이스크림	빙결정, 젖당 결정화, 산화	산소, 온도
소고기	세균 발육, 산화, 수분 손실, 색 손실	산소, 온도, 빛, 습도
닭고기	세균 발육, 병원균, 관능품질, 효소 저하, 물리적 부패	산소, 온도
어류/수산물	세균 발육, 산화	산소, 온도
과일	효소성 연화, 세균 발육, 수분 손실	산소, 온도, 빛, 습도
채소	효소 활성, 세균 발육, 수분 손실	산소, 온도, 빛, 습도
빵	수분 이동, 전분 노화, 세균·곰팡이 발육, 산패	산소, 온도, 습도
초콜릿	당결정, 지방 결정, 산화	산소, 온도, 습도
커피/차	산화, 휘발성 향기 성분 손실	산소, 빛, 습도
향신료/설탕/소금	색·향 손실, 덩어리화	산소, 빛, 습도
캔디	수분 이동, 당결정	산소, 습도
튀김 식품	산패, 수분 증가	산소, 온도, 빛, 습도
치즈	세균·곰팡이 발육, 수분 손실, 산화, 비효소적 갈변, 젖당 결정화	산소, 온도
건조식품	영양소 손실(비타민 C, B_1, 라이신), 수분 증가, 비효소적 갈변, 산화, 색소 분해	산소, 온도, 습도
탈지분유	비효소적 갈변	습도
시리얼	수분 이동, 산화, 전분 노화, 파손	산소, 온도, 습도
파스타	수분 증가, 색소 손실, 산화, 전분 노화, 영양소 손실(비타민 B1, 단백질)	습도
농축주스	영양소 손실(비타민 C, A), 세균/곰팡이 발육, 색·맛·탁도 손실	산소, 온도
과일/채소	통조림 색·맛·조직감 손실, 영양소 손실	온도
기타	냉동식품 산화, 빙결정, 조직 변화	산소, 온도

자료 : 식품의약품안전처 위해기준과

되면서 동시에 CO_2와 같은 이산화탄소가 발생하게 된다. 육류의 부패세균은 ***Bacillus putrificus*, *Bacillus subtilis*, *Proteus vulgaris*, *Clostridium sporogenes*** 등의 무포자세균 및 포자형성균이 모두 관여한다.

어류 및 어패류의 부패세균은 ***Pseudomonas*, *Micrococcus*, *Flavobacterium*** spp.와 같이 대부분 수중세균으로 주로 어류의 표면, 아가미 등에 존재하여 저장이나 운반 도중에 부패를 일으킨다. 여름철에 식중독 사건의 단골인 어패류는 Trimethylamined이 산화트리메틸아민(trimethylamine oxide)에 의해 환원되어 트리메틸아민(trimethylamine)을 생성한다. 부패가 진행됨에 따라서 황화수소, 메르캅탄(mercaptane)의 생성, 트립토판(tryptophane)의 분해에 의한 인돌(indole), 스카톨(skatole)의 형성 등으로 인해 악취가 발생한다. 또한 pH는 부패로 염기성 물질이 생성되어 점차 중성 또는 알칼리성으로 변한다.

대부분의 미생물들이 우유 및 유제품의 부패에도 관여한다. 우유는 수분이 87.4%, 카세인(casein), 유지방과 같은 고형분이 12.6%로 이루어진 식품이므로, 영양이 풍부하고 미생물 성장에 필요한 수분도 적당히 함유하고 있다. 매우 상하기 쉬운 식품이므로 세심한 주의가 필요하다. 주로 관여하는 미생물은 ***Pseudomonas*, *Serratia*, *Streptococcus*, *Alcaligenes*** 등이 변패를 일으킨다. 단백질의 분해로 쓴맛과 좋지 못한 냄새가 발생하며, 젖산균에 의해 젖산이 생성되어 신맛을 나타낸다. 치즈와 같은 유제품은 세균에 의해 가스 기공이 생성되거나 조직이 갈라지는 현상이 나타나고, 곰팡이는 식품의 가치를 상실시킨다.

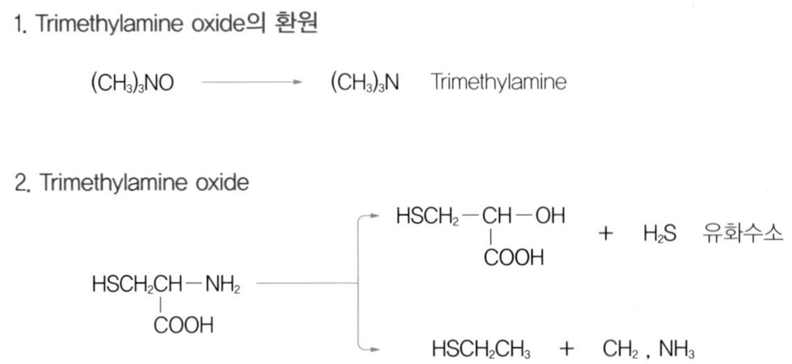

그림 2-3 부패 시 부패냄새의 원인물질 생산
자료 : 자세히 쓴 식품위생학, 정문각

3) 변패에 관여하는 미생물

식품에 미생물이 혼입되면 균 수의 증가로 식품 성분은 미생물이 생산한 효소에 의해 분해되고, 각종 대사생산물이 생성되어 식품으로서의 가치를 잃게 된다. 식품의 변패에 관여하는 미생물은 세균과 곰팡이가 주종을 이룬다. 식품의 부패가 단일 세균의 오염으로 발생하는 경우는 드물며, 일반적으로 몇 종류의 세균이 시기를 달리하여 증식함으로써 부패가 진행된다. 이러한 경시적 균상의 변화는 환경(온도, 수분, pH, 식품 성분)에 알맞은 균이 최초로 증식하고, 변화한 환경에 맞는 다른 종류의 균이 다시 증식하기 때문이다.

부패세균의 종류는 식품에 따라 다른데 어패류, 농축산물에서는 *Pseudomonas*, *Flavobacterium*, *Bacillus* 등이, 혼합 가공 단백질 식품에서는 *Bacillus*, *Clostridium* 등이, 건어물이나 빵, 과실 등과 같이 수분이 적거나 산성인 식품에서는 곰팡이가 활발하게 작용하여 변패를 일으킨다.

표 2-6 식품별 주요 변패 미생물

식품	주요 미생물
과일, 채소	펙틴 분해력이 있음(*Mucor, Aspergillus, Penicillium*)
육류	단백질 분해력이 강함(*Bacillus, Proteus vulgaris, Clostridium sporogenes*)
어패류	저온성 수중세균(*Pseudomonas, Flavobacterium, Achromobacter, Micrococcus* 등)
우유	점질화, 알칼리화(*Alcaligens viscolactis*), 청색변패(*Pseudomonas syncyanea*), 녹색변패(*Pseudomonas fluorescens*)
달걀	흑색변패(*Proteus melanovogenes*)
빵	점질화 변패(*Bacillus*), 적색변패(*Serratia marcescens*)
통조림	Flat sour 변패(*Bacillus stearothermophilus, Bacillus coagulans*)

4) 부패의 판정

부패의 판정방법은 관능검사, 세균검사, 화학적 판정 등을 들 수 있다. 이 중 훈련된 사람에 의한 관능검사가 신속 정확하며, 세균검사나 화학적 검사는 시간이 많이 소요되는 결점이 있다(표 2-7).

표 2-7 부패 판정의 검사

판정검사	판정방법
관능검사	시각(색), 후각(냄새), 미각(맛), 촉각(연화, 경화)
물리적 검사	식품의 경도, 점성, 탄력성, 전기저항 측정
생화학적 검사	초기부패 : 식품 1 g 또는 1 mL당 10^7~10^8
화학적 판정	• 휘발성 염기질소 아민, 암모니아 : 30~40 mg%/100 g • Trimethylamine(TMA) 해산 어패류의 경우 3~10 mg/100 g으로 부패 판정 • 히스타민 세균에 의해 생선된 히스티딘이 탈탄산작용에 의해 히스타민으로 되어 축적됨 • ATP의 분해 ATP는 동물의 사후에 분해되어 이노신, 이노신산 등으로 됨. 이러한 분해산물 및 ATP 양을 측정하여 신선도를 판정하는 경우도 있음 • pH 변화 부패로 인해 염기성 물질이 생성되어 중성 또는 알칼리성으로 변함

4. 미생물 관리

1) 멸균, 소독, 살균의 개념

식품을 취급하는 곳에서는 항상 청결한 환경을 유지해야 그로 인한 위해를 줄일 수 있다. 식품뿐만 아니라 식품을 다루는 기구, 설비, 용기 등을 멸균·소독·살균하여 위해 미생물을 차단하는 위생적인 관리가 필수적이다. 소독(disinfection)이란 주로 화학적인 방법, 즉 각종 약품을 사용하여 병원성 미생물을 파괴시켜 감염의 위험성을 차단하고, 세균의 증식을 억제·멸살시키는 것을 말한다. 더 넓은 범위의 멸균(sterilization)은 병원성 및 비병원성 균의 생세포뿐 아니라 포자 형태의 미생물을 주로 물리적 방법으로 완전히 사멸 또는 불활성화시키는 것을 의미한다. 포자를 형성하는 미생물 등은 열과 화학물질에 대한 저항성이 매우 강하기 때문에 고압멸균기, 건열기 등을 이용하여 사멸시켜야 한다.

2) 멸균과 소독방법

물리적 방법은 고압·상압 멸균법, 여과나 광선에 의한 방법들이 포함되고, 화학적 방법에는 각종 소독제나 산화제 등에 의한 방법이 여기에 속한다.

(1) 물리적 소독법

① 건열멸균법

건열멸균기를 160℃까지 상승시켜 1~2시간 유지하는 방법이다. 미국 FDA에서는 유리기구는 160℃에서 1시간 이상, 금속용구에 들어 있는 유리용구는 2시간 이상 멸균하도록 하고 있다. 멸균기에 너무 많은 자재를 넣으면 중심부의 온도 상승이 불충분하여 불완전멸균이 될 수 있으므로 주의해야 한다.

② 자비멸균법

가장 간단하면서 많이 이용하고 있는 방법으로, 100℃의 끓는 물을 이용하여 식기 및 도마, 의류, 주사기 등을 15~20분간 소독하는 방법이다. 끓는 물은 100℃ 이상을 넘지 못하므로 완전멸균은 불가능하다. 금속기구를 소독할 때 1~2%의 탄산수소나트륨을 물에 첨가하면 살균력이 강해지고 부식도 방지할 수 있다.

③ 고압멸균법

수증기포화의 습열을 이용하여 고압멸균기(autoclave)에서 121℃, 15분간 가열로 아포형성균을 멸균할 수 있는 방법이다. 주로 유리기구, 의류, 고무 제품, 자기류, 거즈 등에 사용한다.

④ 간헐멸균법

100℃의 증기로 30분 가열하여 하룻밤 실온에 방치한 후 다시 100℃, 30분간 가열하는 조작을 3회 반복하는 방법으로, 열에 비교적 불안정한 배지 등을 특별한 장치를 사용하지 않고 멸균하는 방법이다. 100℃ 가열로 증식형 세균을 죽이고, 가열 자극에 의해 발아된 포자를 다음날 가열하여 죽이는 것을 반복함으로써 멸균하는 원리이다. 따라서 발아한 세포가 증식 가능한 배지에 사용한다.

⑤ 저온살균법

증식형 세포의 대부분은 62.8℃, 30분의 습열로 죽는다. 이 방법은 예로부터 우유의 소독에 사용되어 왔다. 요즘에는 71.7℃에서 15초간, 또는 140~150℃에서 1~2초간 살균하는 초고온 순간살균방법이 활용되고 있다.

⑥ 자외선멸균법

자외선을 이용하여 무균실, 수술실 등의 구조물을 소독하는 방법으로, 이 중 260~280 nm의 파장을 가진 것이 가장 살균력이 강하다. 자외선은 투과력이 약하기 때문에 감추어진 부분은 물론이고 물속에 있는 균도 수 cm만 떨어져 있으면 살균하기 어렵다. 15W 살균등에서 약 20초 직하에서 대장균이 1분 이내에 사멸한다. 사용방법이 간단하고, 식품의 품질에 영향을 거의 미치지 않는 장점이 있다. 하지만 광부활작용으로 자외선조사 후의 균을 가시광선에 비추면 다시 급속하게 살아나기 때문에 이 점에 유의하여 자외선조사 후 일정 시간을 암소에 보관해야 한다.

(2) 화학적 소독법

가열할 수 없는 기구에 소독력을 가지고 있는 물질을 이용하여 소독하는 방법이다. 효과적인 소독제의 조건은 ① 높은 페놀 계수 ② 안정성 ③ 용해성 ④ 낮은 독성 ⑤ 부식성과 표백성이 없을 것 ⑥ 강한 침투성 ⑦ 저렴한 가격 등이라야 한다.

① 페놀

소독약의 살균력을 측정하는 기준은 페놀 계수(phenol coefficient)는 소독약의 희석배수/페놀의 희석배수로 계산한다. 페놀 계수가 높을수록 좋은 살균력을 지니고 있다고 볼 수 있다. 소독액의 농도는 3%의 수용액이며, 단백질의 응고, 용해작용 또는 효소작용을 억제하는 살균작용을 지닌다. 주로 의류, 용기, 실험대, 배설물 등에 이용된다.

② 알코올법

70% 이상의 에탄올과 30~70%의 이소프로판올이 피부 소독제로 오랫동안 사용되어 왔다. 효소 등 균체 단백질의 변성에 의해 살균한다. 70% 에탄올은 일반 세균의 영양세포, 결핵균 및 다수의 바이러스에 강한 살균작용을 나타내지만 포자와 사상균에는 효과가 적다. 농도가 낮으면 살균력은 현저히 저하하며 50% 이하에서는 거의 효과가 없다.

③ 염소화합물법

염소가스(chlorine gas)는 물에 녹아 유기물의 -H기와 반응하여 할로겐화하는 것 외에 $Cl_2 + 2H_2O \rightarrow HCl + HOCl \rightarrow 2HCl + O$의 반응에 의해 생긴 활성산소에 의한 산화로 살균한다. 강한 살균력을 가지나 자극성, 부식성이 강하여 상수도 및 하수의 소독과 같이 대규모 소독 외에는 사용되지 않는 편이다. 상수의 소독에 500 ppm 사용하지만 유기물로 반응하여 소비되므로 소독 완료 시에는 함유량이 감소한다. 이것을 잔류염소라 한다. 염소제는 바이러스, 포자 등에 대해서도 농도가 높으면 살균작용을 하지만 결핵균에는 효과가 없다. 표백분($CaOCl_2$)은 5%의 수용액 농도로 음료수, 수영장 소독 등에 쓰이며, 차아염소산나트륨(NaOCl)은 분해되기 쉬운 물질로 용액 중에서 발생되는 염소 이온에 의해 살균작용을 한다.

④ **요오드화합물법**

요오드화합물은 염소화합물보다 침투성이 높고 살균력도 강하다. 금속 요오드는 물에는 거의 녹지 않으나 에탄올에는 20 g/100 mL 정도 녹으므로 요오드팅크(iodine tincture)로 상처 부위나 수술대 소독에 사용되어 왔다. 피부 자극이 강하지만 이것을 70% 에탄올로 1/2 희석한 것은 자극이 완화된다. 요오드 팅크는 살균력이 강하며 포자, 결핵균, 바이러스도 신속하게 죽인다.

이 밖에 상처 소독 시에 2.5~3.5% 과산화수소를 이용하고, 손 소독 시에는 0.1% 승홍을 사용한다. 기구 등의 살균소독제 효과의 유무는 상온에서 5분간 처리했을 때 대장균 및 황색포도상구균을 99.999% 이상 감소시켜야 살균소독력이 있는 것으로 판단한다. 살균소독제를 사용할 때 제품에 표시된 희석농도, 사용 시 주의사항, 보관방법 등을 살펴보고 사용해야 한다.

3) 식품보존법

미생물에 대한 여러 가지 특성을 알고 개인, 식품 산업 등에서 적절히 활용함으로써 위해 사고를 예방하는 것이 최종목표이다. 모든 미생물을 억제할 수는 없지만, 인간에게 해로운 영향을 주는 미생물들은 반드시 억제하여 안전하고 위생적인 식품 섭취를 해야 한다.

표 2-8 물리적, 화학적, 복합적 식품보존법

식품보존법		보존방법
물리적 방법	탈수건조법	생육에 필요한 수분을 제거하여 건조함으로써 부패를 방지
	가열살균법	주로 우유, 통조림 등에 이용하는 방법 • 저온살균 : 62~65℃, 30분 • 고온단시간 : 72~15℃, 20초 • 고온장시간 : 95~120℃, 30~60초 (통조림) • 초고온순간 : 130~150℃, 2초
	온장고 보관	가열된 식품은 70~80℃에 보관하여 온도 유지

(계속)

식품보존법		보존방법
물리적 방법	냉장·냉동 보관	냉장은 0~10℃, 냉동은 0℃ 이하에서 보관하여 미생물 활동을 억제
	자외선조사	식품 내부까지 살균이 되지 않기 때문에 표면살균에 적합
	방사선조사	방사선, β선, γ선을 조사하여 살균하는 방법으로 안전성 문제 고려
화학적 방법	염장법	10% 정도의 소금에 절이는 방법으로 보통의 미생물은 발육이 억제
	당장법	젤리, 잼과 같이 설탕 농도를 50% 이상 첨가하여 증식을 방지
	산저장법	미생물 생육에 적당한 pH의 범위를 벗어나는 방법
복합적 방법	훈연법	육류, 어류를 염장하여 탈수시킨 후 수지가 적은 나무를 불완전 연소시켜 연기로 그을려 저장하는 방법
	조미법	소금, 설탕 등을 첨가하여 가열 처리하는 방법
	밀봉법	밀봉된 공간에 넣어 미생물이 자랄 수 있는 환경과 분리하여 보존하는 방법

단원정리

- 현미경으로 관찰할 정도로 미세하지만 늘 우리 주변에 존재하고 있는 미생물들은 우리에게 긍정적 또는 부정적인 영향을 미치고 있다.
- 긍정적인 영향으로는 요구르트, 김치, 장류 등의 발효식품 제조에 이용하는 것이고, 부정적인 영향으로는 식중독, 경구성 감염병 등의 건강 장애를 일으키는 것이다.
- 세균, 곰팡이, 효모, 바이러스에 따라 각각 환경적 요인에 의한 생장 조건이 다르기 때문에 미생물의 의한 식품의 오염 및 변질을 이해하고 미생물을 관리하여 위해 요소를 최대한으로 제거하도록 해야 한다.

연습문제

1 식품 중에 생균 수 및 대장균을 측정하는 목적을 설명하시오.

2 미생물의 생장 조건을 나열하고, 그에 따른 이유를 간단히 설명하시오.

3 대장균 검출을 수질오염의 생물학적 지표로 이용하는 이유를 말하시오.

4 호기성이며 전분 분해력이 강한 내열성 아포를 형성하는 균을 말하시오.

5 미생물 증식에 가장 큰 영향을 미치는 요인과 생육 최적의 pH를 답하시오.

6 식품의 수분활성도와 세균 생육의 관계를 설명하시오.

7 살균/소독과 멸균의 차이점과 각각의 예시를 나열하시오.

8 식품의 보존법 중에서 물리적 보존법에 대해 설명하시오.

9 화학적 소독법 중에서 기준이 되어 소독력을 비교하는 물질은 무엇이며, 그 특징에 대해 간단히 설명하시오.

CHAPTER 3

식중독

1. 식중독의 의의
2. 식중독의 분류
3. 식중독 발생 현황
4. 세균성 식중독
5. 바이러스 식중독
6. 기생충
7. 위생동물과 위생해충
8. 자연독 식중독
9. 화학성 식중독
10. 곰팡이 독

1. 식중독의 의의

식품을 통하여 일어나는 질병을 미국에서는 'food borne illness(disease)' 또는 'food borne intoxication'이라 하며, 우리나라에서는 식중독이라 한다. 「식품위생법」 제2조제14호에 의하면 "식중독이란 식품 섭취로 인하여 인체에 유해한 미생물 또는 유독물질에 의하여 발생하였거나 발생한 것으로 판단되는 감염성 질환 또는 독소형 질환"이라 정의한다. 또한 세계보건기구(WHO, 1956)에서는 식중독을 다음과 같이 정의하였다.

> "Food poisoning means any apparently toxic disturbance following the ingestion of food, with while simulating chemicals poisoning cannot be ascribed to any clearly defined poison. Such food poisoning includes:
>
> (1) Nervous disturbances of the paralysistype, such as those induced by the thermolabile toxin of ***Clostridium Botulinum***.
>
> (2) Gastro-intestinal disturbances following the ingestion of food in fected with various bacteria: ***Salmonella***, ***Clostridium welchii***, Enterococcus, Proteus, ***Escherichia coli*** and others. Whatever the causative bacteria, the symptoms of food poisoning are always of the same type, pre-dominantly digestive."

즉, 식중독이란 세균을 비롯하여 자연독, 화학물질 등 생체에 유해한 물질(세균이나 유독물질, 동식물의 독이나 유독성 유·무기물 등)이 음식물에 첨가되어 오염된 것을 사람이 섭취함으로써 구토, 설사, 복통, 발열, 급성위장염 등의 생리적 이상을 초래하는 것을 말한다.

2. 식중독의 분류

식중독은 원인물질에 따라 세균성 식중독, 화학성 식중독, 자연독 식중독에 의한 식중독으로 분류할 수 있다. 이 중에서 가장 빈번하게 일어나는 식중독은 세균에 의해 생기는 식중독으로 감염형과 독소형으로 구분된다. 감염형 식중독은 식품에 오염된 유해세균을 섭취하였을 경우 일어나기 때문에 식품을 충분히 가열해 섭취함으로써 예방이

표 3-1 식중독 원인별 분류

분류	종류	원인균 및 물질
세균성 식중독 (미생물 식중독)	감염형	살모넬라, 장염비브리오균, 병원성 대장균, 캄필로박터, 여시니아, 리스테리아 모노사이토제네스, 클로스트리듐 퍼프린젠스, 바실루스 세레우스
	독소형	황색포도상구균, 클로스트리듐 보툴리늄 등
바이러스성 식중독 (미생물 식중독)	공기, 접촉, 물 등의 경로로 전염	노로바이러스, 로타바이러스, 아스트로바이러스, 장관아데노바이러스, 간염 A 바이러스, 간염 E 바이러스 등
자연독 식중독	동물성 자연독에 의한 중독	복어독, 시가테라독
	식물성 자연독에 의한 중독	감자독, 버섯독
	곰팡이 독소에 의한 중독	황변미독, 맥각독, 아플라톡신 등
화학성 식중독	고의 또는 오용으로 첨가되는 유해물질	식품첨가물
	본의 아닌 잔류, 혼입되는 유해물질	잔류농약, 유해성 금속화합물
	제조·가공·저장 중에 생성되는 유해물질	지질의 산화생성물, 니트로스아민
	기타 물질에 의한 중독	메탄올 등
	조리기구·포장에 의한 중독	녹청(구리), 납, 비소 등

자료 : 식품의약품안전처

가능하다. 반면에 독소형 식중독은 식품에 오염된 균이 생성한 독소를 섭취하거나 음식과 함께 섭취된 균이 체내에서 독소를 생성하여 중독을 일으킨다. 이런 독소들은 내열성이 강해 가열에도 사멸되지 않으므로 식품에 균이 오염되는 것을 사전에 방지하고 조리한 식품은 빠른 시일 내에 섭취해야 예방할 수 있다.

자연독 식중독은 동식물이 예로부터 자신들을 보호하기 위한 수단으로 체내에서 독을 생산하거나 연쇄사슬에 의해 유독물을 섭취하는데, 그 동식물 자체는 피해를 받지 않고 체내에 축적되어 있는 경우 등이다. 특정 식품의 종류에 따라서는 부분적으로 인체에 유해한 독성물질을 함유하는 것이 있으며, 예방을 위해서는 해당 식품이 어떤 때에 독성을 나타내는지 알아 두고 그 조리법도 숙지해야 한다.

화학성 식중독은 식품 가공과정 중 식품의 보존성, 영양성, 유통성, 미관을 위해 첨가된 화학약품, 산업폐수나 잔류농약에 의한 식품의 중금속 오염, 식품의 용기·기구·포장지 등에서 용출되는 독성물질이 원인으로 작용한다. 따라서 식품을 조리, 섭취하는 소비자보다는 식품을 재배, 가공, 취급하는 사람들의 양심적인 행동이 예방에 가장 중요한 요소라 할 수 있다.

이와 같은 식중독은 여러 가지 방법으로 분류할 수 있으나 근래 새로 발견되는 식중독은 이들 분류상에 포함되지 않는 것도 있어 이에 대한 검토가 더 필요하다. 특히 감염형으로 알려진 비브리오 식중독은 일부 독소물질을 내어 독소형으로 분류될 수도 있으며 병원성 대장균도 감염형으로만 분류하기는 어렵다.

3. 식중독 발생 현황

부패한 음식물을 섭취하거나 독초, 독버섯 등으로 인한 식중독은 인류의 역사와 함께 오래전부터 존재해 온 질병이다. 하지만 과학적으로 체계적인 조사연구가 진행된 것은 19세기 후반부터이다. 1870년 이탈리아의 Francisco Selmi가 식중독의 원인이 부패한 식품의 섭취라고 처음 발표하였고, 그 부패 생성물인 유독 아민(amine)류를 프토마인(ptomaine)이라고 총칭하였다. 그러나 세균학이 발전함에 따라 1888년 Gärtner가 식중독의 원인균으로 *Salmonella*속의 장염균을 발견하였고, 1895년 Van Ermengen이 ***Botulinus*** 중독을 밝혔다. 1930년대에는 Dack, Jardan, Dolman 등이 황색포도상구균에 의한 식중독을 실험적으로 증명하였다.

우리나라에서는 1938년 「조선의학회지」에 실린 '1937년 12월 함흥, 영흥에서 발생한 고기 중독에서 분리한 켈트넬균에 대하여'라는 연구가 국내 최초의 학술보고이다. 이후 식중독에 관한 연구보고서에 의하면 1960년대 중반 이후의 보고 건수가 확연히 증가하는 경향을 보인다. 또한 식중독의 발생보고뿐만 아니라 식중독의 원인물질 자체에 대한 연구도 진행되었다. 1960년대 말부터는 잔류농약이나 유해금속, 그리고 미코톡신(mycotoxin)과 같은 환경오염과 관련된 요인들에 대한 연구가 시작됨으로써 식중독 연구의 폭이 넓어졌음을 알 수 있다.

1995년 우유에서 항생물질이 검출된 일명 '고름우유' 사건으로 전반적인 우유 판매량이 큰 폭으로 감소한 적이 있었고, 1996년 산분해 간장 중 발암물질 검출, 1997년 미국에서 수입한 소고기에서 *E. coli* O157:H7 검출, 2000년에는 중국산 꽃게에서 납 검출 등이 이어졌으며, 2001년에는 분유에서 *Clostridium*균이 검출되어 사회적으로 큰 이슈가 되었다. 2003년에는 조류독감, 2004년에는 불량만두 사건, 2006년에는 판매 중인 김치에서 납과 기생충알이 검출되었으며, 특정 단체급식회사가 관리하는 급식업소에서 노로바이러스에 의한 단체 식중독이 발생하였고, 분유에서 *Sakazakii*균이 검출되기도 하

표 3-2 원인별 식중독 발생 현황

구분		2014		2015		2016		2017	
		건수	환자 수	건수	환자 수	건수	환자 수	건수	환자 수
총계		349	7,466	330	5,981	399	7,162	336	5,649
세균	병원성 대장균	38	1,784	39	2,138	57	2,754	48	2,393
	살모넬라	24	1,416	13	202	21	354	21	665
	장염비브리오	7	78	5	25	22	251	9	354
	캄필로박터 제주니	18	490	22	805	15	831	6	101
	황색포도상구균	15	195	11	191	1	4	0	0
	클로스트리듐 퍼프린젠스	28	1,689	15	394	8	449	7	69
	바실루스 세레우스	11	49	6	22	3	26	10	73
	기타	0	0	0	0	0	0	1	26
바이러스	노로바이러스	46	739	58	996	55	1,187	47	970
	기타 바이러스	4	102	2	9	0	0	2	52
원충		0	0	15	114	39	212	40	175
자연독		1	5	0	0	1	6	2	21
화학물질		0	0	0	0	0	0	0	0
불명		157	919	144	1,085	177	1,088	143	750

자료 : 식품안전정보포털 식품안전나라. 2018

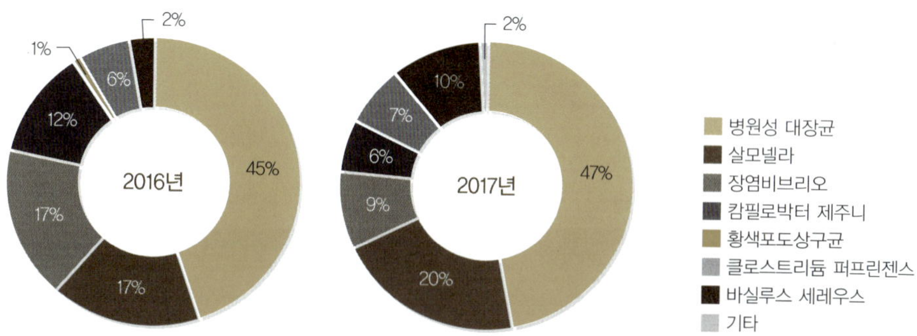

그림 3-1 세균성 식중독의 발행 현황
자료 : 식품안전정보포털 식품안전나라. 2018

였다. 2018년에는 학교급식으로 납품된 초코케이크에서 *Salmonella*균에 의한 식중독이 발생하여 1,000여 명의 환자가 발생하였다.

4. 세균성 식중독

세균성 식중독은 음식물과 미생물이 동시에 관련되어 있으므로 경구감염병과 유사점이 있지만, 그 차이점을 정리하면 표 3-3과 같다.

표 3-3 세균성 식중독과 경구감염병의 차이점

구분	세균성 식중독	경구감염병
발병원인	대량 증식된 균	미량의 병원체
발병경로	식중독균에 오염된 식품 섭취	감염병균에 오염된 물 또는 오염된 식품의 섭취
2차 감염	×(살모넬라, 장염비브리오 제외)	○
잠복기	짧음	비교적 김
면역	×	○

경구감염병은 소량의 균으로도 감염되고, 일반적으로 긴 잠복기를 가지며 독성이 강하다. 하지만 세균성 식중독은 발병에 다량의 균이 필요하고, 경구감염병에 비해 짧은 잠복기를 가지며 일반적으로 약한 독성을 가지고 있다. 이러한 세균성 식중독을 발병 원인별로 분류하면 표 3-4와 같다.

1) 살모넬라 식중독

살모넬라(*Salmonella*) 식중독은 가장 대표적인 감염형 식중독이다. 1885년 Salmon과 Smith가 돼지콜레라의 원인균인 *Salmonella Choleraesuis*를 최초로 분리하였으며, 1888년 독일의 Gärtner가 프랑켄하우젠(Frankenhausen)에서 폐사한 송아지고기를 섭취하고 사망한 식중독 환자에게서 원인균을 분리하여 *Salmonella Enteritidis*라고 명명하였다. 이후 이와 유사한 세균이 계속 발견되었고 1890년 Ligniers가 최초의 발견자 'Salmon'의 이름을 따라 'Salmonella'라고 부르게 되었다.

살모넬라 혈청형은 균체항원(O-antigen)과 두 종류의 편모항원(H-antigen)의 항원형 조합에 의해 결정되며, 현재까지 혈청형에 따라 약 2,500여 종 이상이 알려져 있지만 실제로 식품이나 환자에서 분리되는 혈청형은 한정적이다. 국내에서는 *S.* Derby, *S.* Choleraesuis, *S.* Schwarzengrund, *S.* Typhimurium, *S.* Infantis, *S.* Montevideo, *S.* Thompson, *S.* Tennessee, *S.* Hadar, *S.* Muenchen, *S.* Newport, *S.* Berta, *S.*

표 3-4 세균성 식중독의 분류

분류	식중독명	원인균	발병 균량	잠복기	증상	원인 식품
감염형	살모넬라	*S.* Enteritidis *S.* Typhimurium	10^2~10^3 cell/g	10~72시간	메스꺼움, 구토, 설사, 복통, 발열	육류, 난류
	장염 비브리오	*Vibrio parahaemolyticus*	10^4~10^7 cell/g	8~15시간	메스꺼움, 구토, 설사, 복통, 발열	어패류, 도시락
	병원성 대장균	*Escherichia coli*	> 10^7 cell/g	2~6일	설사, 발열, 급성위장염	햄, 치즈, 소시지, 샐러드
	여시니아	*Yersinia enterocolitica*	수 개 cell	2~5일	위장염, 설사증	육류, 음료수
	캄필로박터	*Campylobacter jejuni/coli*	10^6 cell/g	2~5일	위장염	음료수, 우유, 가금류
	리스테리아	*Listeria monocytogenes*	수 개 cell	수일~수 주	뇌척수막염, 패혈증	유제품, 식육 가공품
독소형	황색포도상구균	*Staphylococcus aureus*	10^6~10^7 cell/g (1 μg)	1~6시간	메스꺼움, 구토, 설사, 심한 복통	
	보툴리늄	*Clostridium botulinum*	(1 ng)	12~36시간	안증상, 언어 장애, 구갈, 실성	소시지, 통조림
	세레우스(구토형)	*Bacillus cereus*	10^6~10^7 cell/g	1~5시간	메스꺼움, 구토, 설사, 복통, 발열	쌀밥, 볶음밥
감염 독소형	퍼프린젠스	*Clostridium perfringens*	10^8~10^9 cell/g	8~20시간	복통, 수양성 설사	단백질 식품
	세레우스(설사형)	*Bacillus cereus*	10^7~10^8 cell/g	8~16시간	복통, 수양성 설사	spice 사용 식품

Enteritidis, *S.* London, *S.* Senftenberg 등이 발견되었지만 실제로 식중독 발병을 일으키는 중요한 균은 *S.* Enteritidis와 *S.* Typhimurium이다. 미국의 경우 *Campylobacter*에 이어 두 번째로 발병 건수가 많은 식중독균이며, 우리나라와 일본에서도 중요한 식중독균이다.

살모넬라 식중독의 발생은 해당 국가의 식습관과 깊은 관계를 가지고 있는 것으로 알려져 있다. 이는 *Salmonella*속의 균은 물, 토양, 동물의 분변, 곤충, 날고기, 가금류, 해산물 등에 존재하며, 사람, 포유동물, 조류, 식품 및 환경에서도 발생하여 사람과 동물에 질병을 일으키기 때문이다. 또한 적절한 환경에서는 분변이나 하수에서 수 주간, 토양에서 수개월간 생존할 수 있다.

(1) 원인세균

*Salmonella*속으로 동물에 널리 분포하며 그람음성, 무아포성 간균이다. 젖당(lactose)

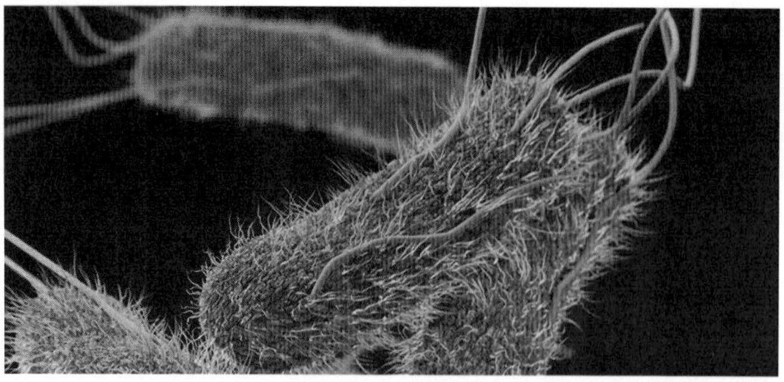

그림 3-2 *Samonella*
자료 : Centers for Disease Control and Prevention

비분해, 통성혐기성이고 주모성 편모가 있어 대부분 운동성이지만 *S.* Gallinarum, *S.* Pullorum은 운동성이 없다. 생육 최적 pH는 7~8, 최적온도는 37℃이지만 열에 대한 저항성이 약하기 때문에 60℃에서 20분 정도 가열하면 사멸된다. *S.* Typhimurium은 약 2,400여 종의 혈청형 중 주된 식중독 원인균으로 미국에서 매년 4만 건 이상의 살모넬라증(salmonellosis)을 유발한다.

(2) 원인 식품 및 감염경로

살모넬라 식중독은 *Salmonella*속의 특정균에 오염된 식품을 섭취하여 발생한다. *Salmonella*균은 주로 소, 돼지, 말, 개, 고양이, 닭, 오리, 거위 등의 가축에 의해 쉽게 오염되며 감염 환자의 분변이 감염원이 되기도 한다. 국가별 살모넬라 식중독의 발생통계를 보면 식습관에 따라 원인 식품이 다르다. 우리나라에서는 어패류, 생선류, 난류, 우유 및 유제품 등과 그 가공품이, 미국에서는 육류, 유제품, 난류 등과 그 가공품이 주요 원인 식품이다.

*Salmonella*균은 일반적으로 포유동물 및 조류의 장내에서 서식하기 때문에 육류와 난류가 주요 오염원으로 알려져 있다. 1차 오염은 *Salmonella*균을 보유한 동물 및 조류를 생식하여 발생하는 것이며, 2차 오염은 보균동물이나 보균 환자의 배설물, 쥐, 곤충, 사람의 손 및 기구 등에 의해 오염되어 발생하는 것을 말한다.

(3) 증상 및 예방

주로 5~10월에 많이 발생하는 등 기온에 정비례하여 겨울철에는 드물게 발생했지만 최근에는 기온에 상관없이 연간 발생하고 있다. Hormaeche와 McCullough의 실험에 의하면 살모넬라 식중독은 해당 균주에 따라 차이는 있지만 10^4~10^6 cell/g이 있어야 발병한다고 한다. 하지만 최근에는 매우 적은 양으로도 발병할 수 있다는 보고가 있는데, 미국 식품의약국(Food and Drug Administration, FDA)의 보고에 따르면 환자의 건강상태에 따라 15~20 cell/g만으로도 발병할 수 있다고 한다. 살모넬라 식중독은 모든 연령층에서 발병하기 쉽지만, 유아나 노약자 특히 에이즈(AIDS) 환자는 일반인들보다 발병률이 20배 정도 높은 것으로 나타났다. 잠복기는 일반적으로 6~48시간이며 메스꺼움, 구토, 발열, 설사, 복통 등의 증상을 나타낸다. 특히 발열은 38~40℃의 고열과 함께 오한이 1~3일 정도 지속되지만 1주일이 지나면 회복된다. 또한 요통, 근육통, 관절통, 현기증이 발생하기도 하며, 중증으로 진행될 경우 불안, 경련, 혼수상태, 흥분 상태 등의 뇌증상을 동반하기도 한다. 치사율은 0.3~1.0% 정도이다.

*Salmonella*균은 일반적으로 널리 분포되어 있기 때문에, 식품에 오염되는 것을 방지하고 식품 중에 존재하는 소수의 균이 증식할 수 있는 환경을 제어해야 한다. 쥐와 곤충에 의한 2차 오염을 막기 위해 조리장과 식품 저장고 등에 방서, 방충 시설을 철저히 해야 한다. 또한 *Salmonella*균이 증식하기에 알맞은 온도, pH 및 수분활성도를 제어함으로써 식중독 발병을 방지해야 한다. *Salmonella*균의 증식 조건은 온도와 시간이 매우 중요한 역할을 하기 때문에 조리한 후 즉시 섭취하는 것이 바람직하며, 남은 식품은 저온에 보관해야 한다. 60℃에서 20분 이상 가열하면 사멸되므로 철저한 가열과 가열 후 재오염이 되지 않도록 주의해야 한다.

2) 로타바이러스 식중독

로타바이러스(rotavirus)는 바퀴를 뜻하는 라틴어 'rota'에서 이름을 따온 것에서도 알 수 있듯이 바퀴 모양을 가지는 특성이 있다. 로타바이러스는 세계적으로 어린이에게서 심각한 설사를 일으키는 원인 중의 하나였으나, 2006년 이후 효과적인 백신 두 가지가 상용화되어 로타바이러스에 의한 식중독 발병은 감소하였다. WHO에서는 로타바이러스로 인한 질병이 많이 발생하는 국가에 이들 백신의 사용을 적극 추천하고 있다.

(1) 원인 식품 및 감염경로

로타바이러스는 분변-구강 경로를 통하여 감염되므로 오염된 물로 세척한 오염된 식품이나 위생적이지 못한 환경에 의해 주로 감염된다. 로타바이러스의 경우는 특히 유아나 어린이들이 겨울이나 봄에 잘 감염되며, 접촉하는 가족에게 쉽게 전염되어 퍼져나갈 수 있다.

(2) 증상 및 예방

어린이의 경우 로타바이러스에 감염되고 48시간 정도가 지나면 설사와 구토, 발열, 복통의 증상이 나타난다. 구토와 설사는 3일에서 8일 정도 지나면 증상이 가라앉으나 추가 증상으로 식욕 저하와 탈수 현상이 나타날 수 있는데 이들 증상은 유아나 어린이에게 위험할 수도 있다.

로타바이러스를 예방하기 위해서는 백신을 예방 접종받거나 개인위생에 주의를 기울여야 한다. 특히, 설사 환자가 유아나 어린이와 접촉하는 것을 삼가도록 한다.

3) 장관 아데노바이러스

아데노바이러스(adenovirus)는 일반적으로 호흡기감염을 일으키는 아데노바이러스와 장관 내 감염을 유발하는 장관 아데노바이러스로 나뉜다. 장관 아데노바이러스는 아프리카, 유럽, 중동, 미주 지역에서 발생하는 설사 질환의 5~20% 정도와 관련 있는 것으로 밝혀졌다.

(1) 원인 식품 및 감염경로

장관 아데노바이러스 식중독은 주로 영·유아에서 감염을 유발하며, 분변-구강 경로를 통하여 감염된다. 오염된 물로 인해 식품이 오염될 수 있으므로 주의해야 한다. 또한 사람 간의 접촉이나 공기를 통해서 전파될 수 있다. 장관 아데노바이러스는 계절에 상관없이 활동하므로 특정 유행 시기가 없다. 장관 아데노바이러스의 경우 감염성이 매우 높으며 환자가 사용한 장난감, 사용한 수건 등 주변 환경에 수 시간 생존하여 감염시킬 수 있다.

(2) 증상 및 예방

장관 아데노바이러스의 주된 증상은 설사이며 발열과 구토, 상기도 염증을 수반한다. 주로 3세 이하의 어린이, 면역 억제 환자, 골수 이식을 받은 환자에게서 급성위장염을 일으키는 것으로 보고되어 있다. 잠복기는 약 7~8일이며, 증상은 5~12일 동안 지속된다. 가벼운 증상부터 중증의 질병으로까지 발전할 수 있으나, 심각한 질병으로 발전하는 경우는 일반적이지 않다. 면역력이 약한 상태나 기존 호흡기나 심장 질환을 가지고 있는 사람에게 장관 아데노바이러스가 감염되면 심각한 질병으로 발전할 수 있어 주의가 필요하다.

현재 일반 환자에게 제공할 수 있는 장관 아데노바이러스의 백신은 없으며, 특정 아데노바이러스형에 해당하는 백신이 있으나 미국 군인에게만 적용할 수 있다. 따라서 개인의 위생을 철저히 하는 것이 중요하다. 손을 위생적으로 관리하고, 사람 간의 전파가 일어나지 않도록 환자와의 접촉을 최소화하는 것이 바람직하다.

4) 장염비브리오 식중독

*Vibrio parahaemolyticus*는 1950년 일본 오사카에서 건멸치에 의한 집단 식중독 사건의 원인균으로 처음 발견되었으며, 당시 272명의 환자와 20명의 사망자가 발생하였다. 건멸치와 사망자의 장에서 균을 분리하여 *Pasteurella parahaemolytica*로 명명하였다. 또한 1955년 일본 요코하마 국립병원에서는 이 균에 오염된 오이절임에 의해 120명의 식중독 환자가 발생하였다. 이때 염분을 필요로 하는 병원균이 환자의 대변에서 분리되었기 때문에 *Pseudomonas enteritidis*라고 명명되었다. 이후 균의 분류학적 연구를 통해 *Vibrio parahaemolyticus*라는 학명으로 확정되었다. 이 균은 살모넬라와 함께 일본에서 발생빈도가 가장 높은 식중독균으로, 낮은 염분 농도에서 잘 성장하는 특징이 있어 해수와 각종 해산물에서 빈번히 검출되고 있다. 일본을 비롯하여 한국, 동남아시아 각국에서 여름철에 빈번하게 발생하는 식중독의 원인균이며, 상대적으로 서구국가에서는 발병이 적다. 하지만 최근에는 미국 및 유럽국가에서도 생굴 및 해산물의 섭취가 증가하여 비브리오 식중독의 발병빈도가 높아지고 있는 추세이다.

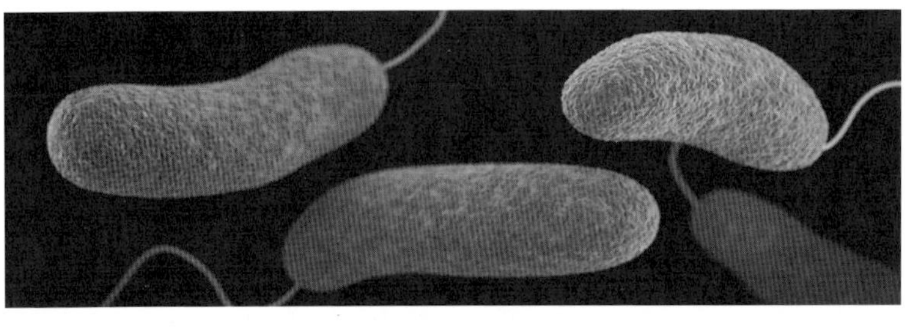

그림 3-3 ***Vibrio***

자료 : Centers for Disease Control and Prevention

(1) 원인세균

장염비브리오 식중독의 원인균은 *Vibrio parahaemolyticus*로 그람음성, 산화효소(oxidase) 양성, 무아포성 간균이다. 직경은 0.5~0.8 μm이고, 1.4~2.6 μm 정도의 단편모를 가지고 있어 운동성이 있다. 비병원성 *Vibrio*의 최적 온도는 25~30℃이지만 병원성인 *V. parahaemolyticus*는 37℃로 알려져 있다. 최적 pH는 7.5~8.0이지만 pH 5.5~10.0의 범위에서도 발육이 가능하다. 이 균의 가장 큰 특징은 해수세균의 일종으로 2~4%의 식염 농도에서 잘 발육하는 호염성 균이라는 것이다. 또한 최적 조건이 갖춰지면 분열하는 시간이 10분 정도로 일반 세균보다 2배 정도 빠르기 때문에 오염된 식품을 섭취한 후 2~3시간 이내에 식중독 증상이 나타날 수 있다. 하지만 60℃에서 5분간 가열하면 사멸되며, 냉동이나 냉장을 시키면 균의 생존력이 크게 저하된다.

*Vibrio*속은 Vibrionaceae과에 속하며 현재 40여 종이 알려져 있지만 지속적으로 새로운 종이 발견되고 있다. *V. parahaemolyticus*는 혈청학적으로 13군의 균체항원(O-antigen)과 74종의 협막항원(K-antigen)으로 분류 가능하며, 편모항원(H-antigen)은 공통이다. 이러한 면역학적 특징을 이용하여 혈청형을 확인할 수 있다.

(2) 원인 식품 및 감염경로

장염비브리오 식중독균은 해수 세균으로 굴, 조개, 오징어, 생선 등의 어패류가 원인 식품의 대부분을 차지한다. 특히 육지로부터 오염되기 쉬운 해역에서 빈번히 검출된다.

이 식중독은 다른 세균성 식중독에서는 볼 수 없는 계절적 특이성을 나타낸다. 5~11월에 걸쳐 발생하며, 주로 수온이 상승하는 7~9월에 가장 많이 발생한다. 주된 감염경로는 오염된 해수 및 어패류에 부착된 비브리오균을 생식하여 발생하는 1차 오염이 있고, 오염된 어패류와 접촉한 칼, 도마, 행주 등이 다른 식품을 오염시켜 발생하는 2차 오염이 있다. 또한 식중독 환자나 식중독균 보균자의 분변이 감염원인 경우도 있다.

(3) 증상 및 예방

비브리오균의 감염 메커니즘은 특수한 내열성 용혈독(thermostable direct hemolysin)을 생성하여 설사를 유발하는 것으로 알려져 있다. 이 단백성 독소는 분자량이 약 42KDa, 등전점이 pH 4.2이며, 100℃에서 10분간 가열해도 활성을 잃지 않는다. 사람이나 동물의 장관 내에 비브리오균이 침투하면 내열성 용혈독소가 장관세포를 파괴하여 점혈변을 일으킨다. 그리고 혈류나 림프관을 통해 심근세포에 이르면 강글리오시드(ganglioside)

수용체와 결합하여 심근세포막의 전기저항을 낮추기 때문에 높아진 이온 투과성에 의해 칼슘이온(Ca^{2+})과 나트륨이온(Na^{+})의 유입, 칼륨이온(K^{+})의 유출이 촉진되어 심장박동이 멈추고 사망에 이르게 된다는 것이 밝혀졌다.

장염비브리오 식중독의 잠복기는 8~20시간으로 평균 12시간이다. 주요 증상은 복통, 구토, 설사를 유발하는 전형적인 급성위장염으로 오한, 발열, 두통, 권태감을 동반한다. 보통 37~38℃의 미열이 있으며 고열이 나는 경우도 있으나, 2~3일 경과 후 회복된다. 이 식중독은 여름철 어패류의 생식이 주요 원인이기 때문에 7~9월에는 어패류의 생식을 삼가는 것이 좋다.

*V. parahaemolyticus*는 어패류의 표면이나 아가미에 부착되어 있고, 육질 중에는 생육하지 않기 때문에 담수로 충분히 씻으면 상당량의 균 수를 줄일 수 있으므로 어느 정도 예방 가능하다. 또한 이 균은 열에 매우 약하기 때문에 60℃에서 5분 이상 가열 처리하면 쉽게 사멸하기 때문에 반드시 가열 조리 후 섭취해야 하고, 2차적인 오염을 방지하기 위해 조리자의 손, 조리기구, 용기, 행주 등을 잘 소독해야 한다.

5) 비브리오패혈증

*Vibrio vulnificus*는 1970년 미국 뉴잉글랜드 해안에서 조개잡이나 해수욕을 하던 사람의 피부 상처로 침입하여 괴저병을 유발한 원인균으로 처음 보고되었다. 미국의 질병관리센터(Centers for Disease Control and Prevention, CDC)는 감염 환자의 상처와 혈액에서 분리한 균주가 *V. parahaemolyticus*와는 달리 젖당을 분해한다는 사실을 밝혀 lactose-positive vibrio로 명명하였다. 이후 사람에게 상처(wound, vulnus)를 만든다고 하여 *Benekea vulnificus*로 불리다가 1979년 이후에 *V. vulnificus*로 명명되었다. 우리나라에서는 1979년에 처음으로 비브리오패혈증 환자가 발생하였지만 1981년에 정확한 원인 규명이 된 이후 활발한 연구가 진행되고 있다.

(1) 원인세균

*Vibrio vulnificus*는 호염성 비브리오균으로 그람음성, 간균, 극단모성 편모를 가지고 있다. 40℃에서 생육이 가능하지만 염분 농도가 8% 이상인 환경에서는 증식하지 못한다. 또한 이 균은 갈락토오스(galactose), 셀로비오스(cellobiose), D-글루콘산염(D-gluconate), L-티로신(L-tyrosine)을 기질로 이용할 수 있지만, 자당(sucrose), 헵타노오

스(heptanose), L-세린(L-serine), 푸트레신(putresine)은 이용하지 못하는 특징을 가진다.

(2) 감염경로, 증상 및 예방

우리나라에서는 여름철 서해안과 남해안의 해안 지역을 중심으로 생선회보다는 가식부가 해수에 직접 접촉되는 조개류, 낙지류 등의 수산물에서 검출 빈도가 높다. 질병관리본부 통계에 의하면 최근 5년간(2014~2018) 국내 보고된 비브리오패혈증 환자는 249명이며, 연중 8~9월 사이에 환자 수가 158명으로 집중적으로 발생하였다. 그렇기 때문에 수온이 높은 여름철에는 조개류나 낙지류의 생식을 피하는 것이 좋다. 또한 면역력이 약한 사람이나 해안 지역에서 낚시를 할 경우 균에 오염된 해수가 피부의 상처를 통해 감염될 수 있으므로 주의해야 한다.

감염경로는 크게 *V. vulnificus*균에 오염된 어패류를 섭취하여 발생하는 경구감염과, 오염된 해수에 피부 상처가 접촉하여 체내로 균이 침입하여 발생하는 경피감염 두 가지로 나뉜다. 경구감염의 경우 잠복기는 16~24시간이며 오염된 어패류를 생식한 후 발생하는 원발성 패혈증으로 인해 발열, 오한, 저혈압 등의 증상이 급작스럽게 나타난다. 또한 발병 30여 시간 전후에 사지 격통, 수포, 출혈반, 홍반, 궤양, 괴사 등의 피부병변을 나타내며, 치명률은 40~50%로 매우 높은 편이다. 경피감염의 경우 잠복기는 12시간이며, 오염된 해수와 접촉한 피부 상처에 홍반, 부종이 나타나고 급격히 진행되어 대부분의 경우 수포성 괴사로 진행된다. 대부분의 청장년층은 항생제 투여와 외과적 치료로 회복된다.

비브리오패혈증을 예방하기 위해서는 여름철에 생산되는 수산물에 대한 특별한 관리가 필요하다. 위험성이 높은 어패류는 56°C 이상에서 가열한 후 섭취하고, 생식을 해야 하는 경우에는 담수에 일정 시간 담가 두었다가 깨끗이 씻은 후 섭취해야 한다. 또한 피부에 상처가 있는 사람은 오염된 해수와 직접적인 접촉을 피해야 하고, 해변에서 상처가 생긴 경우 맑은 물로 깨끗이 씻은 후 철저히 소독해야 한다.

6) 병원성 대장균 식중독

대장균은 사람이나 동물의 장관 내에 상주하는 균으로, 장관 외 감염 시 화농성 질환의 원인이 될 수도 있지만 식중독의 원인은 되지 않는다. 하지만 1923년 유아에게 설사증을 일으킬 수 있다는 사실이 밝혀졌다. 1945년 영국의 런던병원에서 Bray

가 유아뿐만 아니라 성인에게도 집단설사를 일으키는 특수한 혈청형을 가진 원인균을 *Bacterium coli* var. *neopolitanum*이라 보고하고, 이를 일반 대장균과 구별하여 병원성 대장균(pathogenic *E. coli*)이라 하였다. 또한 1971년 Sack은 콜레라균과 같이 장내독소(enterotoxin)를 생산하는 대장균을 독소형 대장균, 이질균처럼 장관세포 내로 침입하여 설사를 일으키는 대장균을 장관침투성 대장균이라고 불렀다.

(1) 원인세균

병원성 대장균은 장내세균과에 속하는 일종의 대장균군으로 형태와 생화학적 성상은 비병원성 대장균과 비슷하다. 크기는 0.4~0.7×1~30 μm, 그람음성의 간균으로 주모성 편모를 가지고 있어 운동성이 있지만 일부는 편모가 없고 비운동성인 것도 있다. 일반적으로 젖당 또는 과당(fructose)을 분해하여 산과 가스(CO_2, H_2)를 생성하는 호기성 또는 통성혐기성 균이다. 또한 최적 온도는 37℃이고, 보통의 한천배지에서 잘 발육한다.

일반적인 대장균은 맥콘키(MacConkey) 한천배지(장내세균 감별 배지)에서 젖당을 분해하여 분홍색 집락으로 나타나지만, *E. coli* O157:H7은 솔비톨(sorbitol)을 분해하지 못하여 무색의 집락으로 나타나기 때문에 다른 대장균과 구별이 된다. 그리고 젖당을 분해하는 특징은 EMB 한천배지에서 청록색의 금속성 집락을 형성한다. 화학적 감별테스트에서 MR시험, Indole시험, ONPG, lysine 탈탄산시험에서는 양성을 나타내고, citrate시험, VP시험, urea, KCN 발육에서는 음성을 나타낸다.

대장균은 균체를 구성하는 항원 성분의 면역학적 특이성에 따라 균체항원(O-angtigen), 협막항원(K-angtigen), 편모항원(H-angtigen)으로 구분하고, 다시 혈청항원에 따라 분류된다. 현재 180여 종의 O항원, 100종의 K항원, 56종의 H항원이 알려져 있다.

대장균은 사람이나 동물에 무해한 균이기 때문에 일반적으로 섭취했을 때 질병을 일으키지 않지만, 사람이나 동물의 저항성이 저하되면 장관 내로 침투하여 감염증을 일으킬 수 있다. 이때 병원성 메커니즘에 따라 장관출혈성 대장균(Enterohemorrhagic *E. coli*, EHEC), 장관독소원성 대장균(Enterotoxigenic *E. coli*, ETEC), 장관침투성 대장균(Enteroinvasive *E. coli*, EIEC), 장관병원성 대장균(Enteropathogenic *E. coli*, EPEC), 장관응집성 대장균(Enteroaggregative *E. coli*, EAEC)으로 분류된다.

① 장관출혈성 대장균

베로독소생성성 대장균(Verotoxin producing *E. coli*, VTEC)이라고도 하며, 장관출혈성 대장균(Enterohemorrhagic *E. coli*, EHEC)은 감염되면 균이 소장 점막에 부착되어 소장 융모를 파괴하고 염증을 유발한다. 감염 정도가 깊어질 경우에는 혈관에 침투하여 심한 복통을 유발하고 혈변을 생성하며, 혈관 내에서 독소를 분비하여 심한 경우 신장, 뇌 등의 다른 기관으로 전이되기도 한다.

식품 중에 생성된 베로독소(verotoxin)는 식중독을 유발하지 않고, 인체 내에서 생성된 베로독소만 식중독을 일으킨다. 감염된 경우 2~7%는 용혈성요독증후군이나 혈전성 혈소판감소증, 심부전증 등의 합병증을 유발하여 사망에 이르는 경우도 있다. 용혈성요독증후군과 같은 합병증은 치명적이기 때문에 강한 치료제를 사용하여 신속히 치료해야 한다. 심부전증으로 발전한 경우의 사망률은 3~5%로 매우 높은 편이다. 10~1,000 CFU/mL의 매우 적은 균량으로도 발병할 수 있으며, 잠복기는 보통 3~8일 정도이다.

이 균은 특정 혈청형이 식중독을 일으키는데 O26, O103, O104, O111, O113, O157, O146 등이 알려져 있다. 이 중 가장 대표적인 *E. coli* O157:H7에 의한 식중독은 1982년 미국에서 완전히 조리되지 않은 소고기 패티를 햄버거에 사용하여 최초로 발생한 이후 세계 각국에서 보고되고 있다. 미국에서는 *E. coli* O157:H7에 의해 매년 1만~2만 명에 가까운 식중독 환자가 발생하고, 그중에서 사망자는 100~200여 명 정도이다. 국내에서는 식품 중에서 검출된 사례는 드물지만, 1996년 시중에 유통 중인 쇠간에서 검출된 사례가 있다. *E. coli* O157:H7은 주로 소고기 분쇄육이나 식수에서 검출되고 있지만, O26이나 O111은 식품에서 검출되는 사례가 매우 드물다.

이를 예방하기 위해서는 감염 환자는 비누로 손을 자주 씻어 균의 감염이 확산되는 것을 방지해야 하며, 햄버거에 사용되는 소고기 분쇄육과 같은 식재료는 내부 온도가 71℃에 도달할 때까지 완전히 가열하여 섭취해야 한다. 원유를 직접 섭취하는 것보다는 살균이나 멸균된 유제품을 먹어야 한다.

② 장관독소원성 대장균

원인이 되는 혈청형은 O6, O8, O15, O20, O25, O27, O63, O78, O80, O114, O115, O128, O148, O153, O159, O167 등이 있으며, 장관독소원성 대장균(Enterotoxigenic *E. coli*, ETEC)은 콜레라와 유사한 장내독소를 생산한다. 이 독소는 60℃에서 10분간 가열하면 활성을 잃는 이열성 독소(heat-labile enterotoxin, LT)와 100℃에서 30분간 가열해도 내성을 가지는 내열성 독소(heat-stable enterotoxin, ST)로 구분된다. 감염 환자로부터 분리된 균은 보통 한 가지 또는 두 가지 독소를 낸다.

이 균에 감염되면 콜레라와 비슷하게 균이 소장 상부에서 증식하여 10^7~10^8 CFU/mL 정도의 농도에 도달하면 설사증을 일으킨다. 보통 장염과 여행설사증(traveler's diarrhea)의 원인균으로 저개발국가의 신생아나 어린이에게 탈수를 동반한 설사증을 일으키며, 식수가 오염된 경우 집단감염을 일으킬 수도 있다. 잠복기는 10~12시간으로 보통 수양성 설사, 구토, 복통, 산성증, 탈수, 피로 등의 증상이 5일 정도 지속된다.

③ 장관침투성 대장균

장관침투성 대장균(Enteroinvasive *E. coli*, EIEC) 감염의 주증상은 발열과 복통이며 감염 환자의 10% 정도는 혈액과 점액이 섞인 설사를 합병증으로 일으키기도 한다. 이 균은 대장점막의 상피세포에 침입하여 감염을 일으키고 세포를 괴사시켜 궤양을 유발하며, 잠복기는 약 10~18시간이다. 원인이 되는 주요 혈청형은 O28, O112, O124, O136, O144, O152, O164, O167 등이 있다.

④ 장관병원성 대장균

장관병원성 대장균(Enteropathogenic *E. coli*, EPEC)의 감염은 잠복기가 약 9~12시간이며 1세 이하의 신생아에서 주로 발생한다. 주증상으로는 구토, 복통, 설사, 발열 등이 나타나고 대장점막에 비침입성이다. 주요 원인 식품은 오염된 신생아용 분유 및 유아 음식이고, 원인이 되는 주요 혈청형은 O18, O20, O26, O28, O44, O55, O88, O111, O114, O119, O125, O126, O127, O142, O158, O159 등이다.

(2) 예방

병원성 대장균 식중독은 계절과 관계없이 연중 발생하지만 특히 여름철의 발생률이 높은 편이다. 동물, 건강한 성인, 자연환경 등 균의 분포가 매우 광범위하며 특정한 원인 식품이 있는 것이 아니기 때문에 균에 오염된 식품은 모두 식중독의 원인이 될 수 있다. 또한 식품의 조리, 가공 과정에서 감염된 환자나 보균자의 분변 등에서 식품으로 오염되기 쉬우므로 불량한 위생 상태나 손을 씻지 않는 습관은 철저히 개선되어야 한다. 이 균은 일반적인 식중독균과 같이 열에 약하기 때문에 75℃에서 3분간 가열하면 사멸되므로 식품을 충분히 가열조리하고, 환자나 보균자가 사용한 물건이나 식기류 등의 소독을 철저히 하면 예방이 가능하다.

7) 여시니아 식중독

여시니아 식중독은 장내세균과인 *Yersinia enterocolitica*에 오염된 식품을 섭취했을 때 발생한다. Yersinia균은 1939년에 감염된 환자의 병소로부터 최초 분리, 검출되었다. 이후 1960대 후반에 들어 이 균에 인해 관절염, 위장염, 종말회장염과 패혈증 등의 증상이 나타난다고 밝혀졌다. 1972년, 1980년에 일본의 한 소학교에서 집단 설사증을 일으켜 200여 명의 학생 환자가 발생하였고, 1976년 미국의 초등학교에서 크림을 섭취한 후 200여 명의 환자가 발생하였다. 미국에서는 매년 약 1만 7,000명의 여시니아 식중독 환자가 발생하는 것으로 추정된다.

*Y. enterocolitica*는 1939년에 *Bacterium enterocolitica*로 명명되었으며 이후 *Pasteurella X*, *Pasteurella enterocolitica*, *Bacterium enterocolitica*, *Pasteurella pseudotuberculosis B* 등의 여러 이름으로 불리다 1964년부터 *Y. enterocolitica*로 명명되었다.

(1) 원인세균

*Yersinia*균은 그람음성, 무아포성 간균으로 주모성 편모를 가진 통성혐기성 균이다. 생육온도는 4~44℃이고, 최적 발육온도는 25~35℃이며 25℃에서 배양한 균은 운동성이 있지만 35℃에서 배양한 균은 운동성이 없다. 특히 냉장온도인 4℃에서도 성장이 가능한 전형적인 저온세균이다. 생존과 성장을 위한 pH는 4.0~10.0이지만 최적 pH는 7.2~7.4이다. 또한 산소 유무에 상관없이 성장이 가능하기 때문에 진공 상태나 공기가 조절된 상태에서도 균의 성장이 저해되지 않는 것이 특징이다. NaCl의 농도가 5~7%인 환경에서는 성장이 저해되며, 탄수화물을 발효할 때 가스는 형성하지 않는다. *Yersinia*균은 메틸레드(methyl red), 우레아제(urease), 자당, 마니톨(mannitol), 아라비노스(arabinose) 등에 양성을 나타내고, 황화수소(H_2S), 시트르산염(citrate), 라이신(lysine), 라피노스(raffinose), 람노스(rhamnose), 멜리비오스(melibiose) 등에는 음성반응을 나타낸다.

(2) 원인 식품 및 감염경로

자연계에 넓게 분포하고 있어 돼지, 소 등에 의한 접촉이나 오염된 우유, 식수 및 식육에 의해 감염된다. 식육에 의한 감염일 경우, 도축 시설 및 식품 가공 중에 오염원이 계속 남아 있게 되므로 도축 시설의 위생관리가 중요하다. 식품 취급자의 비위생적인 처리나 저장과정 중에도 오염될 수 있으므로 식품 제조공정 중 작업자들의 개인위생이 중요하다.

(3) 증상 및 예방

여시니아 식중독은 잠복기가 24~36시간이지만 길게는 10일까지도 가능하다. 주로 맹장염과 유사한 복통과 고열을 일으키며 설사, 구토, 두통 등을 동반하는 급성위장 질환과 패혈증을 일으키기도 한다. 2차 면역 질환으로 여시니아증을 일으키는데 피부의 결절성홍반, 다발성관절염 등의 증상을 나타낸다.

여시니아균은 주로 돼지고기가 오염원이므로 도살 및 후처리 과정 중 위생적인 관리가 필요하다. 육즙을 통해 다른 식품이나 조리기구에 오염되는 것을 방지하기 위해 보관 시에는 용기나 비닐에 넣어 보관하고, 사용한 조리기구는 충분한 세척, 살균 후에 사용해야 한다. 또한 냉장온도에서도 성장이 가능한 저온균이기 때문에 저온저장을 하는 도중에도 오염 및 증식이 될 수 있어 냉장 보관을 너무 과신해서는 안 된다. 열에는 비교적 약하기 때문에 70℃에서 3분 이상 가열하면 사멸되므로 식품을 가열함으로써 일차적인 식중독 예방을 할 수 있다.

8) 리스테리아 식중독

리스테리아 식중독은 인수공통감염형 균인 *Listeria monocytogenes*에 오염되어 있는 식품을 섭취했을 때 발생한다. 리스테리아균은 자연계에 널리 존재하며, 특히 야생동물 및 가금류, 오물과 폐수에서 많이 분리된다고 보고되어 있다. 미국에서는 매년 약 2,500명이 리스테리아 식중독에 감염되고 500명가량의 사망자가 발생한다고 보고된다.

(1) 원인세균

*Listeria monocytogenes*는 그람양성, 포자를 형성하지 않는 통성혐기균이다. 균체 표면에 다발성 편모가 있어 운동성이 있으나, 20~25℃에서 최대 운동성을 보이고 37℃에서는 운동성을 상실한다. 최적 pH는 5~9이고, 최적 생육온도는 10~45℃이지만 3℃에서도 자랄 수 있으므로 다른 식중독 세균에 비해 광범위한 것이 특징이다. 고온에 대한 열 저항성이 강한 균이기 때문에 최소 75℃ 이상으로 가열해야 한다. 또한 5~6% NaCl인 환경에서도 생육이 가능하기 때문에 절임식품에서도 발견될 수 있다. 에너지 및 생합성을 위해 탄수화물이 필수적인데 일반적으로 글루콘산(gluconic acid), 자일로스(xylose), 아라비노스(arabinose), 리보스(ribose)는 기질로 이용하지 못하므로 과당을 필요로 한다. 카탈라아제(catalase), 메틸레드, VP 반응에서 양성을 나타내며, 셀로

비오스(cellobiose), 에스쿨린(esculin), 과당, 포도당(glucose), 마노스(mannose), 글리세롤(glycerol)로부터 산을 생성하는 능력이 있다. 탄수화물 기질 외에 성장을 위해 질소원과 비타민이 요구되어 시스테인(cysteine), 글루타민(glutamine), 루신(leucine), 이소루신(isoleucine), 발린(valine) 등의 아미노산과 비오틴(biotin), 리보플라빈(riboflavin), 티아민(thiamine) 등의 비타민이 필요하다. 또한 무기질인 마그네슘이온(Mg^{2+})과 인산이온(PO_4^{3-})이 필요하며, 칼륨이온(K^+)은 성장을 촉진하는 효과가 있다.

(2) 감염경로 및 증상

*L. monocytogenes*는 동물의 장내 또는 분변이 오염된 환경에 널리 존재하기 때문에 각종 식품에서 분리할 수 있다. 오염된 식품을 섭취하거나 감염된 동물과 직접적인 접촉으로 인체 내에 감염될 수 있으며, 특히 식육 가공품의 불건전한 취급과 유제품의 불충분한 가열 등이 원인이 되어 검출될 수 있다.

주요 증상으로는 화농성 수막염과 패혈증이 있고 발열, 구토, 두통, 의식장애가 일어나기도 한다. 하지만 식중독 세균 감염 시 나타나는 일반적인 증상인 복통, 설사 등의 장염 증상이 없는 것이 특징이다. 잠복기는 수일에서 수 주로 알려져 있지만 확실하지는 않다. 주로 노약자, 임산부, 신생아, 당뇨병, 비알코올성 간질, 알코올중독자, 만성신장병 및 철 과잉증과 관련된 사람에게 감수성이 높다. 특히 면역 능력이 저하된 사람에게 리스테리아증(listeriosis)을 일으켜 패혈증, 수막염, 유산 등을 유발한다. 임산부의 경우 리스테리아 식중독에 감염될 위험이 20배나 높으며, 자연유산, 사산을 일으키거나 태반이나 분만과정을 통해 태아에게도 감염될 수 있다. 반면에 건강한 사람이 감염되면 증상이 없거나 감기와 같은 증상만을 나타낸다.

(3) 예방

리스테리아균은 자연 중에 널리 분포되어 있으며, 고열과 저온 상태에서도 성장이 가능하기 때문에 균의 오염 자체를 예방하는 것은 쉽지 않다. 미국 식품의약국(FDA)과 미국농무부(United States Department of Agriculture, USDA)에서는 식품안전관리인증기준(Hazard Analysis and Critical Control Point, HACCP)에 의한 식품 제조단계에서의 균 오염 방지를 추천하고 있다.

식품 소매점에서는 식품의 냉장, 냉동 저장 시 온도관리를 철저히 하고, 식육 제품이나 생선류와 같이 균에 쉽게 오염되는 식품은 취급에 신경을 써서 다른 제품과 분리, 보관해야 한다. 또한 살균하지 않은 우유를 섭취하거나 식육을 생식하는 것은 피하고, 섭취 후 남은 식품은 포장 후 적절한 온도로 유지, 보관해야 한다.

9) 캄필로박터 식중독

*Campylobacter jejuni*가 오염된 식품을 섭취했을 때 발생하는 감염형 식중독이다. 1909년에 유산을 일으킨 양에서 최초로 분리되었는데 원인균이 만곡형의 성상과 빠른 운동성을 가지고 있다는 이유로 *Vibrio*속으로 분류되었다. 1919년 유산된 송아지로부터 분리된 이 균을 *Vibrio fetus*라고 하였으며, 1931년 송아지의 설사를 일으킨 원인균을 *Vibrio jejuni*라고 명명하였다. 하지만 1963년 Sebald와 Vermon은 이 균이 *Vibrio*속과 DNA의 GC 함량(guanine-cytosine content)이 다르다는 것을 발견하여 *Campylobacter*라는 새로운 속으로 분류하였다. 주로 수의학자들에 의해 동물의 병원균으로만 연구되었지만, 1971년 사람의 설사에서 최초로 검출된 이후 위장염의 주요 원인균으로 인식되고 있다. 미국에서는 매년 200만 명 이상이 캄필로박터균에 감염되는 등 가장 빈번하게 발생하는 식중독이다.

(1) 원인세균

*Campylobacter jejuni*는 그람음성의 무아포성 나선형 간균이며, 양극 또는 단극에 각각 1개의 편모를 가지고 있어 특유의 나선형 운동성을 갖고 있다. 이 균의 가장 큰 특징은 산소가 3~15%만 존재하는 미호기성(micro-aerophilic) 환경에서 잘 성장하며, 산소가 충분한 호기성 환경이나 산소가 완전히 없는 혐기성 환경에서는 발육하지 않는다는 점이다. 최적 온도는 37℃이고, 10℃ 이하의 저온에 보관하는 경우에는 호기성 환경이라고 해도 상당 기간 생존할 수 있다. 또한 열에 의해 쉽게 파괴되며, 식품 공장에서 많이 사용하는 염소액에 매우 민감한 편이다. 살모넬라와 장염비브리오 등의 식중독균과는 다르게 상온(25℃)에서는 잘 자라지 못한다. 그러므로 이 균의 식중독 발생은 초기 오염 정도와 관련이 깊고, 상대적으로 상온에 방치한 시간과는 관련이 적다고 할 수 있다.

(2) 원인 식품 및 감염경로

캄필로박터균은 사람이나 소, 돼지, 닭, 염소, 개, 어패류 등의 자연환경에 널리 분포하고 있다. 처리하지 않은 우유나 오염된 음용수, 균을 보유하고 있는 식육을 비위생적으로 처리하여 요리한 음식이 감염원이 되기도 한다. 또한 식육 및 그 가공품으로부터 다른 식품으로 이차 오염이 되는 경우가 있고, 균을 보유하고 있는 가축이나 가금류 등에 접촉하여 감염되기도 한다.

(3) 증상 및 예방

캄필로박터 식중독은 *Campylobacter jejuni*와 *Campylobacter coli*에 의해 발생한다. 잠복기는 2~7일로 긴 편이고, 일반적으로 성인보다 소아가 증상이 더 심하지만 보통 1~2주 이내에 회복되는 것이 일반적이다. 발병 초기에는 발열, 권태, 두통, 현기증, 근육통 등을 나타내며 시간이 지날수록 구역질과 복통, 설사를 일으킨다. 특히 소아의 경우에는 이질과 같은 설사 증세가 나타낸다. 이러한 증상들은 적절한 항생제를 투여하면 치료된다.

위생환경이 좋지 않은 개발도상국가에서 캄필로박터 식중독이 집단적으로 발생하는 경우는 대부분 오염된 식수와 살균되지 않은 원유가 주요 원인이 된다. 산발적으로 발생하는 경우는 오염된 가금류의 섭취가 원인이 되는 경우가 많으므로 가금류의 생산 및 유통 과정에서 이 균의 특징을 충분히 고려한 HACCP 조치가 필요하다.

10) 황색포도상구균 식중독

식품 중에 *Staphylococcus aureus*가 증식하여 생산된 대사산물인 장내독소를 섭취하였을 때 발생하는 독소형 식중독이다. 이 식중독은 1884년 미국 미시간주에서 체다 치즈를 섭취한 후 300명의 환자가 발생함으로써 처음 보고되었다.

1914년 필리핀에서 Barder는 유방염에 걸린 젖소의 우유에서 최초로 황색포도상구균을 분리하였으며, 또한 임상실험을 통해 이 식중독의 원인이 황색포도상구균 자체가 아닌 이 균이 생산한 독성물질(독소)에 의한 것임을 보고하였다. 1930년 Dack 등은 황색포도상구균이 생산한 독소가 구토를 유발한다는 것을 증명하고, 이 독소의 명칭을 장내독소라고 명명하였다.

우리나라의 경우 살모넬라, 장염비브리오 식중독과 더불어 발생빈도가 높은 편이며, 1977년 서울에서 학교급식에 의해 빵 식중독으로 5,575명의 환자가 발생한 것도 황색포도상구균이 원인이었다.

(1) 원인세균

*S. aureus*는 불규칙적인 포도송이(staphylo) 모양의 배열을 형성하는 무아포성 그람양성균이며, 비운동성이고 호기성 또는 통성혐기성 균이다. 과당과 젖당 등을 발효하여 젖산을 생성하지만 가스 생성 능력은 없으며, 황색 또는 백색의 색소를 생성한다. 또한 보통 한천배지(nutrient agar)나 혈액 한천배지(blood agar) 등의 고체배지에 배양할 경우 포도송이 모양을 나타내지만, 액체배지에 배양할 경우 1~수 개의 균이 불규칙하게 연결된 모양을 나타낸다. 일반적으로 베어드-파커 한천배지(Baird-parker medium)로 황색포도상구균 확인시험을 실시한다. 최적 발육온도는 30~37℃이지만, 장내독소가 가장 잘 생성되는 온도는 35~38℃이다. 최적 pH는 7.0~7.5이고 pH 4.3 이하에서는 사멸한다.

(2) 원인 식품 및 감염경로

황색포도상구균 식중독은 우유, 치즈 등의 유가공품과 식육, 햄 등의 식육 가공품, 어육 가공품 등의 단백질 식품과 도시락, 주먹밥, 조리빵, 떡 등의 탄수화물 식품과 같이 각종 식품 및 식품원료가 원인이 된다. 이 식중독은 계절에 상관없이 사계절 발생하지만 기온이 높은 5~9월 중에 집중적으로 발생하는 경향이 있다.

(3) 증상 및 예방

식중독의 증상은 *Bacillus cereus*(구토형) 식중독 증상과 매우 유사하며, 급성위장염으로 구토, 설사와 심한 복통을 유발한다. 잠복기는 여러 식중독 중 가장 짧은 1~6시간이지만 원인 식품 중에 존재하는 장내독소 및 독소에 대한 감수성에 따라 발병 정도가 다르다. 그렇기 때문에 발병률은 15~20%로 다른 세균성 식중독에 비해 낮은 편이다. 황색포도상구균의 독소는 장의 신경 수용체에 작용하여 구토중추를 자극하므로 구토가 발생한다. 수양성 설사를 일으키지만 혈변은 매우 드물다. 또한 20~30% 환자에게 37~38°C 정도의 발열을 일으킨다. 식중독 증상으로 사망에 이르는 경우는 거의 없으나, 유아 및 노약자의 경우 구토물이 기관지를 폐쇄시켜 사망에 이르는 경우가 있다. 일반적으로 수시간이 지나면 증상은 사라지지만, 25시간 이상 지속되는 경우도 있다.

세균성 식중독을 예방하기 위해서는 식품 자체에 식중독균이 오염되지 않도록 관리하고, 식품 중에 존재하는 식중독균이 증식하는 것을 방지해야 한다. 섭취하기 전에 가열조리 등을 통해 식중독균을 완전히 사멸시키는 것도 중요하다. 황색포도상구균은 사람이나 동물이 보균하고 있으며, 때로는 피부에 화농성 질병을 일으킨다. 그러므로 화농성 질병을 가진 조리종사자의 위생관리가 매우 중요하다. 또한 이 균의 장내독소는 내열성이 강해 100℃에서 30분간 가열해도 파괴되지 않으므로, 충분히 가열조리하거나 신속한 섭취가 필요하다. 장내독소 생성에 필요한 10^6 cells/mL 정도로 균이 증식되는 것을 사전에 방지하기 위해 10℃ 이하의 저온에 보관하는 것이 좋다.

11) 바실루스 세레우스 식중독

*Bacillus cereus*는 내열성 포자를 형성하는 식중독균으로 토양, 먼지 및 하수 등의 자연계에 널리 분포하며 식품에 오염되어 부패, 변패, 식중독을 일으킨다. 1887년에 최초로 분리되었으며, 20세기 초에 유럽에서 이 균의 포자에 의한 식중독이 많이 보고되었다. 1950년 Hauge는 노르웨이 오슬로 시내의 병원과 양로원에서 바닐라 소스에 오염된 바실루스 세레우스균에 의한 식중독을 보고하였다. 원인 식품인 바닐라 소스는 섭취하기 전날 조리하여 상온에서 24시간 방치되었다. 대략 $2.5 \times 10^7 \sim 1.1 \times 10^8$ CFU/mL의 바실루스 세레우스균이 검출되었지만 향기나 맛, 외관 등은 거의 변화가 없었다. 이후 스웨덴, 헝가리, 미국, 일본 등 여러 나라에서 비교적 잠복기가 길고 설사, 복통을 주증상으로 하는 바실루스 세레우스균에 의한 설사형 식중독이 1960~1968년 중에 117건의 사례가 보고되었다.

한편 1971년 영국에서는 지금까지와는 증상이 다른 1~6시간의 잠복기를 가지고 오심, 구토를 주증상으로 하는 구토형 식중독이 발생하였는데 오늘날까지 영국, 일본, 네덜란드 등에서 많이 발생하고 있다. 한편, 우리나라에서는 바실루스 세레우스균은 부패세균으로 취급되어 이 균에 의한 식중독에 대한 보고가 없는 실정이다.

(1) 원인세균

*B. cereus*는 통성혐기성이며 내열성 포자를 형성하는 그람양성 간균으로 측면에 편모가 있어 운동성을 가진다. 원형 또는 타원형의 내열성 포자는 135℃에서 4시간을 가열해도 사멸되지 않으며, 포자를 형성하기 전에 항생물질을 만든다는 특징이 있다. 혈액 한천배지에서 옅은 녹색의 집락을 띠고, pH 5.7 및 7% 염화나트륨(NaCl)의 환경에서 생육이 가능하며, 0.001% 라이소자임(lysozyme)을 포함한 배지에서 생육이 가능하다. *Bacillus*속의 다른 균과 구별되는 것은 β-용혈현상을 통해 레시티나아제(lecithinase)를 형성하여 난황응집반응(egg-yolk agglutination)에서 양성을 나타낸다는 점이다.

(2) 원인 식품 및 감염경로

B. cereus 식중독의 원인 식품은 설사형과 구토형이 서로 다른 경향을 보인다. 설사형의 경우는 향신료를 사용한 육류 및 채소의 수프나 바닐라소스, 푸딩, 소시지 등에 의해 발생하고 있다. 반면에 구토형은 주로 쌀밥인 복음밥 등이 주요 원인이다. 쌀밥류는 전날 취사되어 남은 쌀밥을 상온에 보관한 후 복음밥 등을 조리하는 경우가 많은데, 이때 보관 중에 바실루스 세레우스균이 증식하여 구토독소를 생산하여 쌀밥류에 의한 식중독이 많이 발생한다. 설사형 식중독은 고분자 단백질에 의해 발생되고, 구토형 식중독은 열에 안정한 저분자 펩티드에 의해 발생되는 것으로 알려져 있다.

(3) 증상 및 예방

설사형 식중독은 식품 섭취 6~15시간 이후에 수인성 설사, 복통 및 어지러움을 일으키고 오심, 구토 및 발열은 우발적으로 일어난다. 또한 설사와 함께 메스꺼움이 나타나기도 하지만 구토는 거의 일어나지 않고 24시간 정도 증상이 지속되다가 회복된다. 반면 구토형 식중독은 30분~6시간의 짧은 잠복기를 거쳐 메스꺼움, 구토를 일으키지만 설사는 드문 편이다. 이 증상도 24시간 이내에 회복된다.

바실루스 세레우스균은 자연계에 널리 분포하기 때문에 자연환경 중의 균을 감소시키는 것은 불가능하며 식품에 오염되는 것을 완전히 방지하는 것도 불가능하다. 그렇기 때문에 식중독을 예방하기 위해서는 식품 생산과정 중 유통, 조리, 섭취 등의 각 단계에서 식중독균을 제어할 수 있는 관리가 필요하다. 이 균은 소량 섭취할 경우 식중독을 일으

표 3-5 바실루스 세레우스균, 가스괴저균, 황색포도상구균에 의한 식중독의 특징

특징	바실루스 세레우스균		가스괴저균	황색포도상구균
	설사형	구토형		
독소 생산	생체 내	식품 내	생체 내	식품 내
잠복기(시간)	12~24	6~24	12~24	6~24
설사, 복통	빈번	드물게 있음	극도 빈번	다소 빈번
오심, 구토	우발적	극도 빈번	드물게 있음	극도 빈번
발열	우발적	거의 없음	우발적	드물게 있음
주요 원인 식품	식육 제품, 수프, 푸딩, 소스	쌀밥, 볶음밥	조리육, 가금육	조리육, 가금육, 유제품
원인독소	설사원성 독소	구토독	장독소	장독소
독소의 열 저항성	이열성	내열성	이열성	내열성

키지 않기 때문에 식품 중 오염된 균을 사멸시켜 증식을 방지하거나 포자의 발아를 억제시켜 예방하는 것이 중요하다. 그러나 쌀밥에 의한 바실루스 세레우스 식중독의 발생은 대부분 밥을 지은 후 발생한 2차 오염이 주원인이므로 한 번에 대량으로 밥을 짓지 않고, 상온에 2시간 이상 방치하지 않는 것이 좋다. 밥을 지은 후에는 신속하게 50℃ 이상의 고온 처리 또는 냉각하여 보존해야 한다. 또한 볶음밥에는 신선한 달걀을 사용하는 등의 주의가 필요하다.

12) 클로스트리듐 보툴리늄 식중독

보툴리늄 식중독의 어원은 라틴어인 'botulus', 즉 '소시지에 의한 질병'이라는 단어에서 온 것이다. 유럽에서는 1,000년여 전부터 소시지 중독이 알려져 있었지만, 1895년 벨기에의 Van Ermengem이 ***Clostridium botulinum***에 의한 식중독이 세균성 식중독 중 가장 치명률이 높다는 것을 보고하였다.

보툴리늄 식중독은 생성독소의 항원 특이성에 따라 A, B, C, D, E, F, G의 7형으로 분류되는데, A형균은 미국, 중국, 러시아 등, B형균은 유럽, E형균은 알래스카, 미국, 캐나다, 스칸디나비아 등에서 많이 보고되고 있다. 통계상 동남아시아에서는 보고된 사례가 없지만 태국에서 A형균에 의한 식중독 사례가 있었다.

(1) 원인세균

Clostridium botulinum은 그람양성, 혐기성, 편모를 가지는 운동성이 있는 간균이며, 내열성 포자를 형성한다. 산도가 낮은 대부분의 식품(pH 4.6 이상)에서 증식하여 신경독소(neurotoxin)를 생성할 수 있고, pH 4.5 이하나 수분활성도 0.94 이하에서 증식이 가능하다. 포자는 내열성이 강해 100℃에서 5시간 가열해야 파괴되고, 독소는 열에 약하여 80℃에서 20분, 100℃에서 1~2분 가열하면 파괴된다. 이 균은 생화학적 성상에 의하여 I, II, III, IV의 4군으로 분류된다. I군은 단백 분해성이 있는 A, B, F형, II군은 단백 비분해성의 B, E, F형, III군은 C, D형, IV군은 G형 보툴리늄균이 포함된다. 이 중 사람에게 식중독을 일으키는 것은 A, B, E, F형이다.

(2) 원인 식품 및 감염경로

보툴리늄 식중독의 원인 식품은 국가별 식생활 습관의 차이에 따라 다르게 나타난다. 독일에서는 식육 제품(햄, 소시지 등)에 의한 사례가 많고, 러시아와 프랑스에서는 어류의

표 3-6 보툴리늄균의 대사성 군별 특징

성상	*Clostridium botulinum*			
	I	II	III	IV
독소형	A, B, F	B, E, F	C, D	G
단백 분해성	+	-	+/-	+
당 분해성	-	+	-	-
리파아제	+	+	+	-
휘발성 지방산 생산	아세트산(acetic acid) 프로피온산(propionic acid) 이소부티르산(isobutyric acid) 부티르산(butyric acid) 이소발레르산(isovaleric acid) 말레산(maleic acid) 이소카프론산(isocaproic acid)	아세트산(acetic acid) 포름산(formic acid) 부티르산(butyric acid)	아세트산(acetic acid) 프로피온산(propionic acid) 부티르산(butyric acid) 말레산(maleic acid)	아세트산(acetic acid) 이소부티르산(isobutyric acid) 부티르산(butyric acid) 이소발레르산(isovaleric acid) 페닐아세트산(phenylacetic acid)
트립신에 의한 활성화	-	+	-	+
최적 발육온도(℃)	37~39	28~32	40~42	
최저 발육온도(℃)	10	3.3	15	12
발육 억제 pH	4.6	5.0		
발육 억제 식염(%)	10	5	3	>3
발육 억제 수분활성	0.94	0.97		
포자 내열성(D_{100})	25분	0.1분 이하		
이환동물	사람	사람	가축, 밍크, 닭, 야생조류	
유아보툴리늄증	+	-	-	-

표 3-7 보툴리늄균의 질병과 독소형별 관계

독소형	주요 감염동물	감염원	다발 지역
A	사람(창상 및 유아보툴리늄), 닭	집에서 만든 채소, 과일, 식육, 어류 병조림	북미 일부와 소련
B	사람(창상 및 유아보툴리늄), 말, 소	조리된 식육, 특히 돼지고기류	북미, 소련, 유럽
Cα	수서조류(서반구오리질환)	알칼리성 습지의 부패식품, 무척추동물	북미, 남미, 남아프리카, 오스트레일리아
Cβ	소(중부우질환), 말(마초중독)	독성식품, 썩은 고기, 돼지간	오스트레일리아, 남아프리카, 유럽, 북미
D	소(Lamziekte)	썩은 고기	오스트레일리아, 남아프리카
E	사람, 어류	수산 가공품 및 어류 가공품	일본, 브리티시 콜롬비아, 라브라도, 알래스카, 오대호, 스웨덴, 덴마크, 러시아, 중동
F	사람(유아보툴리늄)	식육 제품	덴마크, 북미, 남미, 스코틀랜드
G(*C. argentinense*)	사람(불확실)	토양	아르헨티나

훈제품이나 식초 절임, 영국에서는 조육, 미국에서는 과일의 통조림, 병조림 식품, 채소에서 많이 발생한다.

보툴리눔 식중독은 *Cl. botulinum*이 생산한 균체 외 신경독소에 의해 일어난다. 일반적으로 식품 내에서 보툴리눔균이 증식하여 생산한 독소를 식품과 함께 섭취하였을 때 식이성 보툴리눔증이 발병한다. 또한 유아가 경구적으로 섭취한 보툴리눔균의 포자가 장관 내에서 발아, 증식하여 생산된 독소에 의해 유아보툴리눔증이 발병하는 경우도 있다.

(3) 증상 및 예방

Cl. botulinum 식중독의 잠복기는 최단 1시간에서 최장 14일이지만 일반적으로 18~36시간이다. 또한 A, G형의 잠복기는 긴 반면, E형은 짧은 경향이 있다. 이 균이 생성한 독소는 모든 동물에게 맹독성을 띠는데, 주된 증상은 특이한 신경증상으로 시력 저하, 복시, 약시, 안검하수, 동공 확대 등의 안과적 증상이 나타난다. 이러한 안과적 증상을 전후하여 설인신경 마비에 의해 언어 장애, 연하 장애가 나타나며 구갈, 사지 탈력감, 혀의 경기, 보행 불능 등의 증상이 나타난다. 중증일 경우 폐뇨가 일어나며, 호흡 곤란에 의한 질식으로 사망에 이르기도 한다. 이는 *Cl. botulinum*에 의한 식중독 첫 증상이 발생한 후 1~3일 이내에 일어난다.

보툴리눔균은 토양과 동물의 분변 등에 존재하므로 채소에 오염된 분변을 충분히 제거해야 하며, 생선의 경우 내장 등을 충분히 씻는 것이 중요하다. 균 자체는 저온살균(60℃, 30분) 이하의 가열 처리로도 사멸되지만, 포자는 열 저항성이 높아 일반적인 가열 처리로는 사멸시키기 어렵다. 그렇기 때문에 부풀어오른 통조림 등 의심되는 식품은 섭취하지 말아야 한다.

5. 바이러스 식중독

최근 문제가 되고 있는 바이러스 식중독은 기온의 영향을 받지 않아 겨울철에 주로 유행한다는 점, 원인 식품에서 검출된 예가 없는 등 역학조사방법이 확립되어 있지 않다는 점, 감염경로가 원인 식품에 국한되지 않고 오염된 음용수, 환자의 변이나 토물, 공기감염 등 매우 다양하다는 점 등에서 종래의 세균성 식중독과는 여러 가지 면에서 큰 차이를 보인다.

바이러스 식중독은 장염바이러스 중 주로 노로바이러스에 의해 일어나며 그 밖에도 로타바이러스, 장아데노바이러스, 아스트로바이러스 등에 의한 사례가 보고되어 있다. 과거 식품매개성 질환 중 밝혀지지 않은 사례의 대부분이 바이러스성 병원체가 원인으로 알려지는 등 식중독 사례에서 바이러스가 차지하는 비중은 점차 증가하고 있다. 미국의 경우 식품매개성 및 수인성으로 인한 집단발병 중 약 70% 이상이 노로바이러스에 의한 것으로 밝혀졌다.

1) 노로바이러스 식중독

아직 분류가 되지 않은 다양한 소형원형 바이러스(small round structure viruses, SRSVs)를 총칭하여 노로바이러스(Norovirus)라고 한다. 미국의 오하이주 노르워크(Norwalk) 지역에서 환자가 많이 발생하여 노르워크바이러스(Norwalk virus)라고도 한다. 최근 미국, 일본, 국내에서 노로바이러스 감염 환자가 급속히 증가하여 전 세계적으로 가장 많은 장염을 일으키는 병원성 미생물로 알려져 있다. 특히 미국에서는 바이러스성 질환 중 감기 다음으로 많이 발생한다.

(1) 원인 식품 및 감염경로

노로바이러스는 소화기 계통을 통하여 감염되므로 오염된 식품이나 물이 바이러스 감염에 가장 중요한 역할을 한다. 또한 사람과 사람 사이에 직접 감염도 가능하고, 식품 중 조개류나 샐러드 재료가 주원인 식품으로 주목받고 있다. 시기적으로 보면 일반적으로 식중독 관리가 소홀한 겨울철인 12월~2월 사이에 집중적으로 발생하기 때문에 겨울철에도 주의가 필요하다.

(2) 증상 및 예방

노로바이러스에 감염되고 24~48시간 정도가 지나면 메스꺼움, 구토, 설사 등의 위장 증상과 두통, 오한, 근육통의 증상이 나타난다. 증상은 빠르면 12시간 후에 소실되지만 일반적으로 1~2일 정도 증상이 지속된다. 감염 환자의 증상이 회복된 후에도 감염자의 토물이나 채변에 바이러스가 2주 정도까지는 남아 있을 수 있으므로 위생관리에 주의해야 한다.

노로바이러스 감염에 의해 위장염이 발생할 경우, 탈수를 막기 위해 수분 공급을 충분히 해주는 것 이외에 특별한 치료방법은 없다. 충분한 수분 공급을 하지 않아서 탈수

증상을 보이는 경우에는 병원에서 치료를 받아야 한다.

85℃에서 1분 이상 가열하는 것만으로도 노로바이러스의 감염성이 소실되므로 음식을 조리할 때 충분히 익혀 먹어야 한다. 날것으로 먹는 경우 깨끗한 물에 잘 씻어 먹도록 하고, 식수는 반드시 끓여 먹어야 감염을 예방할 수 있다.

6. 기생충

기생충이란 자연계에서 독립적으로 생명을 유지할 수 없어 다른 종류의 생물체인 숙주로부터 영양분을 얻으면서 먹이와 환경에 의존하는 무척추동물이다. 기생충에 감염되면 구토, 복통 등의 소화기계 증상은 물론이고, 생체 내부에 기생함으로써 빈혈, 영양손실, 성장 저하 등 건강상 악영향을 일으킨다.

위생동물은 쥐, 파리, 바퀴 등의 곤충 및 응애 등의 절지동물을 말하며 직간접적으로 인간의 건강에 악영향을 끼치는 동물을 말한다. 이러한 위생동물은 식품에 위생상의 문제 외에 상품 가치 저하 등 막대한 경제적 문제를 발생시키므로 큰 문제가 되고 있다.

기생충과 위생동물에 의해 오염된 식품과 접촉하면 식품과 함께 이러한 동물들이 체내로 들어와 여러 가지 다양한 증상 및 질병의 직접적인 원인이 되기도 하고, 이들이 다른 병원체를 식품에 전파하여 간접적인 피해가 발생하기도 한다.

기생충 중 식품위생상 문제가 되는 것으로는 회충, 구충, 요충, 동양모양선충, 편충 등의 선충류, 간흡충, 폐흡충, 요코가와흡충 등의 흡충류(trematode), 유무구조충, 왜소조충 등의 조충류, 이질아메바, 말라리아원충 등의 원충류(protozoa)가 있다.

인간이나 동물처럼 기생충이 기생하는 상대를 숙주라고 한다. 숙주는 체내에 기생충들이 다수 기생하여 빈혈, 영양장애, 충체에서의 독소에 의한 발열, 신경증상, 기생충이 숙주 체내에 구멍을 뚫어 이동함으로써 문제를 일으키는 것 등의 건강 장애를 입는다.

생충의 감염경로는 유충이 피부로 직접 침입하는 경피감염, 식물성이나 동물성 식품을 경유하는 경구감염이 있다. 경피감염을 일으키는 기생충은 십이지장충이고, 경구감염으로 식물성 식품을 경유하는 기생충에 회충, 구충, 요충 등이 있으며, 동물성 식품을 경유하는 기생충에는 유무구조충, 간흡충, 폐흡충 등이 있다. 이러한 기생충으로부터 피해를 입지 않기 위해서는 다음과 같은 주의가 필요하다.

- 개인위생관리를 철저히 한다.

- 채소나 과일 같은 식물성 식품 섭취 시 반드시 깨끗한 물에 씻어 먹는다.
- 육류나 물고기 같은 동물성 식품은 반드시 가열해서 먹는다.
- 마시는 물은 반드시 끓여서 먹는다.
- 용변은 반드시 지정된 장소에서 본다.
- 쥐, 파리, 바퀴, 모기 등의 위생해충을 방제한다.
- 말라리아 등이 유행하는 위생 낙후 지역으로 해외여행 시 예방약을 복용한다.

1) 우리나라의 기생충 감염실태

우리나라의 기생충병은 그 병원체의 다양성, 분포 양상 및 위해 등으로 보아 중요한 풍토병이 되어 있다. 우리나라는 1970년대 이전 곡류, 채소 및 과일을 중심으로 한 농경이 산업의 주류를 이루었다. 당시 농사를 위해 사람이나 가축의 분뇨를 거름으로 사용하면서 자연스럽게 농작물에는 각종 기생충이 기생하여 대부분의 국민은 기생충에 노출되었다. 이러한 기생충 감염이 국민 건강장애를 일으키고 있음이 제기되자 이를 위해

표 3-8 연도별 장내 기생충 실태조사 총괄 결과

연도	피검자 수	충란 양성자 수	충란 양성률	회충	구충	편충	동양모 양선충	간흡충	폐흡충	요코가 와흡충	유무구 조충	참굴큰 입흡충	광절열 두조충	요충
1차 (1971년)	24,887	20,970	84.3	54.90	10.7	65.4	7.7	4.6	0.090	–	1.90	–	–	1.30
2차 (1976년)	27,178	12,171	63.2	41.00	2.2	42.0	1.0	1.8	0.070	–	0.70	–	–	–
3차 (1981년)	35,018	14,381	41.1	13.00	0.5	23.4	0.2	2.6	0.000	1.20	1.10	–	–	12.00
4차 (1986년)	43,590	5,630	12.9	2.10	0.1	4.80	0.02	2.7	0.002	1.00	0.30	–	–	3.60
5차 (1992년)	46,912	1,806	3.8	0.30	0.01	0.20	0.004	2.2	0.000	0.30	0.06	–	–	0.90
6차 (1997년)	45,832	1,098	2.4	0.06	0.007	0.04	0	1.4	0.000	0.30	0.02	–	–	0.60
7차 (2004년)	20,541	879	3.7	0.05	0.0	0.27	0	2.4	0.002	0.50	0.00	–	–	0.60
8차 (2012년)	23,956	645	2.6	0.03	0.0	0.41	0	1.9	0.000	0.26	0.04	0.02	0.01	–

자료 : 질병관리본부, 2013

정부에서는 1971년부터 5년마다 기생충 감염 실태조사를 하면서 크게 감소하였다. 현재 우리나라에서 공중보건학적으로 문제가 되는 장내 기생충은 간흡충, 요충 및 요코가와흡충이고, 오랫동안 우리나라에서 문제가 되었던 토양매개성 선충인 회충, 십이지장충, 편충, 동양모양선충은 크게 감소하였다.

2) 채소류에 의한 기생충 감염

과거 농촌에서는 사람이나 가축의 분뇨를 채소나 과일 재배 시 비료로 사용하고, 수확한 채소 및 과일에 기생충란이 부착된 채로 섭취함으로써 기생충에 감염되었다. 보통 한국인이 많이 섭취하는 배추, 미나리, 파, 무, 딸기, 당근 등에서 회충, 편충, 구충 및 간디스토마의 충란이 검출되었는데, 그중에서도 회충란이 가장 많았다.

(1) 회충

① 생태 및 생활사

회충(*Ascaris lumbricoides*)은 가장 보편적인 기생충으로 전 세계에 분포하며, 우리나라는 특히 농촌 지역에서 감염률이 높다. 사람에 기생하는 선충류 중 크기가 가장 큰 것으로 수컷은 크기가 15~31 cm×2~4 mm이며, 말려 있는 가는 뒤끝에 교접자가 있다. 암컷은 20~35 cm×3~6 mm로, 앞쪽 1/3지점에 생식공과 대상교착부가 있다.

회충은 소장으로 이동하여 성충이 되기까지는 60~80일이 걸리며 수명은 1년 정도이

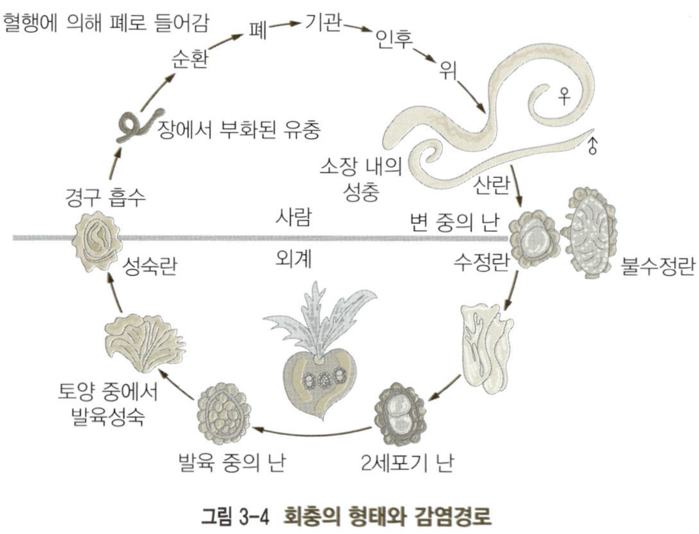

그림 3-4 회충의 형태와 감염경로

다. 암컷 1마리는 하루에 10만~ 20만 개의 충란을 산란한다.

성숙란은 자연계에서 1년간 감염 능력을 가지며 소독제, 건조, 저온, 염, 산성에는 저항성이 매우 강하지만 열에는 약하여 70°C에서 수 초, 65°C에서 10분이면 사멸한다.

② **증상**

성충이 소장에서 기생하면 영양물질을 갈취하고 충체 효소로 숙주의 소화작용을 방해한다. 이로 인한 증상은 설사, 복통, 소화불량, 식욕 항진 또는 감퇴, 두통, 구토, 구역, 권태, 피로함, 두드러기와 같은 알레르기 증상, 기침, 천식 발작, 빈뇨, 소아에서 이미증(geophagia) 등이다. 또한 회충이 장벽을 통과해 폐에서 모세혈관을 파괴하여 출혈을 일으키거나 2차 감염 등으로 회충성 폐렴을 일으킨다. 회충은 소장뿐만 아니라 다른 기관에도 이행하므로 충수나 담낭, 뇌 등에 침입하여 염증을 일으키기도 한다.

③ **예방 및 구제**

예방법으로는 채소의 철저한 세척 및 소독, 손의 청결, 가열조리, 집단구충, 분변의 위생적 처리와 인분을 사용하지 않은 청정채소 재배법으로 회충을 근절한다.

구충약으로 콤바트린, 메벤다졸, 피페라진이 있다.

(2) 요충

① **생태 및 생활사**

요충(*Enterobius vermicularis*)은 전 세계에 분포하는 기생충으로 어린이와 가족 내 감염률이 높다. 소장 하부에 기생하는 작은 백색의 선충으로 수컷의 크기는 2~5 mm × 0.1~0.2 mm 이하이며 꼬리가 말려 있고, 암컷은 8~13 mm × 0.3~0.5 mm이며 꼬리가 뾰족하다.

암컷이 야간에 나와 항문 주위에 산란하면 수시간 안에 감염유충이 되는데 감염자가 항문을 손으로 긁어 오염된 손을 통해 가족 등에게 직접 경구감염시킴은 물론이고 자신도 재감염된다. 요충은 다른 기생충에 비해 감염률이 높다.

② **증상**

요충은 항문 주위에 산란하기 때문에 가려움과 긁힘, 습진, 피부염, 불면증, 두통, 신경증 등을 동반한다. 특히 어린이에게는 불쾌감, 수면장애, 식욕 감소, 신경과민, 발작까지 초래할 수 있다. 또한 구토, 구역, 복통, 설사, 직장부 궤양, 만성 충수돌기염의 원인이 된다.

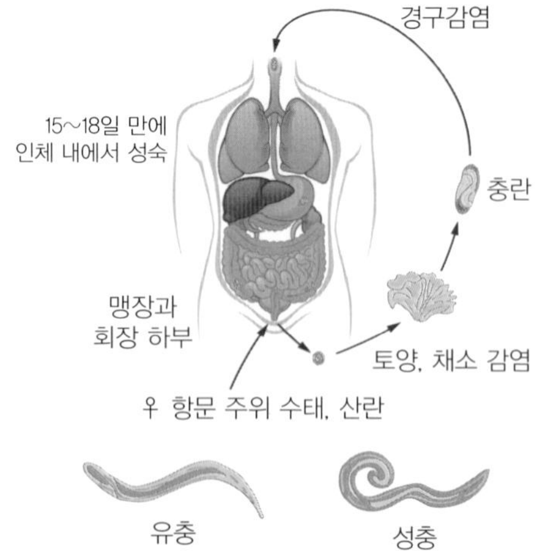

그림 3-5 요충의 형태와 생활사

③ **예방 및 구제**

예방법은 회충에 준하나 특히 집단생활을 하는 유아와 그 가족의 감염률이 높으므로 손의 청결 유지가 필요하고 항문 주변, 속옷 등을 위생적으로 유지한다.

집단감염의 우려가 있을 경우 알벤다졸, 푸르벤다졸 등을 복용해야 한다.

(3) 구충

① **생태 및 생활사**

구충(*Hookworm*)은 전 세계적으로 분포하며 십이지장충이라고도 하는데, 최근에는 급격히 감소한 기생충이다. 성충의 크기는 수컷 8~10 mm, 암컷이 10~13 mm로 십이지장의 아래쪽인 공장 상부에 주로 기생한다. 갈고리형의 이빨로 장점막에서 흡혈하므로 회충보다 증상이 심하고 경구감염은 물론이고 경피감염도 되므로 채소밭에서의 감염에 특히 유의해야 한다.

② **증상**

유충이 피부를 뚫고 침입할 때 피부염과 소양증 등을 수반한다. 소장에 기생하는 성충이 흡혈할 때 흡혈의 장소를 자주 바꿈으로써 계속적인 출혈과 이차적 세균 감염이 일어난다. 성충 100마리가 기생할 때에 4 mg 정도의 철분이 소실되고, 혈액의 손실로 빈혈, 현기증이 나타난다. 또한 식욕이 감퇴하고, 이미증을 일으켜 미숙한 과일, 산미가 강한 음식, 생쌀이나 흙을 먹는 경우도 있다.

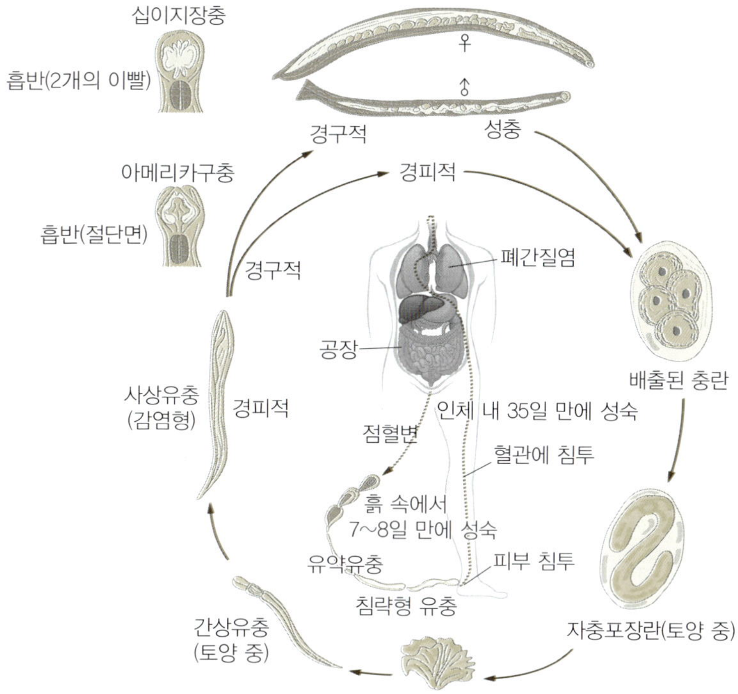

그림 3-6 구충의 형태와 생활사

③ **예방 및 구제**

예방법은 회충에 준하나 경피감염이 가능하므로 직접적으로 흙을 만지거나 밟아야 하는 경우 장갑이나 신발 등의 보호장구를 착용한다. 충란에 오염된 채소류는 세척 및 소독을 통해 제거해야 한다.

감염 시 구충약인 콤바트린, 메벤다졸을 복용하여 구제해야 한다.

(4) 편충

① **생태 및 생활사**

전 세계적으로 분포되어 있는 편충(*Trichocephalus trichiuris*)은 발현율이 높으며 우리나라에서도 감염률이 높은 기생충이다. 감염경로와 감염률은 회충과 비슷하나 기생 수가 보통 10만 마리 미만으로는 증상이 거의 나타나지 않기 때문에 문제가 되지 않는다. 크기는 수컷이 45~50 mm, 암컷이 30~45 mm, 전방은 가늘고 후방은 굵다. 가는 부분을 대장점막 내에 깊이 삽입하여 기생한다. 감염되면 10년 이상 사람의 장관 내에 생존한다.

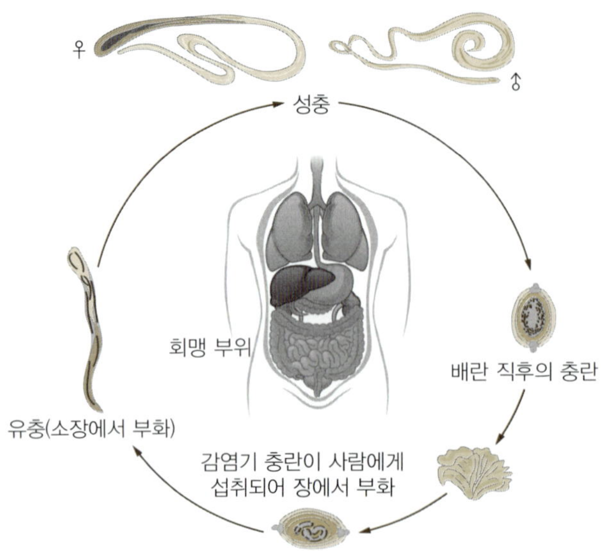

그림 3-7 편충의 형태와 생활사

② **증상**

10만 마리 이하이면 자각증세가 없는 경우도 많으며, 다수의 충체가 기생하면 복통, 오심, 구토, 식욕부진, 설사, 빈혈, 탈항 등을 나타낼 수 있다.

③ **예방 및 구제**

예방은 회충에 준하며 채소류에 기생하여 인체에 감염되는 경우가 많으므로 채소류의 세척과 열처리가 중요하다.

구제는 메벤다졸, 옥산텔 파모에이트 등으로 한다.

3) 육류에 의한 기생충 감염

유엔식량농업기구(FAO)는 연간 1인당 육류 소비량을 약 43.4 kg으로 추산하였다. OECD 회원국의 경우 2014년 기준 연간 63.5 kg, 우리나라는 같은 기간 51.3 kg의 육류를 소비하고 있다. 질병관리본부의 장내 기생충감염실태조사에 의하면 유구조충과 무구조충이 1971년에는 1.9%의 감염률을 보였으나 1997년에는 0.02%로 급감하였다가 2004년 0.00%, 2012년에는 0.04%의 감염률을 보이고 있다.

(1) 무구조충

① 생태 및 생활사

무구조충(*Taenia saginata*, Beef tapeworm)은 소고기를 식용하는 세계 각지에 분포하며, 유구조충보다 기생률이 높으나 최근에는 그렇지 않다. 감열률은 높은 편이 아니다. 자웅동체로 길이가 4~10 m로 대형이며 체절로 구분되는데 끝에서부터 체절이 떨어져 분변과 함께 배설된다.

배설된 체절을 사료 등과 함께 소가 섭취하면 장벽을 뚫고 혈류를 따라 근육, 신장, 식도, 림프선 등에 낭충을 형성하고 무구낭충으로 된다. 이를 사람이 생식하였을 때 감염된다. 낭충은 저온에서는 비교적 강하나 71℃에서 5분이면 사멸 가능하다.

② 증상

충체가 크므로 피해도 크다. 소장에 기생하여 발육할 경우 배변할 때, 걸어 다닐 때, 잠잘 때에도 다수의 체절이 나오므로 불쾌감을 준다. 증상이 없는 경우도 있으나 사람에 따라서 복부의 압통, 오심, 구토, 메스꺼움, 빈혈, 소화불량, 체중 감소, 식욕의 이상항진 등이 나타나기도 한다.

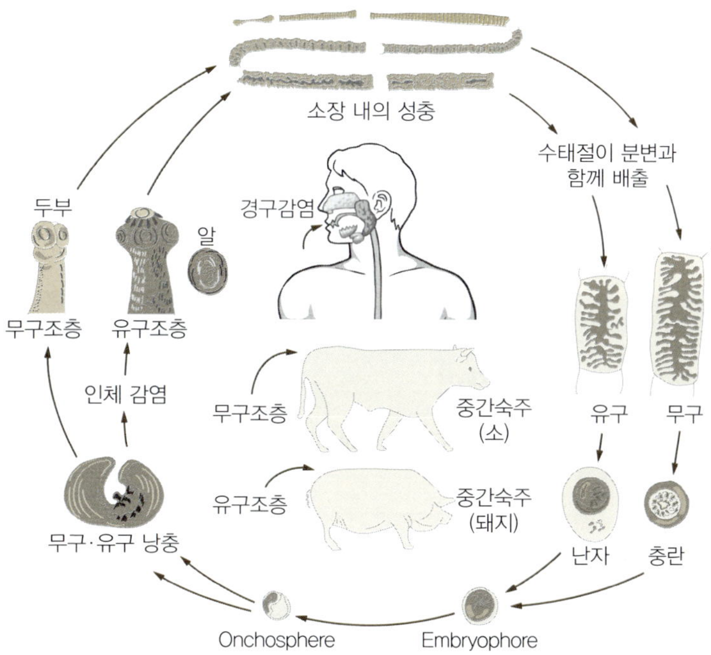

그림 3-8 무구조충과 유구조충의 생활사

③ **예방 및 구제**

예방을 위해 도살 직후 위생검사를 철저히 하고 소고기를 완전히 익혀서 먹는 것이 중요하며, 소가 섭취하는 목초에 분변이 오염되지 않도록 잘 관리해야 한다.

구충제로는 비자열매(torreya nut), 타에니아, 면마엑스가 있다.

(2) 유구조충

① **생태 및 생활사**

유구조충(*Taenia solium*, pork tapeworm)은 돼지고기를 식용하는 세계 각지에 분포하며 두절의 흡반에 갈고리가 있어 갈고리촌충이라고 명명되었다. 돼지를 중간숙주로 하는 경우가 대부분이므로 돼지고기촌충이라고도 한다. 유구조충은 성충이 2~8 m이고 70~1,000개의 편절(마디)을 가지고 있으며 편절에 약 3만~5만 개의 충란이 포함되어 있다.

감염경로는 무구조충의 경로와 같으며, 돼지의 근육에 유구낭충이 존재하여 사람이 돼지고기를 섭취하면 소장에서 성충이 된다. 낭충이 사람의 피하조직, 뇌, 안구, 근육, 심장, 간에 기생하는 것을 낭미충증이라고 한다.

② **증상**

기생에 의한 장애는 무증상이거나 심하지 않지만 복부 불쾌감, 구역, 구토, 식욕 항진, 설사가 일어날 수 있다. 낭미충증에 의해 각 부위별 위험 질환이 나타날 수 있다.

③ **예방 및 구제**

예방은 무구조충에 준하나 돼지에 적용된다. 돼지고기를 생식하거나 염지한 것도 주의해야 하며 완전히 익혀서 섭취하는 것이 안전하다. 또한 도축검사를 정밀하게 하고 인분 처리 시 위생적으로 해야 하며 감염자는 구충제를 복용해야 한다.

4) 어패류에 의한 기생충 감염

우리나라에서는 어패류를 생식하는 식습관으로 인해 어패류에 의한 기생충 감염에 대해 주시하고 있다.

(1) 간흡충(간디스토마)

① **생태 및 생활사**

간흡충(*Clonorchis sinensis*, Chinese liver fluke)은 간디스토마라고도 하며 간에 성충이

충란 → 왜우렁이 (제1중간숙주) → 민물어류(피라미 · 붕어 등) (제2중간숙주) → 인체의 간(담도) (종말숙주)

유충시대 | 성충시대

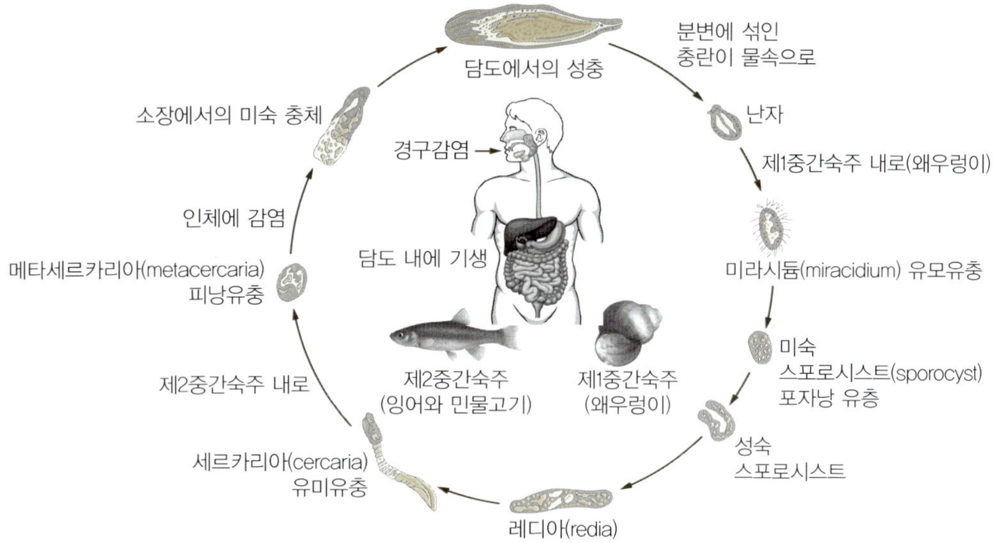

그림 3-9 간디스토마의 생활사

존재하여 붙여진 이름이다. 한국, 일본, 중국, 베트남, 태국, 타이완, 필리핀 등의 동남아시아 지역에서 감염률이 높게 분포하는 기생충이다. 간흡충은 극동지방에서 감염률이 높은데 우리나라에서는 특히 낙동강, 섬진강 유역과 같은 하천이나 저수지를 중심으로 높은 감염률을 보인다. 특히 민물고기를 즐겨먹는 성인 남자에게서 감염률이 높게 나타난다.

자웅동체이며 10~25 mm의 크기로 버드나무 잎처럼 길쭉하고 납작한 모양에 황갈색의 투명하고 두꺼운 난각이 있다.

전파 양식은 숙주(사람, 고양이, 개 등)의 담관에서 성충이 산란한 충란이 담즙과 같이 배설되어 물속으로 들어가 제1중간숙주인 왜우렁이에 섭취되어 간에서 유미유충이 된다. 유미유충은 제2중간숙주〔담수어(붕어, 잉어, 피라미 등)〕와 접촉하면 침입하여 어육 내에서 피낭유충(포낭유충)이 된다. 이를 사람이 먹으면 피낭유충은 탈각되어 간 속의 담관에 자리 잡게 되고, 한 달 후면 성충이 된다.

② **증상**

간흡충의 수가 1,000쌍 미만이면 별 증상이 없으나 1,000쌍 이상일 경우 증세가 나타난다. 기생 부위는 간의 담관(좌엽)이며, 담관을 막히게 하여 황달, 간비대, 빈혈, 야맹증, 설사를 나타내고 심하면 간경화증을 일으켜 사망하기도 한다.

③ **예방 및 구제**

예방을 위해 민물고기를 생식하지 않고 가열조리 후 섭취하도록 한다. 인분 처리를 위생적으로 한다. 민물어류를 다룬 후 도구 등을 살균, 세척해야 한다. 제1중간숙주인 왜우렁이의 산란기 때 수초를 베든지 투어(paradise fish)나 게 등을 방사시켜 포식하게 하여 박멸한다.

구제를 위해 디스토시드정을 복용한다.

(2) 폐흡충(폐디스토마)

① **생태 및 생활사**

폐흡충(*Paragonimus westermani*, Lung fluke)은 폐디스토마라고도 하는데 이는 폐에 존

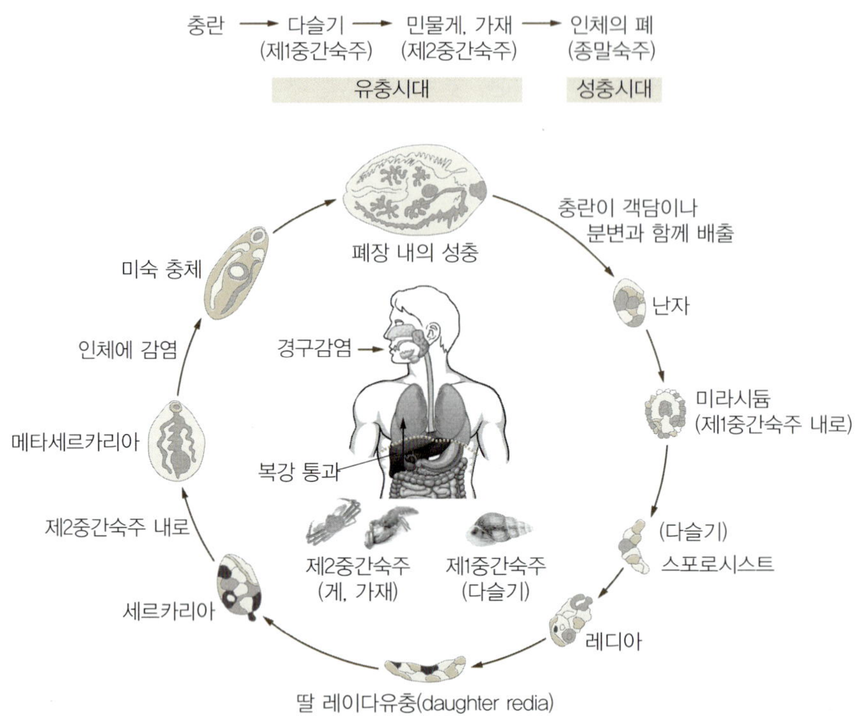

그림 3-10 폐디스토마의 생활사

재하므로 붙여진 이름이다. 한국, 일본, 중국, 타이완, 필리핀 등 동양에 많으며, 아프리카, 중남미 등지에도 분포한다. 성충의 크기는 7.5~16 mm이며 자웅동체이다.

감염경로는 산란된 충란이 객담이나 분변과 함께 외부로 배출되어 물속에서 제1중간숙주인 다슬기에 섭취된 후 유미유충으로 발육한다. 그 후 제2중간숙주인 가재나 민물게에 침입하여 아가미, 근육, 간 등에서 피낭유충이 된다. 사람이 피낭유충이 있는 게나 가재를 날것으로 섭취하면 십이지장에서 탈낭한 후 폐에 침입하여 성충으로 발육한다. 뇌, 복강, 흉강, 안구 등에 기생하는 경우도 있다. 성충은 폐에서 10년을 살 수 있으나 다른 기관에서는 그렇지 못하다.

② 증상

폐에 기생하면서 충낭을 형성하여 폐결핵 초기증상과 유사한 기침, 위장증상, 객담, 흉통, 두통을 일으킨다. 뇌에 기생하면 간질과 비슷한 증상을 나타낸다.

③ 예방 및 구제

예방법은 중간숙주인 게나 가재를 생으로 섭취하지 않으며, 또한 감염된 개, 고양이 등 동물의 위생관리를 철저히 해야 한다. 음용수 위생을 깨끗이 하며, 민물게나 가재를 다룬 후에는 도구를 세척 및 소독한다.

구제는 간흡충과 같이 디스토시드정을 복용한다.

(3) 요코가와흡충

① 생태 및 생활사

요코가와흡충(*Metagonomus yokogawai*, Intestinal fluke)은 한국, 일본, 중국, 시베리아, 발칸반도에 분포되어 있으며, 우리나라는 섬진강 유역에서 높은 감염률을 보인다. 이 흡충은 사람 외에도 개, 고양이, 돼지 등의 동물과 펠리컨(Pelican) 같은 어식조류의 소장 점막에 기생하여 장흡충이라고도 한다. 성충의 크기는 1~3 mm로 흡충류 중 가장 작으며 자웅동체이다.

생활사는 충란이 체내에서 배출되면 이것이 제1중간숙주인 다슬기에 침입하여 유미유충이 된다. 유미유충은 제2중간숙주인 민물어류(특히 은어)에 침입하여 근육에서 피낭유충이 된다. 피낭유충이 있는 은어를 생식하면 공장 상부에 기생하며 수명은 2~3개월 정도로 짧다.

피낭유충은 열에 강하여 70℃에서 15분 가열해도 사멸되지 않고, 식초에서 1시간,

충란 ⟶ 다슬기 (제1중간숙주) ⟶ 민물어류(은어, 붕어 등) (제2중간숙주) ⟶ 인체의 공장 (종말숙주)

유충시대 | 성충시대

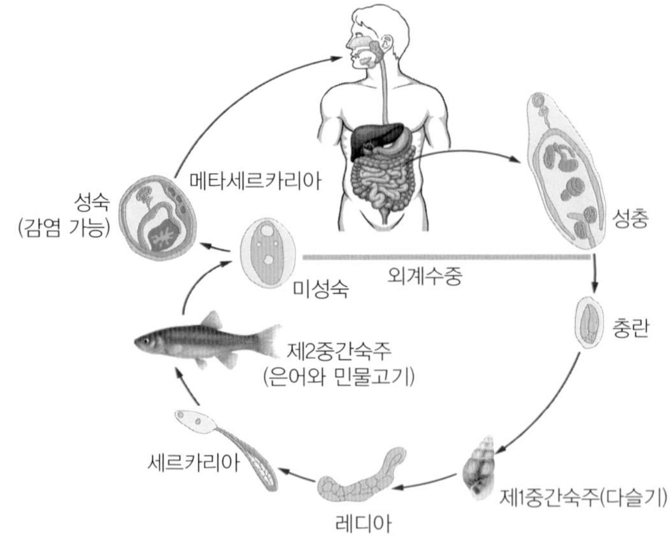

그림 3-11 요코가와흡충의 생활사

0.3% 염산 및 간장에서 6시간을 두어도 생존이 가능하다.

② **증상**

특이한 감염증세를 나타내지는 않으나, 다수에 감염되면 장점막 파괴와 설사, 복통, 혈변, 만성장염 등을 일으킨다.

③ **예방 및 구제**

예방법은 민물고기, 특히 은어의 생식을 금하고 충분히 가열하여 섭취하는 것이나, 피낭유충은 일반적으로 열이나 화학약품에 저항성이 강하기 때문에 특히 주의가 필요하다.

구제방법은 간디스토마와 같다.

7. 위생동물과 위생해충

위생동물과 위생해충은 식품을 오염시켜 식품의 상품적 가치를 저하시키고, 배설물을 통해 불쾌감을 준다. 또한 식품을 매개로 하여 병원성 미생물이 인체에 감염되도록 하여 식중독을 일으킨다. 이와 같이 식품위생상 문제를 일으키는 위생동물과 위생해충으로는 쥐, 파리, 바퀴가 있다. 식품위생검사 시 이들의 사체, 배설물 등이 혼입되어 있을 경우 부적합 판정을 받게 되므로 위생동물 및 위생해충에 대한 주의가 필요하다.

위생동물과 위생해충에 대한 피해는 직접적인 피해와 간접적인 피해로 구분할 수 있다. 직접적 피해로는 이들에 물려서 나타날 수 있는 알레르기, 피부 손상 등의 피해가 있다. 간접적으로는 위생동물과 위생해충 자체 내의 병원성 미생물이 식품을 오염시키고 이를 섭취함으로써 나타날 수 있는 식중독과 같은 피해이다.

① 직접적 피해

- 위생동물 및 위생해충의 일부(털) 등에 의한 피부염, 비염, 기관지천식 등과 같은 알레르기성 질환을 일으킨다.
- 쥐에 기생하는 진드기로 인한 습진, 위생해충인 옴진드기 및 여드름진드기 등으로 인해 승저증(구더기증)을 일으킨다.
- 쥐, 모기, 벼룩, 거미에 물려 피부를 손상시키고, 알레르기가 나타난다.
- 독거미, 전갈, 벌, 독나방 등 독성분을 갖는 위생해충에 물렸을 경우 독성물질로 인한 피해를 입게 된다. 즉, 피부에 주입된 위생해충의 타액 및 독성으로 인해 독모가 피부 내에 들어가 붓고 발적 및 통증을 일으킨다.
- 흡혈로 인해 영양 성분이 손실될 수 있다.
- 손상된 피부를 통해 병원성 미생물이 피부에 염증을 일으킨다.
- 위생동물 및 위생해충의 출현은 수면을 방해하기도 한다.

② 간접적 피해

- 위생동물이나 위생해충 속 감염성이 있는 세균 및 바이러스가 기계적으로 운반되어 인체 내로 들어와 일본뇌염, 말라리아, 장티푸스, 파라티푸스, 살모넬라증, 이질, 결핵, 나병, 회충, 편충 등의 질병을 일으킨다. 병원체의 증식이나 발육에 따라 다음과 같이 나눈다.
- 병원체가 위생동물 및 위생해충 내에서 증식한다. 예 발진열, 발진티푸스, 뎅기열,

유행성 재귀열

- 병원체가 위생동물 및 위생해충 내에서 발육한다. 예 사상충
- 병원체가 증식 및 발육을 동시에 한다. 예 말라리아, 수면병
- 병원체가 난소에서 증식 및 생존하면서 부화시키며, 이를 통해 다음 세대로 자동감염되어 첫 흡혈부터 전파시킨다. 예 록키산홍반열, 쓰쓰가무시병
- 정신적 및 물질적, 경제적 피해를 일으킨다.

1) 쥐

포유동물강 쥐목에 속하는 쥐는 설치동물이라고도 한다. 우리나라에서 서식하는 쥐의 종류는 22여 종으로 알려져 있으며, 이 중 식품위생상 문제가 되는 것은 집쥐(시궁쥐), 곰쥐(지붕쥐), 생쥐 세 종류이다.

쥐는 시각이 발달되지 않아 색맹이고 근시안이라 행동반경이 좁지만 촉각, 후각, 청각은 매우 발달하여 어둠 속에서도 활발히 활동할 수 있다. 쥐의 문치(門齒)가 빠르게 자라 음식을 먹을 수 없으므로 계속 견고한 물질을 갉는 습성이 있다.

(1) 쥐의 생태 및 생활사

쥐의 서식장소 및 통로는 동일하며, 사람의 생활처를 따라 움직인다. 식성은 잡식성으로 쥐가 서식하는 장소의 주변 환경에 융통성이 있어 환경에 따라 좋아하는 음식이 다양하다. 또한 바퀴벌레와 같은 곤충을 잡아먹기도 하고 풀을 먹기도 한다.

쥐는 생후 2~3개월이면 성체가 되어 교미 후 약 3주의 임신 기간을 거쳐 적게는 5마리, 많게는 10마리까지 새끼를 낳는다. 수명은 집쥐와 곰쥐가 약 2년, 생쥐가 약 1년이다.

(2) 쥐의 종류

① 집쥐(시궁쥐)

주로 집 마루 밑, 시궁창의 측면 등에서 서식한다 하여 집쥐(시궁쥐, ***Rattus norvegicus***)라고 하며, 색은 흑색 또는 갈색이 있어 갈색쥐라고도 한다. 형태적 특징으로는 체중이 300~500 g이고, 형태는 꼬리가 몸길이보다 약간 길다. 특히 귀가 작으며 비늘이 거칠다. 1회 출산 수는 8~9마리이고, 수명은 약 2년이다.

② **곰쥐(지붕쥐)**

곰쥐(지붕쥐, *Rattus rattus*)의 등색은 갈색 또는 흑회색을 띤다. 체중은 100~250 g으로 집쥐보다 작아 동작이 민첩하고 기둥을 타고 올라가 천정, 벽 틈 및 파이프관 등에서 출현하며, 주로 천장이나 헛간 안에 둥지를 만들어 서식한다. 꼬리가 몸통보다 길고 귀가 큰 것이 특징이다. 1회 출산 수는 5~6마리이고, 수명은 약 2년이다. 주로 곡류, 생선, 기타 음식물을 먹는다.

③ **생쥐**

생쥐(*Mus musculus*)는 성체의 체중이 20~50 g으로 1 cm 틈도 통과할 수 있는 작은 체구로, 아파트 문이나 통풍구로 침투한다. 인가나 들에서 천조각으로 둥지를 만들어 아무 데서나 서식하며, 특히 농작물 보관소에 많이 서식한다. 꼬리가 매우 길고, 머리에 비해 귀가 크다. 1회 출산 수는 8마리이며, 수명은 약 1년이다.

(3) 쥐에 의한 피해

쥐는 저장한 곡물에 피해를 입히며, 기물을 갉아서 망가뜨린다. 또한 서식지로 삼기 위한 구멍을 내기 때문에 건물의 외관에도 손상을 입히고, 누전으로 인한 화재 및 가스 중독 문제를 일으키거나 목재를 손상시킨다.

쥐는 직접적 또는 간접적으로 인체에 피해를 준다. 쥐에게 물려서 발병하는 서교증(ratbite disease), 쥐로 인해 집진드기가 번식하여 습진을 일으킨다. 쥐의 분변으로 인한 유행성 출혈열(epidemic hemorrhagic fever), 쥐의 소변으로 인한 Weil씨병(leptospirosis), 쥐벼룩에 의해서 전파되는 페스트(plague)가 있다. 이외에도 발진열(murine typhus, endemic typhus), 쯔쯔가무시병, 살모넬라증, 결핵, 장티푸스, 이질 등이 있다. 기생충으로 인한 질환도 전파하는데, 이로 인한 질환으로는 선모충(*Trichinella spiralis*), 일본주혈흡충(*Schistosoma japonicum*), 왜소조충(*Hymenolepis nana*) 등이 있다.

(4) 쥐의 구제방법

쥐의 구제방법은 쥐의 박멸뿐만 아니라 침입의 방지 및 감시도 포함된다. 이는 쥐가 서식하는 장소가 일정하기 때문에 재침입 가능성이 높으므로 이에 대한 감시를 소홀히 하면 또다시 쥐가 서식하여 출현함을 예방하기 위함이다. 우선, 음식물의 올바른 처리 및 청소를 통해 주변 환경을 깨끗하게 하고, 건물 지하에 쥐가 침입하지 못하도록 막아야 한다. 살서법으로 천적 및 쥐틀, 쥐장을 사용하는 방법이 있으나, 주로 warfarin, α-naphthyl thiourea, norbromide, 비소제, 황인제, 인화아연, 모노플루오로아세트산 나트륨(sodium monofluoroacetate제) 등의 살서제가 이용된다. 주로 옥내에서는 살서율뿐 아니라 안전성을 고려하여 warfarin, α-naphthyl thiourea, norbromide를 이용한다. 창고 및 선박에서는 밀폐 후 시안산, 청산, 인화수소, 브로민화 메틸(methyl bromide), 클로로피크린(chloropicrin) 등으로 훈연한다.

2) 바퀴

바퀴는 바퀴목에 속하는 대표적인 위생해충이다. 현재까지 밝혀진 종은 4,000여 종에 달하고 3억 5,000만 년 전에 나타나 지금까지 생존하고 있다. 우리나라에 가장 많은 바퀴는 독일바퀴이고, 그 다음으로 일본바퀴, 미국바퀴(이질바퀴), 검정바퀴 4종이다.

(1) 바퀴의 생태 및 생활사

불완전변태인 바퀴는 알, 유충, 성충으로 발육하며 수명은 3~12개월이다. 주서식지는 주택, 아파트, 식당 등 사람이 생활하는 옥내이고, 습도와 온도가 생활하기 적합한 곳(고온다습)이면 어디든지 서식한다. 특히, 어두운 곳에서 무리를 지어 서식하고, 야행성이어서 낮에는 서식지에 있다가 밤이 되면 먹이를 찾고 섭취하기 위해 활동한다.

(2) 바퀴의 종류

① 독일바퀴

바퀴 중 가장 흔한 독일바퀴(*Blattella germanica* Linnaeus)는 체장이 1.0~1.5 cm일 정도로 체구가 작다. 야간에 활동하며, 색은 황갈색이다. 알 부화 기간은 약 3주이다. 주로 전분, 소맥분, 우유를 함유한 식품, 기름진 식품을 좋아한다.

② 먹바퀴

먹바퀴(*Periplaneta fuliginosa* Serville)는 체장은 3~4 cm 정도로 독일바퀴보다 크다. 색이 검정색이고 광택이 나서 검둥이바퀴라고도 불린다.

③ 일본바퀴

일본바퀴(*Periplaneta japonica* Karny)는 체장은 3.5 cm 전후이며, 먹바퀴보다 약간 작고 독일바퀴보다는 많이 크다. 생김새는 먹바퀴와 매우 비슷하고, 암컷의 날개가 짧은 것이 특징이다.

④ **미국바퀴(이질바퀴)**

미국바퀴(*Periplaneta Americana* Linnaeus)는 독일바퀴, 먹바퀴, 일본바퀴보다 체구가 크다. 체장은 3~4.3 cm이며, 색은 다갈색이고 광택이 있다. 알 부화 기간은 약 3~17주이며, 유충은 7~13개월 동안 7~13회 탈피한다.

(3) 바퀴에 의한 피해

- 직접적 피해 : 옥내에 서식하는 바퀴는 사람들에게 불쾌감과 공포감을 준다. 또한 인체의 피부를 물기도 하고, 인체의 구멍으로 들어가기도 한다.
- 간접적 피해 : 바퀴는 세균 및 바이러스를 물리적으로 전파하여 흑사병, 폐렴, 파상풍 등을 일으킨다. 특히 바퀴는 잡식성이므로 피, 화농성 물질, 배설물 등도 먹은 후 토해 내는 과정에서 질병의 매개 능력을 높인다. 또한 털 및 극모를 통해 오염원을 묻혀서 운반하기도 한다. 뿐만 아니라 옥내에 있는 바퀴의 사체는 집먼지가 되어 알레르기성 질환을 일으키기도 하고 천식을 유발시킨다.

(4) 바퀴의 구제방법

바퀴가 서식하지 않도록 예방하는 방법은 바퀴가 먹을 수 있는 음식을 없애고, 옥내를 깨끗하게 청소하여 청결을 유지하는 것이다. 또한 바퀴가 서식하는 서식지 및 이동통로를 제거하는 것이 바퀴 구제에 도움이 된다. 이외에도 살충제 연무법, 훈증법이 있다. 또한 먹이를 이용하는 방법은 두 가지가 있는데, 미끼를 사용하여 구제하는 트랩법을 이용하거나 먹이에 살충제를 넣어 식독작용을 일으키는 독이법 등이 있다.

3) 파리

전 세계적으로 파리의 종류는 약 6만여 종이 될 만큼 매우 많다. 이들 중 식품위생상 문제가 되는 파리는 집파리과, 쉬파리과, 검정파리과, 체체파리과, 양파리과에 속하는 파리이다.

(1) 파리의 생태 및 생활사

완전변태를 하며 알, 유충, 번데기, 성충의 순서로 약 20~60일 동안 발육한다. 수명은 평균 30일 정도이다.

(2) 파리의 종류

① 집파리과

집파리과는 집파리, 왕큰집파리, 딸집파리, 침파리 등이 있다. 이 중에서 침파리는 사람의 피부에 붙어 흡혈한다.

② 쉬파리과

쉬파리과의 파리 유충은 동물 사체나 배설물에서 자라고, 승저증을 일으키기도 한다.

③ 검정파리과

검정파리과의 색은 녹색, 자색의 금속광택을 낸다. 금파리(*Lucilia Caesar*), 띠금파리 등이 있으며, 이들의 유충이 사람의 피부에서 기생하여 승저증을 일으킨다.

(3) 파리에 의한 피해

파리는 사람을 귀찮게 하고 소화기 계통의 감염병균을 전파하는 대표적인 위생해충이다. 파리는 인축의 배설물에 앉아 병원성 미생물을 부착시킨 후 사람이 먹는 음식에 병원체를 묻혀 관련 질병을 일으킨다. 또한 섭취한 것을 토하기도 하여 병원성 미생물을 보다 넓게 전파시킨다.

파리가 매개하는 질병은 소화기계 감염병인 콜레라, 이질, 장티푸스, 파라티푸스와 호흡기계 감염병인 결핵 등이다. 또한 기생충을 옮겨 회충, 편충, 십이지장충을 초래하고, 화농성 질환 및 나병뿐만 아니라 유충으로 인해 인체의 귀, 소화관 등에 질병을 일으킨다.

(4) 파리의 구제방법

파리가 출현하기 시작하면 구제하기 쉽지 않으므로 파리가 발생하지 않도록 해야 하며 출현 후에는 완전 박멸해야 한다. 파리를 구제하는 방법은 환경적, 기계적, 화학적 구제법으로 구분할 수 있다. 다양한 구제방법 중 파리의 종류 및 파리가 발생된 장소에 따라 적합한 구제법을 이용해야 한다. 환경적 방법으로 배설물, 음식물 쓰레기 등의 완전 처리를 통해 환경을 개선함으로써 파리의 발생을 예방한다. 기계적 방법으로는 방충망, 끈끈이 테이프, 자외선 트랩, 에어커튼을 설치하거나 파리채를 사용하여 파리를 구제한다. 화학적 방법으로는 살충제, 유제, 수화제, 분제, 훈증제 등을 살포함으로써 파리를 사멸시킨다.

4) 진드기

진드기는 거미강 진드기목 중 후기문아목(Metastigmata)에 속한다.

(1) 진드기의 생태 및 생활사

진드기류는 알, 유충, 성충의 순서로 불완전변태를 한다. 20℃ 이상 고온다습한 곳에서 증식한다.

(2) 진드기의 종류

① **긴털가루진드기**

우리나라에서 곡류, 곡분, 건조과일 등 저장된 식품에서 흔하게 볼 수 있는 진드기로, 유백색을 띤다.

② **수중다리가루진드기**

긴털가루진드기와 같이 저장 식품에 기생하며, 다량 발생 시 곰팡이가 핀 것과 같은 냄새가 난다.

③ **설탕진드기**

설탕, 된장의 표면에서 자라며, 유백색이다.

④ **보리가루진드기**

주로 곡류에서 자라며, 유백색이다.

⑤ **집고기진드기**

설탕, 치즈에서 번식한다.

⑥ **작은가루진드기**

흑설탕, 건조란 등에서 자라며, 유백색이다.

⑦ **고노수수랭이진드기**

건어물에서 잘 번식한다.

⑧ **가루살갗진드기**

곡분, 사료에서 잘 자란다.

⑨ **보리먼지진드기**

식품 또는 분뇨에서 볼 수 있으며, 요진드기증을 일으킨다.

(3) 진드기의 구제

진드기는 식품 중에 기생하는 위생해충이기 때문에 식품에 직접 살포하는 것보다는 유기인제를 사용하여 구제하고, 식품창고는 인화수소, 클로로피크린을 이용하여 훈증한다. 또한 진드기는 10℃ 이하이거나 습도가 낮으면 증식하지 못하므로, 식품의 수분 함량을 낮추거나 냉장 또는 냉동고에 보관한다.

5) 응애

거미강 진드기목 중 후기문아목(Metastigmata)인 진드기를 제외한 거미류이다. 응애는 밝혀진 종만 3만 종 이상인 것으로 알려져 있다. 식품에 부착하여 식품에 발생한 곰팡이를 먹이로 하여 번식한다. 습도 75%, 수분 함량 13%, 온도가 20℃ 이상일 때 잘 증식한다.

(1) 응애의 종류

① **긴첼가루응애**

체장이 0.3~0.6 mm로 쌀, 보리 등 곡식류 및 콩류에서 발견된다.

② **집고기응애**

건어물에서 발견된다.

③ **송곳다리응애**

곡물, 어육 제품에서 발견된다.

④ **설탕응애**

설탕에서 발견된다.

(2) 응애의 피해

사람에게는 소화기계 응애증으로 인한 복통을 일으킨다. 폐렴 및 천식 환자의 객담에서 응애가 검출되었다는 보고도 있다.

(3) 응애의 구제

응애가 잘 증식하지 못하도록 습도, 수분 함량, 온도를 조절하거나, 주위 환경을 항상 청결하게 한다. 응애가 식품에 침입하지 못하도록 식품을 밀봉한다. 물리적 방법으로는 방충망을 설치하거나 포충기를 사용하기도 하고, 화학적 방법으로 살충제, 소독제, 기피제를 살포하기도 한다.

8. 자연독 식중독

현재 인류가 섭취하는 대부분의 식품은 오랜 시간에 걸친 검증으로 안전한 것을 확인한 후 선택된 것이다. 하지만 동식물 중에는 그 종류나 부위, 특정 계절에 따라 자연적으로 사람에게 유해한 독성물질을 생성하여 암이나 돌연변이, 기형, 알레르기, 영양 장애 및 급성중독을 일으키는 것이 있다. 복어나 독버섯과 같이 유독 성분을 함유한 식품을 섭취한 후에 일어나는 급성식중독이 대표적인 예라고 할 수 있다.

자연독은 동물성 자연독과 식물성 자연독으로 크게 구별할 수 있다. 자연독에 의한 식중독은 전체 중독 발생 건수의 10%에 달하고, 그중 사망자 수는 전체 식중독에 의한 사망자 수의 50% 이상을 차지할 정도로 그 비중이 높다. 그러므로 조리자와 소비자의 부주의나 무지로 유해한 성분을 섭취하는 일이 없도록 노력해야 한다.

1) 동물성 자연독

동물성 자연독은 고유독에 의한 내인성 독(endogenous toxin)과 외부에서 독성물질이 유입되어 독성을 일으키는 외인성 독(exogenous toxin)이 있다. 내인성은 복어나 패류의 타액선과 같이 동물 자체가 독을 생산하는 것이고, 외인성은 시가테라(ciguatera)나 마비성 패류독과 같이 동물 자체는 독성물질을 생산하지 않지만 외부에서 유입되어 동물 체내에 축적되어 독성을 띠는 것을 말한다.

(1) 복어

동물성 자연독에 의한 식중독은 대부분 해산 어패류에 의한 것이고, 그중에서도 복어(puffer fish, swell fish) 중독이 가장 많이 발생한다. 복어는 종류에 따라 독성이 다르며 난소, 간, 피부, 장 등 부위에 따라서도 독성의 강도가 달라진다. 전 세계적으로 수십 종

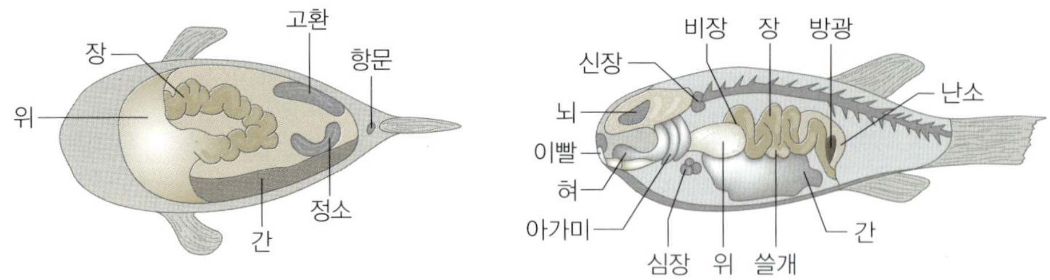

그림 3-12 복어의 해부도

표 3-9 우리나라에서 어획되는 복어의 독성별 분류

독성	종류	학명
맹독	검복	*Fugu vermicularis porphyreus*
	매리복	*Fugu vermicularis vermicularis*
	졸복	*Fugu pardalis*
	황복	*Fugu ocellatus obscurus*
	복섬	*Fugu niphobles*
강독	자주복	*Fugu rubripes*
	검자주복	*Fugu rubripes chinensis*
	까치복	*Fugu xanthopterus*
	까칠복	*Fugu stictonotus*
	청복	*Canthigaster rivulatus*
무독	밀복	*Lagocephalus*
	꺼끌복	*Arothron stellatus*
	가시복	*Diodon holocanthus*
	거북복	*Ostracion immaculatus*
	육각복	*Kentrocapros aculeatus*

의 복어가 분포하는데 이 중에서 십수 종(까치복, 자주복, 졸복, 검복, 밀복 등)이 식용으로 섭취되고 있으며, 산란기인 5~6월에 독성이 가장 강하다.

복어의 독성분은 테트로도톡신(tetrodotoxin)으로 맹독성이며, 복어의 난소에서 순수하게 독소만 추출하여 복어를 뜻하는 프랑스어 'terodon'을 따서 명명하였다. 헤미아세탈(hemiacetal)고리 구조를 가지는 약염기성 물질로 $C_{11}H_{17}O_8N_3$의 분자식으로 나타낸다. 물에 녹지 않으며, 알칼리에 의해 2-amino-6-hydroxymethyl-8-hydroxy-quinazoline이 된다. 성인에 대한 치사량은 1~2 mg이며 치사율은 약 50%이다. 열에

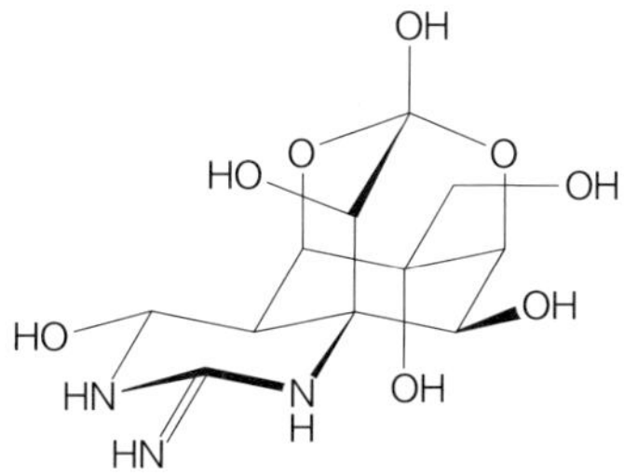

그림 3-13 Tetrodotoxin

매우 강하여 120℃에서 1시간 이상 가열해도 파괴되지 않는다. 쥐에 대한 LD_{50}은 경구 투여 시 180 mg/kg이며, 피하주사의 경우 0.013~0.014 mg/kg이다.

복어독에 중독된 경우 일반적으로 섭취 후 30분~5시간 내에 증상이 시작되는데 심한 경우에는 증상이 나타난 지 5분만에 사망하는 경우도 있다. 일본의 hukuda는 복어독의 중독증상을 4단계로 구분하였다. 최초 증상으로는 입술이나 혀끝이 마비되고 구토를 하게 되는데, 구토를 할 경우에는 비교적 회복이 느린 편이다. 이어서 촉각과 미각, 청각이 둔해지고 손발에 통증을 느끼며, 호흡곤란을 느끼게 되고 혈압 강하가 나타나지만 의식은 뚜렷하다. 중증으로 발전할 경우 골격근이 완전히 마비되며 혈압과 호흡이 더욱 약화되고, 청색증(cyanosis)이 나타나며 의식이 혼탁해진다. 중증에서 더 진행되면 의식이 불명해지고, 대부분 호흡이 정지되어 사망하게 된다. 또한 증상의 진행이 매우 신속하게 일어나 치료할 여유가 없으므로 발병한 즉시 구토, 위세척, 설사를 유도하여 독소를 체외로 배출시키는 것이 중요하다.

복어 중독을 예방하기 위해서는 반드시 복어 요리 전문가가 요리한 것을 먹도록 하며, 테트로도톡신이 많이 있는 난소, 간, 피부 등은 완전히 제거한다. 또한 제거된 유독 부분은 사람이나 동물들의 눈에 띄지 않게 비닐봉지에 담아서 버리거나 땅 속에 묻어야 한다.

(2) 시가테라

시가테라(ciguatera)는 카리브해에서 어획된 시가(cigua)라는 소라를 섭취하고 발생한 중독에 명명한 이름이었으나, 지금은 열대, 아열대 해안의 산호초 주변에서 서식하는 어패류에 의해 발생하는 식중독을 총칭하여 시가테라독이라고 한다. 일본의 오키나와 지방에서 많이 발생하며, 우리나라에서는 아직 보고된 적이 없다. 하지만 최근 원양 어패류의 국내 반입이 증가하고 있으므로 시가테라에 대한 연구와 예방이 필요하다.

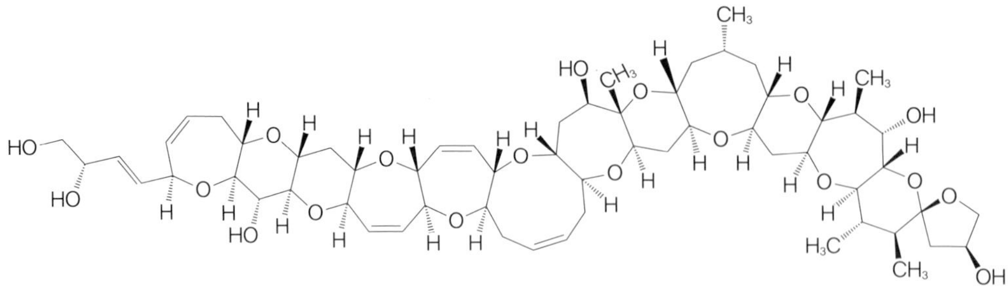

그림 3-14 Ciguatoxin

시가테라의 유독 성분은 분자량 15,000의 지용성 함질소화합물로 시가톡신(ciguatoxin), 시가테린(ciguaterin), 스카리톡신(scaritoxin) 등이 알려져 있으며, 가열해도 파괴되지 않는 특징을 가지고 있다. 이 중 시가톡신은 쥐에 대한 치사량이 8~10 mg/kg으로 매우 소량이며, 복어독과 같이 말초신경과 중추신경에 작용하여 신경세포나 근육에 있는 나트륨이온(Na^+)의 투과성을 현저하게 증가시킨다. 이밖에 펠리톡신(palytoxin), 마이토톡신(maitotoxin), 그람미스틴(grammistin) 등의 수용성 독소가 존재한다.

시가테라의 중독증상은 보통 섭취 후 1~8시간 후에 나타나지만 2일 후에 나타나는 경우도 있다. 구토, 설사, 복통 등의 소화기계 증상과 혀, 입술, 사지 또는 전신 마비 등의 신경장애가 일어난다. 이외에도 현기증, 두통, 온도 감각의 실조, 권태감, 탈력감, 관절통, 호흡곤란, 시력 감퇴, 저혈압 등 다양한 증상이 나타난다. 이러한 복잡한 증상들은 단일 독에 의한 중독증상이 아닌 여러 종류의 독성분이 동시에 작용하기 때문이라 추정된다.

(3) 조개류

주로 캐나다, 미국에서 문제를 일으켰던 조개 중독은 바닷조개 등의 독성화에 의한 중독을 총칭한다. 해수 중에 플랑크톤(plankton)과 편모조류의 일종인 *Gonyaulax catenella*이 가지는 유독 성분인 삭시톡신(saxitoxin)이 조개 체내에 축적되어 발생하는 마비성 조개 중독이 대표적이다.

① 섭조개(홍합) 및 대합조개

섭조개(*Mytilus edulis*), 홍합(*Mytilus coruscus*), 대합조개(*Meretrix lusoria*) 등의 독성분은 삭시톡신, 고니오톡신(gonyautoxin), 프로토고니오톡신(protogonyautoxin)으로 조개류의

간에 함유되어 있다. 이 중 삭시톡신의 쥐에 대한 LD_{50}은 10 mg/kg이고 사람에 대한 치사량은 0.5 mg 이하로 복어독에 못지 않은 맹독성을 가지고 있다. 이 독성분은 신경독소로 신경세포와 근육세포의 세포막 외에 있는 나트륨이온(Na^+)의 유입을 저지하고 탈분화(dedifferentiation)를 방해한다.

삭시톡신은 산에 안정하며 100℃에서 30분간 가열해도 완전히 분해되지 않는 내열성을 가진다. 중독증상은 일반적으로 섭취 후 30분 정도 지나면 입술이나 혀, 안면의 마비가 시작되어 사지로 확대된다. 중증인 경우 운동장애, 보행 곤란, 삼킴장애, 언어장애, 구토, 호흡마비 등의 증상을 보이며 12~24시간 이내에 사망에 이를 수 있다. 치료를 위해서는 복어복과 마찬가지로 위세척을 하거나 인공호흡 등의 대증요법이 효과적이다. 이 독성물질은 조개류의 소화기관 및 간장 부위에 있는 중장선에 집중적으로 존재하므로 이 부분을 제거하고 섭취하는 것이 가장 효과적인 예방법이다.

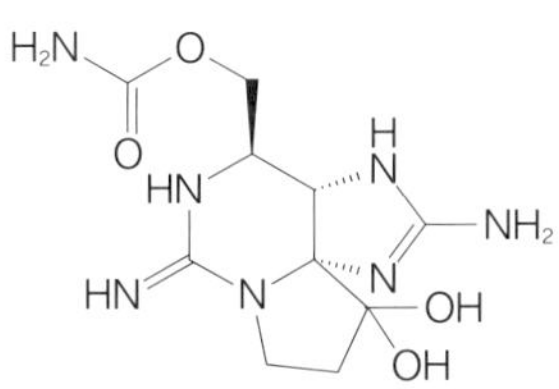

그림 3-15 Saxitoxin

② **모시조개 및 굴**

모시조개(*Cyclina sinensis*), 굴(*Crassostrea gigas*), 바지락(*Ruditapes philippinarum*) 등에 의하여 발생되는 식중독을 베네루핀(venerupin) 식중독이라고 한다. 이는 바지락의 속명인 'venerupis'에서 유래되었으며, 그 화학구조는 아직 밝혀지지 않았다. 에테르, 에틸알코올, 클로로폼에는 불용성이지만 메틸알코올에는 잘 용해되고, 100℃에서 1시간 동안 가열해도 파괴되지 않지만 pH 9 이상에서 오래 끓이면 파괴되는 특징을 가지고 있다.

베네루핀 식중독의 잠복기는 24~48시간이며 구토, 식욕부진, 두통, 미열, 변비, 사지에 적자색의 출혈반응, 간기능 저하 등의 증상을 나타낸다. 중증인 경우에는 뇌증상으로 불안 상태, 의식 혼란, 잇몸 출혈, 토혈, 혈변을 일으키며, 일주일 이내에 사망에 이른다.

(4) 기타

① 독꼬치

독꼬치는 열대 해안이나 아열대 연안에 분포하는 독어로 식용 꼬치과에 속하지만 몸길이가 1 m 이상으로 식용꼬치의 3배에 달하기 때문에 쉽게 구별할 수 있다. 독꼬치의 중독증상은 일반적으로 30분~수시간의 잠복기를 거친 후에 안면, 입술에 마비가 오고, 사지와 전신에 감전된 듯한 마비로 탈력감을 느끼게 된다. 중증의 경우 언어장애, 연하곤란, 보행 곤란 등을 일으킨다.

② 뱅어

뱅어의 독성물질을 섭취하면 비장과 간장에 괴저를 일으킨다고 알려져 있고, 동갈치는 위장 장애를 일으킨다. 이외에 독성물질을 함유하고 있다고 알려진 어류는 돗돔, 곤들매기, 바아벨, 참치, 다랑어, 바다표범, 상어, 고래 등이 있다.

2) 식물성 자연독

식물성 자연독에 의한 식중독은 동물성 자연독에 의한 식중독과 같이 식물이 가지고 있는 고유의 독을 부주의나 무지로 인해 제거하지 않거나 생산, 유통, 조리 등의 식품 취급과정에서 유독물질이 식품에 혼입된 경우에 발생한다.

식물성 자연독의 유독 성분은 다음과 같이 크게 네 가지로 구분할 수 있다.

- 배당체(Glycosides) : 배당체는 함황 배당체(glucosinolate)와 시안생성 배당체(cyanogenic glycoside)가 알려져 있다. 함황 배당체는 겨자나 고추냉이의 자극취를 유발하고 순무나 양배추와 같은 채소류의 특이취에 관련된 성분이다. 티오글리코시드 가수분해효소(thioglucosidase)의 작용으로 분해되어 생성되는 이소티오시아네이트(isothiocyanate)와 티오시아네이트(thiocyanate)가 동물실험 결과 갑상선 기능을 방해한다고 알려져 있지만, 정상적인 섭취 수준에서는 함황 배당체가 사람에게 유해하다는 증거는 아직 밝혀지지 않았다.

  시안생성 배당체는 식물체 내의 효소로 분해되어 사람에 대한 평균 치사량이 50~60 mg으로 매우 유독한 성분인 시안화수소(HCN)를 생성한다. 시안생성 배당체의 중독을 예방하기 위해서는 물에 담가 수용성인 배당체를 용출시키거나 오래 끓여서 시안화수소를 휘발시킨다. 아미그달린(amygdalin)은 시안배당체의 일종으로 청매

(green plum)에 함유되어 있으며, 그 밖에 시안생성 배당체를 함유한 식품으로는 수수(dhurrin), 살구씨(amygdalin), 오색두(phaseolunatin), 은행 등이 있다.

- 알칼로이드(Alkaloid) : 식물체 속 질소를 포함한 염기성 유기화합물로 동물체 내에서 뚜렷한 생리활성을 나타낸다. 지금까지 알려진 알칼로이드는 600여 종이며 그 중 식물종이 25%를 차지한다. 사람이 유독한 식물을 섭취하는 경우는 매우 드물어서 알칼로이드의 독성은 크게 문제되지 않지만, 솔라닌(solanine)과 피롤리지딘(pyrrolizidine)계 알칼로이드가 포함된 식품은 연구 대상이 되고 있다. 대표적인 알칼로이드로는 카페인(caffeine), 모르핀(morphine) 등이 있다.
- 영양 저해물질 : 자연에 존재하는 식품 중에는 영양 결핍을 일으키거나 영양소의 이용과 기능을 억제시키는 유독물질이 있을 수 있다. 이러한 물질은 영양 부족 상태에 있을 때 섭취하거나 다량 섭취했을 경우 그 독성이 나타난다. 그러므로 일종의 잠정적 독소물질(potential toxicant)이라고 볼 수 있다.
- 페놀성 화합물(Phenolic compounds) : 거의 대부분 식품에 자연적으로 존재하는 페놀성 화합물은 동물에 강한 독성이나 중독반응을 일으킬 수 있지만, 사람에게서 심각한 중독은 보고되지 않고 있다. 반면에 식물성 페놀화합물 중에는 지방질에 대한 산화 억제 효과를 나타내어 유익한 성분으로 알려진 것도 있다. 고시폴(gossypol), 카테콜아민(catecholamine), 플로리진(phlorizin) 등은 강한 독성과 약리작용을 가지며, 하이퍼리신(hypericin), 사프롤(safrole), 카바(kava) 등은 동물의 체내에서 흥분, 경련 등의 신경반응을 나타낸다.

(1) 독버섯

식물성 자연독에 의한 식중독의 대부분은 독버섯이 차지하고 있다. 버섯은 식물 분류학상 진균류 중 담자균류의 대부분과 자낭균류의 일부에 해당하는 곰팡이이다. 맛과 향이 좋고 영양가도 높아 귀한 식품으로 식용되어 왔다. 최근에는 항암 효과와 체내의 콜레스테롤(cholesterol) 수치를 낮춰 주는 효과가 보고되어 건강식품 및 약용 식품으로 식이요법에 많이 활용되고 있다. 우리나라에 알려진 식용버섯은 300여 종이며, 식용 외 독버섯이 50여 종이 있고 그중에서 맹독성의 독버섯이 20여 종에 달하므로 잘 구별하여 섭취하는 것이 중요하다.

일반적으로 광대버섯, 무당버섯, 일광대버섯, 화경버섯, 땀버섯, 끈적버섯, 웃음버섯, 미치광이버섯, 깔때기버섯 등이 있다. 맹독성을 나타내는 독버섯과 식용버섯을 정확히 감별하는 것은 쉽지 않으나, 일반적으로 다음과 같은 감별법이 통용되고 있다.

- 줄기가 세로로 잘 갈라지는 경우 무독하다.
- 줄기가 거칠게 느껴지는 경우 유독하다.
- 색이 아름답고 선명한 경우 유독하다.
- 버섯 특유의 향이 아닌 악취가 나는 경우 유독하다.
- 쓴맛, 신맛이 나는 경우 유독하다.
- 버섯을 잘랐을 때 유즙이 분비되는 경우 유독하다.
- 버섯을 끓인 물에 은수저를 넣었을 때 흑색으로 변하는 경우 유독하다.

버섯의 유독 성분에는 무스카린(muscarine), 무스카리딘(muscaridine), 뉴린(neurine), 콜린(choline), 팔린(phalline), 아마니타독소(amanitatoxin), 아가릭산(agaricic acid), 필즈독소(pilztoxin) 등이 있으며 주요 중독증상은 다음과 같다.

① 무스카린

무스카린(muscarine)은 광대버섯, 땀버섯, 마귀버섯에 함유되어 있는 맹독성 알칼로이드로 섭취 후 15~30분 내에 중독증상이 나타난다. 주요 증상으로는 부교감신경 작용에 의한 침, 땀 등의 각종 체액 분비 항진 및 발한, 동공 축소, 호흡곤란 등의 신경증상 외에 구토, 설사 등의 위장염 증상이 나타나며 사망에 이르는 경우도 있다. 해독제로는 아트로핀(atrophine)이 있으나, 소량 섭취 시 대부분 24시간 이내에 회복된다.

② 무스카리딘

무스카리딘(muscaridine)은 광대버섯, 삿갓외대버섯 등에 존재하는 유독 성분으로 뇌증상, 동공 확대, 일과성 발작을 일으킨다.

③ 콜린

콜린(choline)은 삿갓외대버섯 등 많은 독버섯에 존재하며, 무스카린과 비슷한 증상을 나타낸다. 독성이 약하여 거의 문제가 되지 않지만 과량 섭취 시 복통, 설사, 구토, 위장염 증상을 유발할 수도 있다.

④ 뉴린

뉴린(neurine)은 독버섯 이외에 부패된 육류에도 존재하며 침흘림, 호흡곤란, 설사, 경련, 사지마비 등의 증상이 나타난다.

⑤ 팔린

팔린(phalline)은 알광대버섯, 독우산광대버섯 등에 함유되어 있는 일종의 배당체 유독 성분으로 강한 용혈작용을 일으킨다. 열에 약하여 가열하면 파괴되며, 콜레라 형태와 비슷한 증상과 구토, 설사를 유발한다.

⑥ 아마니타독소

아마니타독소(amanitatoxin)는 고리형의 펩티드(peptide) 구조를 가진 내열성 독성분으로 알광대버섯, 흰알광대버섯, 독우산광대버섯 등에 존재한다. 치사율이 70%로 버섯류에 함유된 유독 성분 중 가장 맹독성이기 때문에 많은 연구가 이루어지고 있다. 섭취 후 6~12시간 만에 구토, 설사, 간장 장애, 신장 장애, 핵산 생합성 저해, 경련, 혼수 등의 중독증상을 일으키며 2~4일 내에 사망한다.

⑦ 아가릭산

아가릭산(agaricic acid)은 말굽잔나비버섯 등을 비롯하여 많은 독버섯에 존재한다. 설사, 구토, 위장 카타르(catarrh), 두통 등을 일으키지만 독성은 그다지 강하지 않다.

⑧ 필즈독소

필즈독소(pilztoxin)는 균독소라고도 하며, 광대버섯, 마귀버섯 등 많은 독버섯에 존재한다. 열이나 건조에 약하고, 중독증상은 반사항진, 평형 장애, 현기증, 뇌증상, 강직성 경련 등이 있다.

독버섯을 섭취하였을 때 나타나는 증상에 따라 표 3-10과 같이 분류할 수 있다.

표 3-10 W. W. Ford에 의한 독버섯 중독증상의 분류

분류	중독증상
위장형 중독	주로 위장 카타르 증상을 나타내고 구토, 복통, 설사 등도 일으킴
콜레라성 중독	심한 위장 카타르 증상을 나타내며 허탈, 경련, 혼수상태, 황달, 혈색소뇨, 청색증(cyanosis)을 일으킴
뇌증형	부교감신경의 자각증상으로 일시적 흥분, 환각, 발한, 서맥 등이 나타남
혈액독형	위장 장애를 비롯한 황달, 빈혈, 혈뇨 등을 일으킴
신경계 장애형	심한 위장 장애를 일으키고 중추신경계의 증상으로 환각, 경련, 혼수 등이 나타남

(2) 감자

감자의 발아 부위 및 녹색 부위에는 알칼로이드 배당체인 솔라닌(solanine)이 있다. 보통 감자에는 2~13 mg/100 g의 함량으로 존재하지만 발아 부위나 녹색 부분에는 그 함량이 80~100 mg/100 g으로 증가하여 그 부분을 제거하지 않고 섭취하면 중독증상을 일으킨다.

솔라닌은 스테로이드(steroid)계 알칼로이드인 솔라니딘(solanidine)과 포도당, 갈락토스(galactose), 람노스(rhamnose)가 결합한 배당체이다. 이 독소는 체내에서 콜린에스테라아제(cholinesterase)의 작용을 억제하여 용혈작용, 운동중추의 마비작용 등을 일으키며, 다량 섭취 시 수시간 만에 두통, 복통, 현기증 등을 일으키기도 한다.

부패한 감자에서는 셉신(sepsine)이라는 독성물질이 생성되어 중독을 일으키는 경우도 있다.

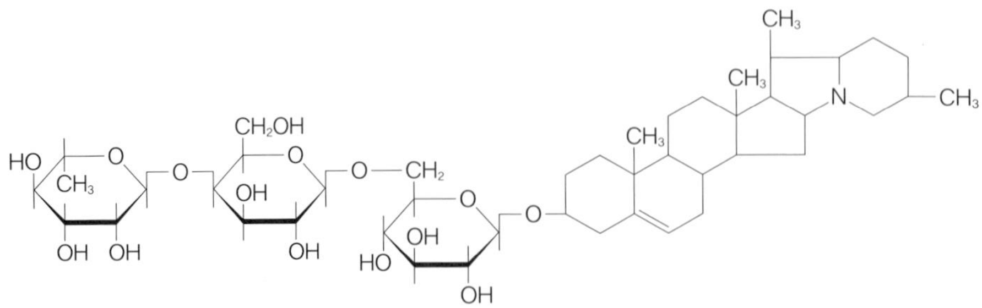

그림 3-16 Solanine

그림 3-17 감자꽃과 잎(왼쪽), 감자(오른쪽)
자료 : 국립수목원

(3) 독미나리

미나리는 하천이나 개천, 대관령 북쪽 습지에서 자라는 다년생초이다. 식용 미나리는 약 30 cm 정도 높이까지 자라고, 독미나리는 약 1 m가량에 달하지만 외관이 비슷하므로 혼동하여 섭취하는 경우가 있다. 독미나리의 뿌리에 많이 함유된 이 독소는 신경중추에 작용하는 시가톡신(cicutoxin)으로 지방족 불포화 고급알코올이며, 위통, 구토, 현기증 등의 증상을 일으키는데 심한 경우 호흡곤란으로 사망에 이르게 하는 맹독 성분이다.

$$HOCH_2(CH_2)_2-(C\equiv C)_2-(CH=CH)_3-CH(OH)CH_2CH_2CH_3$$

그림 3-18 Cicutoxin

그림 3-19 독미나리
자료 : 국립수목원

(4) 피마자

피마자는 아프리카와 같은 열대 지역의 일년생초로 그 종자에서 피마자유를 생산한다. 피마자유는 리시놀레산(ricinoleic acid)을 다량 함유하고 있으며 설사약, 도장밥, 포마

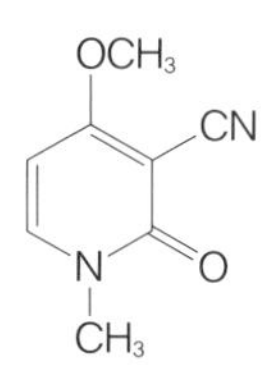

그림 3-20 Ricinine

그림 3-21 피마자
자료 : 국립수목원

드, 공업용 윤활유 등의 원료로 사용된다. 하지만 피마자유 및 종자에는 내열성은 약하지만 유독 단백체인 리신(ricin)과 리시닌(ricinine), 알레르기 증상을 나타내는 알레르겐(allergen)이 함유되어 있다. 일반적인 중독증상으로 복통, 설사, 알레르기를 일으킨다.

(5) 목화씨

목화는 동아시아에서 섬유작물로 재배하고 있는 일년생초이다. 목화의 종자를 덮고 있는 털은 솜으로 사용하고, 종자는 기름을 짜서 면실유로 사용한다. 목화는 뿌리, 종자, 줄기 그 자체에 고시폴(gossypol)이라는 유독 성분을 함유하고 있는데 기름을 짜는 과정에서 정제가 충분히 되지 않을 경우 면실유에 고시폴이 잔류하여 중독을 일으킨다. 일반적인 중독증상으로는 위장 장애, 현기증, 피로, 졸음, 정력 감퇴증상이 있다.

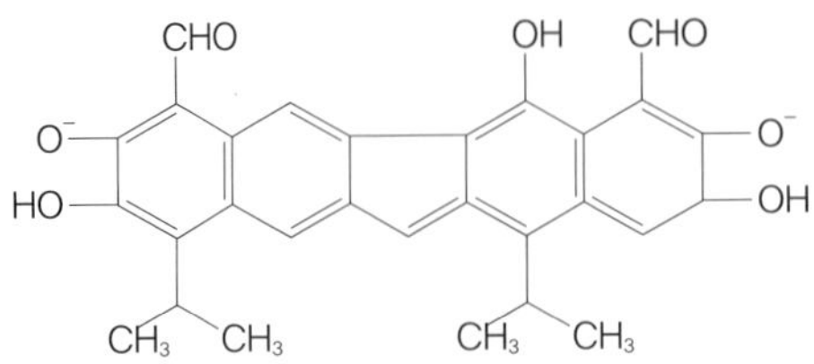

그림 3-22 Gossypol

그림 3-23 목화
자료 : 국립수목원

(6) 고사리

고사리는 우리나라, 일본, 타이완, 호주 등지에서 자생하는 산나물이지만, 가축이 고사리 새순을 먹으면 고사리독소(bracken fern toxin)에 의해 비뇨기나 장관에 출혈을 일으켜 죽게 된다. 이 성분은 최근 일본의 히로노(Iwao Hirono)에 의해 프타퀼로사이드(ptaquiloside)라고 명명되었으며 발암성 물질로 밝혀졌다. 열에 불안정하여 가열 처리하면 쉽게 분해된다. 하지만 가축들은 생고사리를 먹기 때문에 그 우유를 통한 2차 감염으로 장관 출혈, 방광암, 후두암 등이 일어날 가능성이 있다.

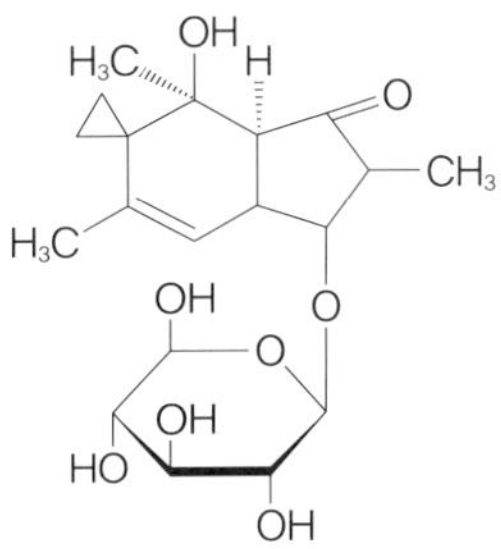

그림 3-24 Ptaquiloside

그림 3-25 고사리 새잎(왼쪽), 고사리(오른쪽)
자료 : 국립수목원

(7) 기타

① 미치광이풀

가지과의 다년생초본으로 산간 음지에서 자라며 외관이 마와 비슷하기 때문에 혼동하여 섭취하는 경우가 많다. 미치광이풀은 아트로핀(atropine), 히오시아민(hyoscyamine), 스코폴라민(scopolamine) 등의 유독 성분이 잎, 줄기, 뿌리에 고루 함유되어 있다. 아트로핀은 부교감신경 말초 마비증상을 일으키고, 스코폴라민은 동공 산대, 신경마비 및 분비 억제 등 최면작용이 강하여 섭취량이 많은 경우 호흡정지가 일어날 수도 있다.

② 기타

이 밖에도 포푸리아 배당체(purpurea glycoside A), 루테올린 배당체(luteolin glucoside), 디기톡신(digitoxin), 기오스틴(gitostin) 등의 배당체를 함유하며 약용이나 관상용으로 재배되는 디기탈리스(digitalis)가 있다.

목련과에 속하는 상록수 관목인 붓순나무 열매에는 유독 성분인 시키민(shikimin), 네오애니사틴(neoanisatin), 애니사틴(anisatin) 등이 함유되어 있다.

야생의 다년생초인 꽃무릇에는 알칼로이드인 리코린(lycorine) 등이 함유되어 있으므로 전분 제조 시 제거하지 않으면 식물성 식중독을 일으키게 된다.

9. 화학성 식중독

유독성 화학물질에 오염된 식품을 섭취하여 발생하는 식중독을 화학성 식중독(chemical food poisoning)이라 한다. 식품 공업이나 농업 분야에서 다량으로 사용되는 화학물질은 우리의 일상생활에 심각한 문제를 일으키고 있다. 화학물질에 의한 식중독의 경우 독성 화학물질의 체내 흡수가 빠르고 중독량에 도달하면 급성중독을 일으키게 되며, 치사량을 초과하면 사망에 이르게 된다. 미량이라도 장기간 동안 섭취하면 체내에 축적이 되어 만성중독이 일어난다.

화학적 식중독의 원인은 식품의 보존성과 가치를 높이기 위해 사용되는 식품첨가물이 불허용품이거나 과다 첨가된 경우, 또는 식품의 제조 가공 시 고의 또는 부주의로 식품에 유해물질이 유입되는 경우, 식품의 조리나 보존에 사용되는 기구와 용기 및 포장재료로부터 용출되는 경우, 그리고 식품 제조 및 저장 과정 중에 생성되는 유독물질 등 매우 다양하다.

1) 고의 또는 오용에 의한 식중독

(1) 식품첨가물

식품첨가물에 의한 식중독은 불허용 첨가물의 사용 및 오용, 또는 허용된 첨가물의 과다 사용, 불순한 첨가물의 사용 등의 경우에 일어나기 쉽다. 식품첨가물로 허용되는 화학물질은 「식품위생법」에 따라 그 규격, 기준, 사용량이 정해져 있으므로 용도에 맞게 사용해야 한다.

① 보존료

보존료로 지정된 품목은 사용기준이 정해져 있고 비교적 독성이 낮은 편이지만, 전혀 무해한 것은 아니므로 대상 식품, 사용량에 관련된 기준에 유의해야 한다.

- 붕산(Boric acid, H_3BO_3) : 방부 효과가 비교적 약하고 햄, 베이컨 등에 사용된 적이 있지만 현재는 식품에 사용이 금지되어 있다. 소화 효소작용을 억제하여 식욕 감퇴와 소화불량을 일으키며 축적성이 있고, 세포원형질의 팽화, 산성증(acidosis)에 의한 대사장애를 일으킨다. 또한 지방의 분해를 촉진시켜 체중이 감소되고, 장기출혈을 일으키며, 영양소의 동화를 방해한다. 붕산의 독성은 개의 경구투여 시 0.33~0.5 g/kg으로 중독을 일으키고 1 g 이상 투여하면 사망한다. 기니피그(guinea pig)의 경우 2.6 g/kg 경구투여하면 사망한다. 사람은 1~3 g으로 중독증상이 나타나고, 8~17 g의 수준에서는 사망한다. 다량 섭취한 경우 2~3시간 내에 구토, 설사, 홍피증, 허탈, 혼수상태에 빠져 3~5일 이내로 사망한다.
- 승홍(Mercuric chloride, $HgCl_2$) : 강력한 살균작용을 가지고 있어 의약품으로 이용되

며, 방부력도 강해서 주류에 쓰이기도 한다. 맹독성으로 사람에 대한 경구치사량은 0.2~0.4 g이다. 체내의 티올기(thiol group, -SH)와 결합하여 세포의 대사 기능을 억제하며 사구체, 세뇨관에 변성을 일으킨다. 급성중독인 경우는 구토, 복통, 요독증 등이 나타나고, 만성중독일 때에는 구내염, 신장 장애 등을 일으킨다.

- 포름알데히드(Formaldehyde, HCHO) : 포름알데히드는 단백질을 변성시키는 작용이 있는데 살균력이 강하고 0.1% 용액에서 아포형성균에 유효하며 0.002% 용액에서는 세균 발육을 저지한다. 포름알데히드의 35% 수용액인 포르말린(formalin)은 방부력이 강하고 육제품, 시럽, 주류, 장류에 사용되기는 하나 독성이 강하다. 포름알데히드는 핵산의 아미노기(amino group, $-NH_2$), 히드록실기(hydroxyl group, -OH)와 결합하여 단백질을 불활성화한다. 치사량은 10~20 mL로 현기증, 구토, 두통, 소화불량, 위경련, 식도나 위의 괴사, 순환장애 등을 일으킨다. 또한 체내에서 개미산(HCOOH)으로 산화되어 배설되며 신장에 염증을 일으킨다.
- 베타-나프톨(β-naphthol) : 나프탈렌(naphthalene)의 수소원자를 히드록실기로 치환한 구조로, 찬물에 녹지 않으며 열탕에 약간 녹고 알코올과 에테르에 잘 녹는다. 곰팡이류에 0.005%로 유효하여 간장의 방부제로 일시 사용되었으나, 독성이 강해서 사용을 금지하고 있다. 고양이 실험에서 0.1 g/kg으로 몇 시간 내에 사망하였고, 세포 단백질의 변성, 점막이나 방광에 괴사를 일으킨다. 급성증상으로 복통, 구토, 경련, 현기증 등을 일으킨다.
- 불소화합물 : 불화수소(HF), 불화나트륨(NaF) 등은 강력한 방부 효력을 가지고 있어 공업용 풀의 방부 등에 사용하고 있다. 우유, 육류, 알코올 음료 등에 방부살균, 이상 발효 억제를 목적으로 첨가되기도 했으나 독성이 강하기 때문에 금지되었다. 중독증상은 급성의 경우 구토, 복통, 경련, 호흡장애 등을 일으키고 장과 방광의 점막에 해를 입힌다. 만성중독의 경우 1일 6 mg 이상이면 반상치가 나타나며 골연화증, 체중 감소, 빈혈 등의 불소증을 나타내기도 한다. 불소화합물은 세포에 직접 작용하여 칼슘 대사를 저해하는 중독 메커니즘을 가지고 있다.
- 우로트로핀(Urotropine) : 포르말데히드와 암모니아가 결합하여 생성된 화합물로 263℃ 부근에서 일부 승화된다. 방부 효과가 있어 방광 질환 치료제로 사용되고 있으나 식용으로는 부적당하다. 중독된 경우 피부에 발진을 일으키고 신장이나 방광을 자극하며 구토, 혈뇨 등을 일으킨다.

② **인공착색료**

대부분의 인공착색료는 사용량이 적기 때문에 급성중독보다는 만성중독이 일어날 가능성이 크다. 인공착색료 중에는 타르(tar)색소가 값이 싸고 색이 선명해서 불법으로 사용되는 경우가 많으며, 이로 인해 중독이 발생하기도 한다. 법으로 지정되어 있는 식용 타르색소는 비교적 인체에 무해한 산성 색소가 많으며, 불법으로 쓰이는 것은 염기성 색소가 주류이다.

- 아우라민(Auramine) : 노란색의 염기성 타르색소로 햇빛, 열에 안정하고 착색력이 강하여 단무지, 과자, 카레가루 등에 사용되어 왔으나 20~30분 후 피부에 흑자색의 반점이 생기고 두통, 맥박 감소, 사지마비, 심계항진, 의식불명이 나타나므로 현재는 사용이 금지되어 있다. 쥐의 경구독성 LD_{50}은 0.48 mg/kg이며, 10 mg/kg 투여 시 만성독성으로 액포 지방변성, 간조직의 혈관 확장 등의 증상이 나타났다.
- 로다민 B(Rhodamine B) : 형광을 가지는 분홍색의 염기성 타르색소로 토마토케첩, 어묵, 과자 등에 사용하여 중독을 일으키는 경우가 많다. 쥐의 LD_{50}(경구독성)은 0.1~0.2 mg/kg이고, 사람은 0.1 g/kg 섭취할 경우 색소뇨와 전신 착색을 나타내며 증상이 심해지면 구토, 오심, 복통, 설사를 일으킨다.
- 파라-니트로아닐린(ρ-nitroaniline) : 물에 녹지 않는 황색의 합성착색료이며, 방향족 아미노기나 니트로기(nitro group, $-NO_2$)를 갖는 방향족 화합물에 공통으로 포함된 혈액독과 신경독을 가지고 있다. 섭취 10~30분 후 청색증, 두통, 혼수, 맥박 감소, 심계항진, 황색뇨 등의 증상이 나타난다.

③ **표백료**

산화 또는 환원 반응을 이용하여 탈색작용을 하는 표백료는 유해하기 때문에 과산화수소와 아황산 계통 표백제의 경우 사용기준이 정해져 있다. 과산화수소는 발암성이 있기 때문에 완성된 최종 제품에 잔류되지 않도록 반드시 제거해야 한다. 아황산계 표백제는 최대 잔존량이 식품별로 규정되어 있다.

- 론갈리트(Rongalite) : 포름알데히드에 산성아황산나트륨을 축합시킨 후 환원하여 제조한 것으로, 포름알데히드중아황산나트륨(sodium formaldehyde bisulfate)과 포름알데히드설폭시레이트나트륨(sodium formaldehyde sulfoxylate)의 혼합물이다. 물에 녹아 아황산이 유리되어 나오므로 표백력이 강하게 나타나 물엿의 표백에 사용하였으나, 아황산 외에 상당량의 포름알데히드가 유리되어 신장을 자극하는 등 독성을 가

지고 있어 사용이 금지되고 있다.

- 삼염화질소(Nitrogen trichloride, NCl_3) : 미국에서 밀가루의 표백료로 주로 쓰였으나, 독성이 강하여 히스테리성 증상이 나타나기 때문에 현재는 사용을 금지하고 있다.

④ 인공감미료

단맛이 천연감미료보다 높아 설탕 대신 식품 공업에서 널리 사용되었으나 그 안전성과 독성에 대한 문제가 제기됨에 따라 사용이 금지된 품목이 많다. 그중 대표적인 것이 둘신, 시클라메이트이며, 허용된 품목이라도 다량 섭취하면 중독을 일으키므로 주의해야 한다.

- 둘신(Dulcin) : 설탕의 약 250배 감미를 가지는 백색 결정으로 3,000배의 용액에서도 감미를 느낄 수 있다. 사카린나트륨(saccharin sodium)과 병용하면 감미도가 더욱 증가하고 설탕과 비슷한 맛을 낸다. 과자류, 청량음료수, 절임류 등에 널리 쓰였으나 독성 때문에 우리나라에서는 1966년 11월부터 사용이 금지되었다. 장기간 사용하면 분해되어 생성되는 파라-아미노페놀(*p*-aminophenol) 때문에 혈액독이 생기고 간장 또는 신장 장애를 나타낸다. 0.1% 둘신을 투여한 쥐에서 간종양이 발생하였으며, 소화 효소 작용을 억제하고 중추신경계에 자극을 준다.
- 시클라메이트(Cyclamate) : 무색 또는 백색의 결정성 분말로 시클라민산칼슘(calcium cyclamate)과 시클라민산나트륨(sodium cyclamate)이 대표적이다. 설탕의 40~50배 감미도를 가지며 열, 빛에 안정하고 청량감이 있다. 만성독성시험 결과 숫쥐에서 방광암이 발생하였으며, 장내세균에 의해 발암물질인 시클로헥실아민(cyclohexylamine)으로 대사되는 것이 밝혀졌다. 이후 우리나라에서는 1970년 4월부터 사용을 금지하였다.
- 파라-니트로 오쏘-톨루이딘(*p*-nitro-*o*-toluidine) : 황색 결정으로 감미도는 설탕의 200배이며 독성이 강하다. 제2차 세계대전 이후 일본에서 중독사고를 많이 일으켜 살인당(殺人糖)이라고도 불린다. 섭취할 경우 2~3일 후 식욕 부진, 위통, 권태, 오심, 미열, 피부 및 점막의 황달 등 중독증상이 나타나고, 혼수상태에 빠져 사망에 이른다. 분자 내 니트로기와 아미노기를 가지므로 혈액독과 신경독을 나타내며, 장기간 섭취하면 간, 신장 등에 장애를 초래한다.
- 페릴라르틴(Perillartine) : 자소유(perilla essential oil)의 성분인 페릴알데히드(perillaldehyde)로 제조하는 백색의 결정체이다. 감미는 설탕의 약 2,000배이며 자극성과

불쾌감을 가진다. 열 또는 타액에 의해 알데히드(aldehyde)로 분해되고, 신장을 자극하여 염증을 일으키므로 사용을 금하고 있다.

2) 제조·가공 과정 중에 혼입되는 유해물질

(1) 비소중독

1965년 일본 오카야마현을 중심으로 조제분유에 의한 유아의 비소중독사건이 발생하였는데, 원인은 분유의 단백질 안정제로 사용된 제2인산나트륨에 불순물인 비소(As_2O_3)가 함유되었기 때문이다. 분유에는 비소가 21~35 ppm 들어 있었는데, 이는 유아의 하루 분유 섭취량을 100 g으로 가정할 때 1일 2~3 mg의 비소를 섭취한 것이 되므로 유아에 아급성 또는 급만성의 중독을 일으킬 수 있는 충분한 양이다. 이듬해 보고에서는 중독 1만 2,159명, 사망자 수 131명이었지만, 사건이 발생한 지 14년 후에도 70~80%의 어린이에게서 보행 불능, 언어 장애, 난청, 피부 종기, 약시, 복통 등의 후유증이 나타났다.

일반적인 비소중독의 증상은 37~38℃의 발열을 수반하는 운동 저하, 식욕 부진, 수면 불량이며, 이와 함께 설사, 구토, 피부의 발진과 색소 침착, 흑피증, 신경염, 각화증, 빈혈 등의 증상이 나타나고 심하면 사망하는 경우도 있다.

(2) 미강유중독

미강유중독증은 1968년 일본 후쿠오카현에 있는 식품 제조회사의 미강유 탈취공정 중에 폴리염화비페닐(polychlorinated biphenyl, PCB)이 혼입되고, 이를 사용하여 조리한 식품에 의해 발생하였다. 미강유 중 폴리염화비페닐 함량은 약 2,000 ppm으로 중독자의 섭취량은 0.5~2.0 g으로 추산되었다. 이 사건으로 중독 환자는 1,788명, 사망자 수는 112명이며, 환자의 증상은 손톱 및 발톱, 잇몸의 색소 침착과 여드름 모양의 피부 발진, 손톱 변형, 눈꺼풀과 관절의 종창 등이었다. 심해지면 간경변, 간종양을 일으킬 수 있고 혈중 지질 함량이 높아지는 특징을 보인다. 폴리염화비페닐 노출이 중단된 후 8년이 지난 시점에도 중독증상이 관찰되었는데, 중독된 임산부에게서 태어난 신생아도 증상을 보였다.

1979년에는 타이완 중부에서도 이 사건과 유사한 폴리염화비페닐에 의한 미강유중독사건이 발생하였다. 미강유에는 50~400 ppm의 폴리염화비페닐이 들어 있었으며 1,152

명이 중독되었다. 중독자의 혈중 폴리염화비페닐 농도는 2~460 μg/mL 정도였다. 중독 증상은 일본의 경우와 비슷했으나 비교적 가벼웠다. 이러한 미강유중독사건은 전형적인 제조공정상의 과실이 원인이므로 주의가 필요하다.

3) 제조·가공·저장 중에 생성되는 유해물질

(1) 지질의 산화생성물

식품 중에 함유된 지질 성분인 불포화지방산은 산소, 효소 및 미생물에 의해 산화되어 지질산화물을 생성함으로써 산패(rancidity)나 부패를 일으킨다. 과산화물, 분해산물, 중합체와 같은 지질산화생성물은 화학반응성이 높고 독성이 강해서 구토, 식욕 감퇴, 설사, 동맥경화, 간·신장의 비대, 기타 조직의 변화를 일으킨다.

지질의 산화생성물 중에는 과산화물인 히드로과산화물(hydroperoxide)과 과산화물의 2차 산화생성물인 4-hydroperoxy-2-enal의 독성이 가장 잘 알려져 있다. 2차 산화생성물이 체내에 유입되면 먼저 장관에서 흡수되고 혈류를 따라 각 조직에 운반되며 분해되어 수산기 라디칼(OH-radical) 등을 생성한다. 이러한 라디칼은 산화력이 강하여 조직 중의 막에 존재하는 아라키돈산(arachidonic acid) 등의 불포화지방산과 반응하여 과산화지질을 생성한다. 정상적인 조직에서는 글루타티온과산화효소(glutathione peroxidase) 등이 과산화지질을 모두 분해하지만, 비정상적인 조직에서는 분해가 이루어지지 않아 생체막에 이상을 일으키므로 동맥경화 등의 노화현상을 일으키기도 한다.

지질과산화물인 알데히드 중 유지 산패의 지표가 되는 말론알데히드(malonaldehyde)는 발암성이 의심되며, 아미노기와의 높은 반응성 때문에 DNA와 반응하여 돌연변이 유발성과 발암성을 일으킨다고 한다. 강력한 발암성 물질로 알려진 다환방향족탄화수소(polycyclic aromatic hydrocarbons, PHA)는 생체 내에서 지방의 과산화를 일으켜 말론알데히드의 생성을 촉진시키며, 특히 육류의 가열조리 중에 말론알데히드의 함량이 크게 증가한다는 보고도 있다.

정상적인 튀김 조건에서는 일반적으로 유지식품에서 유독 성분이 생성되기 어렵다. 그러나 일부 집단급식소나 음식점에서는 정상적인 사용 조건을 넘어 유독 성분이 생성될 정도의 과격한 가열 조건을 사용하고 있는 것으로 조사되고 있다. 더욱이 가열유지 중에는 보발암제(cocarcinogen)나 발암촉진제(tumor promoter)의 존재가 의심되므로 충분한 주의가 필요하다.

(2) 니트로사민

니트로사민(N-nitrosamine)은 반응성이 매우 강한 아질산염(nitrite)이 포함된 식품의 가공 및 보존 중에 아민(amine)이나 아미드(amide)류 등의 질소화합물과 반응하여 생성되는 니트로소(N-nitroso) 화합물로, 발암물질로 증명되었기 때문에 식품위생상 중요한 문제를 야기한다.

니트로소 화합물은 N−N=O의 작용기(functional group)를 가지며 니트로사민과 니트로사미드(N-nitrosamide)의 2가지 그룹으로 나눌 수 있다. 니트로사민의 발암성은 투여경로와는 무관하게 기관(organ) 특이성이 높다.

니트로사민 생성의 전구물질이 되는 아질산염과 질산염은 육류의 발색제로, 육류의 색소 고정 외에 *Clostridium botulinum*의 억제 효과를 나타내는 등 유용하게 사용되는 첨가물이기 때문에 식품 중에 상당량 분포되어 있다. 아질산나트륨은 어육 제품에 다량 함유되어 있는 트리메틸아민(trimethylamine)과 반응하여 디메틸니트로사민(dimethyl nitrosamine), 디에틸니트로사민(diethylnitrosamine)을 생성할 수 있다. 질산염은 채소, 특히 절임채소 등에 많이 함유되어 있으며, 그 밖에 토마토, 오이, 아스파라거스, 무, 시금치, 상추 등에도 미량 함유되어 있다. 질산염은 가공 및 저장 중 미생물의 작용으로 아질산염으로 환원되며, 입안에서는 질산이온으로 변하고 구강 내 세균에 의해 아질산으로 환원된다.

아민은 식품 중 특히 어패류에 많이 존재하는데 디프로필아민(dipropylamine), 디메틸아민(dimethylamine)이 주성분이고, 디에틸아민(diethylamine)도 미량 함유한다. 아민은 식품 성분인 트리메틸아민, 아미노산, 단백질, 인지질에서 쉽게 생성될 수 있으며, 고온으로 어육을 직화조리하는 경우에 연소 가스 중의 질소화합물과 반응하여 니트로사민을 생성한다.

따라서 식품의 안전성을 생각할 때는 니트로사민뿐 아니라 그 전구물질이 되는 아민, 아질산염, 질산염의 존재에 대해서도 관심을 가져야 한다.

(3) 가열식품 중의 발암·변이원성 물질

식품의 가열 중에 생성되는 강력한 발암성 또는 병이원성 물질인 벤조피렌(benzo-pyrene)은 1964년 불에 구운 고기에서 처음 분리되었고 그 이후로 각종 다환방향족탄화수소(PAH)가 불고기, 불갈비, 훈제육 등에서 발견되었다.

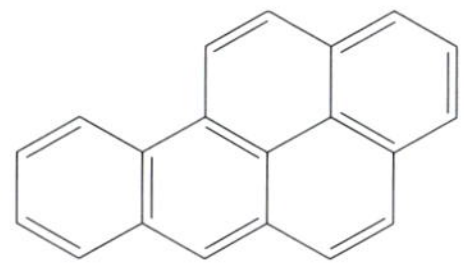

그림 3-26 benzo (α) pyrene

다환방향족탄화수소는 산소가 부족한 상태에서 식품이나 유기물을 가열할 때 생기는 열분해 생성물로 그중 벤즈피렌(3, 4-benzpyrene)이 가장 강력한 발암물질로 알려져 있다. 다환방향족탄화수소의 생성은 300℃ 또는 그 이상의 고온에서 촉진되며, 식품의 가열 가공이나 훈연과 같은 불완전 연소과정에서도 생성될 수 있다. 식품 중 벤조피렌의 함량은 식품의 종류, 가열방법에 따라 차이가 있지만 훈연품, 구운 생선, 구운 육류 등에서는 10 ppb를 초과하는 경우도 있다.

벤조피렌 외에도 1970년대에 구운 생선이나 육류로부터 새로운 돌연변이 유발물질인 헤테로고리아민류(heterocyclic amines)가 발견되었다. 이들은 식품 자체 또는 아미노산, 단백질을 300℃ 이상 온도에서 가열할 때 생성되는 열분해산물(pyrolysate)에서 분리되었다. 헤테로고리아민류는 구운 육류의 가열 및 분해에 의해 생성되는 것 외에도 메일라드 반응(Maillard reaction)에 의해서도 생성된다. 이들 물질은 300℃ 이하의 일상적인 조리온도에서도 생성되는데, 이는 육류에 당분을 첨가할수록 돌연변이 유발 가능성이 높아지기 때문이다.

4) 기구 또는 용기·포장재 등에 기인하는 유독·유해 물질

식품 포장에 사용되는 포장 재료 중에는 인체에 유독·유해한 성분이 용출되어 식품으로 이행되는 경우가 있을 수 있다. 따라서 이러한 포장 재료의 위생적인 안전성을 위하여 「식품위생법」에 식품에 사용하는 기구, 용기 및 포장에 대한 규정이 마련되어 있

표 3-11 포장 재료로부터 이행될 수 있는 물질

포장 재료	이행물질
종이류(셀로판 포함)	착색제(형광염료 포함), 충전제, 사이징제, 펄프용 방부제(잔류)
금속 제품	납(땜납에서 유래), 도료 성분(단량체, 첨가제), 주석(도금에서 유래)
도자기, 법랑기구, 유리 제품 합성수지	납(유액, 크리스털글라스 등), 그 밖의 금속(유약, 안료 등) 잔류 당량체(염화비닐, 스티렌, 아크릴로니트릴 등), 첨가제(안전제, 가소제, 산화방지제 등), 잔류 촉매(금속, 과산화물 등)

다. 현재 사용되고 있는 포장 재료 중 식품으로 이행될 우려가 있는 유해물질은 표 3-11과 같다.

(1) 종이 및 가공지

현재 식품 포장에서 가장 광범위하게 사용되는 재료는 종이이다. 종이는 목재펄프를 주원료로 하여 표백제, 충전제, 사이징제(sizing agent), 착색료 등의 화합물을 첨가하여 제조한다. 가공지는 종이의 제조 시에 화학합성섬유를 섞는데, 이후에 주로 방습, 방수의 목적으로 왁스(파라핀왁스, 마이크로 크리스탈린왁스 등) 또는 합성수지(폴리에틸렌, 염화비닐수지, 폴리프로필렌 등)를 도장 가공하거나 알루미늄과 폴리에틸렌을 접합(laminate)한다. 복합필름으로 폴리에스테르, 폴리아미드 등을 적층한 다층의 포장용 가공지도 사용되고 있다. 종이는 식품 포장용을 제외하고는 대부분이 경제적 이유로 신선한 펄프에 탈묵, 표백하여 오래된 종이를 수십 퍼센트를 혼합하거나 비위생적인 폐지로 만든 재생지를 사용하기도 한다. 일본 오사카에서는 캔디 포장지에서 폴리염화비페닐 등의 유해물질이 41.3 ppm 검출된 적이 있어 이후 용기포장에서는 5 ppm 이하가 되도록 잠정 규제하고 있다.

제조과정에서 첨가제로 주로 형광증백제(blankophor B)인 디아미노스틸벤(diamino-stilbene), 디설폰산유도체가 사용되었지만, 발암성 논란과 폐지를 재생하는 데 사용한다는 점을 감안하여 형광증백제가 있는 포장지는 식품에 사용하지 못하도록 규제하고 있다. 다만, 파라핀코팅 또는 합성수지코팅을 하여 비소, 중금속, 형광증백제, 포름알데히드, 타르 색소, 증발 잔류물 등이 용출되지 않는 경우에는 규제를 받지 않는다. 우리나라에서는 식품 포장지 및 냅킨에서 형광증백제가 검출된 적이 있다. 또한 지력증강제로 요소수지 또는 멜라민수지가 첨가될 경우, 포름알데히드가 다량 용출될 가능성이 있다. 식품 포장에 광범위하게 사용되고 있으나 위생상의 문제가 자주 거론되어 종이 및 가공지에 대한 규격을 설정하여 규제하고 있다.

종이에 파라핀을 도포한 가공지가 식품의 포장지, 음료수 및 주류의 컵으로 사용되고 있지만 안전성에 대한 논의가 계속되고 있다. 미국에서 돼지고기를 파라핀지(paraffine paper)로 포장하여 27℃에서 6~27시간 동안 보관한 결과, 파라핀 50~80 ppm이 이행되었다는 보고가 있다. 독일에서는 파라핀 중 인체 내 축적성과 발암성이 있는 3, 4-벤조피렌, 1, 2, 5, 6-디벤자스라센 등이 검출되어 문제가 되기도 하였다.

(2) 셀로판

셀로판(cellophane)은 재생 셀룰로오스(regenerated cellulose)로 용해용 펄프를 약 18% 수산화나트륨 용액으로 처리하여 알칼리 셀룰로오스 프레이크로 만든 후 감압하에서 황화탄소와 반응시켜 수산화나트륨에 용해시킨 비스코스로부터 필름상으로 성형한 것이다. 비스코스를 숙성한 후 응고욕(H_2SO_4)에 도입하여 셀룰로오스로 재생한 다음 표백, 수세하여 유연욕을 통과시키면 가소성과 보습성을 갖는 필름인 셀로판을 얻을 수 있다. 방습셀로판은 편면 또는 양면에 방습성 수지를 도포하여 가소성과 보습성을 갖는 필름으로, 방습막에는 니트로셀룰로오스를 주성분으로 하는 락카 형태, 염화비닐계 비닐 형태 및 염화비닐리딘 공중합물의 K 형태로 3종류가 있다.

셀로판은 투명성 및 착색성이 탁월하여 식품 포장용으로 사용되고 있으며 특히 셀로판에 폴리에틸렌을 접합하여 만든 속칭 폴리셀로란 제품은 인스턴트 면류 및 알사탕류의 포장지로 많이 사용되고 있다. 셀로판에 파라핀을 도포한 포장지가 유제품의 포장에 사용되고 있는데 앞에서 언급한 파라핀의 용출문제가 제기되어 규제를 받고 있다. 우리나라의 경우 60℃에서 침출한 용액으로 시험하여 비소, 중금속, 타르 색소, 증발 잔류물 등 4개 항목이 용출되어서는 안 된다.

(3) 금속제

기계류, 조리용 기구, 식기류에는 주로 금속재료가 사용되고 있다. 특히 조리용 기구와 식기류는 일반적으로 철, 알루미늄, 스테인리스스틸을 재료로 하고 있으며, 그 밖에 동, 은 등도 소량 사용된다. 알루미늄은 주로 솥, 냄비, 포일 등에 사용되며 산과 알칼리에 의해 부식되는 단점이 있다. 스테인리스스틸에는 많은 종류가 있지만 식기용에는 18%의 크롬과 8강의 니켈로 만들어진 스테인리스강이 대표적으로 이용되고 있으며, 내식성이 강하여 위생상 가장 적당한 소재지만 종류에 따라서, 또는 가공 처리방법이 부적절할 경우 크롬이 용출될 우려가 있다. 동은 표면을 연마해서 동 고유의 광택을 갖게 되면 안전하지만, 습한 곳에서는 산 가용성의 녹청이 생성되어 위생상의 위해를 초래할 수 있다. 이를 방지하기 위해 크롬, 주석, 은, 니켈 등으로 도금하여 사용한다.

금속관은 금속제 용기 포장 중에서 가장 중요하며 식품의 장기 보존을 가능하게 하지만 위생상의 문제도 자주 거론되고 있다. 금속관은 주석 도금된 철판으로 제조하며, 순수한 주석은 비교적 독성이 적고 도금에 의한 철의 용출이 지연되므로 자주 이용된다.

하지만 불완전한 도금으로 미세구멍이 생긴 경우 유기산, 산소와 접촉하여 국부전류가 흐르게 되고 주석이 용해될 수 있다. 장기간 보존하면 관이 팽창해서 부풀어 오르는 현상이 나타나므로 최근에는 주로 내면도장을 한 위생관이 사용되고 있다.

통조림은 밀봉 후 용기 그대로 살균이 가능하다는 장점이 있고 용기 재질, 보존방법이 적절하면 채소의 경우 수년간 변질되지 않고 저장할 수 있다. 보통 통조림의 보존 기간은 1~2년인 데 비해 과실 또는 과즙 내 유기산이 함유되어 있는 통조림은 1년 이내에 소비해야 한다. 일본에서는 1965년에 158 ppm의 주석을 함유한 과즙에 의해 828명이 중독되었고, 1963년 주석 300~500 ppm을 함유한 과즙을 섭취하여 96명이 구토, 복통, 설사를 일으킨 중독사고가 발생했던 적이 있다. 우리나라의 경우 주석의 함량을 150 ppm 미만으로 제한하고 있다.

(4) 도자기, 법랑도포, 옹기, 유리

유리는 규산을 주성분으로 하여 탄산나트륨, 탄산칼슘 등의 염기 성분 및 산화납, 산화아연을 혼합해서 1,200~1,500℃의 고온에서 용융하여 만든다. 유리 제품은 술, 청량음료, 우유의 용기 및 접시, 컵 등으로 사용된다. 도자기는 무기물질(흙, 돌, 광물류)을 원료로 하여 성형한 다음 1,200~1,500℃에서 소성시켜 만든 제품의 총칭이다. 이들 제품은 고온에서 소성시켜 유리화하므로 독성은 없으나 성형품의 표면에 색, 그림, 모양 등을 나타내는 데 전사지를 사용한다. 전사지는 연단(Pb_3O_4)을 50% 이상, 붕산 또는 붕사를 10~20% 함유하고 있으며, 소성(palsticity)온도가 비교적 저온인 600~700℃이므로 산성물질과 접촉할 경우 쉽게 용출된다.

법랑은 철판상에 유리하여 얻은 성분을 도포하여 약 800℃에서 가열하여 용착시킨 것으로, 법랑면을 보기 좋고 매끈하게 하기 위하여 저용융유약으로 붕사 또는 납, 주석, 티탄, 크롬, 코발트 등의 산화물 또는 황화물이 사용되고 있다. 법랑 제품으로는 조리기구, 식기류 등이 있다.

옹기는 우리나라의 고유 용기로서 김치 및 장류의 용기로 사용되고 있으며, 이들은 제조과정에서 납이 다량 함유되어 있는 연단을 사용하는데 소성과정에서도 적정 온도를 유지하지 않아 산성식품과 장기간 접촉하면 납이 용출되는 사례가 있으므로 납을 함유한 유약을 사용하지 못하게 규정하고 있다.

(5) 합성수지

합성수지는 가소성을 갖고 있는 유기고분자화합물을 주성분으로 하는 합성물질로 단량체(monomer)들의 중합반응에 의해 합성된다. 합성된 고분자(polymer) 자체는 안정하여 식품에 용출되지 않지만 성형, 가공, 사용상의 문제로 일부 가해진 첨가제(안정제, 산화방지제, 가소제, 착색제, 자외선 흡수제)나 중합공정상 미반응한 단량체가 잔존하여 용출되는 일이 있다. 합성수지는 크게 열경화성 수지와 열가소성 수지로 분류할 수 있으며, 그 종류 및 용도는 표 3-12와 같다.

열경화성 수지에는 페놀 수지, 멜라민 수지, 요소 수지 등이 속하며, 내구성이 뛰어나 식기나 가정용 등에 많이 사용되고 있다. 페놀 수지는 제조 시 가열 및 가압 조건이 부족할 경우 원료 중 미반응한 페놀(phenol), 포르말린(formalin)이 용출될 수 있다. 식품용

표 3-12 합성수지의 종류와 용도

수지명		식품 및 부엌 용도
열경화성 수지	페놀(Phenol) 수지	수지 주발, 찬합, 냄비 손잡이
	요소(Urea) 수지	쟁반
	멜라닌(Melamine) 수지	급식용 식기, 젓가락, 쟁반 등
	구아민(Guanamine) 수지	급식용 식기, 젓가락, 쟁반 등
	불포화 폴리에스터 실리콘(Polyester silicon) 수지	우유병꼭지, 관, 프라이팬, 가공 등
	에폭시(Epoxy) 수지	통조림통 내면도장 등
열가소성 수지	폴리에틸렌(Polyethylene)	병, 용기, 물통, 바구니, 포장대
	폴리프로필렌(Polypropylene)	밀봉용기, 쓰레기통, 전기기기 부품 등
	염화 비닐(Vinyl) 수지	병, 호스, 뚜껑, 포대
	염화 비닐리덴(Vinylidene) 수지	햄 포장
	스티롤(Styrol) 수지	컵, 주발, 용기, 요구르트용기 등
	AS(Acrylonitrile styrene) 수지	컵, 샐러드 볼 등
	ABS(Acrylonitrile butadiene styrene) 수지	버터상자, 용기 등
	메타크릴(Methacryl) 수지	컵, 접시, 용기 등
	폴리카보네이트(Polycarbonate)	우유병, 급식용 식기 등
	폴리아미드(Polyamide)	용기, 포대, 자동밥솥, 냉동식품 포장 등
	초산 셀룰로오스(Cellulose) 수지	용기
	폴리우레탄(Polyurethane)	스폰지
	폴리에틸렌테레프탈레이트(Polyethylene terephthalate, PET)	인스턴트면용 컵, 청량음료수 용기

기뿐만 아니라 접착제 및 섬유 수지 가공에도 이용되는 요소 수지는 열에 약하며 장기간 사용할 경우 표면이 손상되어 포르말린이 검출될 수 있다.

열가소성 수지는 가열에 의해 연화, 고화를 반복해도 본질적인 분자 구조의 변화는 없기 때문에 가열 상태에서 성형 가공과 부형 조작을 통해 용기 등의 제품을 제조하게 된다. 폴리에틸렌은 에틸렌(ethypene)을 중합시켜 제조하는 데 이때 생기는 저분자량의 성분이 인체에 유해하다고 밝혀졌다. 특히 유지식품과 접촉할 경우에 용출량이 많아지고 제조 시 첨가되는 안정제 등이 식품으로 이행되기도 한다.

폴리프로필렌은 프로필렌(propylene)을 중합하여 제조하는데, 폴리에틸렌보다 내열성, 투명성이 우수하지만 제조 시에 첨가되는 안정제의 양이 많아 식품에 이행될 문제를 안고 있다. 폴리스티렌은 제조 시 분해되는 휘발성 물질 및 스티렌(styrene) 단량체로 인한 이취 문제로 일본 등에서는 5,000 ppm 이하로 규제하고 있다. 염화비닐 수지는 미국, 일본 등에서는 재질에 1 ppm 이하가 잔류하도록 규제하고 있는데, 이는 원재료인 염화비닐 단량체에 노출된 작업자에게서 폐부종, 마취 등의 급성중독증상과 간혈관육종 등의 만성중독증상이 나타난 적이 있기 때문이다.

10. 곰팡이 독

곰팡이독소(mycotoxin)는 곰팡이가 생산하는 2차 대사산물로 사람이나 가축이 경구 섭취할 경우 생리적·병리적 장애를 일으키는 곰팡이독증(mycotoxicosis)을 일으킨다. 식품 중 주식인 곡류의 경우 곰팡이의 생육 조건에 적합하여 곰팡이독소 생성 곰팡이에 오염될 확률이 높기 때문에 특히 주의해야 하며, 이 밖에 각종 식품 중 곰팡이독소 섭취에 따른 식중독을 주의해야 한다.

곰팡이독소를 생산하는 곰팡이는 ***Aspergillus***속, ***Penicillium***속, ***Fusarium***속 등이 알려져 있으며, 이미 100여 종 이상의 곰팡이독소가 발견되었다. 곰팡이독소는 장애를 일으키는 생체 내 기관에 따라 신경에 장애를 일으키는 신경독(neurotoxin), 간장에 장애를 일으키는 간장독(hepatotoxin), 신장에 장애를 일으키는 신장독(nephrotoxin) 및 광과민성 피부물질과 기타로 분류할 수 있지만, 실제로 곰팡이독은 몇 개의 증상이 겹쳐서 나타나는 경우가 많다.

곰팡이는 수분을 15~16% 이상을 함유한 식품 및 고온 다습한 조건에서 서식하기 때문에 곡류, 콩류 등 주로 탄수화물 식품에 잘 번식한다. 곰팡이에 의한 오염을 예방하기 위해서는 식품원료를 통풍이 잘되는 곳에서 저온 저장하고 수분을 없애는 등 적극적인 대처가 필요하다. 이미 곰팡이에 오염된 식품은 오염된 부분을 제거하더라도 독소가 남아 있기 때문에 섭취해서는 안 된다.

1) *Aspergillus*속이 생산하는 독소

(1) Aflatoxin

아플라톡신(aflatoxin)은 *A. flavus*, *A. parasiticus*, *A. nomius*에 의해 생성된 독소로 곰팡이독소 중 가장 강력한 발암성을 지니고 있다. 1963년 Aflatoxin B_1의 구조가 결정된 이래 대사산물을 함유한 13종의 비슷한 화합물이 밝혀졌고 사람에게 디메틸니트로사민(dimethylnitrosamine)보다 3,750배나 높은 발암 독성물질로 알려져 있다.

아플라톡신은 형광성을 가지는데 365 μm의 자외선에 의해서 청색의 형광을 나타내는 B군(blue B) 및 M군과 녹색의 형광을 나타내는 G군이 있다. B_1과 M_1은 급성중독 및 발암성이 강해서 특히 식품위생상 문제가 되는데, 특히 Aflatoxin B_1은 15 ppb의 최소 발암량이 포함된 사료로 수컷은 68주, 암컷은 82주 이내에 간암을 발생시킨다. 아플라톡신은 대부분 강알칼리나 강산성에는 불안정하지만 열에는 안정하여 B_1의 경우 121℃ 이상에서 30분 고압멸균하여도 약 30%만이 파괴되는 정도이다.

아플라톡신 생성 최적 조건은 온도 25~30℃, 수분 16% 이상, 상대습도 80~85% 이상으로 쌀, 보리, 옥수수와 같은 곡류 및 탄수화물이 주요 오염원이 된다. 특히 땅속에서 결실을 맺는 땅콩의 경우 아플라톡신 생성 곰팡이와 접촉할 기회가 많아 오염될 가능성이 높은 식품이며, 일교차가 심해지면 아플라톡신의 생성이 증가하는 것으로 나타나 있다.

우리나라는 예로부터 된장, 간장, 탁주의 양조에 누룩곰팡이를 사용하였고 현재까지 양조발효 공업에 사용하고 있지만 아플라톡신을 생성하는 균주는 발견되지 않았다. 하지만 현재 우리나라는 동물사료 등 원재료의 수입 의존도가 높기 때문에 수입 곡류 및 식품에 대하여 엄중한 수입검사를 강화하고 있으며, 그 기준치는 10 ppb이다. 국제기구뿐만 아니라 많은 국가에서 아플라톡신 잠정 허용기준치를 5~20 ppb 이하 수준으로 설정하고 있다.

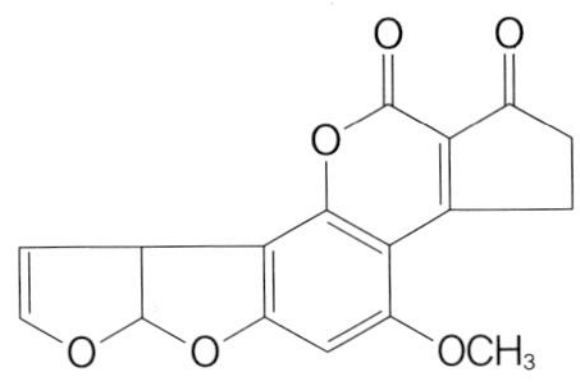

B_1

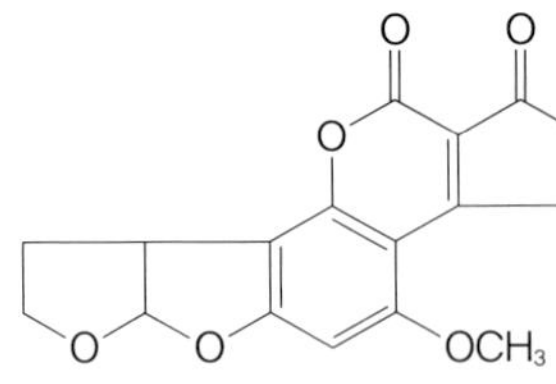

B_2

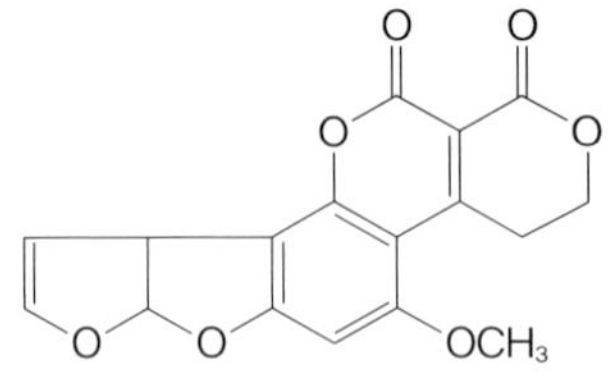

G_1

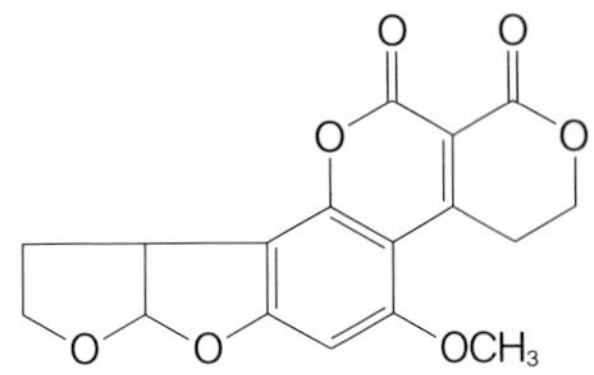

G_2

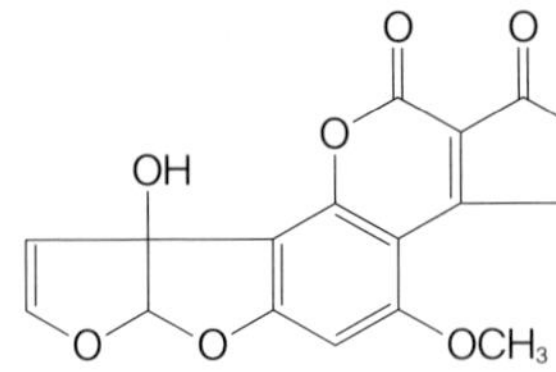

M_1

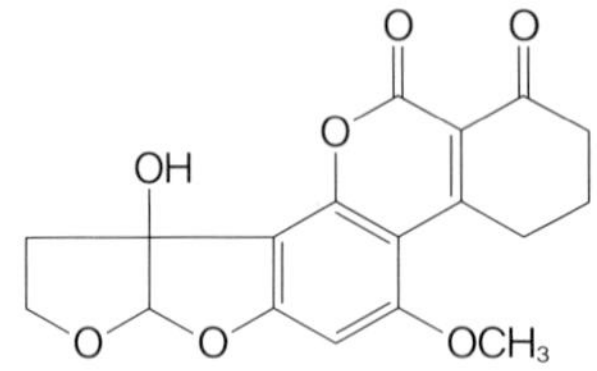

M_2

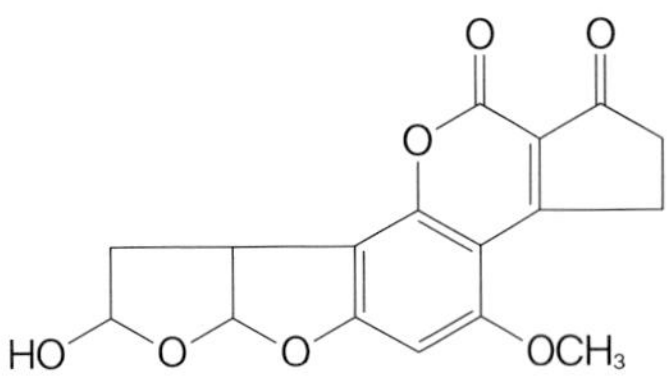

$B_{2\alpha}$

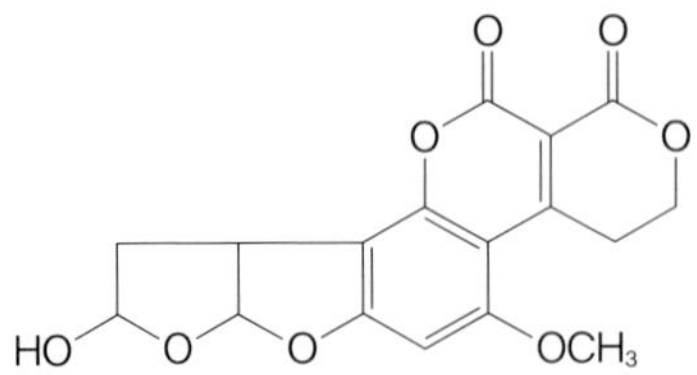

$G_{2\alpha}$

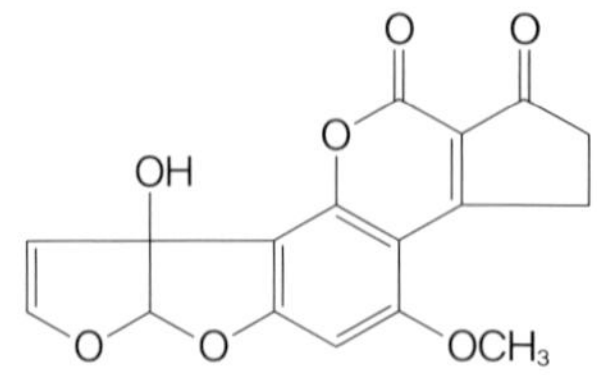

R_1

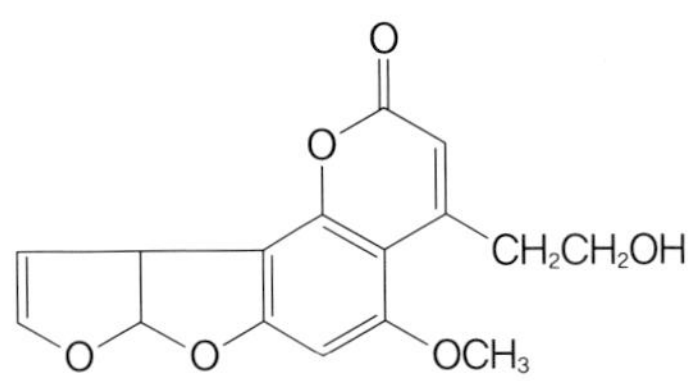

parasiticol(B_3)

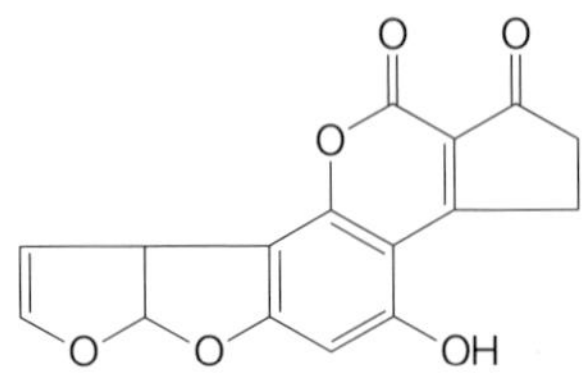

P_1

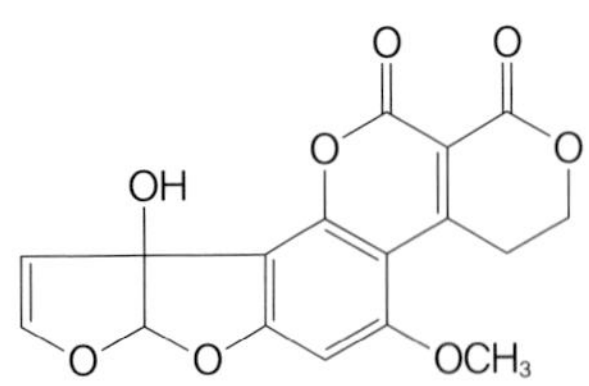

GM_1

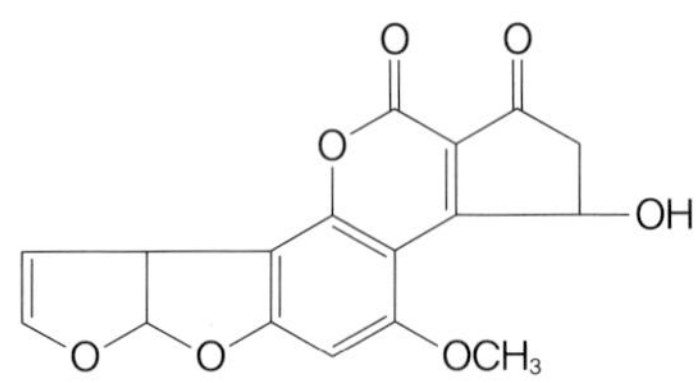

Q_1

그림 3-27 Aflatoxin의 화학 구조

(2) Sterigmatocystin

스테리그마토시스틴(Sterigmatocystin)은 *A. nidulans*, *A. versicolor* 등의 곰팡이가 생성하는 독성물질로 아플라톡신 생합성 전단계에 합성되는 것으로 알려져 있다.

스테리그마토시스틴은 아플라톡신과 유사한 독성 발현을 가지지만 용해성이 낮기 때문에 독성은 아플라톡신의 1/200 수준이다. 스테리그마토시스틴류는 8개 이상의 이성질체를 가지며, 그중 스테리그마토시스틴은 축적이 가장 크고 쥐의 경구투여 시 급성독성 LD_{50}은 166 mg/kg으로 신장과 간장의 변성을 유발하며 발암성은 아플라톡신의 1/250배 정도이다.

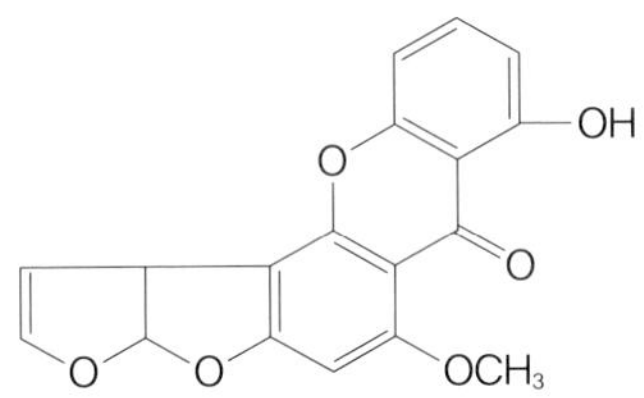

그림 3-28 Sterigmatocystin

(3) Ochratoxin

오크라톡신(ochratoxin)을 생산하는 곰팡이는 *A. ochraceus*, *A. melleus*, *A. sulphureus*, *Penicillium viridicatum*, *P. palitans* 및 *P. commune* 등으로 대사산물은 6종류가 확

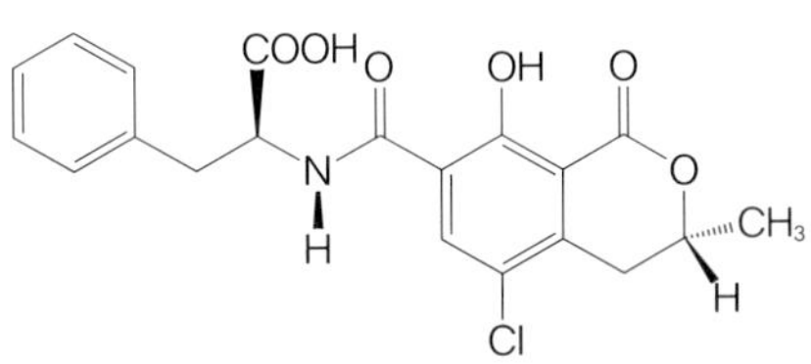

Ochratoxine A

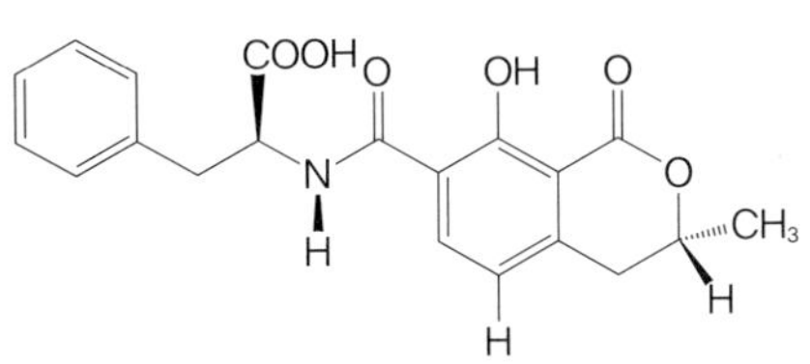

Ochratoxine B

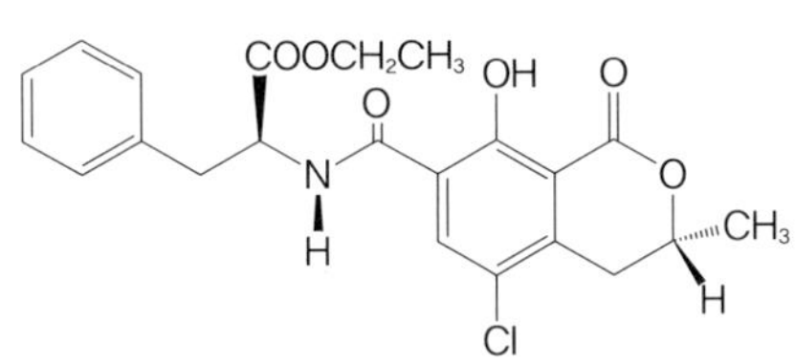

Ochratoxine C

그림 3-29 Ochratoxines A, B, C

인되어 있다. 그중에서 ochratoxin A는 가장 강한 독성을 가지며 자외선하에서 초록색의 형광성을 나타낸다. 주로 간의 글리코겐(glycogen) 합성효소를 저하시켜 간장 조직 및 신장 조직에 치명적인 손상을 주고 급성 지방변성을 유발하며 쥐에 대한 급성독성은 LD_{50}은 22 mg/kg이다.

(4) Maltoryzine

1954년 일본에서 맥아근 사료를 섭취한 젖소 약 40두에서 집단중독이 발생하였는데, 이 원인은 사료 중 분리된 ***Aspergillus Oryzae*** var. ***microsporus***에 의한 것으로 밝혀졌다. 이 곰팡이는 말토리진(maltoryzine) 생산성을 가지며, 말토리진의 급성독성 LD_{50}은 3 mg/kg으로 생체에 식욕 상실, 근육 마비, 경련을 일으킨 후 죽음에 이르게 하고 뇌와 장막에 현저한 출혈을 발생시키기도 한다.

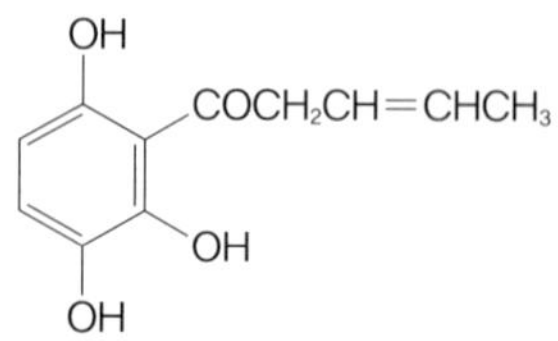

그림 3-30 Maltoryzine

2) *Penicillium*속이 생산하는 독소

(1) 황변미 독

황변미 독소를 생성하는 ***Penicillium***속의 곰팡이류는 수분 함량이 14~15% 이상의 쌀에서도 생육하여 아플라톡신 생성 곰팡이보다 낮은 수분활성도에서 자랄 수 있다. ***Penicillium***속은 저장 중 기생하여 유독한 독성물질을 생성하는데, 특히 적홍색 또는 황색의 색소를 생성함으로써 쌀을 착색시키고·외관, 맛 등을 변질시켜 황변미(yellow rice)를 만든다. 우리나라를 포함한 동남아시아의 국가들은 기후 조건으로 인해 저장곡류의 수분 함량을 조절하기 어렵기 때문에 동남아시아산 쌀에는 황변미의 발생률이 높다.

① Toxicarium 황변미

1937년 일본의 Miyake가 타이완에서 수입한 쌀에서 황변미의 원인이 되는 ***Penicillium toxicarium*** Miyake를 분리하였으며, 이 균의 이름에 유래하여 toxicarium

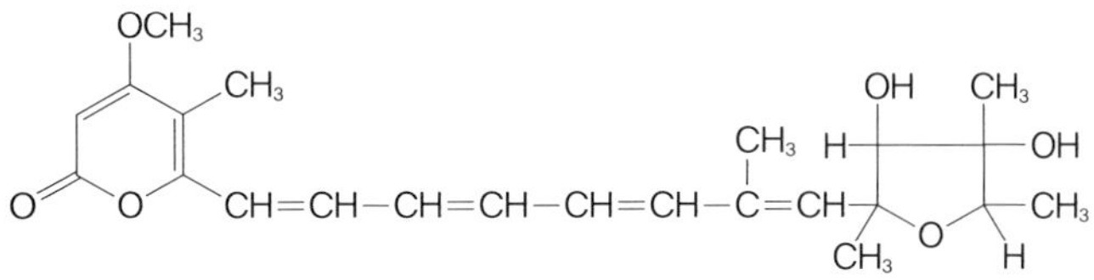

그림 3-31 Citreoviridin

황변미라고 한다. 그 이후 분류학적으로 *Penicillium citreoviride*임이 확인되었고 대사산물인 시트레오비리딘(citreoviridin)이 독성물질로 판명되었다.

*P. citreoviride*는 15% 정도의 수분이 함유되어 있는 쌀에서 잘 기생하며, 백미보다 현미에서 많이 발생한다. 자외선 아래에서 황색형광을 나타내며 유해 대사 생산물인 시트레오비리딘을 생성한다. 이 독소는 척추의 운동신경세포 기능을 억제하는 신경독으로 호흡곤란, 상행성 마비, 혈액순환 이상, 경련 등을 일으키며 더욱 진행될 경우 호흡마비를 일으켜 죽음에 이르게 한다. 만성중독의 경우 빈혈을 일으킨다.

② Islandia 황변미

Islandia 황변미는 1947년 일본에 수입된 이집트산 쌀에서 분리한 *P. islandicum* 곰팡이에 의해 생성되었으며, 이집트산 쌀 외에도 동남아시아, 일본, 미국, 유럽 등지에서 생산된 보리, 소맥, 수수 등의 곡류에서도 분리되었다. Islandia 황변미는 Toxicarium 황변미에 비해 다소 갈색을 띠는데 회백색에서 황색, 적갈색까지 착색될 수 있다.

*P. islandicum*에 의해 에리트로스키린(erythroskyrin), 루브로스키린(rubroskyrin), 이리도스키린(iridoskyrin), 스키린(skyrin), 이슬란디신(islandicin), 카레나린(carenarin) 등의 유

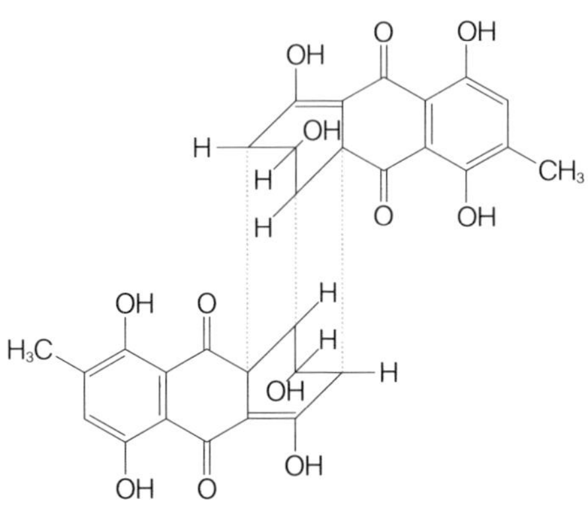

그림 3-32 Luteoskyrin

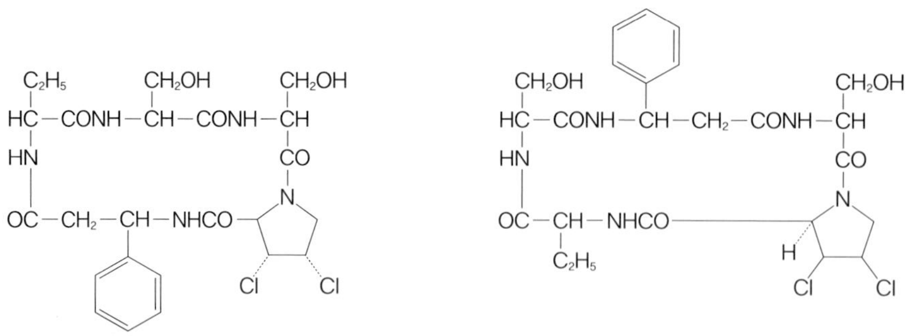

그림 3-33 Islanditoxin과 Cyclochlorotin

해산물을 비롯하여 루테오스키린(luteoskyrin), 아일란디톡신(islanditoxin) 및 사이클로클로로틴(cyclochlorotin) 등의 독성물질이 생성된다. 이들 독성물질은 모두 간경화증, 간종양, 간암 등을 일으키는 간장독이다. 루테오스키린은 지용성 황색색소로 섭취 후 장시간 후에 독작용을 나타내며, 수용성의 염소를 함유한 펩티드인 아일란디톡신 및 사이클로클로로로틴 등은 섭취 후 단시간 내에 독작용을 나타낸다.

③ 태국 황변미

*P. citrinum*이 원인균으로, 1951년 일본의 츠노다(Tsunoda)가 태국산 쌀에서 분리하였다. 온대지방의 곡류와 땅콩 등에서 주로 분리되며, 백미에서 주로 발생하여 쌀 전체가 담황색으로 변하는데 반점은 생기지 않는다. 이 쌀을 자외선에 조사하면 황색의 형광을 내며, 햇빛에 오래 쪼이면 서서히 탈색된다. 독성분은 시트리닌(citrinin)으로 황색 형광을 내는 페놀계 물질이다. 시트리닌은 독성이 강한 신장독으로 신장 비대 및 세뇨관의 장애를 일으켜 신장에서의 수분 재흡수를 저해하므로 오줌량이 많아지는 특징이 있다. 또한 *Penicillium*속 곰팡이와 *Aspergillus*속 곰팡이에 의해서도 생성되는 곰팡이 독소이다.

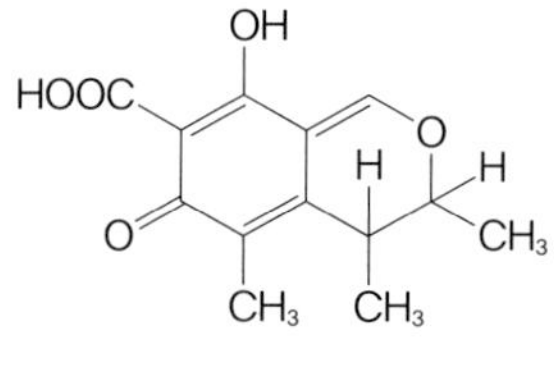

그림 3-34 Citrinin

(2) Patulin

파툴린(Patulin)은 그람음성 및 양성세균에 작용하는 항생물질로, 치료용으로 사용되어 왔으나 현재는 독성 때문에 사용하지 않는다. 1952년 일본에서 맥아 뿌리 사료를 먹인 118마리의 젖소가 집단으로 중독을 일으킨 사고가 있었는데 이것은 사료에 *P. patulum*의 독성균주가 오염되어 생산된 파툴린이 원인인 것으로 판명되었다.

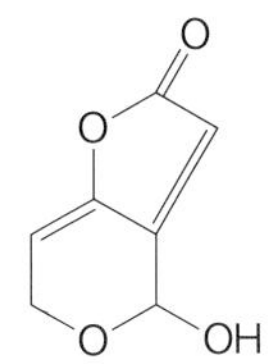

그림 3-35 Patulin

파툴린은 *P. patulum* 외에 여러 종류의 *Penicillium*속 곰팡이와 *Aspergillus*속 곰팡이에 의해서 생산되는 대사산물로, 이들 곰팡이에 오염된 쌀, 밀, 콩, 간장, 미역 등 여러 식품에서 발견되고 있다. 또한 사과의 부패균인 *P. expansum*에서도 대량으로 생산되므로 부패된 사과나 사과주스에서의 오염 사례가 많은 편이며 포도, 배, 살구 등에서도 발견된다.

파툴린은 신경독으로 비교적 열에 안정하여 100℃에서 15분간 가열해도 파괴되지 않는다. 급성중독 증상은 출혈성 폐부종, 비장·간·신장의 모세혈관 손상, 뇌수종, 중추신경에 출혈반이 생긴다.

(3) Rubratoxin

*Penicillium rubrum*이 옥수수에 기생하여 생성하는 독소로 이것에 오염된 옥수수 사료를 먹은 소와 면양 등의 가축에서 간장과 신장의 조직 장애와 장기 출혈이 일어난 중독사고가 보고된 이래, *P. rubrum*의 대사산물에서 독성물질인 루브라톡신(rubratoxin) A와 B가 분리되었다.

루브라톡신은 수용성이며 열 저항성이 있는 물질로 간에 현저한 독작용을 나타내며, 치사량 이하로도 정상적인 간 기능에 장애를 일으킨다. 또한 신장과 폐에도 장애를 나타내는 것으로 알려져 있다.

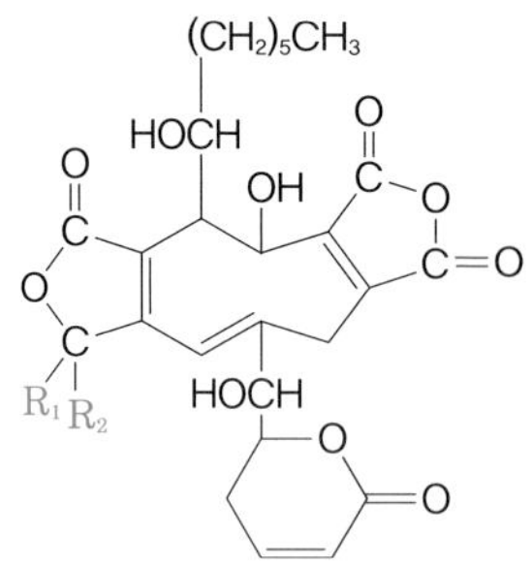

A : R_1= H, R_2= OH
B : R_1 = R_1 = O

그림 3-36 Rubratoxin

3) *Fusarium*속이 생산하는 독소

*Fusarium graminearum*이 미코톡신(mycotoxin)을 생산하며 밀, 보리, 옥수수 등에 기생하여 발생하는 붉은곰팡이병은 세계 각국에서 볼 수 있다. 이들 곡류를 식용 또는 사료로 하는 사람과 가축에 대한 중독이 발생하며, 원인이 되는 독성물질은 다음과 같다.

(1) Tricothecene류

Tricothecene류는 *Fusarium*속의 *F. tricinctum*, *F. solani* 등과 *Trichoderma lignorum*

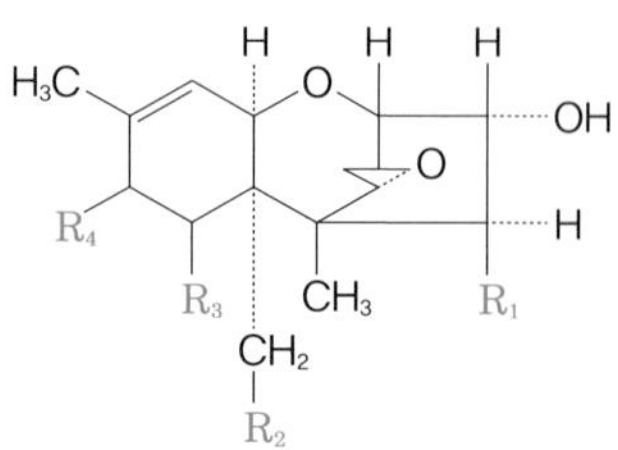

	R_1	R_2	R_3	R_4
T-2 toxin	OAc	OAc	H_2	$OCOCH_2CH(CH_3)_2$
nivalenol	OH	OH	OH	= O
fusarenon X	OAc	OH	OH	= O
vomitoxin	H_2	OH	OH	= O

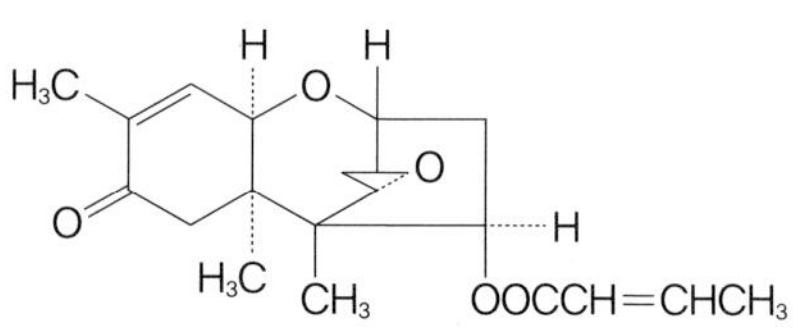

그림 3-37 Trichothecin

등의 각종 곰팡이가 생성하는 유해 대사산물로서 곡류에 오염되어 가축에 다양한 독성을 나타낸다. 지금까지 곰팡이 독소 중 가장 다양하고 복잡한 것으로 알려졌다. 주로 러시아, 미국, 독일, 캐나다 등지에서 많이 발견되며, T-2 toxin, nivalenol, fusarenone X, vomitoxin(deoxynivalenol), trichothecin, HT-2 toxin 등을 대표 독소로 꼽을 수 있고 그 밖에도 50여 종의 이성질체가 밝혀져 있다. 이 중에서 우리나라 곡류에서 특히 문제가 되는 것은 T-2 toxin, nivalenol 및 vomitoxin이다.

이들 독소에 의한 중독증상은 육안으로는 장관의 비대, 장출혈, 흉선의 위축출혈 등이 확인되었고, 병리조직학적으로는 장의 점막상피, 흉선, 비장, 림프선조직 및 골수 등의 세포핵 붕괴 및 괴사를 일으킨다. 그 외에 설사, 메스꺼움, 구토 등의 복잡한 중독 양상이 있으나 발암성은 증명된 바 없다.

(2) Zearalenone

제라레논(zearalenone)은 *F. graminearum*이 생성하는 주요한 곰팡이 독소로 가축의 사료나 축산물에 빈번히 나타나며, *F. graminearum*이 생산하는 2차 대사산물로 F-2 toxin 또는 FES(fermentation estrogenic substance)라고도 한다. 이 독소에 의한 질병은 미국, 오스트레일리아, 프랑스 등의 국가에서 *F. graminearum*에 의해 오염된 사료를 먹은 돼지와 양의 어린 암컷에서 이상 발정이 나타난 것이다. 외음부의 팽창과 질의 탈출, 유방 및 자궁의 비대가 특징인 소위 가축의 발정증후군(estrogenic syndrome)이 증상이다. 동물에 대한 급성독성은 약한 편이고 사람에게는 유방암과의 관련성이 의심되고 있다.

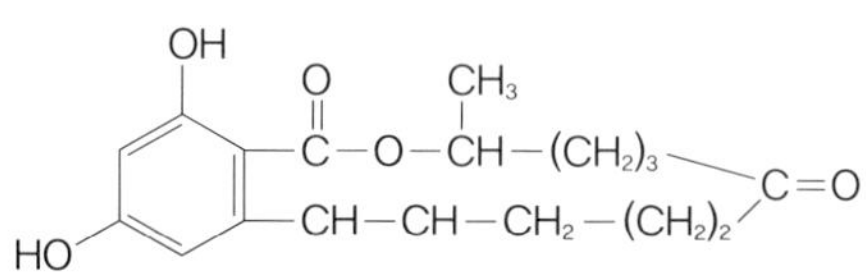

그림 3-38 Zearalenone(F-2 toxin)

(3) Sporofusariogenin 독소

곰팡이에 오염된 수수에서 분리된 다수의 곰팡이 중에서 특히 ***F. poae*, *Cladosporium epiphyllum*, *F. sporotrichioides*** 등이 생산하는 독성물질인 sporofusariogenin, fagicladosporic acid, epicladosporic acid에 의해 중독이 발생한다.

중독 환자는 급성증상으로 위염, 구토, 구역질, 호흡 촉진 등을 나타내며, 중증일 경우

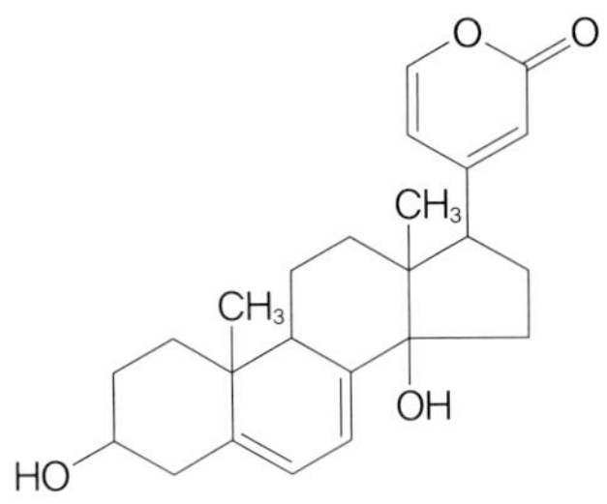

$CH_3(CH_2)_7CH=CH(CH_2)_{13}COOH$
epicladosporic acid

$CH_3(CH_2)_9CH=CH(CH_2)_9COOH$
fagicladosporic acid

그림 3-39 Sporofusariogenin

에는 경련이나 심부전을 일으키는 것으로 보고되고 있다. 장기간 섭취하였을 경우에는 조혈 기능 장애를 나타내며, 식중독성 무백혈구증(alimentary toxic aleukia, ATP)이라는 증상으로 소화관 및 신장의 출혈, 백혈구의 극단적 감소, 림프구 수의 이상 증가, 혈액응고시간의 지연 등이 일어난다.

(4) Fumonisin

*Fusarium moniliforme*에 오염된 옥수수를 먹은 가축이 심한 독소 중독현상을 일으킨 것이 보고된 이래 동물실험에서 치명적인 임상 결과를 보였다고 발표하였으며, 1988년 원인물질인 fumonisin B_1(FB_1)과 fumonisin B_2(FB_2)를 분리하여 그 특성을 처음으로 밝혔다.

푸모니신(fumonisin)은 수용성 물질로 17가지의 이성질체가 알려져 있으며, 그중에서도 fumonisin B_1은 오염빈도가 가장 높고 강한 독성을 나타내는 것으로 보고되어 있다. fumonisin B_1은 동물에서 돼지의 폐수종, 말의 뇌백질연화증을 유발하며, 쥐의 간암과

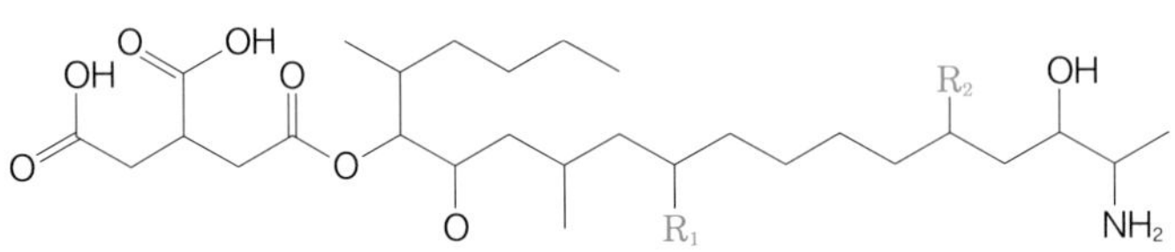

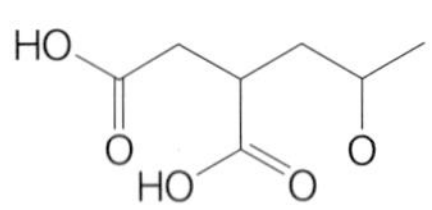

	R_1	R_2
fumonisin B_1	OH	OH
fumonisin B_2	H	OH
fumonisin B_3	OH	H
fumonisin B_4	H	H

그림 3-40 Fumonisin

병아리의 간괴저증 등의 원인물질임이 보고되었다. 역학조사 결과 식도암 유발과 높은 상관관계가 있는 것으로 알려져 있다.

4) 맥각중독증

맥류(보리, 밀, 호밀)의 개화기에 자낭균류에 속하는 맥각균(*Claviceps purpurea*)이 맥류의 꽃에 기생하여 종자 상단부에 균사 덩어리인 암자색, 흑색, 흑갈색의 단단한 균핵을 형성한 것을 맥각이라고 하며, 이것이 혼입된 곡물을 섭취하면 맥각중독증(ergotism)을 일으킨다. 맥각은 짙은 자주색을 띠며 0.5~1% 정도 혼입된 곡물을 섭취할 경우 만성중독을 일으키고 7% 정도이면 치사량이 된다. 따라서 각 나라에서는 곡물 중에 맥각의 혼입량을 규정하고 있으며, 그 허용량은 미국 0.3%, 캐나다 0.2%, 러시아 0.15%이다.

맥각은 오래전부터 약용이나 분만 촉진용으로 이용되어 왔으나, 교감신경 차단작용이 있는 에르고톡신(ergotoxin), 에르고타민(ergotamine), 자궁 수축작용이 있는 에르고메트린(ergometrine) 등의 유독 알칼로이드(alkaloid) 3군과 히스타민(histamine), 에틸아민(ethylamine), 메틸아민(methylamine), 트리메틸아민(trimethylamine) 등의 아민류들의 복합작용에 의해 중독을 일으키는 것으로 알려져 있다.

맥각에 의한 급성중독 증상은 구토, 설사, 복통 등의 소화기계통 장애와 피부가 청백해지며 신체의 표면에 냉감을 가지는 것이 특징이다. 그 후 지각 및 운동 장애가 일어나고 시력에도 영향을 미친다. 심할 경우 맥박이 약해지고 혈압 강하, 환각, 현기증, 경련 등이 일어나며 최종적으로는 의식을 잃고 사망한다. 임산부에게는 유산이나 조산을 유발하기도 한다. 만성중독으로는 경련형과 괴저형이 있으며, 장기간 소량 섭취하면 경련형이 많고 대량 섭취의 경우에는 괴저형이 많다. 초기에는 소화관증상과 신경증상에서 시작되는데 소화관증상으로는 먼저 구토, 구역질, 설사가 일어나며, 이상공복감이 생기고 식욕부진을 나타낸다. 신경증상으로는 가렵고 저리며, 지각 이상이 사지의 말단에서 시작하여 위로 올라간다. 운동 장애로는 사지 및 얼굴에 경직이 온다. 이러한 지각 및 운동 장애와 함께 심한 두통이 지속되며 혈압이 상승한다. 경련형은 이러한 초기증상에 이어 경련이 수 주간 계속되며 강직성 및 간대성 경련 발작이 일어나고, 마비를 일으킨다. 중증은 정신장애를 일으켜 사망에 이른다. 괴저형은 초기증상 후에 사지말단, 특히 발끝치에 농포가 생기고 손발이 심하게 아프며 결국에는 사지의 말단부터 썩어 들어가는 괴저를 일으킨다.

단원정리

- 식품에 의해 발생되는 인체의 건강 장애 중에서 발생 환자 수 및 건수가 많은 것이 식중독이다. 식중독은 원인별 분류에 따라 세균성 식중독, 바이러스성 식중독, 자연독 식중독으로 나눌 수 있다.
- 세균성 식중독은 발병 형태에 따라 세균에 오염된 식품을 섭취 후 장관 내에서 증식하여 발생하는 감염형 식중독과, 세균 증식과정에서 생성된 독소를 섭취하여 발병하는 독소형 식중독으로 구분할 수 있다.
- 기생충 중 식품위생상 문제가 되는 것으로는 회충, 구충, 요충, 동양모양선충, 편충 등의 선충류, 간흡충, 폐흡충, 요코가와흡충 등의 흡충류(trematode), 유무구조충, 왜소조충 등의 조충류, 이질아메바, 말라리아원충 등의 원충류(protozoa)가 있다.
- 인간이나 동물처럼 기생충이 기생하는 상대를 숙주라고 한다. 숙주는 체내에 기생충들이 다수 기생하여 빈혈, 영양 장애, 충체에서의 독소에 의한 발열, 신경증상, 기생충이 숙주의 체내에 구멍을 뚫어 이동함으로써 문제를 일으키는 것 등의 건강 장애를 입는다.
- 바퀴, 파리 등은 병원성 미생물을 식품에 운반 매개하여 인체에 감염시킨다. 쥐의 경우 쥐 자체 내에 병원성 미생물을 보유하고 있어 식품에 배설함으로써 사람에게 식중독을 발생시킨다. 이 위생동물들은 식품 속에서 번식하거나 외부로부터 침입하여 경제적 손실을 주거나 상품 가치를 저하시킨다.
- Mycotoxin 생산 곰팡이는 *Aspergillus*속, *Penicillium*속, *Fusarium*속 등이다.

연습문제

1 감염형 식중독의 종류를 쓰시오.

2 콜레라와 유사한 장내독소(enterotoxin)을 생성하는 대장균을 쓰시오.

3 비브리오 패혈증을 유발하는 균에 대하여 설명하시오.

4 기생충을 예방하는 방법을 설명하시오.

5 채소류에 의한 기생충 감염에 대하여 분류하고, 그에 대해 설명하시오.

6 간흡충과 폐흡충의 생활사를 설명하시오.

7 위생동물인 쥐, 파리, 바퀴를 세분하고 이에 대한 피해를 최소화하기 위한 방법을 설명하시오.

8 식물성 자연독의 종류를 쓰시오.

9 어류 및 육류 식품의 과도한 가열에 의해 생성되는 발암물질을 답하시오.

10 미코톡신(Mycotoxin)의 종류에 대해 쓰시오.

CHAPTER 4

식품첨가물

1. 식품첨가물의 개념
2. 식품첨가물 각론
3. 식품첨가물의 관리 및 법적 근거

1. 식품첨가물의 개념

1) 식품첨가물의 정의

식품첨가물은 고대로부터 사용되어 왔으며, 식생활의 향상과 식품 공업의 발달로 식품의 종류나 형태가 고도화되고 다양해짐에 따라 사용량과 종류도 증가하고 있다. 이와 더불어 최근에는 식품첨가물의 안전성에 대한 소비자의 관심도 날로 높아지고 있다.

우리나라 「식품위생법」 제2조에서는 식품첨가물을 "식품을 제조·가공·조리 또는 보존하는 과정에서 감미(甘味), 착색(着色), 표백(漂白) 또는 산화방지 등을 목적으로 식품에 사용되는 물질을 말한다. 이 경우 기구(器具)·용기·포장을 살균·소독하는 데에 사용되어 간접적으로 식품으로 옮아갈 수 있는 물질을 포함한다"라고 정의하고 있으며, Codex(국제식품규격)에서는 "일반적으로 그 자체를 식품으로 섭취하지 않고, 영양적 가치에 상관없이 식품의 일반 성분으로 사용되지 않는 물질을 의미하며, 식품의 제조, 가공, 조리, 처리, 포장 및 보관 시에 기술적 목적을 달성하기 위해 식품에 첨가하여 효과를 나타내거나, 직접 또는 간접적으로 식품에 효과를 나타낼 것으로 기대되거나, 그 부산물이 식품의 구성성분이 되거나, 식품의 특성에 영향을 끼칠 수 있는 물질을 말한다. 다만, 오염물질, 영양적 품질 개선을 목적으로 첨가하는 물질은 제외된다"라고 정의한다. UN의 FAO와 WHO가 합동으로 식품첨가물에 대한 안전성을 평가하기 위하여 설립한 전문가위원회인 식품첨가물 합동전문위원회(Joint FAO and WHO Expert Committee on Food Additives, JECFA)에서는 "식품의 외관, 향미, 조직 또는 저장성을 향상시킬 목적으로 보통 소량으로 식품에 첨가하는 비영양물질"이라고 식품첨가물을 정의하고 있다.

또한 미국 국립과학학술원 및 국립연구협의회 산하인 식품보호위원회(Food Protection Committee of National Academy of Science-National Research Council)에서는 "식품첨가물이란 생산, 가공, 저장 또는 포장의 어떤 면에서 식품에 첨가되는 기본적인 식량 이외의 물질 또는 이들의 혼합물로서 우발적인 첨가물은 이에 포함되지 않는다."라고 정의하고 있다. 그 외에도 여러 나라 및 기구에서 각각 식품첨가물에 대한 정의를 법적으로 규정하고 있다.

2) 식품첨가물의 사용 목적

식품첨가물은 식품의 외관, 향미, 조직, 저장성 등을 향상시키기 위한 목적으로 사용

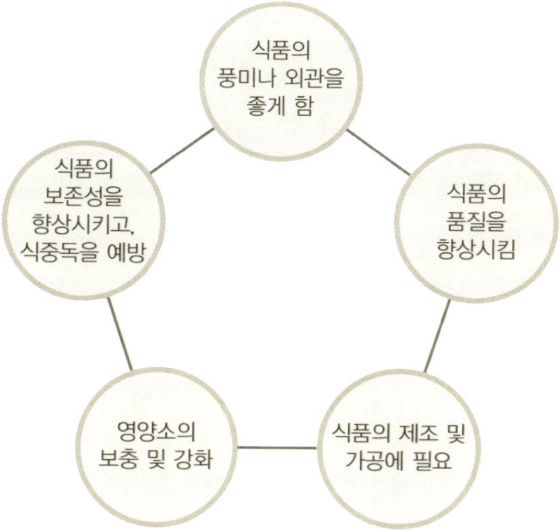

그림 4-1 식품첨가물의 사용 목적

된다.

3) 식품첨가물의 분류

식품첨가물은 제조공정에 따라 분류하면 크게 천연첨가물과 화학적 합성품으로 분류할 수 있다. 천연첨가물이란 일반적으로 천연의 동식물 및 광물 등으로부터 유용한 성분을 추출, 농축, 분리, 정제하여 얻은 것으로, 발효시켜 얻은 효소류 등도 포함된다. 천연첨가물은 화학적 합성품보다는 안전한 것으로 간주되고 있다.

화학적 합성품은 화학적 수단에 의하여 원소 또는 화합물에 분해반응 이외의 화학반응을 일으켜 얻는 물질을 말하며, 식품첨가물의 대부분은 화학적 합성품이다. 따라서 화학적 합성품은 화학물질 등으로부터 화학적으로 합성된 것일 뿐만 아니라 동물, 식품, 광물 등 천연물 또는 그 추출물을 원료로 하여 이에 화학반응을 일으켜서 얻는 것도 포함된다. 화학적 합성품은 천연물과 달리 인체에 해로운 것이 많으며, 미량이라도 장기간에 걸쳐 섭취할 경우 인체에 해를 끼칠 우려가 있기 때문에 취급에 있어 신중을 기해야 한다. 이를 위해 우리나라에서는 보건사회부장관이 위생상 지장이 없다고 인정하여 지정한 것만을 식품첨가물로 사용하거나 판매할 수 있도록 규정하여 공중보건상 안전을 확보하고 있다(「식품위생법」 제6조).

화학적 합성품은 다음 항목에 대하여 식품위생심의위원회의 심의를 거쳐 규격을 결정한다.

- 일반적인 사용법에 의할 경우 인체에 대한 안전성이 충분히 확보되는 것
- 식품에 사용했을 경우 충분한 효과가 있는 것
- 화학명과 제조방법이 명확한 것
- 화학적 실험에 안정한 것
- 급성·아급성 및 만성 독성시험, 발암성과 생화학 및 약리학적 시험에 안전한 것

식품첨가물은 사용 목적에 따라 표 4-1과 같이 분류할 수 있다.

표 4-1 식품첨가물의 사용 목적에 따른 분류

분류	종류
식품의 기호성을 향상시키고 관능을 만족시키는 첨가물	향미증진제, 감미료, 산미료, 조미료, 착향료, 착색료, 광택제, 유화제, 팽창제, 증점제, 발색제, 표백제 등
식품의 변질, 부패를 방지하는 첨가물	보존제, 살균제, 산화방지제 등
가공식품의 제조 및 가공을 돕는 첨가물	응고제, 효소제, 여과보조제, 추출용제, 탄산가스, 소포제
식품의 영양 강화에 사용되는 첨가물	영양강화제(비타민류, 미네랄 및 아미노산)

자료 : 식품의약품안전처, 식품첨가물이란 무엇인가

4) 식품첨가물의 지정기준

우리나라에서는 화학적 합성품인 식품첨가물에 대해서 모두 유독·유해하다고 하는 전제하에 단, '사람의 건강을 해칠 위험이 없는 경우로 보건사회부장관이 지정한 것만'을 사용, 판매하도록 허용한다는 식품첨가물 지정제도를 따르고 있다.

식품첨가물은 소비자에게 이익을 주는 것으로 건강을 해할 우려가 없어야 한다. 식품첨가물의 기준 및 규격 설정과 식품첨가물 사용기준의 개정 신청은 다음 각 항에 따라 이루어져야 한다. 이를 위해 FAO/WHO 합동식품첨가물전문가위원회(JECFA), 국제식품규격위원회(Codex Alimentarius Commission, CAC) 등 국제기구에서의 안전성 평가 결과 및 사용기준, 우리나라의 식품 섭취 현황 등을 고려하여 과학적인 평가를 한다.

- 안전성 : 신청된 식품첨가물의 안전성을 입증 또는 확인한다.
- 사용의 기술적 필요성 및 정당성 : 식품첨가물의 사용 목적은 다음 각호 중 어느 하나에 부합하여야 한다.

가. 식품의 품질 유지, 안정성 향상 또는 관능적 특성 개선(다만, 식품의 특성, 본질 또는 품질을 변화시켜 소비자를 기만할 우려가 있는 경우에는 제외)

나. 식품의 영양가 유지(다만, 일상적으로 섭취되는 식품이 아닌 경우에는 식품 중의 영양가를 의도적으로 저하시키는 경우에도 정당성이 인정될 수 있음)

다. 특정 식사를 필요로 하는 소비자를 위하여 제조하는 식품에 필요한 원료 또는 성분을 공급(다만, 질병 치료 및 기타 의료 효과를 목적으로 하는 경우는 제외)

라. 식품의 제조, 가공, 저장, 처리의 보조적 역할(다만, 식품의 제조, 가공 과정 중 결함이 있는 원재료나 비위생적인 제조방법을 은폐할 목적으로 사용되는 경우는 제외)

5) 식품첨가물의 사용기준

식품첨가물은 사용기준이 정해져 있어서 식품의 종류, 사용량, 사용목적 및 사용방법 등을 제한하고 있다. 식품에 첨가되는 양은 인간이 어떠한 식품첨가물을 일생 동안 매일 섭취해도 어떠한 영향을 받지 않는 안전한 양으로, 식품첨가물을 안전하게 사용하기 위한 지표인 식품의 일일 섭취허용량(Acceptable Daily Intake, ADI)을 고려하여 결정한다. 일일 섭취허용량은 동물을 이용한 독성시험을 통하여 아무런 영향을 나타내지 않는 최대 무작용량(maximum no effect level)을 찾고 이 양에 안전계수인 100을 적용하여 산출한다.

어떤 첨가물이 한 가지 품목의 식품에만 허가된다면 앞에서 설명한 식품의 섭취량과 일일 섭취허용량에서 사용기준이 결정되지만, 첨가물이 여러 품목의 식품에 허가될 때는 각 식품의 일일 섭취허용량을 고려해서 사용량을 결정하게 되므로, 그 합계량이 일일 섭취허용량을 초과해서는 안 된다.

사용기준을 규정하는 경우, 국민건강영양조사를 비롯하여 식품의 생산량, 수입량, 소비량 등 다양한 조사 자료로부터 각 식품의 섭취량을 산출하고 식품을 통한 식품첨가물의 섭취량을 추정한다. 실제로 사용기준이 규정되어 있는 식품의 식품첨가물량을 측정해 보면 사용기준보다 매우 낮기 때문에 식품첨가물의 안전성은 충분히 확보되고 있다고 말할 수 있다.

식품첨가물을 사용할 때에는 규정에 맞는 규격품을 사용기준에 맞게 사용하여 식품첨가물의 안전성을 확보해야 한다.

2. 식품첨가물 각론

1) 보존료제제

식품위생을 위해 식품을 신선한 상태로 유지시키는 일은 무엇보다도 중요한 일이지만, 식품은 소비자에게 전달되어 소비되기 전까지 여러 단계의 유통과정에서 변질되기 쉽다. 이처럼 미생물의 증식에 의해 일어나는 식품의 부패나 변질을 방지하고, 식품의 신선도를 보존함으로써 영양가의 손실을 방지하는 데 사용되는 물질을 보존료제제(preservatives)라고 한다. 『식품첨가물공전』에서 보존료제제라 함은 보존료를 2종 이상 혼합하거나, 그 1종 이상을 기타 식품첨가물 또는 희석제와 혼합하거나 희석하여 사용에 편리하도록 만든 것을 말한다. 다만, 2종 이상의 보존료를 혼합하여 제제를 만들 경우 개별보존료 사용기준에 적합하도록 혼합 또는 희석되어야 한다. 보존료제제는 식품중에서 미생물의 증식을 억제하거나 사멸시키는 작용을 하지만 식품에 대한 보존기구는 살균작용보다는 미생물에 대한 정균작용이나 효소의 발효작용 억제에 있다.

식품용 보존료제제로 사용되기 위해서는 미량으로도 미생물의 발육을 강하게 저지할 수 있고, 지속적이고 확실해야 하며 첨가에 따른 식품의 기호도 저하가 없어야 한다. 또한 간편한 사용법과 저렴한 가격을 바탕으로 산과 알칼리에 안전하며 식품과 반응을 하지 않아야 한다. 무엇보다 중요한 것은 인체에 무해하거나 독성이 낮아야 하고, 장기적으로 사용하여도 해가 없어야 한다. 보존료제제는 미생물에 유해한 작용뿐만 아니라 인체에도 해를 끼칠 수 있으므로 허용된 보존료제제라 하더라도 식품의 섭취량과 빈도 등을 고려하여 식품에 첨가하는 양을 규제하고 특정 식품에 한해서만 그 효력을 발휘하는 최소량을 첨가하도록 사용기준이 마련되어 있다.

보존료제제의 효과에 영향을 주는 인자는 다음과 같다.

- pH : pH에 의해 크게 변하는 것이 많으며, 산성 보존료제제는 pH가 낮을수록 효과가 크다.
- 미생물 오염도 : 식품의 미생물 오염도에 의해 보존료제제의 항균작용이 달라질 수 있으며, 2차적 오염에 의해 효과가 저하될 수도 있다. 부패·변패 직전의 식품에는 효과가 없다.
- 가열 : 보존료제제 첨가와 함께 가열하면 살균시간이 단축되며, 장기간 저장식품의 경우 보존료제제 첨가와 함께 가열하는 것이 효과적이다.

- 용해도 : 미생물은 수용성 영양분을 섭취하기 때문에 보존료제제를 충분히 용해 분산시켜야 효과가 있다.
- 병용 : 2종 이상의 보존료제제를 혼용하여 사용하면 효과가 크다.

「식품위생법」에서 허용된 보존료제제의 종류와 사용기준 및 주의사항은 표 4-2와 같다.

표 4-2 보존료의 종류와 사용기준 및 주의사항

보존료	사용기준	
	대상 식품	허용량
데히드로초산나트륨 (sodium dehydroacetate)	1. 치즈류, 버터류, 마가린 외 사용 금지	데히드로초산으로 0.5 g/kg 이하
소르빈산 (sorbic acid) 소르빈산칼륨 (potassium sorbate) 소르빈산칼슘 (calcium sorbate)	1. 치즈류 : (프로피온산, 프로피온산나트륨 또는 프로피온산칼슘과 병용할 때에는 소르브산으로서 사용량과 프로피온산으로서 사용량의 합계가 3.0 g/kg 이하)	3.0 g/kg 이하
	2. 식육 가공품(양념육류, 분쇄 가공육제품, 갈비 가공품, 식육 추출 가공품 제외), 어육 가공품, 성게젓, 땅콩버터, 모조치즈(다만, 콜라겐 케이싱을 사용한 소시지류의 경우, 소르브산으로 사용량의 합계가 2.0 g/kg 이하)	2.0 g/kg 이하
	3. 콜라겐 케이싱	0.1 g/kg 이하
	4. 젓갈류(단, 식염 함량 8% 이하의 제품에 한함), 한식된장, 된장, 고추장, 혼합장, 춘장, 청국장(단, 비건조 제품에 한함), 혼합장, 어패류 건제품, 조림류(농산물을 주원료로 한 것에 한함), 플라워페이스트, 소스(다만, 소스의 경우 파라옥시안식향산메틸 또는 파라옥시안식향산에틸과 병용할 때에는 소르브산으로서 사용량과 파라옥시안식향산으로서 사용량의 합계가 1.0 g/kg 이하이어야 하며, 그중 파라옥시안식향산으로서의 사용량은 0.2 g/kg 이하)	1.0 g/kg 이하
	5. 알로에 전 잎(겔 포함) 건강기능식품(단, 두 가지 이상의 건강기능식품 원료를 사용하는 경우에는 사용된 알로에 전 잎(겔 포함) 건강기능식품 성분의 배합비율을 적용) (안식향산, 안식향산나트륨, 안식향산칼륨 또는 안식향산칼슘과 병용할 때에는 소르브산으로서 사용량과 안식향산으로서 사용량의 합계가 1.5 g/kg 이하이어야 하며, 그중 안식향산으로서의 사용량은 0.5 g/kg 이하)	1.5 g/kg 이하
	6. 농축과일즙, 과채주스 : (안식향산, 안식향산나트륨, 안식향산칼륨 또는 안식향산칼슘과 병용할 때에는 소르브산으로서 사용량과 안식향산으로서 사용량의 합계가 1.0 g/kg 이하이어야 하며, 그중 안식향산으로서의 사용량은 0.6 g/kg 이하)	1.0 g/kg 이하
	7. 탄산음료 : (안식향산, 안식향산나트륨, 안식향산칼륨 또는 안식향산칼슘과 병용할 때에는 소르브산으로서 사용량과 안식향산으로서 사용량의 합계가 0.6 g/kg 이하, 그중 소르브산으로서의 사용량은 0.5 g/kg 이하)	0.6 g/kg 이하
	8. 잼류 : (안식향산, 안식향산나트륨, 안식향산칼륨, 안식향산칼슘, 파라옥시안식향산메틸, 파라옥시안식향산에틸, 프로피온산, 프로피온산나트륨 또는 프로피온산칼슘과 병용할 때에는 소르브산으로서 사용량, 안식향산으로서 사용량, 파라옥시안식향산으로서 사용량 및 프로피온산으로서 사용량의 합계가 1.0 g/kg 이하)	1.0 g/kg 이하
	9. 건조과일류, 토마토케첩, 당절임(건조당절임 제외)	0.5 g/kg 이하

(계속)

보존료	사용기준	
	대상 식품	허용량
소르빈산 (sorbic acid) 소르빈산칼륨 (potassium sorbate) 소르빈산칼슘 (calcium sorbate)	10. 절임식품 : (안식향산, 안식향산나트륨, 안식향산칼륨 또는 안식향산칼슘과 병용할 때에는 소르브산으로서 사용량과 안식향산으로서 사용량의 합계가 1.5 g/kg 이하이어야 하며, 그중 안식향산으로서의 사용량은 1.0 g/kg 이하)	1.5 g/kg 이하
	11. 발효음료류(살균한 것은 제외)	0.05 g/kg 이하
	12. 과실주, 탁주, 약주	0.2 g/kg 이하
	13. 마가린 : (안식향산, 안식향산나트륨, 안식향산칼륨 또는 안식향산칼슘과 병용할 때에는 소르브산으로서 사용량과 안식향산으로서 사용량의 합계가 2.0 g/kg 이하이어야 하며, 그중 안식향산으로서의 사용량은 1.0 g/kg 이하)	2.0 g/kg이하
	14. 당류 가공품(시럽상 또는 페이스트상에 한함)	1.0 g/kg 이하
	15. 향신료조제품(건조 제품 제외)	1.0 g/kg 이하
	16. 건강기능식품〔액상 제품에 한하며, 알로에 전 잎(겔 포함) 제품은 제외〕	2.0 g/kg 이하
안식향산 (benzoic acid) 안식향산나트륨 (sodium benzoate) 안식향산칼슘 (calcium benzoate)	1. 과일·채소류 음료(비가열 제품 제외) : (다만, 농축과일즙, 과채주스의 경우 소르브산, 소르브산칼륨 또는 소르브산칼슘과 병용할 때에는 안식향산으로서 사용량과 소르브산으로서 사용량의 합계가 1.0 g/kg 이하이어야 하며, 그중 안식향산으로서의 사용량은 0.6 g/kg 이하)	0.6 g/kg 이하
	2. 탄산음료 : (소르브산, 소르브산칼륨 또는 소르브산칼슘과 병용할 때에는 안식향산으로서 사용량과 소르브산으로서 사용량의 합계가 0.6 g/kg 이하, 그중 소르브산으로서의 사용량은 0.5 g/kg 이하)	0.6 g/kg 이하
	3. 기타 음료(분말 제품 제외), 인삼·홍삼 음료 : (파라옥시안식향산에틸 또는 파라옥시안식향산메틸과 병용할 때에는 안식향산으로서 사용량과 파라옥시안식향산으로서 사용량의 합계가 0.6 g/kg 이하이어야 하며, 그중 파라옥시안식향산으로서의 사용량은 0.1 g/kg 이하)	0.6 g/kg 이하
	4. 한식간장, 양조간장, 산분해간장, 효소분해간장, 혼합간장 : (파라옥시안식향산에틸 또는 파라옥시안식향산메틸과 병용할 때에는 안식향산으로서 사용량과 파라옥시안식향산으로서 사용량의 합계가 0.6 g/kg 이하이어야 하며, 그중 파라옥시안식향산으로서의 사용량은 0.25 g/kg 이하)	0.6 g/kg
	5. 알로에 전 잎(겔 포함) 건강기능식품(단, 두 가지 이상의 건강기능식품 원료를 사용하는 경우에는 사용된 알로에 전 잎(겔 포함) 건강기능식품 성분의 배합비율을 적용) : (소르브산, 소르브산칼륨 또는 소르브산칼슘과 병용할 때에는 안식향산으로서 사용량과 소르브산으로서 사용량의 합계가 1.5 g/kg 이하이어야 하며, 그중 소르브산으로서의 사용량은 1.0 g/kg 이하)	0.5 g/kg 이하
	6. 마요네즈	1.0 g/kg 이하
	7. 잼류 : (소르브산, 소르브산칼륨, 소르브산칼슘, 파라옥시안식향산메틸, 파라옥시안식향산에틸, 프로피온산, 프로피온산나트륨 또는 프로피온산칼슘과 병용할 때에는 안식향산으로서 사용량, 소르브산으로서 사용량, 파라옥시안식향산으로서 사용량 및 프로피온산으로서 사용량의 합계가 1.0 g/kg 이하)	1.0 g/kg 이하
	8. 망고처트니 : (파라옥시안식향산메틸 또는 파라옥시안식향산에틸과 병용할 때에는 안식향산으로서 사용량과 파라옥시안식향산으로서 사용량의 합계가 0.25 g/kg 이하)	0.25 g/kg 이하
	9. 마가린 : (소르브산, 소르브산칼륨 또는 소르브산칼슘과 병용할 때에는 안식향산으로서 사용량과 소르브산으로서 사용량의 합계가 2.0 g/kg 이하이며, 그중 안식향산으로서의 사용량은 1.0 g/kg 이하)	1.0 g/kg 이하

(계속)

보존료	사용기준	
	대상 식품	허용량
안식향산 (benzoic acid) 안식향산나트륨 (sodium benzoate) 안식향산칼슘 (calcium benzoate)	10. 절임식품 : (소르브산, 소르브산칼륨 또는 소르브산칼슘과 병용할 때에는 안식향산으로서 사용량과 소르브산으로서 사용량의 합계가 1.5 g/kg 이하이어야 하며, 그중 소르브산으로서의 사용량은 1.0 g/kg 이하)	1.0 g/kg 이하
파라옥시안식향산에틸 (ethyl ρ-hydroxybenzoate) 파라옥시안식향산메틸 (methyl ρ-hydroxybenzoate)	1. 캡슐류	1.0 g/kg 이하
	2. 잼류 : (소르브산, 소르브산칼륨, 소르브산칼슘, 안식향산, 안식향산칼륨, 안식향산칼슘, 안식향산나트륨, 파라옥시안식향산에틸, 프로피온산, 프로피온산나트륨 또는 프로피온산칼슘과 병용할 때에는 파라옥시안식향산으로서 사용량, 소르브산으로서 사용량, 안식향산으로서 사용량 및 프로피온산으로서 사용량의 합계가 1.0 g/kg 이하)	1.0 g/kg 이하
	3. 망고처트니 : (안식향산나트륨, 안식향산칼륨, 안식향산칼슘 또는 파라옥시안식향산에틸과 병용할 때에는 파라옥시안식향산으로서 사용량과 안식향산으로서 사용량의 합계가 0.25 g/kg 이하)	0.25 g/kg 이하
	4. 한식간장, 양조간장, 산분해간장, 효소분해간장, 혼합간장 : (안식향산, 안식향산나트륨, 안식향산칼륨 또는 안식향산칼슘과 병용할 때에는 파라옥시안식향산으로서 사용량과 안식향산으로서 사용량의 합계가 0.6 g/kg 이하이어야 하며, 그중 파라옥시안식향산으로서의 사용량은 0.25 g/kg 이하)	0.25 g/kg 이하
	5. 식초	0.1 g/L 이하
	6. 기타 음료(분말 제품 제외), 인삼·홍삼음료 : (안식향산, 안식향산나트륨, 안식향산칼륨 또는 안식향산칼슘과 병용할 때에는 파라옥시안식향산으로서 사용량과 안식향산으로서 사용량의 합계가 0.6 g/kg 이하이어야 하며, 그중 파라옥시안식향산으로서의 사용량은 0.1 g/kg 이하)	0.1 g/kg 이하
	7. 소스 : (소르브산, 소르브산칼륨 또는 소르브산칼슘과 병용할 때에는 파라옥시안식향산으로서 사용량과 소르브산으로서 사용량의 합계가 1.0 g/kg 이하이어야 하며, 그중 파라옥시안식향산으로서의 사용량은 0.2 g/kg 이하)	0.2 g/kg 이하
	8. 과일류(표피 부분에 한함)	0.012 g/kg 이하
	9. 채소류(표피 부분에 한함)	0.012 g/kg 이하
프로피온산 (propionate) 프로피온산나트륨 (sodium propionate) 프로피온산칼슘 (calcium propionate)	1. 빵류	2.5 g/kg 이하
	2. 치즈류 : (소르브산, 소르브산칼슘 또는 소르브산칼륨과 병용할 때에는 프로피온산으로서 사용량과 소르브산으로서 사용량의 합계가 3.0 g/kg 이하)	3.0 g/kg 이하
	3. 잼류 : (소르브산, 소르브산칼륨, 소르브산칼슘, 안식향산, 안식향산칼륨, 안식향산칼슘, 안식향산나트륨, 파라옥시안식향산메틸 또는 파라옥시안식향산에틸과 병용할 때에는 프로피온산으로서 사용량, 소르브산으로서 사용량, 안식향산으로서 사용량, 파라옥시안식향산으로서 사용량의 합계가 1.0 g/kg 이하)	1.0 g/kg 이하
	4. 착향의 목적	-
이초산나트륨 (sodium diacetate)	1. 빵류	0.4% 이하
	2. 식용유지류(동물성 유지류, 모조치즈, 식물성 크림 제외), 식육가공품(식육 추출 가공품 제외), 알가공품, 캔디류	0.1% 이하
	3. 소스	0.25% 이하
	4. 수프, 과자	0.05% 이하

(1) 데히드로초산 및 데히드로초산나트륨

데히드로초산(dehydroacetic acid, DHA)은 백색의 결정성 분말로 냄새와 맛이 거의 없거나 조금 난다. 물에는 잘 녹지 않으나 알코올, 아세톤, 에테르 등의 유기용매에는 용해된다. 각종 금속이온과 반응하여 불용성 염을 형성하므로 금속용기 사용 시 주의해야 하며, 열에 안정하나 빛에 의해 황색으로 변한다.

미생물에 대해서는 살균작용이 약하므로 주로 정균작용을 위해 사용된다. 일반적인 산형 보존료제제와 마찬가지로 pH에 의해 항균력이 크게 영향을 받아 pH가 낮을수록 효과가 높아진다. 부패균, 병원균 등의 세균에 구별 없이 고르게 작용하며 곰팡이나 효모에 대해서는 세균보다 강한 항균력을 나타내지만, *Clostridium*속에는 효과가 없는 것으로 알려져 있다.

데히드로초산나트륨(sodium dehydroacetate, DHA-S)은 백색의 결정성 분말로서 맛과 냄새가 거의 없다. 물(33 g/100 g)과 글리세린(15 g/100 g)에는 잘 녹으나 알코올, 아세톤, 에테르 등의 유기용매에는 잘 녹지 않는다. 수용액은 거의 중성 또는 약알칼리성을 나타내며, 광선이나 열에 대하여 비교적 안정하다. 데히드로초산은 물에 잘 녹지 않으므로 수용액으로서 식품에 첨가하는 경우에는 주로 이 나트륨염이 사용된다.

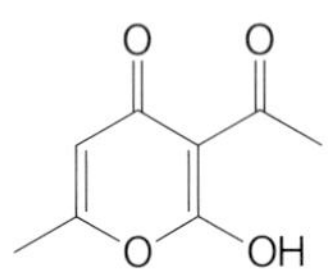

그림 4-2 dehydroacetic acid

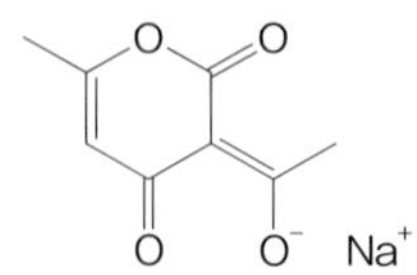

그림 4-3 sodium dehydroacetate

(2) 소르빈산 및 소르빈산칼륨

소르빈산(sorbic acid)은 무색 또는 백색의 결정성 분말로서 냄새가 없거나 조금 자극적인 냄새가 난다. 물에는 잘 녹지 않으나 열탕에 30% 정도 용해되며, 알코올, 에테르, 아세톤 등에는 잘 녹는다. 그러나 공기 중에 오래 방치하면 산화되어서 착색되기 쉽다.

주로 정균작용을 하며 살균작용이 약하다. 산형 보존료제제이므로 작용 능력은 비해리 분자에 의하며 pH의 영향이 크다. pH의 상승에 따라 효력이 저하되지만, 안식향산과는 달리 pH 6~7에서도 어느 정도의 효력을 나타내며 pH가 낮을수록 효과가 크게 나타난다. 젖산균이나 혐기성 포자 형성균에는 효과가 크지 않으며, 그 외의 세균이나

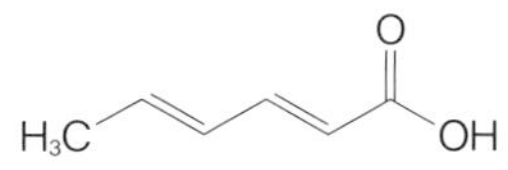

그림 4-4 sorbic acid

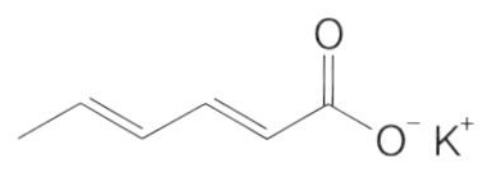

그림 4-5 potassium sorbate

곰팡이, 효모 등에는 유사한 작용을 하며, 항균력은 데히드로초산과 비슷한 정도이다.

소르빈산칼륨(potassium sorbate)은 백색 또는 담황색의 결정성 분말로 냄새가 거의 없다. 항균작용은 소르빈산의 74% 정도이며, 물에 대한 용해도가 높고, 제조가 쉬워 식품에 많이 사용된다. 공기 중에 오래 방치하면 습기를 흡수하며, 산화분해되어 착색될 수 있으므로 주의해야 한다.

(3) 안식향산 및 안식향산나트륨

안식향산(benzoic acid)은 결정성 분말로 냄새가 없거나 벤즈알데히드 같은 냄새가 조금 있다. 녹는점은 121~123°C이고 승화성이 있으며, 물에는 잘 녹지 않지만 열탕에는 조금 녹으며 알코올, 아세톤 등의 유기용매에는 잘 용해된다. 공기 중에서는 비교적 안정하고 흡습성이 조금 있다. 미생물의 살균 및 발육 억제 작용을 가지고 있으며, pH의 영향을 크게 받는다. pH가 낮을수록 효과가 크고 pH의 상승에 따라 효력이 저하된다. pH 3에서 가장 효과가 좋으며, pH 4 이하에서는 저농도로서도 각종 부패 미생물의 증식을 억제하지만, pH 5.5 이상에서는 그 효과가 크게 줄어든다.

안식향산나트륨(sodium benzoate)은 백색의 결정성 분말로 냄새가 거의 없으며, 공기 중에서 안정하고 물에 잘 녹으므로 사용하기에 편리하다. 안식향산과 작용 메커니즘이 같으며, 안식향산을 유리할 수 있는 조건에서 효력을 발휘하므로 산성이 강한 식품일수록 효과가 좋다. 그러나 안식향산에 비하여 효력이 대체로 약한 것으로 알려져 있어 같은 효과를 내기 위해서 안식향산의 약 1.2배를 사용해야 한다.

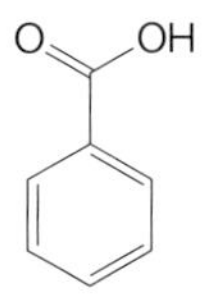

그림 4-6 benzoic acid

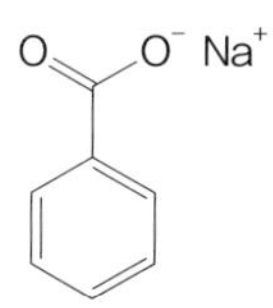

그림 4-7 sodium benzoate

(4) 프로피오산, 프로피온산칼슘 및 프로피온산나트륨

프로피온산(propionic acid)은 유상의 액체이고 냄새가 없거나 특이한 산취를 내며, 프로피온산칼슘(calcium propionate)과 프로피온산나트륨(sodium propionate)은 백색의 결정, 과립 또는 분말로, 냄새가 없거나 조금 특이한 냄새가 있으며 물에 녹기 쉽고, 햇빛과 열에 안정하나 흡습성이 있으므로 밀폐용기에 보관해야 한다. 프로피온산칼슘은 빵 반죽 시 물에 녹여 사용할 수 있으며, 효모와 함께 사용할 경우 효모의 작용을 약화시킬 수 있다. pH의 영향에 따라 효력이 달라지기 때문에 pH 조정제를 같이 사용하면 효과를 높일 수 있다. 프로피온산나트륨의 경우에는 나트륨의 염기성 때문에 빵에 사용할 때에는 효모의 활성을 저하시킨다. 이들은 다른 산형 보존료제제와 마찬가지로 pH가 낮은 식품일수록 효력이 크지만 소르빈산보다는 효력이 약하다.

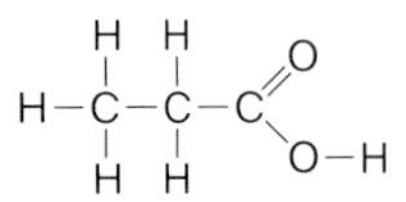

그림 4-8 propionic acid

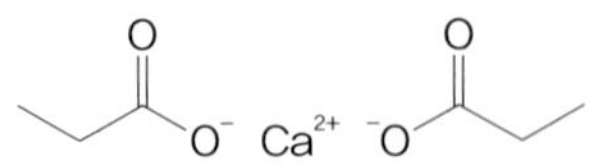

그림 4-9 calcium propionate

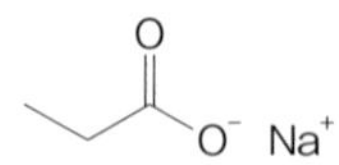

그림 4-10 sodium propionate

(5) 파라옥시안식향산에스테르류

파라옥시안식향산에스테르류(*p*-oxybenzoic acid esters)는 부틸, 에틸, 이소프로필, 이소부틸 및 프로필의 5종이 식품첨가물로 지정되어 있다. 이들은 무색의 작은 결정 또는 백색의 결정성 분말이며 냄새가 없다. 물에는 녹기 어려우나 알코올이나 에테르 등의 유기용매에는 잘 녹기 때문에 알코올이나 수산화나트륨 또는 초산 용액에 녹여서 사용한다.

주로 곰팡이나 효모의 발육을 저지하는데 그 작용은 pH의 영향을 별로 받지 않으며, 항균작용은 에스테르를 구성하는 알코올의 탄소 수가 많을수록 효과적이다. 현재 허용되는 파라옥시안식향산에스테르 중에서는 파라옥시안식향산부틸이 가장 항균력이 강

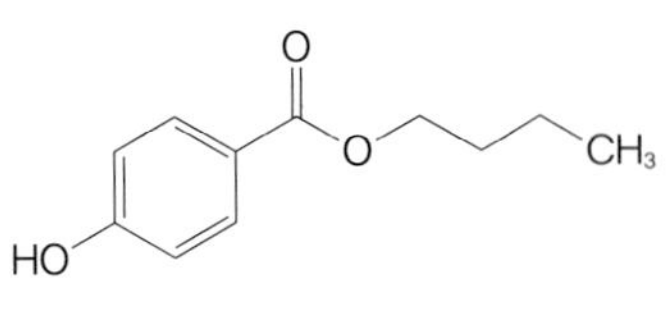

그림 4-11 butyl *p*-hydroxybenzoate

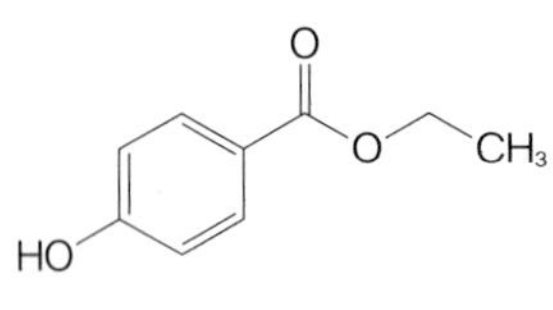

그림 4-12 ethyl *p*-hydroxybenzoate

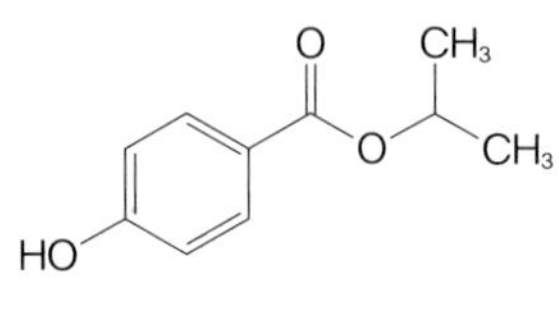

그림 4-13 isopropyl *p*-hydroxybenzoate

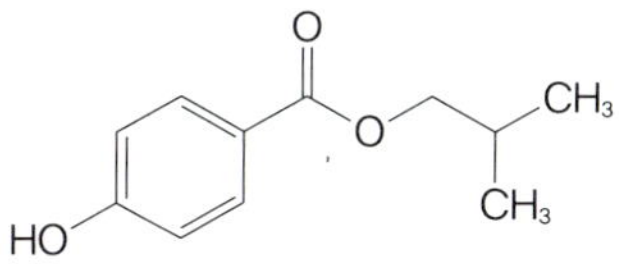

그림 4-14 isobutyl *p*-hydroxybenzoate

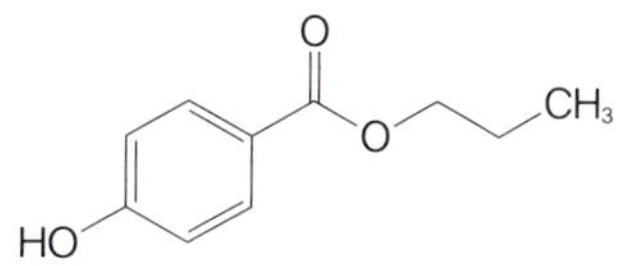

그림 4-15 propyl *p*-hydroxybenzoate

하다.

독성은 반대로 알코올의 탄소 수가 적을수록 강해진다. 그러나 안식향산에 비하면 훨씬 독성이 적고, 신장에서 배설되며 자극성은 거의 없다.

(6) 이초산나트륨

이초산나트륨(sodium diacetate)은 초산과 초산나트륨으로 된 분자화합물이며, 흰색의 결정성 고체물질로 흡습성이 있고 물에 잘 용해되며 초산 냄새가 난다. 빵류, 건과류, 식용유지, 식육 가공품, 소스 및 스프류 등에 사용된다.

2) 살균제

살균제(bacteriocide)는 미생물을 단시간 내에 사멸시키기 위한 목적으로 사용하는 첨가물이다. 식품에 직접 첨가하여 사용하는 경우는 많지 않으며, 주로 식품 제조 시 용기의 소독용으로 사용한다. 식품의 보존 목적으로 식품에 첨가되는 살균제는 식품 보존 외에 살균작용이 주가 되며, 독성이 낮고 효력이 강하며 지속성이 있고, 대상 식품에 영향을 주지 않으며 사용법이 용이해야 한다.

현재 허용되고 있는 살균제는 표 4-3과 같다.

표 4-3 허용 살균제와 그 사용기준

살균제	사용기준	참고
과산화수소 (hydrogen peroxide)	과산화수소는 최종 식품의 완성 전에 분해하거나 또는 제거하여야 한다.	
과산화초산 (peroxyacetic acid)	과산화초산은 아래의 식품에 한하여 살균 목적으로만 사용하여야 하며, 최종 식품의 완성 전에 식품 표면으로부터 침지액 또는 분무액을 털어내거나 흘려 내리도록 하여야 한다. 과산화초산의 사용량(농도)은 과산화초산 및 1-히드록시에틸리덴-1,1-디포스포닌산(HEDP)으로 아래의 기준 이하로 사용하여야 한다.	

(계속)

살균제	사용기준	참고
과산화초산 (peroxyacetic acid)	<table><tr><th>성분</th><th>과일·채소류</th><th>식육</th></tr><tr><td>과산화초산</td><td>0.0800 g/kg</td><td>포유류 1.8 g/kg 가금류 2.0 g/kg</td></tr><tr><td>HEDP</td><td>0.0048 g/kg</td><td>포유류 0.024 g/kg 가금류 0.136 g/kg</td></tr></table>	
오존수 (ozone water)	오존수는 과일류, 채소류 등 식품의 살균 목적에 한하여 사용해야 하며, 최종 식품의 완성 전에 제거하여야 한다.	
이산화염소(수) (chlorine dioxide)	이산화염소(수)는 아래의 식품, 또는 목적에 한하여 사용해야 한다. 1. 이산화염소는 빵류 제조용 밀가루에 한하여 사용하여야 하며, 사용량은 빵류 제조용 밀가루에 있어서는 1 kg에 대하여 30 mg 이하이어야 한다. 2. 이산화염소수는 과일류, 채소류 등 식품의 살균 목적에 한해 사용하여야 하며, 최종 식품의 완성 전에 제거하여야 한다.	
차아염소산나트륨, 차아염소산칼슘, 차아염소산수	차아염소산(나트륨, 칼슘, 수)은 과일류, 채소류 등 식품의 살균 목적에 한하여 사용해야 하며, 최종 식품의 완성 전에 제거하여야 한다. 다만, 차아염소산나트륨은 참깨에 사용하여서는 아니 된다.	

(1) 과산화수소

이 품목은 과산화수소(Hydrogen peroxide, $H_2O_2 = 34.01$) 30.0~50.0%를 함유한다. 무색 투명한 액체로 냄새가 없거나 약간 냄새가 있다.

(2) 과산화초산

과산화수소 및 초산을 반응하여 얻어지는 것으로 유효성분으로 과산화초산(peroxyacetic acid), 과산화수소 및 초산을 함유하는 것, 또는 과산화수소, 초산 및 카프릴산(이명 : 옥탄산)을 반응하여 얻어지는 것으로 유효성분으로 과산화초산, 과산화옥탄산, 과산화수소, 카프릴산 및 초산을 함유하는 것을 말한다. 다만, 희석 또는 품질 안정 등을 위하여 1-히드록시에틸리덴-1,1-디포스포닌산을 첨가할 수 있다.

(3) 오존수

오존수(ozone water)는 오존 발생기에서 생성된 오존 기체를 용존시켜 얻어지는 것으로 오존을 주성분으로 하는 수용액이다. 무색의 액상으로 특유의 냄새가 있다.

(4) 차아염소산나트륨 제제

차아염소산나트륨 제제(sodium hypochlorite preparations)란 차아염소산나트륨을 함유하는 것을 말하며, 식염수를 전기분해의 방법으로 얻어지는 것도 포함한다. 다만, 희석 또는 품질 안정 등을 위하여 희석제 및 안정제 등을 첨가할 수 있다. 무색 혹은 엷은 녹황색 액체 또는 분말로서 염소와 냄새가 같다.

3) 산화방지제

식품은 미생물에 의한 부패뿐만 아니라 식품의 제조 및 보존 과정에서 공기 중의 산소, 빛, 열 등 다양한 조건하에서 산화되어 변질될 수 있으므로, 식품을 보존할 때는 항상 주의를 기울여야 한다. 특히 유지의 산패에 의한 이미, 이취, 식품의 변색 및 퇴색 등의 외관상 변화 및 영양가의 감소, 그리고 독성이 있는 산화된 물질의 생성을 방지하기 위한 목적으로 사용되는 첨가물이 산화방지제(antioxidants)이다.

산화를 방지하기 위해서는 통조림, 병조림 등의 포장용기에 넣어 공기와의 접촉을 단절시키는 방법과 산화방지제를 첨가하는 방법이 있다. 산화방지제는 녹는 특성에 따라 수용성 산화방지제와 지용성 산화방지제로 나눌 수 있다. 수용성 산화방지제에는 ascorbic acid와 erythorbic acid 등이 사용되고 있으며, 지용성 산화방지제로는 BHT, BHA 및 propyl gallate 등이 사용되고 있다. 수용성은 주로 색소의 산화 방지에 이용되며, 지용성인 것은 유지의 산화 방지에 사용된다.

산화방지제는 단독으로 사용되기도 하나 다른 산화방지제와 병용하기도 한다. 또한 직접 산화 방지작용을 하지 못하지만 다른 산화방지제의 작용을 촉진하는 구연산, 말레인산 등의 유기산류나 폴리인산염, 메타인산염 등의 축합인산염류를 효력증강제(synergist)라고 한다. 이러한 물질들은 촉매 역할을 하는 금속을 불활성화시키고, 산화된 산화방지제를 안정시키는 작용이 있다.

천연물 중에서는 식물성 기름 중의 토코페롤, 참기름 중의 세사몰, 그리고 식물계에 널리 분포되어 있는 오미자, 몰식자, 차에 포함되어 있는 성분인 몰식자산 등이 산화 방지작용이 있으나 식품첨가물로는 이용이 적은 편이다.

현재 허용되고 있는 산화방지제의 사용기준은 표 4-4와 같다.

(1) 디부틸히드록시톨루엔

디부틸히드록시톨루엔(dibutyl hydroxy toluene, BHT)은 무색의 결정 또는 백색의 결정성 분말로 무미, 무취이다. 물에는 녹지 않으나 상온에서 에탄올, 벤젠 등의 유기용매에

표 4-4 허용 산화방지제와 그 사용기준

산화방지제	사용기준		참고
	대상 식품	허용량	
디부틸히드록시톨루엔 (dibutyl hydroxy toluene, BHT) 부틸히드록시아니솔 (butylhydroxy anisole, BHA)	1. 식용유지류(모조치즈, 식물성 크림 제외), 버터류, 어패 건제품, 어패 염장품 : (부틸히드록시아니솔 또는 터셔리부틸히드로퀴논과 병용할 때에는 사용량의 합계가 0.2 g/kg 이하)	0.2 g/kg 이하	• 디부틸히드록아니솔 및 터셔리부틸히드로퀴논과 병용할 때는 사용량의 합계가 허용량과 같아야 함 • 단독 사용보다 유기산으로 병용하면 효력 상승, 산패도가 낮을 때 사용(지방 함량 기준)
디부틸히드록시톨루엔 (dibutyl hydroxy toluene, BHT) 부틸히드록시아니솔 (butylhydroxy anisole, BHA)	2. 어패 냉동품(생식용 냉동선어패류, 생식용 굴은 제외)의 침지액 : (부틸히드록시아니솔 또는 터셔리부틸히드로퀴논과 병용할 때에는 사용량의 합계가 1 g/kg 이하)	1 g/kg 이하	
	3. 추잉껌 : (부틸히드록시아니솔 또는 터셔리부틸히드로퀴논과 병용할 때에는 사용량의 합계가 0.4 g/kg 이하)	0.4 g/kg 이하	
	4. 체중 조절용 조제식품, 시리얼류 : (부틸히드록시아니솔과 병용할 때에는 사용량 합계가 0.05 g/kg 이하)	0.05 g/kg 이하	
	5. 마요네즈	0.06 g/kg 이하	
몰식자산프로필 (propyl gallate)	식용유지류(모조치즈, 식물성 크림 제외), 버터류	0.1 g/kg 이하	• 금속이온과 반응하여 착색 • 단독으로 병용하면 효력 상승
에리토브산 (erythorbic acid) 에리토브산나트륨 (sodium erythorbate)	산화 방지 이외의 목적에는 사용 금지		철, 구리 등에 의해 산화 촉진
L-아스코르브산(비타민 C) (L-ascorbic acid) L-아스코르빈산나트륨 (sodium L-ascorbate)	사용기준 없음		열, 빛, 공기에 의해 분쇄
아스코르빌팔미테이트 (ascorbyl palmitate)	1. 식용유지류(모조치즈, 식물성 크림 제외) : 0.5 g/kg 이하(L-아스코빌스테아레이트와 병용할 때에는 사용량의 합계가 0.5 g/kg 이하)	0.5 g/kg 이하	냉·암소, 밀봉 보관
	2. 마요네즈	0.5 g/kg 이하	
	3. 조제유류, 영아용 조제식, 성장기용 조제식, 유단백 알레르기 영·유아용 조제식품, 영·유아용 특수조제식품(표준조유농도에 대하여)	0.05 g/L 이하	

잘 녹는다. 빛과 열에 안정하고, 금속이온과 반응하여 착색되지 않으며, 다른 산화방지제에 비하여 안전성이 커서 가열 가공에도 효력이 저하되지 않는다.

BHA나 유기산과 병용하면 상승 효과를 발휘하기 때문에 흔히 BHA와 함께 사용한다. 유지나 버터에는 그대로 첨가하여 균일하게 혼합하며, 버터의 포장지에 도포하여도 유효하다. 그 밖의 식품에 사용할 때에는 미리 알코올에 녹여 혼합하는 방법을 많이 이용한다.

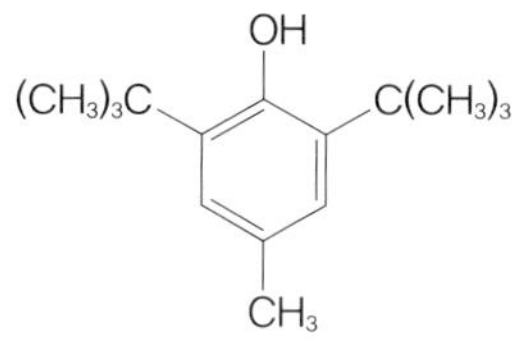

그림 4-16 dibutyl hydroxy toluene

(2) 부틸히드록시아니솔

부틸히드록시아니솔(butyl hydroxy anisole, BHA)은 무색이나 엷은 황갈색의 결정 또는 백색의 결정성 분말로 특유의 석유 냄새와 자극성 맛이 있다. 물에는 거의 녹지 않으나 알코올, 프로필렌글리콜, 유지 등에는 잘 녹으며, 열에는 상당히 안정하지만 빛에는 불안정하여 착색이 일어날 수 있다. BHA는 3-BHA와 2-BHA의 두 가지 이성질체가 혼합된 형태로 사용되는데, 3-BHA가 2-BHA의 1.5~2배의 효력을 나타내며, 다른 산화방지제와 병용하면 상승 효과를 나타내므로 BHT 및 유기산과 병용하는 경우가 많다.

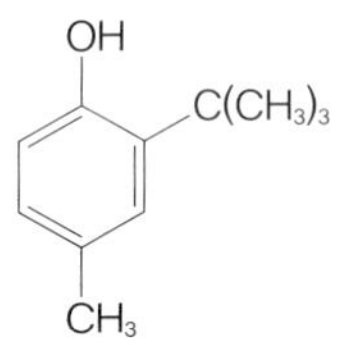

그림 4-17 3-BHA

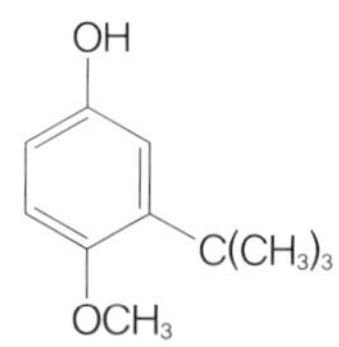

그림 4-18 2-BHA

(3) 몰식자산프로필

몰식자산프로필(propyl gallate)은 백색 또는 담황갈색의 결정성 분말로 냄새는 없으나 약간 쓴맛이 있다. 물에 조금 녹고 알코올, 에테르, 아세톤 등의 유기용매에 잘 녹는다. 열에 안정하고, 유지에 대한 산화방지력이 높으나 착색이 되기 쉽다. 유지에 대한 용해도가 낮고 빛에 약하다는 것이 난점이다. 유기산이나 BHA와 병용 시 효력이 증가하며 가

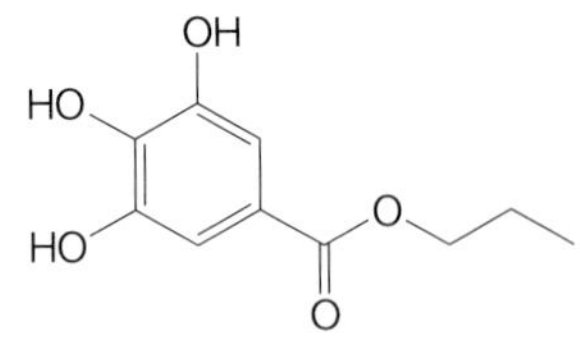

그림 4-19 propyl gallate

열 식품에서의 효과는 매우 낮다.

(4) DL-α-토코페롤

DL-α-토코페롤(DL-α-tocopherol)은 천연품인 D-α-토코페롤과는 달리 합성된 것으로 담황색 또는 황갈색의 점조성 기름으로, 물에는 녹지 않지만 알코올이나 그 밖의 유기 용매에는 잘 녹는다. 산화방지력은 BHA나 BHT보다 떨어지지만, 독성이 낮아 사용 제한이 없다는 것이 장점이다. 또한 비타민의 일종으로 영양 강화의 목적으로도 사용되며 유지나 버터 혹은 이들을 사용한 식품의 산화방지제로 많이 사용된다.

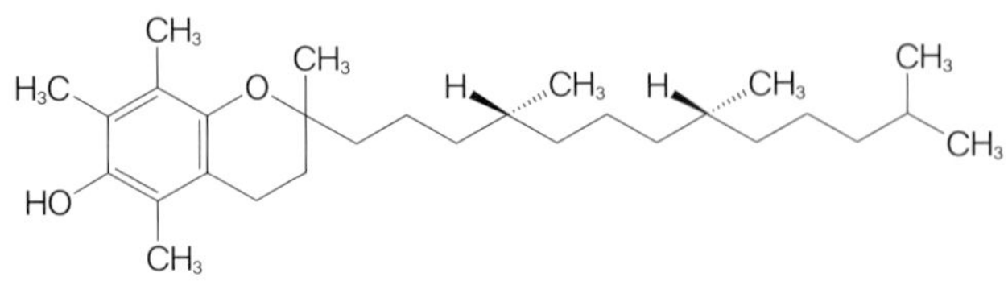

그림 4-20 DL-α-tocopherol

(5) 에리소르빈산과 에리소르빈산나트륨

에리소르빈산(erythorbic acid)은 백색 또는 황백색의 결정성 분말로 냄새가 없으며 신맛이 있다. 물, 에탄올에 용해되기 쉬우나 에테르, 벤젠에는 거의 녹지 않는다. 열이나 빛에 불안정하며 중금속이온에 의하여 산화가 촉진되고 수용액은 공기 중에서 쉽게 분해된다. 화학적으로는 L-아스코르빈산의 입체이성질체로 성질도 비슷하며, 과일 중의 페놀성 물질을 환원하여 갈변 방지, 풍미 유지 등에 이용된다.

에리소르빈산나트륨(sodium erythorbate)은 백색 또는 황백색 결정성 분말로 냄새가 없고 약간 짠맛이 있다. 물에는 녹으나 알코올에는 거의 녹지 않으며, 건조 상태에서는 공기 중에서 안정하나 수용액 형태에서는 쉽게 분해된다. 에리소르빈산과 동일한 목적

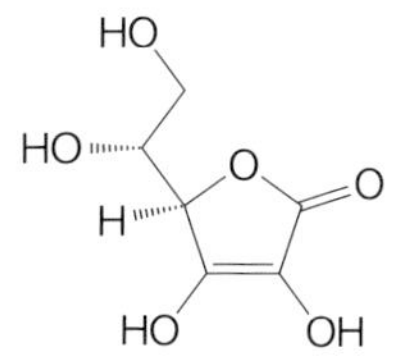

그림 4-21 erythorbic acid

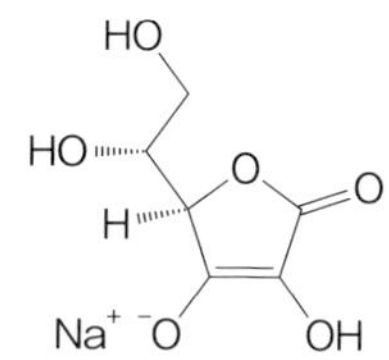

그림 4-22 sodium erythorbat

으로 사용된다.

(6) L-아스코르빈산과 L-아스코르빈산나트륨

영양강화제로도 많이 사용되는 L-아스코르빈산(L-ascorbic acid)은 백색의 결정성 분말로 냄새는 없으나 신맛이 있다. 건조한 상태에서는 비교적 안정하지만 열, 빛, 공기 중 산소에 의하여 분해된다. 물이나 알코올에 녹으나 유기용매에는 녹지 않는다.

일반적으로 L-아스코르빈산나트륨(sodium L-ascorbate)의 형태로 사용되는데, 특성은 비타민 C와 유사하나 약간 짠맛이 있다. 특히 식용 제품의 변색 방지 및 발색 보조 효과가 있으며, 과일통조림의 갈변 방지 또는 기타 식품의 풍미 유지 등에 이용되며 사용기준은 없다.

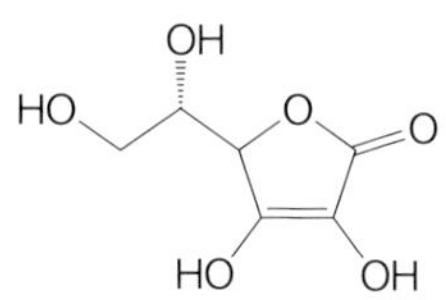

그림 4-23 L-ascorbic acid

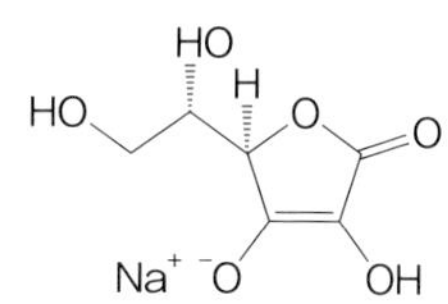

그림 4-24 sodium L-ascorbate

(7) 아스코르빌팔미테이트

아스코르빌팔미테이트(ascorbyl palmitate)는 백색 또는 담황색의 분말로 과실향이 나

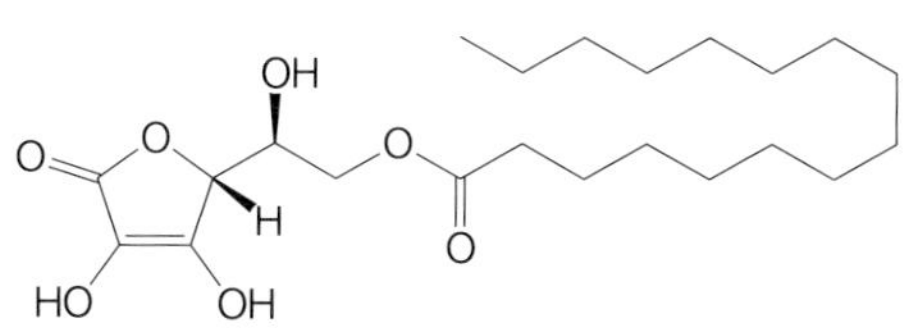

그림 4-25 ascorbyl palmitate

며, 물이나 식물유에는 녹지 않으나 알코올에는 잘 녹는다. 비타민 C로서의 효력을 갖는 영양강화제, 산화방지제로서 유지나 유지를 함유하는 식품에 널리 이용되며, 구연산 등의 유기산과 같이 사용하면 산화 방지 효과가 향상된다. 아스코르빈산과는 달리 신맛이 없어서 첨가에 따른 맛의 변화가 없는 것이 특징이다.

4) 표백제

식품의 제조 및 가공 공정에서 식품 중의 색소가 산화반응 등에 의해 퇴색 또는 착색되어 식품의 외관을 변화시키는 경우가 종종 있다. 표백제(bleaching agents)는 이러한 경우에 색소 및 발색물질을 파괴하여 무색의 화합물로 변화시키므로 식품 내 갈변, 착색 등의 변화를 억제하기 위해 사용한다.

표백제는 화학반응에 따라 산화표백제와 환원표백제로 분류된다. 산화작용에 의하여 색소를 파괴하여 무색 또는 백색으로 탈색시키는 것을 산화표백제라고 한다. 과산화수소, 과산화벤조일, 과황산암모늄, 차아염소산나트륨 등이 이에 해당된다. 산화표백제는 환원표백제에 비해 효과가 강하고 표백제가 잔존하지 않아도 색이 다시 복원되지 않지만 식품의 조직을 손상시킬 우려가 있어 사용 시 주의해야 한다.

환원표백제는 색소 중의 산소를 빼앗는 환원반응에 의해 표백작용을 하는데, 식품 중의 표백제가 없어지면 공기 중의 산소에 의해서 색이 다시 복원되는 단점이 있다. 환원표백제로서 식품에 사용할 수 있는 물질은 메타중아황산나트륨 및 메타중아황산칼륨, 아황산나트륨, 산성아황산나트륨, 차아황산나트륨, 무수아황산 등이 있으며, 이들 모두 아황산과 반응하여 갈변 방지 역할을 수행한다. 따라서 그 사용기준도 모두 사용 후 식품 중에 잔존하는 아황산의 양으로 규정하고 있으며, 과산화수소는 원래 사용기준이 없었으나 최근에 그 안전성이 문제가 되어서 이를 사용한 식품의 최종 제품이 완성되기 전에 분해 제거하도록 규정되어 있다.

허용된 표백제의 종류 및 사용기준은 표 4-5와 같다.

표 4-5 허용 표백제와 허용량

표백제	사용기준	
	대상 식품	허용량
메타중아황산칼륨 (potassium metabisulfite) 메타중아황산나트륨 (sodium metabisulfite) 무수아황산 (sulfur dioxide) 아황산나트륨 (sodium sulfite) 차아황산나트륨 (sodium hyposulfite)	1. 박고지(박의 속을 제거하고 육질을 잘라내어 건조시킨 것을 말함)	5.0 g/kg
	2. 당밀	0.30 g/kg
	3. 물엿, 기타 엿	0.20 g/kg
	4. 과실주	0.350 g/kg
	5. 과일주스, 농축과일즙(단, 5배 이상 희석하여 음용하거나 사용하는 제품에 한함)	0.150 g/kg
	6. 과채 가공품(단, 5배 이상 희석하여 음용하거나 사용하는 제품의 경우에는 0.150g/kg)	0.030 g/kg
	7. 건조과일류(단, 「대한민국약전」(식품의약품안전처 고시) 또는 「대한민국약전외한약(생약)규격집」(식품의약품안전처 고시)에 포함되어 식품원료로 사용 가능한 과일류(건조한 것에 한함)는 상기 고시의 이산화황 기준에 따르며, 건조살구의 경우에는 2.0 g/kg, 건조 코코넛의 경우에는 0.20 g/kg)	1.0 g/kg
	8. 건조채소류, 건조버섯류(단, 「대한민국약전」(식품의약품안전처고시) 또는 「대한민국약전외한약(생약)규격집」(식품의약품안전처 고시)에 포함되어 식품원료로 사용 가능한 채소류·버섯류(건조한 것에 한함)는 상기 고시의 이산화황 기준에 따름)	0.50 g/kg
	9. 곤약분	0.90 g/kg
	10. 새우	0.10 g/kg(껍질을 벗긴 살)
	11. 냉동생게	0.10 g/kg(껍질을 벗긴 살)
	12. 설탕	0.020 g/kg
	13. 식초	0.10 g/kg
	14. 건조감자	0.50 g/kg
	15. 소스류	0.30 g/kg
	16. 향신료조제품	0.20 g/kg
	17. 기타 수산물 가공품(새우, 냉동생게 제외), 땅콩 또는 견과류가공품, 절임류, 빵류, 과일·채소류 음료, 탄산음료, 과자, 면류, 만두피, 건포류, 캔디류, 코코아가공품류 또는 초콜릿류, 기타 음료, 서류 가공품(건조감자, 곤약분 제외), 콩류가공품, 조림류(농산물을 주원료로 한 것에 한함), 브랜디, 일반증류주, 기타 주류, 찐쌀, 잼류, 전분류, 당류 가공품, 된장	0.030 g/kg
	18. 곡류 가공품(옥배유 제조용으로 옥수수배아를 100% 원료로 한 제품에 한함)	0.20 g/kg

5) 밀가루 개량제

밀가루는 제조 후 그대로 사용하면 카로티노이드 등의 색소를 함유하고 숙성이 안 되어 있으므로 좋은 제품을 얻을 수 없다. 밀가루 개량제는 밀가루의 표백과 숙성 기간을 단축시키고, 세빵과 관련된 서해물질을 파괴시켜 분질을 개량해 준다.

밀가루 개량제(maturing agents, dough conditioners)의 효과는 산화작용에 근거한 표백작용과 숙성작용에 의한 것이지만, 제품에 따라서 표백작용은 거의 없고 숙성작용만을 갖는 개량제도 있다. 그러나 과량 사용하면 밀가루 내의 비타민류와 영양소를 파괴시키고 숙성을 지나치게 빨리 진행시켜 글루텐의 질적 저하에 따른 노화현상을 일으키며, 점착력과 색깔을 약화시켜 품질 저하 등의 문제를 초래할 수 있어 사용 시 주의해야 한다.

허용되고 있는 밀가루 개량제의 사용기준은 표 4-6과 같다.

표 4-6 허용 밀가루 개량제와 그 사용기준

밀가루 개량제	사용기준	
	대상 식품	허용량
과산화벤조일(diluted benzoyl peroxide) (희석)	밀가루류	0.3 g/kg 이하
과황산암모늄(ammonium persulfate)	밀가루류	0.3 g/kg 이하
염소(chlorine)	밀가루류	2.5 g/kg 이하
이산화염소(chlorine dioxide)	이산화염소는 빵류 제조용 밀가루에 한하여 사용해야 함	빵류 제조용 밀가루에 있어서는 1 kg에 대하여 30 mg 이하
아조디카르본아미드(azodicarbonamide)	밀가루류	45 mg/kg 이하
요오드산칼륨(potassium iodate) 요오드칼륨(potassium iodide)	사용기준 없음	

6) 호료

호료(thickeners, gelling agents)는 식품의 형상을 유지시키면서 점착성을 증가시키고 유화안정성을 좋게 하며, 가열이나 보존 중에 선도를 유지하고 형체를 보존하는 데 도움을 주며, 점활성을 부여함으로써 촉감, 식감, 질감을 개선하기 위하여 식품에 첨가되는 물질로 증점제라고도 한다.

식품에 사용 가능하도록 지정되어 있는 화학적 합성품은 17종이며 구아검, 로커스트콩검, 잔탄검, 아라비아검, 젤라틴, 카라기난, 타나린드검, 펙틴 등의 천연품이 지정되어 있다. 순합성품은 폴리아크릴산나트륨뿐이고, 그 밖의 것은 천연의 동식물을 원료로 해서 화학 처리하여 얻은 것으로 그 용도는 광범위하나 사용량이 규제되어 있다.

현재 허용된 호료의 종류와 사용기준은 표 4-7과 같다.

표 4-7 허용 호료 및 그 사용기준

호료	사용기준	참고
알긴산나트륨(sodium alginate)	사용기준 없음	• 금속이온과 반응하면 탈색 응고함 • 유화작용이 강함
카세인(casein)		
카세인나트륨(sodium caseinate)		
폴리아크릴산나트륨 (sodium polyacrylate)	0.2% 이하	• 금속이온 고정작용
알긴산프로필렌글리콜 (propylene glycol alginate)	1% 이하	
메틸셀룰로오스(methyl cellulose)	사용기준 없음	• 저온에서 겔화함
카르복시메틸셀룰로오스나트륨 (sodium carboxymethylcellulose)	2% 이내	• 흡습성이 강함
카르복시메틸셀룰로오스칼슘 (calcium carboxymethylcellulose)	2% 이하	• 용해도가 빠름
카르복시메틸스타치나나트륨 (sodium carboxymethyl starch)	병용할 때에는 그 합계가 2% 이하	• 금속(납, 구리, 철)에 불용성 침전

(1) 폴리아크릴산나트륨

폴리아크릴산나트륨(sodium polyacrylate)은 아크릴산나트륨의 중합체로 백색 분말이며 냄새와 맛이 없다. 흡습성이 크고 물에 잘 녹아 점조성이 큰 액체가 된다. 수용액의 경우 칼슘, 마그네슘과 같은 2가 이상의 금속염에 의해 백색 침전이 생겨서 점성을 잃는다. 또한 pH 4 정도의 산에 의해서도 침전이 생긴다. 점성이 크기 때문에 첨가량이 적어도 되고, 내열성이 커서 열적 열화가 거의 없으므로 가열 처리하는 식품에 사용할 수 있다.

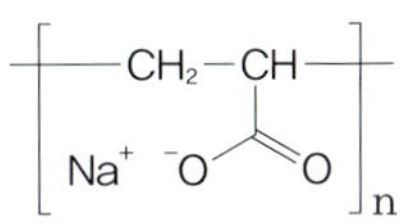

그림 4-26 sodium polyacrylate

(2) 알긴산프로필렌글리콜

알긴산프로필렌글리콜(propylene glycol alginate)은 백색 또는 담황백색의 분말로 냄새와 맛이 없다. 산성에서 안정하므로 잼이나 주스 등 산성식품에도 사용할 수 있다. 크롬, 철, 동, 납 이외의 금속에는 안정하며, 식염에서는 14%까지 응고되지 않는다. 가열에 약한 특성을 가지고 있으며 주로 물에 녹여서 사용한다.

(3) 메틸셀룰로오스

메틸셀룰로오스(methyl cellulose)는 백색 또는 유백색의 분말 또는 섬유상의 물질로 냄새가 없다. 물에 잘 녹아 비이온성 콜로이드를 형성하므로 금속이온에 의해서 침전이 생기지 않으며, 식염과 같은 무기염에 의해 점도가 증가한다. 산성이나 알칼리성에서도 비교적 안정하므로 유화제, 안정제 및 보수제 등으로 널리 사용된다. 수용액을 가열하면 겔 현상을 일으켜 점성이 떨어지나, 냉각하면 다시 처음의 콜로이드상이 되는 가역적 성질을 갖고 있다.

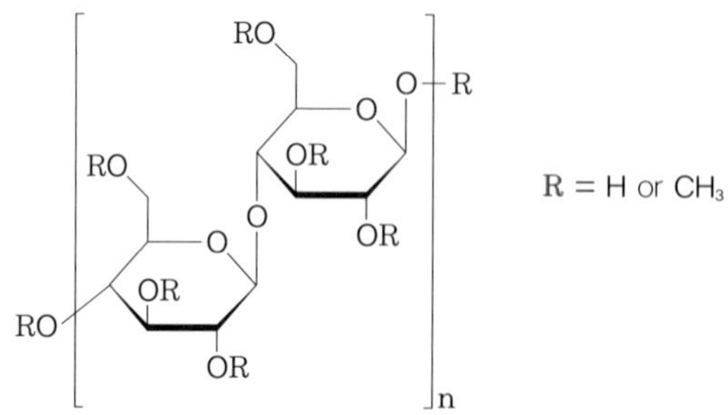

그림 4-27 methyl cellulose

(4) 카르복시메틸셀룰로오스나트륨

카르복시메틸셀룰로오스나트륨(sodium carboxymethyl cellulose)은 백색 또는 유백색의 분말 또는 섬유상의 물질로 냄새가 없다. 물에 녹으면 끈적끈적한 액체가 되는데 비

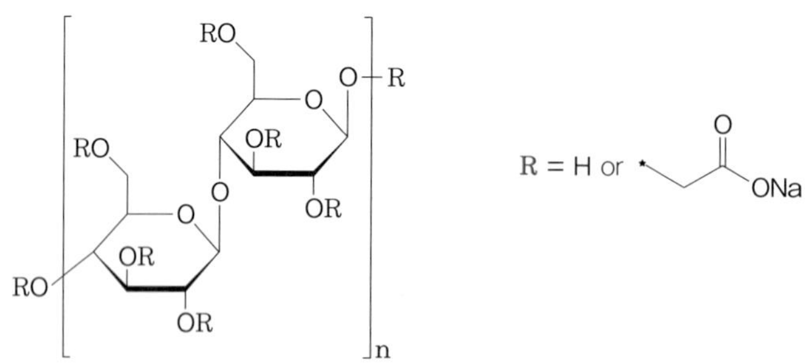

그림 4-28 sodium carboxymethyl cellulose

교적 안정하지만 알루미늄, 동, 철, 납, 아연 등의 금속이온에 의해서는 응고된다. 오래 가열하거나 산도나 알칼리도가 커지는 경우, 자외선에 노출되거나 미생물이 번식할 경우에는 점도가 저하되는 특징이 있다.

(5) 카르복시메틸셀룰로오스칼슘

카르복시메틸셀룰로오스칼슘(calcium carboxymethyl cellulose)은 백색 또는 유백색의 분말로 냄새가 없고 알코올, 에테르, 아세톤에 용해되지 않으며, 열, 광선, 공기에 안정하다. 다른 호료와는 달리 식품의 붕괴를 빠르게 하기 위한 붕괴제로 사용된다. 분말주스, 인스턴트커피 등에 첨가하면 용해가 빠르고, 비스킷 같은 과자에 첨가하면 입속에서 빨리 붕괴하여 이에 달라붙지 않으며 소화흡수를 용이하게 하는 등의 작용을 한다.

(6) 카르복시메틸스타치나트륨

카르복시메틸스타치나트륨(sodium carboxymethyl starch)은 백색의 분말로 냄새가 없으며 장시간 보존에도 변질하거나 부패하지 않고 열이나 광선에도 안정하다. 칼슘이나 마그네슘 염류 및 식염에 의해 침전이 생기지 않지만 점도가 저하된다. 아이스크림의 유화안정제 및 빵 등의 노화방지제로 사용한다. 세균이 생산하는 α-아밀라아제에 의해서 액화되기 쉽고, 점도가 떨어지기 때문에 잼, 케첩 등의 식품에는 사용하지 않는다.

(7) 알긴산나트륨

알긴산나트륨(sodium alginate)은 알긴산의 나트륨염으로 백색 또는 담황백색의 분말이며 해조류에서 얻는다. 물에 녹으면 끈적끈적한 액이 되나 가열하면 점도가 저하된다. 산성에서 침전되기 때문에 산성식품에 사용은 피하는 것이 좋으며 동, 니켈, 철, 은, 알루미늄 등의 금속이온이 있으면 반응하여 착색되고 응고한다. 식염이 8% 이상 되는 경우에는 응고하여 점성을 잃는다.

(8) 카세인

카세인(casein)은 우유에서 얻은 단백질로, 백색 또는 담황백색의 분말이며 냄새와 맛이 없다. 물에는 거의 녹지 않으나 알칼리의 농도에 비례하여 용해도가 커진다. 다른 증점제에 비해 뛰어난 단백질원으로 영양가가 높으며 흡수가 좋은 특징이 있다. 유화안정제로서 아이스크림, 빵, 비스킷 등에 사용되며, 일반적으로 알칼리액에 녹여서 첨가하는데 카세인 용액은 열에 의해서 응고되지 않고 안정하다.

(9) 카세인나트륨

카세인나트륨(sodium caseinate)은 백색 또는 담황색의 입상 또는 분말로 냄새와 맛이 없다. 물에 녹으므로 카세인 대용으로 이용하며, 단백질로 중요한 영양원이기도 하다. 카세인나트륨은 카세인을 수용화하였기 때문에 카세인보다 사용범위가 넓고 유화작용이 강하여 육류 연제품에 사용된다.

7) 착향료

착향료(flavoring agents)란 식품에 향을 부여하여 식품 중의 바람직하지 않는 냄새를 제거하거나 식품 자체가 가지고 있는 냄새를 강화 또는 변화시켜 식품의 기호성을 향상시키기 위하여 첨가하는 물질로, 후각세포를 자극함으로써 특유한 방향을 느끼게 하여 식욕을 증진시킨다.

착향료는 천연향료와 합성향료로 분류하며, 천연향료는 천연과실이나 식물 중의 방향성 물질을 추출하여 만든 것으로 레몬·오렌지·로즈·쟈스민 등의 정유, 발삼·계피 등의 방향성 생약, 과실 성분 등 식물성인 것과 사향·용연향·해성향 등 동물성인 것이 있다. 합성향료에도 천연향료의 유효 성분을 합성한 것과 천연에는 존재하지 않지만 향기가 비슷한 새로운 것을 합성한 순수한 합성향료가 있다.

착향료는 단독으로 사용되는 경우는 거의 없고 향기가 약한 천연향료를 배합하여 증강하거나, 천연향료에 가깝게 하기 위하여 여러 종류의 합성향료를 혼합한 종합향료로서 사용된다.

착향료는 형태에 따라 분류하면 다음과 같다.

- 분말향료(powder) : 분말에 향료를 혼합하여 분말로 한 것
- 유화향료(emulsion) : 유화제로서 향료를 유액으로 한 것
- 수용성 향료(essence) : 알코올을 사용하여 향료를 수용성으로 한 것
- 유성 향료(oil) : 천연의 정유에 향료를 혼합한 것

화학적 합성품은 약 3,000여 품목 정도이며, 비교적 자주 사용하는 500품목 정도는 성분규격을 규정하였고, 기타는 포괄적 표현의 종류별 명칭으로 표시하고 있다. 이들은 모두 착향의 목적 이외에는 사용할 수 없도록 규정되어 있다. 그러나 초산에틸은 초산비닐수지의 용제로 사용되는 경우만 예외로 되어 있다.

(1) 분말향료

분말향료(powder)는 그대로의 향이 약하거나 전혀 느껴지지 않지만 입속에 넣거나 물에 녹이거나 하면 강한 냄새를 느끼게 한다. 제조공정 중에 열을 받으므로 향료의 신선미가 약간 떨어지고 다른 향료보다 값이 비싼 것이 단점이지만, 열이나 광선 등에 안정하고 분말이므로 취급하기가 편리하여 식품에 첨가할 때 계량하기 쉬운 특징이 있다.

(2) 유화향료

유화향료(emulsion)는 천연의 정유나 합성향료를 유화제로 물속에 분산, 유화시킨 것으로 향료의 휘발 방지가 가능하다. 내열성이 있고 물에도 잘 섞이기 때문에 내열성이 없는 수용성 향료나 수분이 많은 식품 등에 사용할 수 있는 등 그 사용범위가 넓다.

사용목적에 따라 음료에 혼탁을 주는 클라우디 플레버(cloudy flavor), 향료와 혼탁을 주지 않고 유화시키는 유액(emulsion flavor)으로 나눌 수 있다.

(3) 수용성 향료

수용성 향료는 에센스(essence)라고도 하며, 물에 녹지 않는 오일상의 향기 성분을 알코올 등의 용제를 사용하여 잘 녹게 만든 것을 말한다. 방향 성분이 원래의 형태로 함유되어 있어 신선한 풍미를 주지만, 방향 성분이 휘발하기 쉬워 가열 식품이나 건조식품에는 부적당하며, 주로 청량음료나 빙과에 사용된다.

(4) 유성 향료

오일(oil)이라고도 한다. 천연의 정유 또는 여기에 합성향료를 배합한 것이나 에센스의 방향 성분을 프로필렌, 글리콜 등에 녹인 것으로 지용성 향료이다. 비교적 내열성이 좋으므로 캐러멜, 드롭스, 비스킷 등 가열 처리하는 식품에도 사용할 수 있으나 너무 장시간의 가열은 피하는 것이 좋다.

8) 발색제

발색제(color fixatives)는 착색제와 달리 그 자체가 색을 나타내는 것이 아니라 식품 중의 색소 성분과 반응하여 식품의 색을 안정화하거나 또는 발색시키는 물질이다. 식육제품이나 어육 제품, 정육 제품의 발색제로 질산염 및 아질산염이 사용되고 있으며 채소나 과일 제품에는 황산절이 사용된다.

표 4-8 허용 발색제 및 그 사용기준

발색제	사용기준		참고
	대상 식품	허용량	
아질산나트륨(sodium nitrite)	식육 가공품(식육 추출 가공품 제외)	0.07	
	어육소시지	0.05	
	명란젓, 연어알젓	0.005	
질산나트륨(sodium nitrate)	식육 가공품(식육 추출 가공품 제외)	0.07	질산나트륨의 사용량은 아질산이온으로 왼쪽의 기준 이상 남지 아니하도록 사용하여야 함
	치즈류	0.05	
질산칼륨(potassium nitrate)	식육 가공품(식육 추출 가공품 제외)	0.07	질산칼륨의 사용량은 아질산이온으로 왼쪽의 기준 이상 남지 아니하도록 사용하여야 함
	치즈류	0.05	
	대구알 염장품	0.2	

현재 허용되어 있는 발색제의 종류와 사용기준은 표 4-8과 같다.

(1) 아질산나트륨

아질산나트륨(sodium nitrite, $NaNO_2$)은 백색 또는 담황색의 광택이 있는 결정성 분말로 물에 잘 녹는다. 식육 제품 등에 첨가하면 공기 중의 산에 의하여 아질산(HNO_2)을 거쳐 NO로 분해되고, 헤모글로빈(hemoglobin)이나 미오글로빈(myoglobin)과 결합하여 안정한 니트로소헤모글로빈(nitrosohemoglobin)이나 니트로소미오글로빈(nitrosomyoglobin)이 생기게 하여 고기의 붉은색을 유지한다. 또한 *Clostridium botulinum*의 생육을 억제하여 보존료와 식중독 방지제로서의 역할도 한다.

발색의 유효량은 100 ppm이고, 비교적 독성이 강하여 사용기준이 규정되어 있으며, WHO에서는 어린이용 식품에는 첨가를 삼가도록 권고하고 있다. 맛이나 외관이 소금과 비슷하나 맹독이 있기 때문에 취급에 주의해야 한다. 급성독성으로 혈압의 강하, 갑상선 기능 장애, 혈관 확장 등을 유발하며, 아급성독성으로는 운동성 저하, 심전도의 이상, hematocrit치의 상승, 심장·비장의 무게 증가 등이 보고되어 있다.

(2) 질산칼륨 및 질산나트륨

질산칼륨(potassium nitrate, KNO_3) 및 질산나트륨(sodium nitrate, $NaNO_3$)은 결정성 분말로 냄새는 없으나 약간 짠맛과 청량미가 있으며, 무색의 결정 또는 백색의 광택이 있고, 물에 잘 녹는다. 이들은 식품 중에서 세균에 의하여 아질산염으로 환원된 다음 발색제로 작용하며, 발색의 유효량은 3,000 ppm이다. 사용 제한은 없으나 아질산염의 양이 규정되어 있으므로 간접적으로 제한을 받고 있다.

(3) 황산제일철

황산제일철(ferrous sulfate)은 건조와 결정의 2종이 있으며 건조 황산제1철($FeS_4 \cdot 1 \sim 1.5H_2O$)은 회백색의 분말이고, 결정 황산제1철($FeS_4 \cdot 7H_2O$)은 백녹색의 결정이다. 둘 다 수렴성을 가지고 있으며 수용액은 산성이다.

과채류 등의 발색제로 철이온이 과채 중의 천연색소인 안토시아닌(anthocyanin) 색소류와 결합하여 선명한 빛깔을 나타낸다. 과일, 다시마, 채소, 콩 등의 발색제이며, 특히 가지를 소금절임할 때 변색 방지에 이용된다.

(4) 소명반

소명반〔burnt alum, $KIK(SO_4)_2$〕은 무색 또는 백색의 결정성 분말로, 냄새가 없고 맛은 약간 달며 수렴성이 있다. 황산제일철과 마찬가지로 과채 중의 안토시아닌 색소류와 결합하여 청색 또는 자색을 나타내므로 발색제로 사용되며, 그 외에도 합성팽창제의 산성 성분으로 많이 사용된다. 사용기준이 없어 식물성 식품에 사용할 수 있다.

9) 착색료

식품은 고유의 아름다운 색을 가지고 있지만 제조, 가공, 보존 중에 색이 변질될 수 있으므로 이를 방지하기 위해 착색료(colouring matters)를 사용한다. 또한 식품의 색은 맛이나 향과 같이 식품에 매력을 느끼게 하는 것으로, 상품적 가치를 결정하는 요인이기 때문에 인공적으로 식품을 착색시켜 기호성을 증진시킨다. 이와 같이 인공적으로 착색시켜 천연색을 보완·미화하고 식품의 매력을 높여 소비자의 기호를 끌기 위하여 사용되는 물질을 착색료라고 한다.

착색료에는 천연착색료(식물성, 동물성)와 인공착색료(타르색소, 비타르계 색소)가 있으며, 과거에는 식품의 착색에 천연색소가 사용되었으나 식품 공업이 발전함에 따라 천연색소만으로는 수요를 충당할 수 없게 되어 현재는 주로 값이 싸고 구입하기 쉬운 합성착색료를 많이 사용하고 있다. 착색료로서 갖추어야 할 조건은 다음과 같다.

- 인체에 독성이 없어야 한다.
- 체내에 축적되지 않아야 한다.

• 미량으로도 효과가 있어야 한다.
• 물리·화학적 변화에 안정해야 한다.
• 값이 싸고 사용하기에 간편해야 한다.

우리나라 「식품위생법」에서 현재 사용 허가된 합성착색료는 타르색소가 9품목, 타르색소의 알루미늄레이크가 7품목, 비타르계 착색료가 10품목으로 모두 26품목이 지정되어 있으며 그 사용기준은 표 4-9와 같다.

표 4-9 허용 착색료와 그 사용기준

착색료명	사용기준
감색소 김색소	아래의 식품에 사용 금지 1. 천연식품(식육류, 어패류, 과일류, 채소류, 해조류, 콩류 등 및 그 단순 가공품(탈피, 절단 등)) 2. 다류 3. 커피 4. 고춧가루, 실고추 5. 김치류 6. 고추장, 조미고추장 7. 식초
고량색소	아래의 식품에 사용 금지 1. 천연식품(식육류, 어패류, 과일류, 채소류, 해조류, 콩류 등 및 그 단순 가공품(탈피, 절단 등)) 2. 다류 3. 커피 4. 고춧가루, 실고추 5. 김치류 6. 고추장, 조미고추장 7. 식초
금박	아래의 식품에 사용 금지 1. 주류, 잼류 2. 과자류·빙과류·빵 또는 떡류·만두류·초콜릿류·아이스크림류(외부 코팅에 한함)
동클로로필 동크로로필린나트륨 동클로로필린칼륨	아래의 식품에 한하여 사용 동클로로필은 아래의 식품에 한하여 사용하여야 한다. 동클로로필의 사용량은 동(Cu)을 기준으로 1. 다시마 : 무수물 1 kg에 대하여 0.15 g 이하 2. 과일류의 저장품, 채소류의 저장품 : 0.1 g/kg 이하 3. 추잉껌, 캔디류 : 0.05 g/kg 이하 4. 완두콩통조림 중의 한천 : 0.0004 g/kg 이하
락색소	아래의 식품에 사용 금지 1. 천연식품(식육류, 어패류, 과일류, 채소류, 해조류, 콩류 등 및 그 단순 가공품(탈피, 절단 등)) 2. 다류 3. 커피 4. 고춧가루, 실고추

(계속)

착색료명	사용기준
락색소	5. 김치류 6. 고추장, 조미고추장 7. 식초 8. 향신료 가공품(고추 또는 고춧가루 함유 제품에 한함)
루틴 마리골드색소 무궁화색소	아래의 식품에 사용 금지 1. 천연식품(식육류, 어패류, 과일류, 채소류, 해조류, 콩류 등 및 그 단순 가공품(탈피, 절단 등)) 2. 다류
루틴 마리골드색소 무궁화색소	3. 커피 4. 고춧가루, 실고추 5. 김치류 6. 고추장, 조미고추장 7. 식초
베리류 색소 비트레드	아래의 식품에 사용 금지 1. 천연식품(식육류, 어패류, 과일류, 채소류, 해조류, 콩류 등 및 그 단순 가공품(탈피, 절단 등)) 2. 다류 3. 커피 4. 고춧가루, 실고추 5. 김치류 6. 고추장, 조미고추장 7. 식초 8. 향신료 가공품(고추 또는 고춧가루 함유 제품에 한함)
사프란색소	아래의 식품에 사용 금지 1. 천연식품(식육류, 어패류, 과일류, 채소류, 해조류, 콩류 등 및 그 단순 가공품(탈피, 절단 등)) 2. 다류 3. 커피 4. 고춧가루, 실고추 5. 김치류 6. 고추장, 조미고추장 7. 식초
삼이산화철	아래의 식품에 사용 금지 1. 바나나(꼭지의 절단면) 2. 곤약
수용성 안나토	아래의 식품에 사용 금지 1. 천연식품(식육류, 어패류, 과일류, 채소류, 해조류, 콩류 등 및 그 단순 가공품(탈피, 절단 등)) 2. 다류 3. 커피 4. 고춧가루, 실고추 5. 김치류 6. 고추장, 조미고추장 7. 식초 8. 향신료 가공품(고추 또는 고춧가루 함유 제품에 한함)

(계속)

착색료명	사용기준
스피룰리나색소 시아너트색소	아래의 식품에 사용 금지 1. 천연식품(식육류, 어패류, 과일류, 채소류, 해조류, 콩류 등 및 그 단순 가공품(탈피, 절단 등)) 2. 다류 3. 커피 4. 고춧가루, 실고추 5. 김치류 6. 고추장, 조미고추장 7. 식초
식용색소 녹색 제3호 식용색소 녹색 제3호 알루미늄레이크	아래의 식품에 한하여 사용 1. 과자 : 0.1 g/kg 이하 2. 캔디류 : 0.4 g/kg 이하 3. 빵류, 떡류 : 0.1 g/kg 이하 4. 초콜릿류 : 0.6 g/kg 이하 5. 기타 잼 : 0.4 g/kg 이하 6. 소시지류, 어육소시지 : 0.1 g/kg 이하 7. 과·채음료, 탄산음료, 기타 음료 : 0.1 g/kg 이하(다만, 희석하여 음용하는 제품에 있어서는 희석한 것으로서) 8. 향신료 가공품(고추냉이(와사비) 가공품 및 겨자 가공품에 한함) : 0.1 g/kg 이하 9. 절임류(밀봉 및 가열살균 또는 멸균 처리한 제품에 한함. 다만, 단무지는 제외) : 0.3 g/kg 이하 10. 주류(탁주, 약주, 소주, 주정을 첨가하지 않은 청주 제외) : 0.1 g/kg 이하 11. 곡류 가공품, 당류 가공품, 기타 수산물 가공품 : 0.1 g/kg 이하 12. 건강기능식품(정제의 제피 또는 캡슐에 한함), 캡슐류 : 0.6 g/kg 이하 13. 아이스크림류, 아이스크림믹스류 : 0.1 g/kg 이하
식용색소 적색 제102호	아래의 식품에 한하여 사용 1. 과자(한과에 한함) : 0.2 g/kg 이하 2. 추잉껌 : 0.3 g/kg 이하 3. 떡류 : 0.05 g/kg 이하 4. 만두 : 0.5 g/kg 이하 5. 기타 코코아 가공품 : 0.3 g/kg 이하 6. 소시지류 : 0.05 g/kg 이하 7. 음료베이스 : 0.05 g/kg 이하(다만, 희석하여 음용하는 제품에 있어서는 희석한 것으로서) 8. 향신료 가공품(고추냉이(와사비) 가공품 및 겨자 가공품에 한함) : 0.5 g/kg 이하 9. 젓갈류(명란젓에 한함) : 0.5 g/kg 이하 10. 절임류(밀봉 및 가열살균 또는 멸균 처리한 제품에 한함. 다만, 단무지는 제외) : 0.5 g/kg 이하 11. 주류(탁주, 약주, 소주, 주정을 첨가하지 않은 청주 제외) : 0.2 g/kg 이하 12. 콩류 가공품, 서류 가공품 : 0.2 g/kg 이하 13. 당류 가공품 : 0.3 g/kg 이하 14. 기타 수산물 가공품, 기타 가공품 : 0.5 g/kg 이하 15. 건강기능식품(정제의 제피 또는 캡슐에 한함), 캡슐류 : 0.3 g/kg 이하
식용색소 적색 제2호 식용색소 적색 제2호 알루미늄레이크	아래의 식품에 한하여 사용 1. 과자(한과에 한함), 추잉껌 : 0.3 g/kg 이하 2. 떡류 : 0.3 g/kg 이하 3. 소시지류 : 0.05 g/kg 이하 4. 음료베이스 : 0.3 g/kg 이하(다만, 희석하여 음용하는 제품에 있어서는 희석한 것으로서)

(계속)

착색료명	사용기준
식용색소 적색 제2호 식용색소 적색 제2호 알루미늄레이크	5. 향신료 가공품(고추냉이(와사비) 가공품 및 겨자 가공품에 한함) : 0.5 g/kg 이하 6. 젓갈류(명란젓에 한함) : 0.03 g/kg 이하 7. 절임류(밀봉 및 가열살균 또는 멸균 처리한 제품에 한함. 다만, 단무지는 제외) : 0.5 g/kg 이 하 8. 주류(탁주, 약주, 소주, 주정을 첨가하지 않은 청주 제외) : 0.1 g/kg 이하 9. 식물성 크림 : 0.5 g/kg 이하 10. 즉석섭취식품 : 0.3 g/kg 이하 11. 곡류 가공품, 전분 가공품, 당류 가공품 : 0.3 g/kg 이하 12. 기타 수산물 가공품, 기타 가공품 : 0.5 g/kg 이하 13. 건강기능식품(정제의 제피 또는 캡슐에 한함), 캡슐류 : 0.3 g/kg 이하
식용색소 적색 제3호	아래의 식품에 한하여 사용 1. 과자, 캔디류 : 0.3 g/kg 이하 2. 추잉껌 : 0.05 g/kg 이하 3. 빙과 : 0.15 g/kg 이하 4. 빵류, 떡류, 만두 : 0.3 g/kg 이하 5. 기타 코코아 가공품, 초콜릿류 : 0.3 g/kg 이하 6. 기타 잼, 기타 설탕, 기타 엿 : 0.3 g/kg 이하 7. 소시지류 : 0.03 g/kg 이하 8. 어육소시지 : 0.3 g/kg 이하 9. 과·채음료, 탄산음료, 기타 음료 : 0.3 g/kg 이하(다만, 희석하여 음용하는 제품에 있어서는 희석한 것으로서) 10. 향신료 가공품(고추냉이(와사비) 가공품 및 겨자 가공품에 한함) : 0.5 g/kg 이하 11. 소스 : 0.3 g/kg 이하 12. 젓갈류(명란젓에 한함) : 0.5 g/kg 이하 13. 절임류(밀봉 및 가열살균 또는 멸균 처리한 제품에 한함. 다만, 단무지는 제외) : 0.2 g/kg 이하 14. 주류(탁주, 약주, 소주, 주정을 첨가하지 않은 청주 제외) : 0.3 g/kg 이하 15. 즉석섭취식품 : 0.3 g/kg 이하 16. 곡류 가공품, 전분 가공품 : 0.3 g/kg 이하 17. 서류 가공품 : 0.2 g/kg 이하 18. 기타 식용유지 가공품, 기타 수산물 가공품, 기타 가공품 : 0.5 g/kg 이하 19. 당류 가공품 : 0.1 g/kg 이하 20. 건강기능식품(정제의 제피 또는 캡슐에 한함), 캡슐류 : 0.3 g/kg 이하 21. 아이스크림류, 아이스크림믹스류 : 0.3 g/kg 이하
식용색소 적색 제40호 식용색소 적색 제40호 알루미늄레이크	아래의 식품에 한하여 사용 1. 과자, 캔디류, 추잉껌 : 0.3 g/kg 이하 2. 빙과 : 0.15 g/kg 이하 3. 빵류, 떡류 : 0.3 g/kg 이하 4. 기타 코코아 가공품, 초콜릿류 : 0.3 g/kg 이하 5. 기타 잼 : 0.3 g/kg 이하 6. 기타 설탕, 기타 엿, 당시럽류 : 0.3 g/kg 이하 7. 소시지류 : 0.025 g/kg 이하 8. 어육소시지 : 0.3 g/kg 이하 9. 과·채음료, 탄산음료류, 기타 음료 : 0.3 g/kg 이하(다만, 희석하여 음용하는 제품에 있어서는 희석한 것으로서) 10. 향신료 가공품(고추냉이(와사비) 가공품 및 겨자 가공품에 한함) : 0.3 g/kg 이하 11. 소스 : 0.3 g/kg 이하

(계속)

착색료명	사용기준
식용색소 적색 제40호 식용색소 적색 제40호 알루미늄레이크	12. 젓갈류(명란젓에 한함) : 0.3 g/kg 이하 13. 절임류(밀봉 및 가열살균 또는 멸균 처리한 제품에 한함. 다만, 단무지는 제외) : 0.3 g/kg 이하 14. 주류(탁주, 약주, 소주, 주정을 첨가하지 않은 청주 제외) : 0.3 g/kg 이하 15. 식물성 크림, 즉석섭취식품 : 0.3 g/kg 이하 16. 곡류 가공품, 전분 가공품, 당류 가공품, 기타 수산물 가공품, 기타 가공품 : 0.3 g/kg 이하 17. 콩류 가공품, 서류 가공품 : 0.2 g/kg 이하 18. 건강기능식품(정제의 제피 또는 캡슐에 한함), 캡슐류 : 0.3 g/kg 이하 19. 아이스크림류, 아이스크림믹스류 : 0.3 g/kg 이하
식용색소 청색 제1호 식용색소 청색 제1호 알루미늄레이크	아래의 식품에 한하여 사용 1. 과자 : 0.2 g/kg 이하 2. 캔디류, 추잉껌 : 0.3 g/kg 이하 3. 빙과 : 0.15 g/kg 이하 4. 빵류 : 0.2 g/kg 이하 5. 떡류 : 0.15 g/kg 이하 6. 만두 : 0.1 g/kg 이하 7. 기타 코코아 가공품, 초콜릿류 : 0.1 g/kg 이하 8. 기타 잼 : 0.25 g/kg 이하 9. 기타 설탕, 기타 엿, 당시럽류 : 0.3 g/kg 이하 10. 소시지류, 어육소시지 : 0.1 g/kg 이하 11. 과·채음료, 탄산음료류, 기타 음료 : 0.1 g/kg 이하(다만, 희석하여 음용하는 제품에 있어서는 희석한 것으로서) 12. 향신료 가공품(고추냉이(와사비) 가공품 및 겨자 가공품에 한함) : 0.1 g/kg 이하 13. 소스 : 0.1 g/kg 이하 14. 절임류(밀봉 및 가열살균 또는 멸균 처리한 제품에 한함. 다만, 단무지는 제외) : 0.5 g/kg 이하 15. 주류(탁주, 약주, 소주, 주정을 첨가하지 않은 청주 제외) : 0.2 g/kg 이하 16. 식물성 크림 : 0.1 g/kg 이하 17. 즉석섭취식품 : 0.05 g/kg 이하 18. 곡류 가공품 : 0.3 g/kg 이하 19. 콩류 가공품, 서류 가공품 : 0.2 g/kg 이하 20. 전분 가공품 : 0.15 g/kg 이하 21. 기타 식용유지 가공품, 당류 가공품, 기타 수산물 가공품, 기타 가공품 : 0.5 g/kg 이하 22. 건강기능식품(정제의 제피 또는 캡슐에 한함), 캡슐류 : 0.3 g/kg 이하 23. 아이스크림류, 아이스크림믹스류 : 0.15 g/kg 이하
식용색소 청색 제2호 식용색소 청색 제2호 알루미늄레이크	아래의 식품에 한하여 사용 1. 과자 : 0.2 g/kg 이하 2. 캔디류, 추잉껌 : 0.3 g/kg 이하 3. 빙과 : 0.15 g/kg 이하 4. 빵류 : 0.2 g/kg 이하 5. 떡류 : 0.15 g/kg 이하 6. 기타 코코아 가공품, 초콜릿류 : 0.45 g/kg 이하 7. 기타 잼, 기타 설탕 : 0.3 g/kg 이하 8. 소시지류 : 0.1 g/kg 이하 9. 어육소시지 : 0.3 g/kg 이하

(계속)

착색료명	사용기준
식용색소 청색 제2호 식용색소 청색 제2호 알루미늄레이크	10. 과·채음료, 기타 음료 : 0.1 g/kg 이하(다만, 희석하여 음용하는 제품에 있어서는 희석한 것으로서) 11. 향신료 가공품(고추냉이(와사비) 가공품 및 겨자 가공품에 한함) : 0.3 g/kg 이하 12. 절임류(밀봉 및 가열살균 또는 멸균 처리한 제품에 한함. 다만, 단무지는 제외) : 0.3 g/kg 이하 13. 주류(탁주, 약주, 소주, 주정을 첨가하지 않은 청주 제외) : 0.3 g/kg 이하 14. 곡류 가공품 : 0.2 g/kg 이하 15. 당류 가공품 : 0.3 g/kg 이하 16. 기타 가공품 : 0.45 g/kg 이하 17. 건강기능식품(정제의 제피 또는 캡슐에 한함), 캡슐류 : 0.3 g/kg 이하 18. 아이스크림류, 아이스크림믹스류 : 0.15 g/kg 이하
식용색소 황색 제4호 식용색소 황색 제4호 알루미늄레이크	아래의 식품에 한하여 사용 1. 과자 : 0.2 g/kg 이하 2. 캔디류, 추잉껌 : 0.3 g/kg 이하 3. 빙과 : 0.15 g/kg 이하 4. 빵류 : 0.2 g/kg 이하 5. 떡류 : 0.15 g/kg 이하 6. 만두 : 0.5 g/kg 이하 7. 기타 코코아 가공품, 초콜릿류 : 0.4 g/kg 이하 8. 기타 잼 : 0.2 g/kg 이하 9. 기타 설탕, 기타 엿, 당시럽류 : 0.5 g/kg 이하 10. 소시지류 : 0.3 g/kg 이하 11. 어육소시지 : 0.5 g/kg 이하 12. 과·채음료, 탄산음료, 기타 음료 : 0.1 g/kg 이하(다만, 희석하여 음용하는 제품에 있어서는 희석한 것으로서) 13. 향신료 가공품(고추냉이(와사비) 가공품 및 겨자 가공품에 한함) : 0.5 g/kg 이하 14. 소스 : 0.5 g/kg 이하 15. 젓갈류(명란젓에 한함) : 0.5 g/kg 이하 16. 절임류(밀봉 및 가열살균 또는 멸균 처리한 제품에 한함. 다만, 단무지는 제외) : 0.5 g/kg 이하 17. 주류(탁주, 약주, 소주, 주정을 첨가하지 않은 청주 제외) : 0.2 g/kg 이하 18. 식물성 크림 : 0.5 g/kg 이하 19. 즉석섭취식품 : 0.05 g/kg 이하 20. 콩류 가공품, 서류 가공품 : 0.1 g/kg 이하 21. 전분 가공품, 곡류 가공품, 당류 가공품, 기타 수산물 가공품, 기타 가공품 : 0.5 g/kg 이하 22. 기타 식용유지 가공품 : 0.3 g/kg 이하 23. 건강기능식품(정제의 제피 또는 캡슐에 한함), 캡슐류 : 0.3 g/kg 이하 24. 아이스크림류, 아이스크림믹스류 : 0.15 g/kg 이하
식용색소 황색 제5호 식용색소 황색 제5호 알루미늄레이크	아래의 식품에 한하여 사용 1. 과자 : 0.2 g/kg 이하 2. 캔디류, 추잉껌 : 0.3 g/kg 이하 3. 빙과, 빵류, 떡류 : 0.05 g/kg 이하 4. 만두 : 0.4 g/kg 이하 5. 기타 코코아 가공품, 초콜릿류 : 0.4 g/kg 이하 6. 기타 잼 : 0.3 g/kg 이하

(계속)

착색료명	사용기준
식용색소 황색 제5호 식용색소 황색 제5호 알루미늄레이크	7. 기타 설탕, 기타 엿, 당시럽류 : 0.4 g/kg 이하 8. 소시지류, 어육소시지 : 0.3 g/kg 이하 9. 과·채음료, 탄산음료, 기타 음료 : 0.1 g/kg 이하(다만, 희석하여 음용하는 제품에 있어서는 희석한 것으로서) 10. 향신료 가공품(고추냉이(와사비) 가공품 및 겨자 가공품에 한함) : 0.3 g/kg 이하 11. 소스 : 0.3 g/kg 이하 12. 젓갈류(명란젓에 한함) : 0.3 g/kg 이하 13. 절임류(밀봉 및 가열살균 또는 멸균 처리한 제품에 한함. 다만, 단무지는 제외) : 0.3 g/kg 이하 14. 주류(탁주, 약주, 소주, 주정을 첨가하지 않은 청주 제외) : 0.2 g/kg 이하 15. 전분 가공품, 식물성 크림 : 0.4 g/kg 이하 16. 즉석섭취식품 : 0.3 g/kg 이하 17. 곡류 가공품, 기타 식용유지 가공품, 당류 가공품 : 0.3 g/kg 이하 18. 서류 가공품 : 0.05 g/kg 이하 19. 기타 수산물 가공품 : 0.2 g/kg 이하 20. 기타 가공품 : 0.4 g/kg 이하 21. 건강기능식품(정제의 제피 또는 캡슐에 한함), 캡슐류 : 0.3 g/kg 이하 22. 아이스크림류, 아이스크림믹스류 : 0.3 g/kg 이하
삼황색소	아래의 식품에 사용 금지 1. 천연식품(식육류, 어패류, 과일류, 채소류, 해조류, 콩류 등 및 그 단순 가공품(탈피, 절단 등)) 2. 다류 3. 커피 4. 고춧가루, 실고추 5. 김치류 6. 고추장, 조미고추장 7. 식초
β-아포-8′-카로티날	아래의 식품에 사용 금지 1. 천연식품(식육류, 어패류, 과일류, 채소류, 해조류, 콩류 등 및 그 단순 가공품(탈피, 절단 등)) 2. 다류 3. 커피 4. 고춧가루, 실고추 5. 김치류 6. 고추장, 조미고추장 7. 식초
안나토색소	아래의 식품에 사용 금지 1. 천연식품(식육류, 어패류, 과일류, 채소류, 해조류, 콩류 등 및 그 단순 가공품(탈피, 절단 등)) 2. 다류 3. 커피 4. 고춧가루, 실고추 5. 김치류 6. 고추장, 조미고추장 7. 식초 8. 향신료 가공품(고추 또는 고춧가루 함유 제품에 한함)
알팔파추출색소	아래의 식품에 사용 금지 1. 천연식품(식육류, 어패류, 과일류, 채소류, 해조류, 콩류 등 및 그 단순 가공품(탈피, 절단 등))

(계속)

착색료명	사용기준
알팔파추출색소	2. 다류 3. 커피 4. 고춧가루, 실고추 5. 김치류 6. 고추장, 조미고추장 7. 식초
양파색소 오징어먹물색소	아래의 식품에 사용 금지 1. 천연식품(식육류, 어패류, 과일류, 채소류, 해조류, 콩류 등 및 그 단순 가공품(탈피, 절단 등)) 2. 다류 3. 커피 4. 고춧가루, 실고추 5. 김치류 6. 고추장, 조미고추장 7. 식초
이산화티타늄	아래의 식품에 사용 금지 1. 천연식품(식육류, 어패류, 채소류, 과일류, 해조류, 콩류 등 및 그 단순 가공품(탈피, 절단 등)) 2. 식빵, 카스텔라 3. 코코아매스, 코코아버터, 코코아분말 4. 잼류 5. 유가공품(아이스크림류, 아이스크림믹스류 제외) 6. 식육 가공품(소시지류, 식육 추출 가공품 제외) 7. 알가공품 8. 어육 가공품(어육소시지 제외) 9. 두부류, 묵류 10. 식용유지류(모조치즈, 식물성 크림, 기타 식용유지 가공품 제외) 11. 면류 12. 다류 13. 커피 14. 과일·채소류 음료(과·채음료 제외) 15. 두유류 16. 발효음료류 17. 인삼·홍삼 음료 18. 장류 19. 식초 20. 토마토케첩 21. 카레 22. 고춧가루, 실고추 23. 천연향신료 24. 복합조미식품 25. 마요네즈 26. 김치류 27. 젓갈류 28. 절임류(밀봉 및 가열살균 또는 멸균 처리한 절임제품은 제외) 29. 단무지

(계속)

착색료명	사용기준
이산화티타늄	30. 조림류 31. 땅콩 또는 견과류 가공품류 32. 조미김 33. 벌꿀류 34. 즉석조리식품 35. 레토르트식품 36. 특수용도식품 37. 건강기능식품(정제의 제피 또는 캡슐은 제외)
자단향색소 자주색고구마색소 자주색옥수수색소 자주색참마색소 적무색소 적양배추색소 차즈기색소	아래의 식품에 사용 금지 1. 천연식품(식육류, 어패류, 과일류, 채소류, 해조류, 콩류 등 및 그 단순가공품(탈피, 절단 등)) 2. 다류 3. 커피 4. 고춧가루, 실고추 5. 김치류 6. 고추장, 조미고추장 7. 식초 8. 향신료 가공품(고추 또는 고춧가루 함유 제품에 한함)
철클로로필린나트륨 치자적색소 치자청색소 치자황색소	아래의 식품에 사용 금지 1. 천연식품(식육류, 어패류, 과일류, 채소류, 해조류, 콩류 등 및 그 단순 가공품(탈피, 절단 등)) 2. 다류 3. 커피 4. 고춧가루, 실고추 5. 김치류 6. 고추장, 조미고추장 7. 식초
카라멜색소	아래의 식품에 사용 금지 1. 천연식품(식육류, 어패류, 과일류, 채소류, 해조류, 콩류 등 및 그 단순 가공품(탈피, 절단 등)) 2. 다류(고형차 및 희석하여 음용하는 액상 차는 제외) 3. 인삼성분 및 홍삼성분이 함유된 다류 4. 커피 5. 고춧가루, 실고추 6. 김치류 7. 고추장, 조미고추장 8. 인삼 또는 홍삼을 원료로 사용한 건강기능식품
카로틴, β-카로틴 카카오색소 클로로필 타마린드색소 토마토색소 파피아색소 포도과피색소 피칸너트색소 홍국황색소 홍화황색소	아래의 식품에 사용 금지 1. 천연식품(식육류, 어패류, 과일류, 채소류, 해조류, 콩류 등 및 그 단순 가공품(탈피, 절단 등)) 2. 다류 3. 커피 4. 고춧가루, 실고추 5. 김치류 6. 고추장, 조미고추장 7. 식초

(계속)

착색료명	사용기준
카민 코치닐추출색소 파프리카추출색소 포도과즙색소 홍국색소 홍화적색소	아래의 식품에 사용 금지 1. 천연식품(식육류, 어패류, 과일류, 채소류, 해조류, 콩류 등 및 그 단순 가공품(탈피, 절단 등)) 2. 다류 3. 커피 4. 고춧가루, 실고추 5. 김치류 6. 고추장, 조미고추장 7. 식초 8. 향신료 가공품(고추 또는 고춧가루 함유 제품에 한함)
흑당근추출색소	아래의 식품에 한하여 사용 1. 캔디류
진주빛색소	진주빛색소는 아래의 식품에 한하여 사용하여야 한다. 1. 과실주, 일반증류주, 리큐르 : 0.3% 이하

(1) 식용 타르색소

식용 타르색소는 합성에 의하여 제조되는데, 독성이 강한 것들이 많으며 현재 식품에 일부 사용이 허용되고 있는 것은 모두 수용성의 산성 타르계 색소로서 우리나라에서는 식용색소 적색 제2호, 제3호, 제40호 및 제102호, 식용색소 황색 제4호와 제5호, 식용색소 녹색 제3호, 식용색소 청색 제1호와 제2호 등 9품목만이 사용 가능하다.

식용 타르색소는 종류에 따라 물리적 성질이 다르나 대부분 식품에서 안정하며 물에 대한 용해도가 높기 때문에 식용착색료 중에서 가장 선호하는 편이다. 다만 일광, 열, 산, 알칼리, 산화, 환원, 금속 등의 영향을 받아서 변색하거나 퇴색하는 등 견뢰성이 좋지 못한 종류도 있으므로 이러한 색소의 성질을 잘 이해하여 효과적으로 사용할 필요가 있다. 식용 타르색소는 두 종류 이상을 혼합하여 천연색에 가까운 색조를 내는 혼합색소와, 사용하기 편리하게 황산나트륨이나 포도당 등으로 희석한 희석색소가 사용되기도 한다.

(2) 식용 타르색소 알루미늄레이크

식용 타르색소 알루미늄레이크는 염기성 알루미늄을 작용시켜 그 위에 염료를 흡착시킨 것으로, 색소 함량이 10~30% 정도이다. 물이나 유기용매, 유지에는 녹지 않으나 산이나 알칼리를 함유한 물에는 서서히 녹기 때문에 착색된 식품은 쉽게 탈색되지 않는다. 수성 식품이나 유성 식품에 관계없이 착색할 수 있으며, 단시간 내에 균일하게 착색하기 어려운 분말 식품, 유지 식품, 당의과자, 알사탕, 껌 등에도 사용되어 착색 효과를 나타낸다. 알루미늄레이크 단독으로 사용할 수도 있지만 배합색소로 이용되는 경우도 있다.

(3) β-카로틴

β-카로틴(β-carotene)은 당근과 같은 채소나 과일류 등 천연에 널리 존재하는 카로티노이드(carotenoid)계의 지용성 황색 색소이지만, 현재는 합성에 의해서도 얻을 수 있어 그 합성품을 지정하였다. 적자색 또는 암적색의 결정성 분말로 약간 특이한 냄새와 맛이 있으며, 화학적으로 안정하며 독성이 낮다. 그러나 산이나 광선 등에 의하여 분해되거나 산화되기 쉽다. 물에 녹지 않는 지용성 색소이므로 유지 식품에 적합하여 치즈, 버터, 마가린 등에 많이 사용되지만, 수용화시킨 것도 있어서 수성 식품의 착색에도 사용할 수 있다.

(4) 삼이산화철

삼이산화철(iron sesquioxide, Fe_2O_3)은 적색 또는 적갈색의 분말로 물에는 녹지 않으며 산에 겨우 녹는다. 착색력이 강하고 광선, 열, 산화 등 여러 조건에 대해서 극히 안정하며, 독성이 거의 없다. 바나나 꼭지의 절단면과 곤약 이외의 식품에 사용해서는 안 된다. 다량 사용 시 불쾌한 맛이 나기 때문에 주의해야 한다.

(5) 수용성 안나토

수용성 안나토(annatto, water soluble)는 비타르계 색소로서 *Bixa Orellana*(Bixaceae)의 종자 및 껍질을 가수분해하여 제조한 것으로, 색소 성분은 노르빅신(norbixin, C24H28O4)의 칼륨염 또는 나트륨염이다. 적갈색 또는 갈색의 액체, 덩어리, 분말 또는 페이스트상 등 여러 가지 형태의 제품이 있지만, 대부분은 액상 제품으로 물에는 잘 녹으나 알코올에는 잘 녹지 않는다.

수용성 안나토는 황색이 강해서 단독으로는 사용하지 않으며 주로 단백질 염착력이 강한 적색 3호와 병용하는 경우가 많다. 아황산계의 환원표백제와 염소계의 산화표백제 등에도 비교적 저항성이 강하나 직사광선에 분해 및 퇴색되는 단점이 있다. 비엔나소시지의 표면 착색에 많이 사용되며 이외에 치즈, 버터, 디저트, 아이스크림 등에 사용된다.

유지에 착색하는 경우 보존 중에 적색으로 변색되는 경우가 있으며, pH 7 이하에서는 노르빅신이 침전되므로 사용 시 주의해야 한다.

(6) 철클로로필린나트륨

철클로로필린나트륨(sodium iron chlorophyllin)은 클로로필린의 Mg을 Fe로 치환시켜 만든 색소로, 냄새가 없거나 약간의 아민취를 가진 암록색의 결정성 분말이며 물에 잘 녹는다. 사용 제한이 없어서 식품 전반에 사용할 수 있어 보통 캐러멜, 양갱, 차, 엿 등에 5% 수용액으로 많이 사용한다. 착색료로서뿐만 아니라 철분제로서 영양 강화의 목적으로도 사용할 수 있다. 산성 식품이나 칼슘 및 마그네슘염을 함유하는 식품에 사용하면 침전이 생기고, 경도가 높은 센물에도 수용성 염이 석출되므로 주의해야 한다.

(7) 동(구리)클로로필린나트륨

동클로로필린나트륨(sodium copper chlorophyllin)은 비타르게 엽록소류 색소로 냄새가 없거나 약간 특이한 냄새가 있다. 물에 잘 녹으나 알코올이나 아세톤에는 약간 녹고 에테르에 녹지 않는다. 수용액은 염기성으로 빛에 약하나 열에는 안정하다. 칼슘, 마그네슘과 같은 중금속이온을 함유하는 식품에 첨가할 경우 침전이 생길 수 있으며, 센물에서도 불용성 염을 석출한다. 탈취 능력을 가지고 있어 탈취제로 사용할 수 있어 의약품, 화장품 등에도 사용되고 있으며, 사용량은 구리의 양으로 사용기준을 규제하고 있다.

(8) 황산동(황산구리)

황산동(copper sulfate, cupric sulfate)은 청색의 결정 또는 청백색의 결정성 분말로 물에 잘 녹으며 청색을 띤다. 채소류, 과일류, 다시마 등의 착색료로 많이 사용되며, 황산동의 사용기준은 구리의 양으로 규정되어 있다.

(9) 이산화티타늄

이산화티타늄(titanium dioxide, TiO_2)은 백색의 분말로 냄새도 맛도 없으며 화학적으로 안정하고 독성이 매우 낮다. 물이나 유기용제에 녹지 않으며 뜨거운 진한 황산에 서서히 녹는다. 분말 청량음료에 다른 색소 등과 혼합해서 사용하면 부드러운 자연색을 나타내고, 당의 또는 초콜릿 당의의 subcoating에 이용하면 제품의 색깔이 보다 선명하고 아름답게 나타난다.

(10) 카르민

카르민(carmine)은 수용성 천연색소인 코치닐 색소를 레이크화함으로써 안정성을 높이고 색깔도 더 선명하게 한 색소이다. 적색 또는 암적색의 조각, 가루 또는 페이스트상의 물질로 물에 녹지 않고 약간의 특이한 냄새가 있다. 잼, 젤리, 캔디 및 토마토 가공품 등에 사용하고 소시지, 햄의 착색에도 이용되며, 단백질과 반응하여 자색을 나타내는 성질을 이용하여 팥 앙금의 제조에 사용하기도 한다.

10) 조미료

조미료(seasonings)는 식품이 가지는 본래의 맛을 더욱 강화하거나 개인의 미각과 기호에 맞게 조절하기 위하여 첨가하는 물질로, 맛의 종류에 따라서 감미료, 산미료, 염미료, 신미료 등으로 나눌 수 있다. 그러나 식품첨가물의 분류상 조미료는 감미료, 산미료 등과 구분하여 음식물의 감칠맛을 증진시키려는 목적으로 첨가하는 물질, 즉 정미료를 가리키는 좁은 뜻으로 사용하는 것이 보통이다. 조미료는 별도로 대상 식품 및 사용량에 기준이 규정되어 있지 않아 제한을 받지 않는다. 그러나 현재 글루탐산나트륨(sodium glutamate)의 과다 사용 시 인체 유해 여부에 대한 논란이 있으므로 필요 최소량을 사용하는 것이 바람직할 것이다. 허용 조미료는 표 4-10과 같으며 대상 식품 및 사용량에 대한 기준은 없다.

표 4-10 허용 조미료 및 그 사용기준

분류	조미료명	참고
핵산계	5'-이노신산이나트륨 (disodium 5'-inosinate)	가다랑어포(Katzuobushi)의 정미 성분, 효모의 핵산을 효소 분해, 밀봉 보관
	5'-구아닐산이나트륨 (disodium 5'-guanylate)	표고버섯의 정미 성분, 효모의 핵산을 효소 분해하여 얻음, MSG와 병용하면 효력 상승
	5'-리보뉴클레오티드이나트륨 (disodium 5'-ribonucleotide) 5'-리보뉴클레오티드칼슘 (calcium 5'-ribonucleotide)	효모의 핵산에서 얻으며 4종의 혼합물, 이들 핵산 분해물은 단독보다도 글루탐산나트륨과 병용하면 효력 상승
	5'-시티딜산이나트륨 (disodium 5'-cytidylate)	조제유류에 한하여 0.42 g/kg 이하로 사용할 것
	5'-우리딜산이나트륨 (disodium 5'-uridylate)	조제유류에 한하여 0.099 g/kg 이하로 사용할 것

(계속)

분류	조미료명	참고
아미노산계	L-글루탐산(L-glutamic acid) L-글루탐산암모늄 (monoammonium L-glutamate) L-글루탐산칼륨 (monopotassium L-glutamate)	다시마의 정미 성분, 탈지대두·소맥분의 분해, 당질의 발효 등에 의하거나 화학적으로 합성하여서 얻음. 핵산조미료와 병용하면 효력 상승
	DL-알라닌(DL-alanine)	감미가 있으며 합성청주에 사용
	글리신(glycine)	감미가 있으며 합성청주, 초, 간장, 과자에 사용
	타우린(taurine)	오징어, 문어의 정미 성분, 수산 가공식품의 맛 증진, 풍미 개선에 사용
	베타인(betaine)	오징어, 문어의 정미 성분, 수산 가공식품의 맛 증진, 풍미 개선에 사용
	L-글루타민(L-glutamine)	특이한 단맛과 감칠맛이 있어서 조미료로 사용하며 강화제로도 사용
	L-아스파라긴(L-asparagine)	특이한 단맛과 감칠맛이 있어서 조미료로 사용하며 강화제로도 사용
유기산류	DL-주석산나트륨 (disodium DL-tartrate)	짠맛이 있고, 청량음료수, 합성청주 등에 사용
	구연산삼나트륨 (trisodium citrate)	청량한 짠맛이 있음
	DL-사과산나트륨 (sodium DL-malate)	식염 같은 짠맛이 있으며 식염 대용으로 사용
	호박산이나트륨 (disodium succinate)	물에 가용하므로 보통 식품에 좋으며 신맛이 호박산보다 약함 산성 식품에서 효과가 강함
	호박산(succinic acid)	패류의 정미 성분, 물에 난용, 특이한 강한 산맛이 있음. 합성주에 적합
	젖산나트륨(sodium lactate)	합성청주의 조미료 및 점조제로 사용

11) 산미료

산미료(acidulants)는 식품을 가공, 조리할 때 식품에 적합한 산미를 부여하고 미각에 청량감과 상쾌한 자극을 주기 위하여 사용되는 첨가물로, 신맛을 내는 것 이외에 소화액의 분비를 촉진하여 식욕을 향상시키는 효과와 함께 부패세균이나 병원균과 같은 세균을 억제하는 향균작용도 한다. 산미료는 무기산과 유기산으로 분류되며 무기산은 일반적으로 떫은맛, 쓴맛을 가지고 있고, 유기산은 단순하고 상쾌한 맛을 주어 과실류에 많이 사용된다. 산미료는 술 등을 발효시켜 만드는 식초와 같이 예로부터 식품에 사용되어 왔다. 허용된 산미료는 표 4-11과 같으며 사용기준은 별도로 없다.

표 4-11 허용 산미료 및 그 사용기준

산미료	참고
L-주석산나트륨(disodium L-tartrate) DL-주석산나트륨(disodium DL-tartrate)	염미가 있으며, 청량음료, 합성청주 등에 사용
초산(acetic acid)	3~5%로 널리 사용
결정·무수구연산(citric acid)	산미료로서 청량음료, 치즈, 젤리, 잼, 드롭스 등에 사용 산화방지제의 상승제(synergist)로도 사용
빙초산(glacial acetic acid)	피클, 케첩, 사과시럽, 치즈, 케이크, 콘 시럽 등에 0.005~0.033% 사용
구연산나트륨(trisodium citrate)	청량한 염미가 있음
DL-사과산나트륨(sodium DL-malate)	염미가 있어 식염 대용으로 사용
호박산이나트륨(disodium succinate)	물에 가용하므로 보통 식품에 좋으며 신맛이 호박산보다 약함 산성 식품에서 효과가 강함
호박산(succinic acid)	패류의 정미 성분, 물에 난용, 특이한 강한 신맛이 있음. 합성주에 적합
사과산(malic acid)	젤리, 과자의 산미료로 적당하며 마가린, 마요네즈에 산미료와 유화안정제로 사용
젖산(lactic acid)	산미제로 살균력이 있어 식품 공업에 널리 사용
주석산(tartaric acid)	청량음료, 젤리, 잼 등에 구연산, 젖산 등과 함께 사용
푸마르산(fumaric acid)	분말주스, 김치, 합성주, 청량음료, 과일통조림 등에 사용
푸마르산일나트륨(monosodium fumarate)	청량감 있는 산미가 있으며 조해성이 없고 안정하므로 분말 청량음료에 사용
이타콘산(itaconic acid)	냄새는 없고 특히 산미가 있음. 커피 등 음료의 조미, pH 조정제, 금속 봉쇄제로 사용
글루콘산(gluconic acid)	냄새가 없거나 약간의 신맛이 있음. 샤벳, 젤리, 주류 등에 사용

12) 감미료Non-nutritive sweeteners

당질 성분 이외에 감미를 가지고 있는 화학적 제품을 총칭하여 합성감미료라 하며, 합성감미료는 영양 가치가 거의 없으나 감미도가 높기 때문에 미량을 사용하더라도 감미 효과가 크다. 천연품에 비해서는 보습성이 결여되어 있으며 많은 양을 섭취하면 인체에 유해하므로 특별한 경우를 제외하고는 사용하지 않는 것이 좋다. 현재 합성감미료는 13품목이 허용되고 있으며, D-소르비톨, D-말티톨, 자일리톨, 락티톨, 마니톨 및 이소말트를 제외하고는 모두 사용기준이 있다.

현재 허용된 인공감미료의 종류와 사용기준은 표 4-12와 같다.

(1) 사카린나트륨

흔히 사카린이라 부르는 사카린나트륨(saccharin sodium)은 무색 또는 백색의 결정성 분말로 물에 대단히 잘 녹으며, 그 감미는 설탕의 250~500배이다. 공기 중에서 서서히

표 4-12 허용 감미료 및 그 사용기준

감미료	사용기준	참고
사카린나트륨(sodium saccharin)	1. 젓갈류, 절임류, 조림류 : 1.0 g/kg 이하 2. 김치류 : 0.2 g/kg 이하 3. 음료류(발효음료류, 인삼·홍삼음료, 다류 제외) : 0.2 g/kg 이하(다만, 5배 이상 희석하여 사용하는 것은 1.0 g/kg 이하) 4. 어육 가공품 : 0.1 g/kg 이하 5. 시리얼류 : 0.1 g/kg 이하 6. 뻥튀기 : 0.5 g/kg 이하 7. 특수 의료 용도 등 식품 : 0.2 g/kg 이하 8. 체중 조절용 조제식품 : 0.3 g/kg 이하 9. 건강기능식품 : 1.2 g/kg 이하 10. 추잉껌 : 1.2 g/kg 이하 11. 잼류 : 0.2 g/kg 이하 12. 장류 : 0.2 g/kg 이하 13. 소스 : 0.16 g/kg 이하 14. 토마토케첩 : 0.16 g/kg 이하 15. 탁주 : 0.08 g/kg 이하 16. 소주 : 0.08 g/kg 이하 17. 과실주 : 0.08 g/kg 이하 18. 기타 코코아 가공품, 초콜릿류 : 0.5 g/kg 이하 19. 빵류 : 0.17 g/kg 이하 20. 과자 : 0.1 g/kg 이하 21. 캔디류 : 0.5 g/kg 이하 22. 빙과 : 0.1 g/kg 이하 23. 아이스크림류 : 0.1 g/kg 이하 24. 조미건어포 : 0.1 g/kg 이하 25. 떡류 : 0.2 g/kg 이하 26. 복합조미식품 : 1.5 g/kg 이하 27. 마요네즈 : 0.16 g/kg 이하 28. 과·채 가공품 : 0.2 g/kg 이하 29. 옥수수(삶거나 찐 것에 한함) : 0.2 g/kg 이하 30. 당류 가공품 : 0.3 g/kg 이하	
글리실리진산이나트륨 (disodium glycyrrhizinate)	1. 한식된장, 된장 2. 한식간장, 양조간장, 산분해간장, 효소분해간장, 혼합간장	
D-솔비톨(D-sorbitol) D-솔비톨액(D-sorbitol solution) D-자일로오스(D-xylose) 락티톨(lactitol) 이소말트(isomalt) 마니톨(D-mannitol)	사용기준 없음	
아스파탐(aspartame)	1. 빵류, 과자, 빵류 제조용 믹스, 과자 제조용 믹스 : 5.0 g/kg 이하 2. 시리얼류 : 1.0 g/kg 이하 3. 특수 의료 용도 등 식품 : 1.0 g/kg 이하 4. 체중 조절용 조제식품 : 0.8 g/kg 이하 5. 건강기능식품 : 5.5 g/kg 이하	기타 식품의 경우 제한받지 아니함

(계속)

감미료	사용기준	참고
스테비올배당체(steviol glycoside)	설탕, 포도당, 물엿, 벌꿀류에 사용 금지	
수크랄로스(sucralose)	1. 과자 : 1.8 g/kg 이하 2. 추잉껌 : 2.6 g/kg 이하 3. 잼류 : 0.4 g/kg 이하 4. 음료류, 가공유, 발효유류 : 0.40 g/kg 이하(다만, 희석하여 음용하는 제품에 있어서는 희석한 것으로서) 5. 설탕 대체 식품 : 12 g/kg 이하 6. 시리얼류 : 1.0 g/kg 이하 7. 특수 의료 용도 등 식품 : 0.4 g/kg 이하 8. 체중 조절용 조제식품 : 0.32 g/kg 이하 9. 기타 식품 : 0.58 g/kg 이하 10. 건강기능식품 : 1.25 g/kg 이하	

풍화하여 결정수를 잃으며, 100℃에서 2시간 가열하여도 분해되지 않지만 고온의 산, 알칼리 용액에서는 가수분해되어 감미를 잃고 쓴맛을 나타낸다. 따라서 산성 상태에서 가열하는 식품에는 바람직하지 않다. 사카린은 식빵, 이유식, 백설탕, 포도당 물엿, 벌꿀, 알사탕류에는 사용이 금지되어 있다.

(2) 글리실리진산이나트륨과 글리실리진산삼나트륨

글리실리진산이나트륨(disodium glycyrrhizinate)과 글리실리진산삼나트륨(trisodium glycyrrhizinate)은 감초의 근경에서 추출한 비당질 감미 성분인 글리실리진산(6~14% 함유)을 나트륨염으로 한 것으로 감미도는 설탕의 200배 정도이다. 물이나 글리세린에는 녹으나 알코올, 에테르 및 유지 등에는 녹지 않는다. 입에 넣고 조금 있어야 감미가 느껴

사카린의 진실과 오해

사카린의 진실

- 사카린은 설탕보다 250~300배 이상의 감미를 가지고 있으며, 가격 면에서도 저렴하다.
- 사카린은 체내에 축적되거나 흡수되지 않기 때문에 당뇨와 비만 문제 해결에 도움을 줄 수 있다.
- 현재 음료수, 의약품, 치약 등에 첨가되어 사용되고 있다.

사카린의 오해

사카린은 한때 발암물질이라는 논란에 휩싸였지만 안전성이 입증되어 국제암연구소(IARC)는 1999년에, 미국 독성학프로그램(NTP)은 2000년에, 각각 사카린을 발암물질 목록에서 제외시켰으며 2010년 12월에는 미국 환경보호청(EPA)도 사카린을 유해물질 리스트에서 삭제했다. 이와 관련, 우리나라의 식품의약품안전처에서도 2009년부터 규제를 완화하였다. 2019년 현재 32가지 품목에 대하여 사용기준을 정하여 사용을 허가하고 있다.

지는 것이 특징이며, 분해온도는 약 212~217℃이며 갈변현상을 일으키지 않는다. 된장, 간장에만 사용이 허가되어 있으며 대개 0.008~0.01% 정도 첨가한다.

(3) D-소르비톨

D-소르비톨(D-sorbitol)은 백색의 분말상 결정 또는 분말로서 포도당의 환원에 의해 만들어지고 냄새가 없으며 물에 잘 녹는다. 청량한 감미를 가지며, 설탕의 70%의 단맛을 낸다. 흡습성이 강하고 보수성, 보향성이 우수하며 과자류의 습윤조정제, 과일통조림의 비타민 C 산화방지제, 냉동품의 탄력과 선도 유지 등 다양한 용도로 사용되고 있다.

(4) 아스파탐

아스파탐(aspartame)은 L-aspartic acid와 L-phenylalanine을 펩티드결합시켜 만들어진 아미노산류 감미료로, 설탕의 약 200배의 감미가 있다. 상온에서 물에 1% 정도 녹고, 알코올에는 녹지 않는다. 수용액 중에는 다소 분해가 일어나지만 건조 상태에서는 안정하다. 아스파탐에 부형제를 첨가하여 국내에서도 상품으로 생산하고 있으며, 식탁용 감미료, 인스턴트커피, 분말청량음료, 탄산음료 등에 주로 사용된다. 개발 당시에는 뇌장애 발생의 의심이 있었으나 급성독성, 만성독성, 최기형성, 변이원성, 발암성 시험결과 음성으로 안전성이 확인되었다.

13) 팽창제

빵이나 과자 등을 제조할 때 첨가하여 가스를 발생시키고 제품을 부풀게 함으로써 연하고 맛을 좋게 하여 소화가 잘 되기 쉬운 상태로 만드는 화학적 합성품을 팽창제(leavening agents, blowing agents, baking powders)라고 한다. 밀가루 반죽 시 망상 구조를 한 글루텐이 형성되며 이 망상 구조 사이에 탄산가스가 들어가서 가스의 팽창과 함께 반죽이 팽창하여 특유의 부드러운 스펀지상 조직을 부여하게 되고, 가열 가공 때 사용하면 열에 의해 분해되어 탄산가스나 암모니아가스가 발생하며 조직을 뚫고 나오는 과정에서 반죽을 팽창시킨다. 종류에는 효모와 같은 천연품과 탄산염, 암모늄염 등과 같은 합성팽창제가 있다.

합성팽창제는 효모에 비해 팽창력은 약하지만 발효시간이 단축되기 때문에 널리 사용되고 있으며, 탄산수소나트륨을 비롯한 10여 종이 단용 또는 혼용되고 있다. 탄산수소나트륨, 탄산수소암모늄, 탄산암모늄 등은 단용으로 사용되며, 가열공정 시 분해되어 탄산가스나 암모니아가스를 발생함으로써 팽창작용을 한다. 그러나 탄산수소나트륨은 탄산가스가 발생한 후 알칼리성이 강한 탄산나트륨이 잔류하여 빵을 누렇게 하거나 맛을 나쁘게 하는 결점이 있으므로, 산성물질 등을 병용하여 그 결점을 개선한 이른바 합성팽창제가 사용되기에 이르렀다. 합성팽창제는 원료 성분이나 형태에 따라서 암모니아계 합성팽창제, 일제식 합성팽창제, 이제식 합성팽창제의 세 가지 종류가 있다.

표 4-13 허용 합성팽창제의 종류와 대상 식품

팽창제명	대상 식품	적용 목적
탄산수소나트륨(sodium bicarbonate, $NaHCO_3$)	빵, 전병, 비스킷 등	
탄산마그네슘(magnesium carbonate)	빵, 과자 등	CO_2
탄산수소암모늄(ammonium bicarbonate)	과자, 비스킷 등	CO_2
탄산암모늄(ammonium carbonate)	과자, 비스킷 등	CO_2, NH_3
염화암모늄(ammonium chloride)	비스킷, 전병 등	CO_2, NH_3
소암모늄명반(burnt ammonium alum)	빵, 과자 등	NH_3, 산제
명반(明礬, alum)	빵, 과자 등	NH_3, 산제
소명반(燒明礬, burnt alum)	빵, 과자 등	산제
D- 및 DL-주석산수소칼륨(potassium D- & DL-bitartrate)	빵, 과자 등	산제
산성피로인산나트륨(disodium dihydrogen pyrophosphate)	빵, 과자 등	산제
제1인산칼슘(calcium phosphate monobasic)	빵, 과자, 비스킷 등	산제
글루코노 델타 락톤(glucono delta lactone)	케이크, 식빵, 도넛, 비스킷	산제
산성알루미늄인산나트륨(sodium aluminium phosphate acidic)		
염기성알루미늄인산나트륨(sodium aluminium phosphate basic)	프로세스 치즈, 유화제	

자료 : 21C 식품위생학, 수학사, 2011

14) 강화제

강화제(dietary supplements, enriched agents, nutrients)란 식품의 영양 강화를 위하여 첨가되는 물질(비타민, 무기질, 아미노산 등)을 말한다. 비타민, 무기염, 단백질, 지방, 탄수화물 등의 영양소는 보통 식품 중에 함유되어 있으나 조리, 제조, 가공 또는 보존 중에 영양 성분이 파괴되기도 하고, 경우에 따라서 함유되어 있지 않거나 부족할 수 있기 때문에 이러한 손실된 영양 성분 및 부족한 부분을 보충하여 식품의 영양가를 높이기 위해 강화제가 사용된다. 비타민류, 필수아미노산을 위주로 한 아미노산류, 칼슘제, 철분제 등의 무기염류가 주로 사용된다.

강화제로 사용되기 위해서는 안정성을 갖추고 식품에 악영향을 주어서는 안 되며 미량으로도 효과가 좋아야 한다. 강화제를 사용할 때는 식품의 풍미와 비타민 등의 활성에 이상이 없도록 하여야 하며, '영양 강화식품'이라는 표시 및 제품검사를 받아야 한다.

15) 유화제

유화제(emulsifiers)는 계면활성제라고도 하며, 물과 기름 같이 서로 잘 혼합되지 않는

표 4-14 허용 유화제 및 특징

분류	유화제	특징
합성	글리세린지방산에스테르 (glicerin esters of fatty acids)	• 모노글리세라이드(monoglyceride)가 유화제로 이용됨 • 백색 내지 담황색의 분말 또는 반유동성의 점조한 액체 • 비스킷, 캐러멜, 추잉검, 초콜릿, 마가린, 아이스크림 등의 유화, 빵이나 케이크의 노화 방지 • 간장, 유산균 음료의 소포제로 사용
	소르비탄지방산에스테르 (sorbitan fatty acid ester)	• 백색 내지 황갈색의 액체 또는 왁스상의 물질 • 결합된 지방산의 종류에 따라 여러 종 있음 • 비스킷, 쿠키, 크래커, 추잉검, 버터크림, 빵크림 등에 사용
	자당지방산에스테르 (sucrose fatty acid ester)	• 백색 내지 담황색의 분말 • 무색 또는 미황색의 점조한 액체 • 약간의 특이한 냄새 : 약간의 느낌이 있음 • 물에 잘 녹지 않음 : 온수에 잘 녹음 • 친수성이 가장 큰 유화제 • 분카스테라, 양갱, 초콜릿, 분말주스 등에 사용
	프로필렌글리콜지방산에스테르 (propylene glycol fatty acid ester) 폴리소르베이트 20(polysorbate 20) 폴리소르베이트 60(polysorbate 60) 폴리소르베이트 65(polysorbate 65) 폴리소르베이트 80(polysorbate 80)	• 백색 내지 담황갈색의 왁스상 덩어리 또는 점조한 액체 • 온수, 기름, 알코올에 녹음 • 친유성이 가장 큰 유화제 • 쇼트닝, 마가린, 아이스크림, 케이크 등에 사용 • 다른 유화제와 혼합하여 사용하면 효과가 큼 • 수중유적형의 비이온성 계면활성제 • 결합된 지방산에 따라 20-라우르산, 60-스테아르산, 65-스테아르산 3분자, 80-올레산 • 제과, 제빵, 아이스크림류, 초콜릿 등에 사용
천연	레시틴(lecithin)	• 레시틴 : 대두로부터 얻음(대두인지질, 대두레시틴이라 불림) • 담황색 내지 갈색의 투명 또는 반투명의 점조한 물질 • 약간 특이한 냄새와 맛 있음 • 물에 녹지 않음 : 팽윤하여 콜로이드 용액이 됨 • 에테르, 벤젠, 클로로포름에 잘 녹음 • 빵, 마가린, 아이스크림류, 초콜릿, 캐러멜 등에 따른 유화제와 함께 사용함
	효소분해레시틴 (enzymatically decomposed lecithin)	

자료 : 식품위생학, 도서출판 진로, 2009

두 종류의 액체를 혼합할 때 분리되지 않고 분산시키는 기능을 갖는 물질을 말한다. 유화제는 물과 기름의 경계면에 작용하고 있는 계면장력을 저하시켜서 물 중에 기름을 분산시키거나 또는 기름 중에 물을 분산시키고, 또 분산된 입자가 다시 응집하지 않도록 안정화시키는 작용을 한다. 이를 통해 가공식품의 유동성 개선, 유화 상태의 지속, 식감의 개선 등의 효과를 얻을 수 있다.

유화제는 식품 공업상 사용범위가 상당히 넓으며 식품의 종류에 따라 효과적인 유화제의 종류가 다르므로 선택 시 중요한 검토가 필요하다. 일반적으로 유화제는 단용으로 사용하는 것보다 다른 것과 적절히 배합하여 친수성과 친유성을 알맞게 조절하며 상승효과를 얻는 경우가 많다.

유화제는 유화 이외에도 기포, 소포 등의 작용에 있어서도 제조공정의 합리화를 꾀하며, 제품의 용적을 크게 하고 조직을 개량하여 전분의 노화를 방지하기도 한다.

16) 품질개량제

품질개량제(texturizers, texture modifying agents)는 결착제라고도 하는데, 식육이나 어육을 원료로 하여 햄이나 소시지 등의 연제품을 제조할 때 사용한다. 결착성을 높여 주어 씹을 때의 식감을 향상시키고 식품의 보수성, 탄력성 및 팽창성을 증대시켜서 조직의 품질을 개량해 준다. 맛의 조화와 풍미의 향상을 가져오며 변질, 변색을 방지하는 효과를 갖게 해준다. 상승 효과를 위해 여러 가지를 혼합하여 사용한다.

표 4-15 허용 품질개량제

<table>
<tr><th>분류</th><th colspan="2">품질개량제</th></tr>
<tr><td>인산연류 품질개량제</td><td colspan="2">제1인산나트륨(sodium phosphate monobasic)
제2인산나트륨(sodium phosphate bibasic)
제3인산나트륨(sodium phosphate tribasic)
제1인산칼륨(potassium phosphate monobasic)</td></tr>
<tr><td>중합인산염</td><td>피로인산염</td><td>피로인산나트륨(sodium pyrophosphate)
피로인산칼륨(potassium pyrophosphate)</td></tr>
<tr><td rowspan="2">축합인산염</td><td>폴리인산염</td><td>폴리인산나트륨(sodium polyphosphate)
폴리인산칼륨(potassium polyphosphate)</td></tr>
<tr><td>메타인산염</td><td>메타인산나트륨(sodium metaphosphate)
메타인산칼륨(potassium metaphosphate)</td></tr>
<tr><td>기타</td><td colspan="2">폴리덱스트로스(polydextrose)</td></tr>
</table>

자료 : 식품위생학, 도서출판 진로, 2009

17) 피막제

피막제(glazing agents, coating agents, film formers, glazes)는 과일 및 채소의 신선도를 장시간 유지시키기 위하여 사용되는 첨가물로, 표면에 피막을 만들어 호흡작용을 적당히 제한하고, 수분의 증발을 방지하며, 외관을 좋게 해준다. 외상에 의한 세균 및 곰팡이의 침습도 방지한다. 과일이나 채소 이외에는 사용이 금지되어 있다.

표 4-16 허용 피막제와 그 사용기준

피막제	사용기준
몰포린 지방산염 (morpholine salts of fatty acids)	과실류 또는 과채류 표피에 피막제 이외의 용도로 사용 금지
초산비닐수지(polyvinyl acetate)	1. 추잉검기초제 2. 과실류 또는 과채류 표피의 피막제

18) 검기초제

검기초제(chewing gum bases)는 껌에 적당한 점성과 탄력성을 갖게 하여 그 풍미를 유지하는 데 중요한 역할을 하는 첨가물로, 원래는 천연수지인 치클이 사용되었으나 현재는 화학적 합성품인 합성고분자화합물이 많이 사용되며 검기초제 겸 피막제로는 초산비닐수지가 있다.

표 4-17 허용 검기초제 및 그 사용기준

검기초제	사용기준
에스테르검(ester gum) 폴리부텐(polybutene) 초산비닐수지(polyvinyl acetate)	검기초제 이외의 용도에 사용하여서는 안 됨
폴리이소부틸렌(polyisobutylene)	검 이외의 식품에 사용해서는 안 됨

19) 소포제

소포제(antifoaming agents)는 식품 제조과정에서 특히 발효공정이나 농축공정 등에서 많은 거품이 발생하여 지장을 주는 경우에 거품을 소멸 또는 억제하기 위해 사용되는 첨가물을 말한다. 현재 규소수지만이 사용량 0.05 g/kg 이하로 거품을 없애는 목적으로만 허용되고 있다.

규소수지는 회색의 반투명한 점조성 액체로 거의 냄새가 없고, 양조공장이나 과즙, 잼, 엿 등의 농축공정에 사용되며, 용기 내벽에 도포하거나 유화시켜 산포하는데 생리적으로 불활성이며 독성도 낮다. 소포작용은 온도, pH, 염류 등의 농도 등에는 그다지 영향을 받지 않아서 다양하게 이용되고 있다.

20) 용제

착색료, 착향료, 보존료제제 등 식품첨가물을 식품에 균일하게 혼합시키기 위하여 적당한 용제(solvents)에 용해시켜 첨가하는 것이 효과적이다. 대체로 물, 알코올 등이 용제로 사용되고 있으나 그 외 것도 사용된다. 용제는 독성이 약하고 각종 첨가물을 잘 용해하며, 풍미에 영향을 주지 않는 것으로 물과 잘 혼합되거나 유지에 잘 녹는 성질을 가진 것이 식품에 사용하기에 좋다. 현재 허용되고 있는 용제는 글리세린과 프로필렌글리콜 2종이 있다.

글리세린은 무색의 액체로 냄새가 없고 단맛이 있으며 주로 착향료, 착색료의 용제로 사용된다. 사용 시 풍미에 많은 영향을 주지 않으며 점성이 커서 제품의 점조성을 향상시키는 역할도 한다.

프로필렌글리콜은 무색의 투명한 시럽상 액체로 냄새가 없거나 조금 있으며, 약간 쓴맛과 단맛이 있다. 용제로서 보존료, 착색료, 착향료, 산화방지제를 녹이는 데 사용하고 습윤제 또는 신연제로도 사용한다. 습윤제나 신연제로 이용할 경우 용제로서 사용되는 경우와는 다르게 사용 제한이 있다.

21) 추출제

추출제(extracting agents)는 일종의 용제로서 특히 천연식물 등에서 그 성분을 용해 유출하기 위해서 사용되는 것을 말하며, 현재 n-헥산과 이소프로필알코올이 지정되어 허용되어 있다.

n-헥산은 유지 성분의 추출 시 이용되는 천연첨가물로 특이한 냄새를 가지는 무색 투명한 휘발성 액체이다. 사용기준은 식용유지나 건강보조식품에 사용되는 원유에 0.005 g/kg 이하로 사용되어야 하며, 잔류량은 최종 제품 완성 전에 제거하도록 규정되어 있다.

이소프로필알코올은 제당 시 정제의 목적으로만 사용할 수 있으며 사용기준은 설탕에서 잔류량이 이소프로필알코올로 0.01 g/kg 이하로 규정되어 있다.

22) 이형제

이형제(release agents)는 빵의 제조과정에서 빵 반죽을 분할기에서 분할할 때나 구울 때 달라붙지 않게 하고 형태를 그대로 유지하게 하거나, 비스킷 제조과정에서 컨베이어로부터 쉽게 분리해 내기 위하여 사용하는 첨가제를 말하며, 현재 유동파라핀만이 허용되고 있다.

유동파라핀은 빵에 0.15% 이하, 캡슐류에 0.6% 이하, 건조과실류 및 건조채소류에 0.02% 이하로 사용해야 하며, 피막제로 과일류 및 채소류에 사용할 수도 있다.

3. 식품첨가물의 관리 및 법적 근거

1) 식품위생법 제6조

제6조(기준·규격이 정하여지지 아니한 화학적 합성품 등의 판매 등 금지) 누구든지 다음 각 호의 어느 하나에 해당하는 행위를 하여서는 아니 된다. 다만, 식품의약품안전처장이 제57조에 따른 식품위생심의위원회(이하 "심의위원회"라 한다)의 심의를 거쳐 인체의 건강을 해칠 우려가 없다고 인정하는 경우에는 그러하지 아니하다.

1. 제7조제1항 및 제2항에 따라 기준·규격이 정하여지지 아니한 화학적 합성품인 첨가물과 이를 함유한 물질을 식품첨가물로 사용하는 행위
2. 제1호에 따른 식품첨가물이 함유된 식품을 판매하거나 판매할 목적으로 제조·수입·가공·사용·조리·저장·소분·운반 또는 진열하는 행위

2) 식품위생법 제7조

제7조(식품 또는 식품첨가물에 관한 기준 및 규격) ① 식품의약품안전처장은 국민보건을 위하여 필요하면 판매를 목적으로 하는 식품 또는 식품첨가물에 관한 다음 각 호의 사항을 정하여 고시한다.

1. 제조·가공·사용·조리·보존 방법에 관한 기준
2. 성분에 관한 규격

② 식품의약품안전처장은 제1항에 따라 기준과 규격이 고시되지 아니한 식품 또는 식품첨가물의 기준과 규격을 인정받으려는 자에게 제1항 각 호의 사항을 제출하게 하여

「식품·의약품분야 시험·검사 등에 관한 법률」 제6조제3항제1호에 따라 식품의약품안전처장이 지정한 식품전문 시험·검사기관 또는 같은 조 제4항 단서에 따라 총리령으로 정하는 시험·검사기관의 검토를 거쳐 제1항에 따른 기준과 규격이 고시될 때까지 그 식품 또는 식품첨가물의 기준과 규격으로 인정할 수 있다.

③ 수출할 식품 또는 식품첨가물의 기준과 규격은 제1항 및 제2항에도 불구하고 수입자가 요구하는 기준과 규격을 따를 수 있다.

④ 제1항 및 제2항에 따라 기준과 규격이 정하여진 식품 또는 식품첨가물은 그 기준에 따라 제조·수입·가공·사용·조리·보존하여야 하며, 그 기준과 규격에 맞지 아니하는 식품 또는 식품첨가물은 판매하거나 판매할 목적으로 제조·수입·가공·사용·조리·저장·소분·운반·보존 또는 진열하여서는 아니 된다.

3) 식품위생법 제14조

제14조(식품 등의 공전) 식품의약품안전처장은 다음 각 호의 기준 등을 실은 식품 등의 공전을 작성·보급하여야 한다.

1. 제7조제1항에 따라 정하여진 식품 또는 식품첨가물의 기준과 규격
2. 제9조제1항에 따라 정하여진 기구 및 용기·포장의 기준과 규격

단원정리

- 식품첨가물은 식품의 제조, 가공, 저장 과정에서 식품의 품질 개량, 보존성 향상, 기호성 향상 및 영양 가치의 향상 등의 목적으로 첨가하는 물질을 말한다. 식품첨가물은 합성 여부에 따라서 천연첨가물과 화학적 합성첨가물로 나눌 수 있다. 화학적 합성품이란 「식품위생법」 제2조에 정의되어 있으며 화학적 수단에 의하여 원소 또는 화합물에 분해반응 외의 화학반응을 일으켜 얻은 물질을 말한다. 천연첨가물이란 화학적 합성품 이외의 식품첨가물로서 자연계에 존재하는 천연물질을 이용하여 분해, 추출, 가열, 증류, 효소 처리, 발효 등의 과정을 통해 얻을 수 있는 물질들을 말한다. 그 외 식품첨가물을 2종 이상 혼합하여 이용하는 혼합제제도 이용되고 있다.
- 식품첨가물은 사용에 있어서 안전성을 확보하기 위해 여러 가지 법적 규제 조치를 취하고 있으며 화학물질을 첨가물로 사용할 때에는 충분한 독성검사를 거쳐서 안전성을 확인한 후 사용하도록 되어 있다. 사용기준에 있어 식품의 종류, 사용량, 사용 목적 및 사용방법 등을 제한하고 있으며 식품에 첨가되는 첨가량은 식품의 1일 섭취 허용량(acceptable daily intake, ADI)을 고려하여 결정한다.

연습문제

1 지정 기준에 대한 기본적인 사항에는 어떤 것이 있는지 설명하시오.

2 감미료로서 잘 알려진 식품첨가물을 답하시오.

3 밀가루개량제의 사용 목적을 설명하시오.

4 보존료의 사용 목적에 대해 설명하시오.

5 표백제의 사용 목적과 화학반응에 따른 종류 및 그 기능에 대해서 설명하시오.

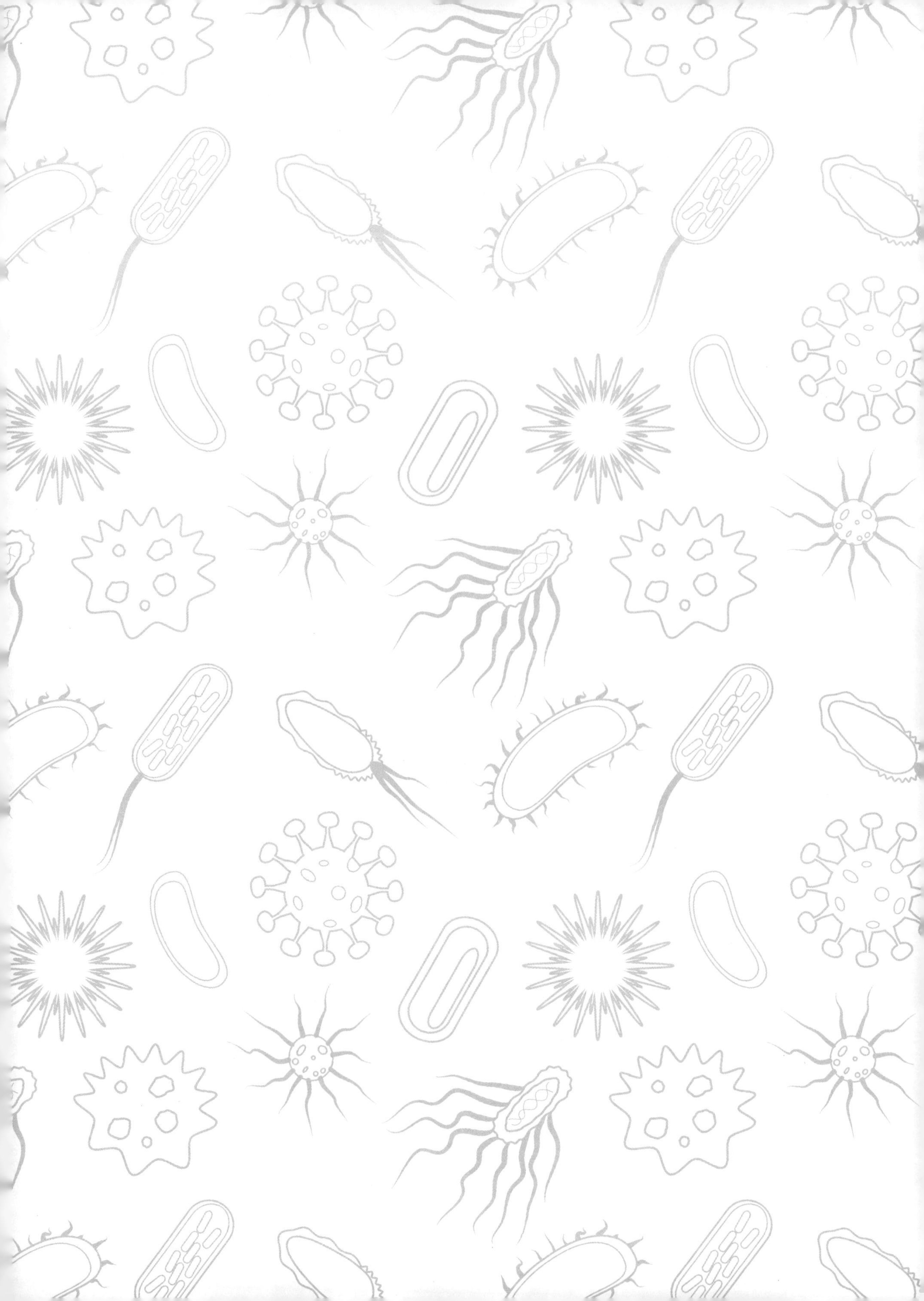

CHAPTER 5

미생물 검출법

1. 세균수
2. 세균발육시험
3. 대장균군
4. 대장균
5. 유산균수
6. 진균수(효모 및 사상균수)
7. 살모넬라
8. 황색포도상구균
9. 장염비브리오
10. 클로스트리듐 퍼프린젠스
11. 리스테리아 모노사이토제네스
12. 대장균 O157:H7
13. 여시니아 엔테로콜리티카
14. 바실루스 세레우스
15. 캄필로박터 제주니
16. 클로스트리듐 보툴리눔
17. 크로노박터 사카자키
18. 탄저균
19. 결핵균
20. 브루셀라

1. 세균수

1) 일반세균수

(1) 표준평판법

- 액체시료는 잘 교반하고 균질화가 필요한 고체시료는 균질화하여 10배 단계 희석법에 따라 희석을 한다. 즉 시료 원액 또는 10배액을 1 mL 취하여 멸균 생리식염수 9 mL를 가해 10배 및 100배 시료 희석액을 만든 후 희석된 1 mL를 멸균 페트리접시 2개 이상씩에 취한다.
- 43~45℃로 유지한 표준한천배지 15 mL를 분주하고 혼합하여 응고시킨다.
- 20분 내에 표준한천배지 3~5 mL를 더 넣어 중첩한다.
- 35±1℃에서 24~48시간 배양한다.
- 30~300개의 집락을 생성한 평판으로 집락수를 계산한다.
- 평균집락수에 희석배수를 곱하여 일반세균수를 산출한다.

(2) 건조필름법

- 시험용액 1 mL와 10배 단계 희석액 1 mL를 건조필름배지에 접종한다.
- 35±1℃에서 24~48시간 배양한다.
- 붉은 집락수에 희석배수를 곱하여 일반세균수를 산출한다.

2) 저온세균수

- 시험용액 1 mL와 10배 단계 희석액 1 mL를 멸균 페트리접시 2개 이상씩에 취한다.
- 43~45℃로 유지한 표준한천배지 15 mL를 분주하고 혼합하여 응고시킨다.
- 20분 내에 표준한천배지 3~5 mL를 더 넣어 중첩한다.
- 25±1℃에서 72±3시간 배양 후 집락수를 계산하다.

3) 내열성 세균수

- 끓는 물에 10분간 가열한 시험용액 20 mL에서 1 mL를 취하여 열 처리한 용액 및 각 단계 희석액 1 mL를 멸균 페트리접시 2개 이상씩에 취한다.
- 43~45℃로 유지한 표준한천배지 15 mL를 분주하고 혼합하여 응고시킨다.

그림 5-1 Plate Count Agar/Standard Methods agar
자료 : DifcoTM & BBLTM Manual Section III Plate Count Agar/Standard Methods agar p.449

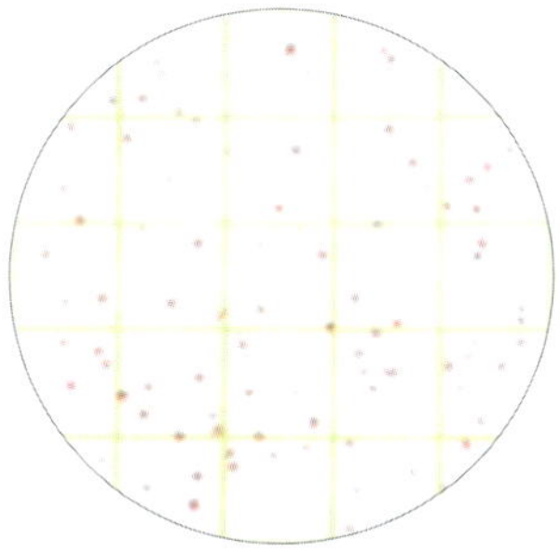

그림 5-2 aerobic count plate(petrifilm)
자료 : 3M Petrifilm Plates and Plate Reader Full Line Brochure

- 20분 내에 표준한천배지 3~5 mL를 더 넣어 중첩한다.
- 35±1℃에서 48±3시간 배양 후 집락수를 계산한다.

4) 총균수

- 우유세균검사용 마이크로피펫으로 검체를 0.01 mL을 흡인하여 슬라이드글라스에 1 cm^2 면적에 도말하고 가온 건조시킨다.
- 뉴만염색액으로 순간적으로 적셔 염색하고 남은 액을 즉시 흔들어 떨어뜨린다.
- 건조시켜 물로 세척한 후 다시 건조시킨다.
- 현미경으로 세균수를 측정한다.

2. 세균발육시험

장기 보존식품 중 통·병조림 식품, 레토르트 식품에서 세균의 발육 유무를 확인하는 데 주로 사용한다.

- 검체 25 g을 희석액 225 mL에 넣어 균질화한 후 이 중 1 mL를 멸균시험관에 취하여 희석액 9 mL를 넣어 시험 용액을 제조한다.
- 시험 용액을 1 mL씩 5개의 티오글리콜산염 배지(medium)에 접종하여 36±1℃, 48±3시간 배양한다.
- 세균 증식을 확인하여 세균 발육 양성을 판정한다.

3. 대장균군

대장균군은 그람음성, 무포아성 간균으로 유당을 분해하여 가스를 발생시킨다.

그림 5-3 thioglycollate 배지

자료 : DifcoTM & BBLTM Manual Section Ⅲ Thioglycollate Media p.554

1) 정성시험

(1) 유당배지법

- 시험 용액 10 mL를 2배 농도의 유당배지에, 시험 용액 1 mL 및 0.1 mL를 유당배지에 각각 3개 이상씩 접종한다.
- 추정시험

  (가) 접종한 유당배지를 36±1℃에서 24±2시간 배양한다.

  (나) 가스 발생 시 추정시험 양성

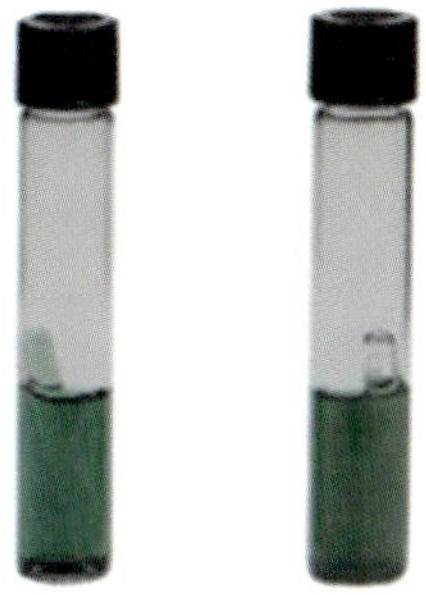
그림 5-4 유당배지

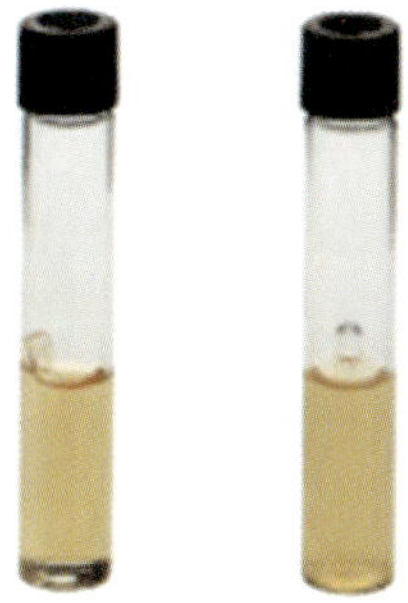
그림 5-5 BGLB 배지

그림 5-6 EMB 배지

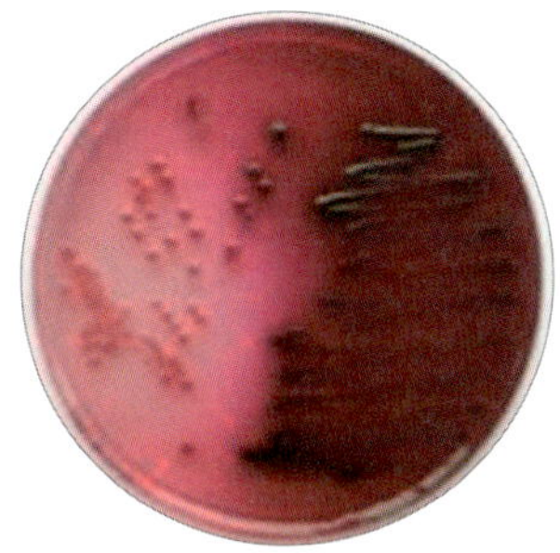
그림 5-7 Endo 배지

(다) 가스 발생 음성 시험관은 48±3시간까지 배양하여 재확인한다.

• 확정시험

(가) 추정시험 양성 시험관을 BGLB 배지에 접종하여 36±1℃에서 24±2시간 배양한다.

(나) 가스 발생 시 Endo 한천배지 또는 EMB 한천배지에 분리하여 36±1℃에서 24±2시간 배양한다.

(다) 가스 발생 음성 시험관은 48±3시간까지 배양하여 재확인한다.

• 완전시험

(가) 대장균군으로 의심되는 집락을 확인한다.

(나) EMB 한천배지 또는 Endo 한천배지에서 전형적인 집락 1개 또는 비전형적인 집락 2개 이상을 각각 보통한천배지에 접종하여 36±1℃에서 24±2시간 배양한다.

(다) 가스 발생 양성에 해당하는 보통한천배지의 집락으로 그람음성, 무아포성 간균을 증명한다.

(2) BGLB 배지법

• 시험 용액 1 mL 및 0.1 mL를 BGLB 배지에 접종하여 36±1℃에서 24±2시간 배양한다.

• 가스 발생 양성인 시험관은 EMB 한천배지 또는 Endo 한천배지에 분리배양한다.

• EMB 또는 Endo 한천배지의 집락을 유당배지 발효관에 접종하여 대장균군의 유무를 확인한다.

(3) 데스옥시콜레이트 유당한천배지법

- 시험 용액 1 mL와 10배 단계 희석액 1 mL를 멸균 페트리접시 2개 이상씩에 취한다.
- 43~45℃로 유지한 데스옥시콜레이트(desoxycholate) 유당한천배지 15 mL를 분주하고 혼합하여 응고시킨다.
- 동일 배지 또는 표준한천배지 3~5 mL를 더 넣어 중첩하여 35±1℃에서 24±2시간 배양한다.
- 전형적인 붉은색 집락을 확인한다.
- 가스 발생 양성인 시험관은 EMB 한천배지 또는 Endo 한천배지에 분리배양한다.
- EMB 또는 Endo 한천배지의 집락을 유당배지 발효관에 접종하여 대장균군의 유무를 확인한다.

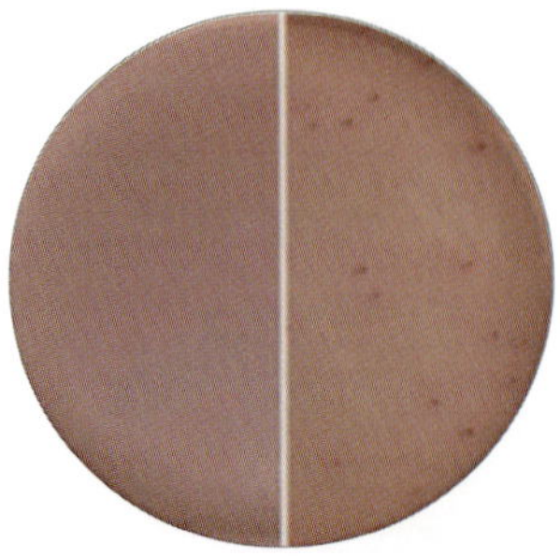

그림 5-8 Desoxycholate 배지

자료 : DifcoTM & BBLTM Manual Section III Desoxycollate Agar, cont. p.184

2) 정량시험

(1) 최확수법 : 유당배지법

- 10배 희석한 3단계 이상의 시험 용액을 각각 유당배지 발효관 5개 또는 3개씩에 접종한다.
- 가스 발생 발효관 각각에 추정, 확정, 완전 시험을 시행하여 대장균군의 유무를 확인한다.
- 최확수표로부터 검체 100 g 중의 대장균군 수를 구한다.

(2) 최확수법 : BGLB법

- 시험 용액 10 mL, 1 mL, 0.1 mL를 각각 BGLB 배지 발효관 5개 또는 3개씩에 접종

한다.

- 가스 발생 발효관을 EMB 또는 Endo 한천배지에 분리배양하여 대장균군의 유무를 확인한다.
- 최확수표로부터 검체 100 g 중의 대장균군 수를 구한다.

(3) 데스옥시콜레이트 유당한천배지법

- 시험 용액 1 mL와 10배 단계 희석액 1 mL를 데스옥시콜레이트 유당한천배지 15 mL와 혼합 응고하여 35±1℃에서 24±2시간 배양한다.
- 붉은색 집락을 EMB 또는 Endo 한천배지에 분리배양하여 대장균군의 유무를 확인한다.
- 30~300개의 집락수에 희석배수를 곱하여 균수를 산출한다.

(4) 건조필름법

- 시험 용액 1 mL와 10단계 희석액 1 mL를 대장균군 건조필름배지에 접종한다.
- 35±1℃에서 24±2시간 배양하여 붉은색 집락 중 주위에 기포를 형성한 집락수를 계산한다.
- 평균 집락수에 희석배수를 곱하여 대장균군 수를 산출한다.

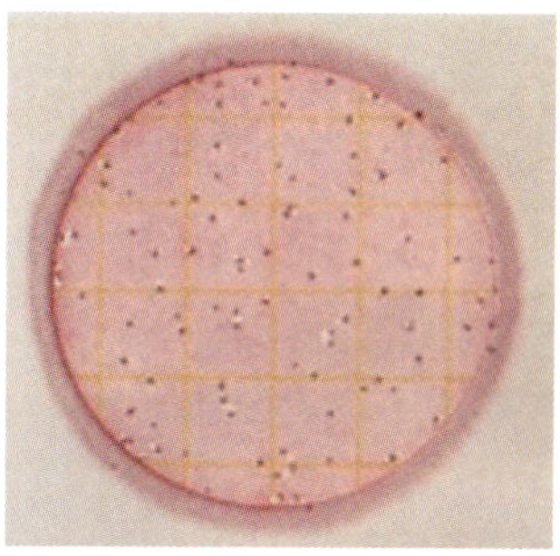

그림 5-9 coliform petrifilm
자료 : 3M Petrifilm Plates and Plate Reader Full Line Brochure

4. 대장균

1) 정성시험

(1) 추정시험

- 시험 용액 1 mL를 3개의 EC 배지 발효관에 접종한다.
- 44 ± 1°C에서 24 ± 2시간 배양한다.
- 가스 발생 유무를 확인한다.

(2) 확인시험

- EC 발효관으로부터 EMB 배지에 접종한다.
- 35~37°C에서 24 ± 2시간 배양한다.
- 보통한천배지(35~37°C, 24 ± 2시간 배양)로 이식한다.
- 그람염색 및 생화학 시험을 한다.

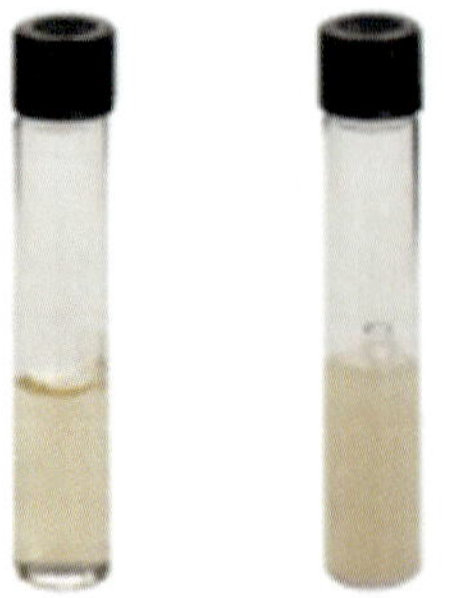

그림 5-10 EC 배지

자료 : BD - Diagnostic Systems: Difco & BBL Manual - EC Medium p.195

2) 정량시험

(1) 최확수법

- 시험 용액 10 mL, 1 mL, 0.1 mL를 각각 5개 또는 3개의 EC 배지 발효관에 접종한다.
- 44.5 ± 0.2°C에서 24 ± 2시간 배양한다.
- 가스 발생 유무를 확인한다.
- 최확수표에 따라 대장균수를 산출한다.

(2) 건조필름법

- 시험 용액 1 mL와 각 단계 희석액 1 mL를 대장균 건조필름배지에 접종한다.
- 35~37℃에서 24~48시간 배양한다.
- 푸른색의 기포 형성 집락수를 계산한다.

5. 유산균수

1) 유산간균 및 구균

- 시험 용액 1 mL와 10배 단계 희석액 1 mL를 멸균 페트리접시 2개 이상씩에 취한다.
- 43~45℃로 BCP 첨가 평판측정용 배지 15 mL를 분주하고 혼합하여 응고시킨다.
- 20분 내에 BCP 첨가 평판측정용 배지 3~5 mL를 더 넣어 중첩한다.
- 35~37℃에서 72±3시간 배양한다.
- 발생한 황색의 집락수를 계산한다.

2) 비피더스균

- 시험 용액의 각 10배 단계 희석액 0.1 mL씩을 BL 한천배지에 2매 이상 접종하여 도말한다.
- 35~37℃에서 48~72±3시간 혐기배양시킨다.
- 발생한 집락수를 계산한다.

3) 유산균·비피더스균 혼합 제품

- 유산균수 및 비피더스균의 시험방법에 따라 시험한 후 균수를 합하여 산출한다.
- 비피더스균의 시험 시에는 Bifidobacterium Selective 배지를 사용한다.

6. 진균수(효모 및 사상균수)

- 시험 용액 1 mL와 10배 단계 희석액 1 mL를 멸균 페트리접시 2개 이상씩에 취한다.
- 43~45℃로 potato dextrose 한천배지 15 mL를 분주하고 혼합하여 응고시킨다.

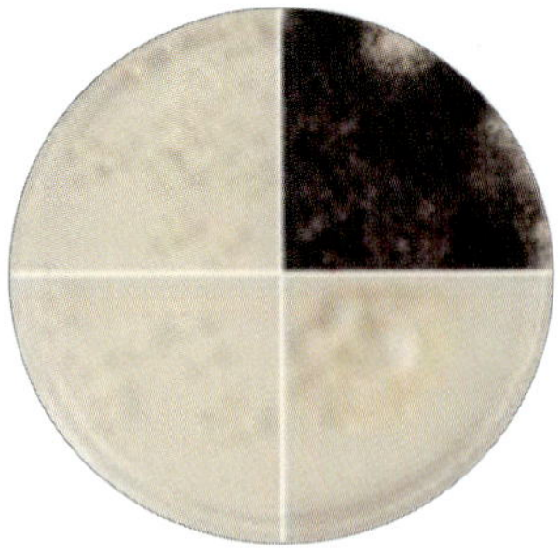

그림 5-11 potato dextrose 한천배지
자료 : BD - Diagnostic Systems: Difco & BBL Manual - Potato Dextrose Agar p.453

- 20분 내에 potato dextrose 한천배지 3~5 mL를 더 넣어 중첩한다.
- 25℃에서 5~7일간 배양한다.
- 발생한 집락수를 계산한다.

7. 살모넬라*Salmonella* spp.

(1) 증균배양

- 검체 25 g 또는 25 mL를 225 mL 펩톤수에 가한다.
- 35~37℃에서 24±2시간 증균배양한다.
- 배양액 0.1 mL를 10 mL Rappaport-Vassiliadis 배지에 접종한다.
- 41.5±1℃에서 24±2시간 배양한다.

(2) 분리배양

- 증균배양액을 MacConkey 한천배지, 또는 Desoxycholate Citrate 한천배지, 또는 XLD 한천배지, 또는 Bismuth Sulfite 한천배지에 접종한다.
- 35~37℃에서 24±2시간 배양한다.

(3) 확인시험

- 생화학적 확인시험

(가) 분리배양된 집락을 보통한천배지에서 35~37℃에서 18~24시간 배양한다.

(나) TSI 사면배지의 사면과 고층부에 접종한다.

접종하지 않은
MacConkey 한천배지

Escherichia coli
ATCC 25922를 접종한
MacConkey 한천배지

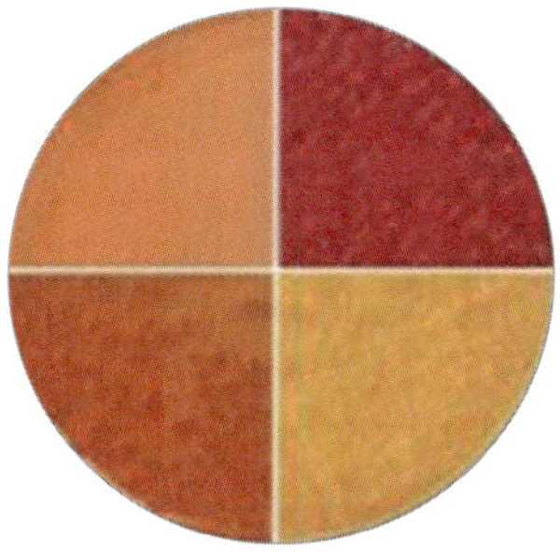

Proteus mirabilis
ATCC 12453을 접종한
MacConkey 한천배지

Salmonella Typhimurium
ATCC 14028을 접종한
MacConkey 한천배지

그림 5-12 MacConkey 한천배지

자료 : BD - Diagnostic Systems: Difco & BBL Manual - MacConkey Agar p.337

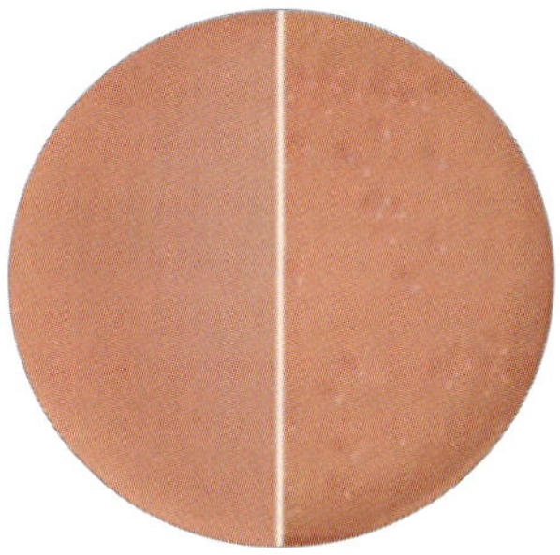

접종하지 않은
desoxycholate citrate
한천배지

Salmonella Typhimurium
ATCC 14028을 접종한
desoxycholate citrate 한천배지

그림 5-13 Desoxycholate Citrate 한천배지

Salmonella Typhimurium
ATCC 14028을 접종한
XLD 한천배지

그림 5-14 XLD 한천배지

접종하지 않은
bismuth sulfite 한천배지

Salmonella Typhi
ATCC 19430을 접종한
bismuth sulfite 한천배지

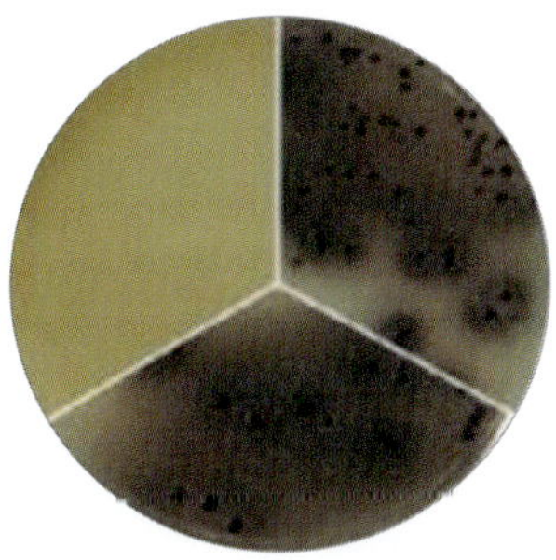

Salmonella Typhimurium ATCC 14028을 접종한
bismuth sulfite 한천배지

그림 5-15 Bismuth Sulfite 한천배지

(다) 35~37℃에서 18~24시간 배양한다.

(라) 그람음성 간균, urease 음성, lysine decarboxylase 양성 등 생물학적 성상검사를 한다.

- 응집시험

(가) H 혼합혈청과 O 혼합혈청을 사용하여 응집반응을 확인한다.

8. 황색포도상구균*Staphylococcus aureus*

1) 정성시험

(1) 증균배양

- 검체 25 g 또는 25 mL를 225 mL 10% NaCl을 첨가한 TSB 배지에 가한다.
- 35~37℃에서 18~24시간 증균배양한다.

(2) 분리배양

- 증균배양액을 난황 첨가 마니톨 식염한천배지 또는 Baird-Parker 한천배지에 접종한다.
- 35~37℃에서 18~24시간 배양한다.

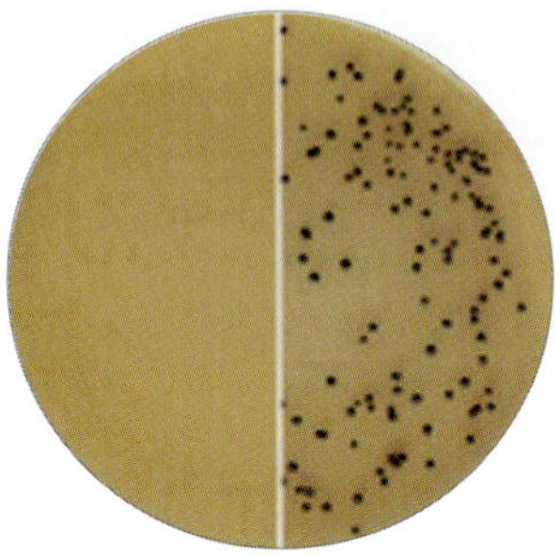

그림 5-16 Baird-Parker 한천배지

자료 : BD - Diagnostic Systems: Difco & BBL Manual - Baird-Parker Agar Base p.73

(3) 확인시험

- 분리배양된 집락을 보통한천배지에서 35~37℃에서 18~24시간 배양한다.
- 그람양성 구균, coagulase 양성

2) 정량시험

(1) 균수 측정

- 검체 25 g 또는 25 mL를 225 mL 희석액에 가하여 2분간 균질화하여 시험 용액으로 제조한다.
- 각 10배 단계 희석액을 Baird-Parker 한천배지 3장에 0.3 mL, 0.4 mL, 0.3 mL씩 총 접종액이 1 mL가 되게 도말시킨다.
- 35~37℃에서 48±3시간 배양한다.
- 투명한 띠로 둘러싸인 광택의 검은색 집락수를 계산한다.

(2) 확인시험

- 전형적인 집락을 선별하여 보통한천배지에 접종한다.
- 35~37℃에서 18~24시간 배양한다.
- 그람염색, coagulase 시험을 한다.

(3) 균수 계산

- 확인 동정된 균수를 계산한다.

9. 장염비브리오*Vibrio parahaemolyticus*

(1) 증균배양

- 검체 25 g 또는 25 mL를 225 mL 알칼리성 펩톤수에 가한다.
- 35~37℃에서 18~24시간 증균배양한다.

(2) 분리배양

- 증균배양액을 TCBS 한천배지에 접종한다.
- 35~37℃에서 18~24시간 배양한다.

(3) 확인시험

- 분리배양된 집락을 TSI 사면배지, LIM 반유동배지, 보통한천배지에 각각 접종한다.
- 35~37℃에서 18~24시간 배양한다.

- 내염성 시험, VP 시험, Mannitol 이용성 시험, Arginine 및 Ornithine 분해시험, ONPG 시험을 한다.

10. 클로스트리듐 퍼프린젠스*Clostridium perfringens*

1) 정성시험

(1) 증균배양

- 시험 용액 1 mL를 Cooked Meat 배지의 아랫부분에 접종한다.
- 35~37℃에서 18~24시간 동안 혐기배양한다.

그림 5-17 Cooked Meat 배지
자료 : BD - Diagnostic Systems: Difco & BBL Manual - Cooked meat medium p.160

(2) 분리배양

- 카나마이신 200 μg/mL의 농도로 가한 난황 첨가 Clostridium perfringens 한천배지에 증균배양액에 접종한다.
- 35~37℃에서 18~24시간 혐기배양한다.
- 직경 2 mm 정도의 약간 돌기된 유황색으로 주변에 불투명한 백색환이 있는 집락을 형성시킨다.
- 또는 TSC 한천배지에 증균배양액을 접종한다.
- 35~37℃에서 18~24시간 혐기배양한다.
- 불투명한 환을 가지는 황회색 집락 확인시험을 한다.

(3) 확인시험

- 분리배양된 평판배지상의 집락을 보통한천배지에 옮겨 35~37℃에서 18~24시간 혐기배양 후 그람염색한다.
- 동시에 보통한천배지를 35~37℃에서 18~24시간 호기배양하여 균의 비발육을 확인한다.
- 그람양성 간균으로 확인된 집락은 glucose, lactose, inositol, raffinose를 1% 가한 4종의 GAM 배지에 옮겨 35~37℃에서 3일간 배양한다.
- BTB-MR 지시약을 가해서 붉은색으로 변하는 것을 양성으로 판정한다.
- GAM 배지에서 35~37℃에서 1~2일간 배양하여 운동성의 유무를 관찰한다.
- glucose, lactose, inositol과 raffinose를 분해하며 운동성이 없는 것을 확인하면 Lecithinase 억제시험을 실시한다.
- 난황이 포함된 TSC 한천배지에 접종하여 35~37℃에서 24시간 혐기배양한다.
- 2~4 mm의 불투명한 환을 가지는 황회색 집락을 양성으로 판정한다.

2) 정량시험

(1) 균수 측정

- 검체 25 g 또는 25 mL를 취하여 225 mL의 희석액을 가한 후 균질화하여 10배 단계 희석액을 제조한다.
- 시험 용액 및 단계별 희석액 1 mL씩을 멸균 페트리접시 2개 이상씩에 무균적으로 취한다.
- 43~45℃로 유지한 TSC 한천배지 10~15 mL를 가하여 혼합한 후 응고한다.
- 응고된 배지 위에 다시 동일한 배지 10 mL를 가하여 중첩시킨 후에 35~37℃에서 24±2시간 혐기배양한다.
- 150개 이하의 전형적인 검은색 집락이 확인된 평판을 선별하여 각 집락수를 계산한다.

(2) 확인시험

- 계수한 평판에서 5개 이상의 전형적인 집락을 선별하여 보통한천배지에 접종한다.
- 35~37℃에서 18~24시간 혐기배양한 후 정성시험법의 확인시험에 따라 실시한다.

(3) 균수 계산

- 확인 동정된 균수에 희석배수를 곱하여 계산한다.

11. 리스테리아 모노사이토제네스*Listeria monocytogenes*

(1) 증균배양

- 우유, 유제품, 가공식품 및 수산물의 검체에 대해서는 증균배지로 Listeria 증균배지를 사용한다.
- 식육 및 가금류 등의 검체는 배양액 0.1 mL를 취하여 Fraser Listeria 배지 10 mL에 접종, 35~37℃에서 24±2시간 2차 증균을 실시한다.

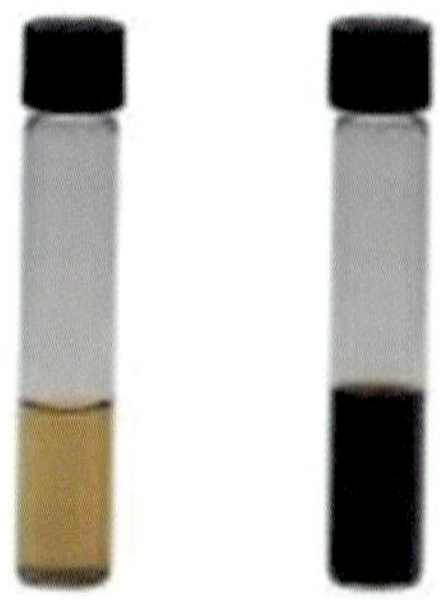

그림 5-18 Fraser Listeria 배지
자료 : BD - Diagnostic Systems: Difco & BBL Manual - Fraser Broth Base p.238

(2) 분리배양

- 증균배양액을 멸균된 면봉을 이용하여 Oxford 한천배지 또는 LPM 한천배지 또는 PALCAM 한천배지에 접종한다.
- 30℃에서 24~48시간 배양한다.
- 의심집락이 확인되면 0.6% 효모추출물이 포함된 Tryptic soy 한천배지에 접종, 30℃에서 24~48시간 배양한다.

(3) 확인시험

- 그람양성 간균, hemolysis(+), motility(+), catalase(+), CAMP test, mannitol(−), rhamnose(+), xylose(−)

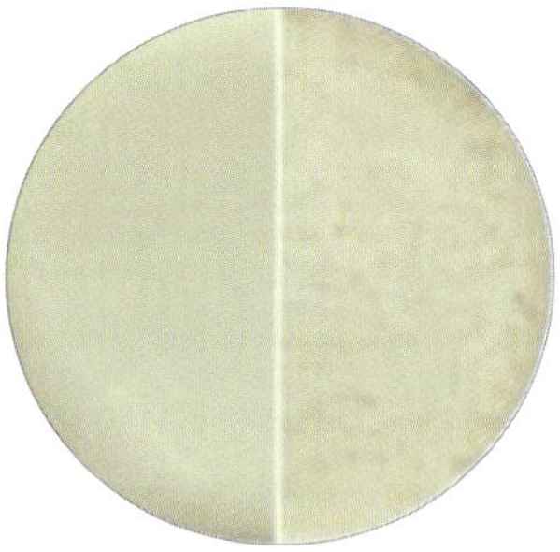

그림 5-19 LPM 한천배지

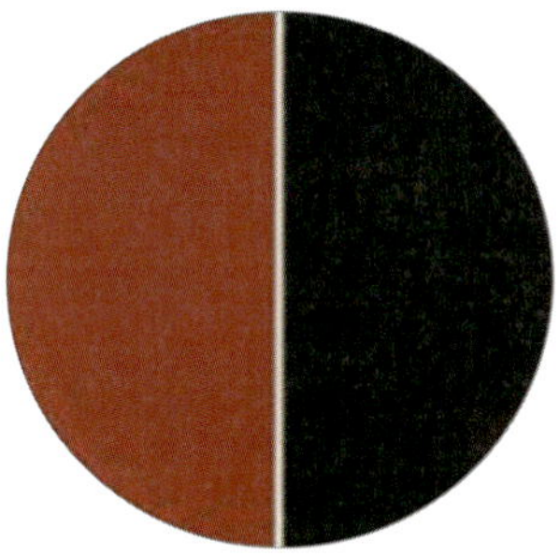

그림 5-20 PALCAM 한천배지

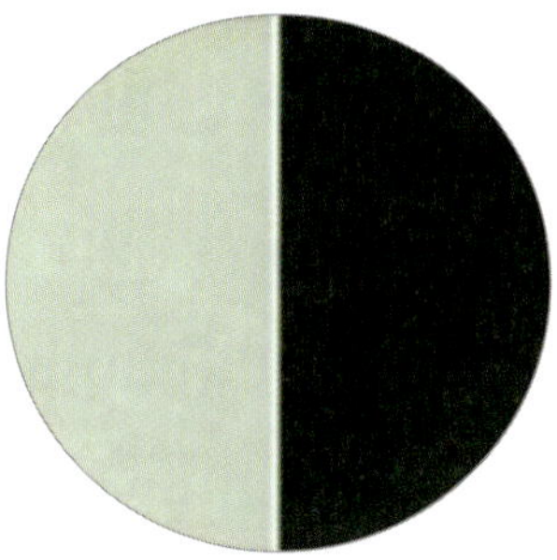

그림 5-21 Oxford 한천배지

12. 대장균 O157:H7*Escherichia coli* O157:H7

(1) 증균배양

- 검체 25 g 또는 25 mL를 취하여 225 mL의 mEC 배지에 가한다.
- 35~37 ℃에서 24 ± 2시간 증균배양한다.

(2) 분리배양

- 증균배양액을 cefixime(0.05 μg/L) 및 potassium tellurite(2.5 μg/mL)가 첨가된 MacConkey sorbitol 한천배지에 접종한다.
- 35~37℃에서 18시간 배양한다.
- Sorbitol을 분해하지 않는 무색 집락을 취하여 EMB 한천배지에 접종한다.
- 35~37℃에서 24±2시간 배양한다.
- 녹색의 금속성 광택이 확인된 집락은 확인시험을 실시한다.

Escherichia coli O157:H7
ATCC 35150을 접종한
SMAC 한천배지

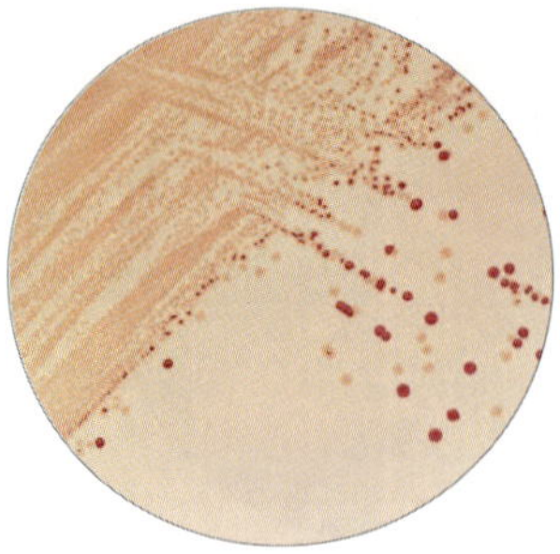

Escherichia coli
ATCC 25922를 접종한
SMAC 한천배지

분홍색 집락 : 대장균군
무색 집락 : *Escherichia coli* O157:H7

그림 5-22 SMAC 한천배지

자료 : BD - Diagnostic Systems: Difco & BBL Manual - MacConkey Agars with sorbitol p.340

(3) 확인시험

- EMB 한천배지에서 녹색의 금속성 집락을 보통한천배지로 옮겨 35~37℃에서 18~24시간 배양한다.
- 그람음성 간균임을 확인하고 생화학시험을 실시한다.

(4) 혈청형시험

- 대장균으로 확인 동정된 균은 O157 항혈청을 사용하여 혈청형을 결정한다.
- O157이 확인된 균은 H7의 혈청형시험을 실시한다.

13. 여시니아 엔테로콜리티카 *Yersinia enterocolitica*

(1) 증균배양

- 검체 25 g 또는 25 mL를 취하여 PSBB 배지 225 mL을 가하고, 동시에 PSBB 배지를

가한 검액 10 mL를 취해 ITC 배지 90 mL에 가한다.

- 각각의 검액을 25℃에서 48시간 배양한다.

(2) 분리배양

- 증균배양액 0.1 mL를 0.5% KOH가 함유된 0.5% 식염수 1 mL에 가하여 수 초간 섞는다.
- 이 용액을 MacConkey 한천배지와 CIN 한천배지에 각각 접종한다.
- 30℃에서 24 ± 2시간 배양한다.

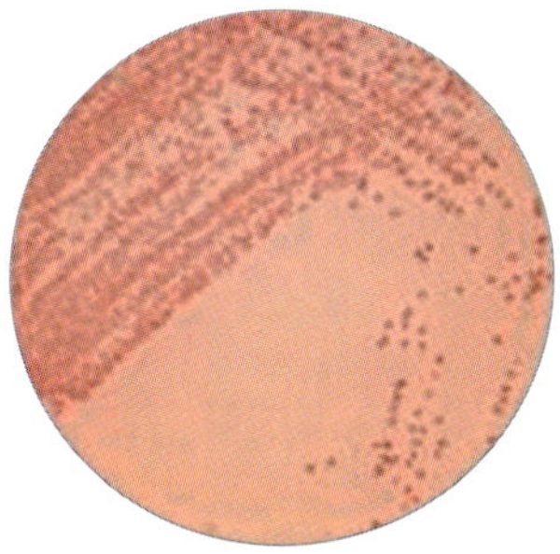

Yersinia enterocolitica ATCC 9610을 접종한 CIN 한천배지

그림 5-23 CIN 한천배지

자료 : BD - Diagnostic Systems: Difco & BBL Manual - CIN agar base p.115

(3) 확인시험

- MacConkey 한천배지에서 유당을 비분해하는 집락이나 CIN 한천배지에서 중심부가 짙은 적색을 보이는 집락을 골라 각각 TSI 사면배지의 사면과 고층부에 접종한다.
- 35~37℃에서 18~24시간 배양한다.
- 고층부와 사면이 노랗고 가스와 황화수소가 발생하지 않은 균주를 선택한다.
- 그람음성 간균, 25℃ 운동성(+), 37℃ 운동성(−), urea 시험(+), citrate 시험(−)

14. 바실루스 세레우스*Bacillus cereus*

1) 정성시험

(1) 분리배양

- 검체 25 g 또는 25 mL를 취하여 225 mL의 희석액을 가하여 균질화한다.

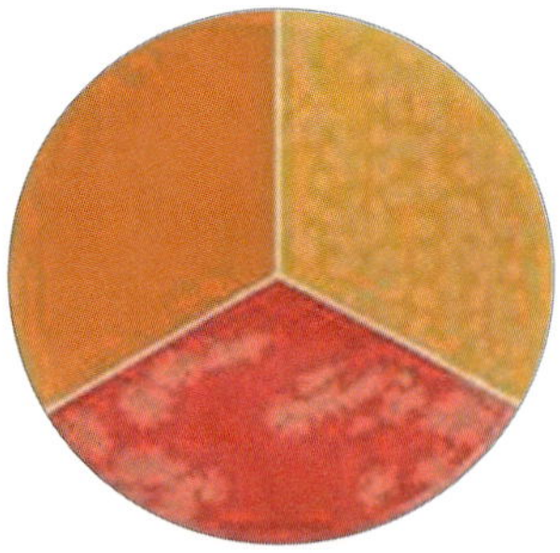

그림 5-24 MYP 한천배지
자료 : BD - Diagnostic Systems: Difco & BBL Manual - MYP agar p.160

- MYP 한천배지나 PEMBA 한천배지에 접종한다.
- MYP 한천배지의 경우 30℃에서 24시간 배양하고, PEMBA 한천배지의 경우 37℃, 24시간 배양한다.
- MYP 한천배지에서는 혼탁한 환을 갖는 분홍색 집락을, PEMBA 한천배지에서는 혼탁한 환을 갖는 청녹색 집락을 선별한다.

(2) 확인시험

- 전형적인 집락을 보통한천배지에 접종한다.
- 30℃에서 18~24시간 배양한다.
- 그람염색, 긴 형태의 간균, 운동성, nitrate 환원능, VP, β-hemolysis, 혐기배양 시 포도당 이용 등의 생화학시험을 실시한다.

2) 정량시험

(1) 균수 측정

- 검체 25 g 또는 25 mL를 취한 후, 225 mL의 희석액을 가하여 2분간 균질화한다.
- 희석액을 사용하여 10배 단계 희석액을 제조한다.
- MYP 한천평판배지에 단계별 희석 용액의 총 접종액이 1 mL가 되도록 3~5장 도말한다.
- 30℃에서 24±2시간 배양한다.
- 집락 주변에 lecithinase를 생성하는 혼탁한 환이 있는 분홍색 집락을 계수한다.

(2) 확인시험

- 집락을 보통한천배지에 접종한다.
- 30℃에서 18~24시간 배양한다.
- 정성시험의 확인시험에 따라 확인시험을 실시한다.

(3) 균수 계산

- 확인 동정된 균수에 희석배수를 곱하여 계산한다.

15. 캄필로박터 제주니 *Campylobacter jejuni*

(1) 증균배양

- 검체 25 g 또는 25 mL를 취하여 supplement A가 첨가된 HUNT 배지 100 mL에 넣고 균질화시킨다.
- 35~37℃에서 4~5시간 동안 미호기적(5% O_2, 10% CO_2, 85% N_2)으로 1차 증균을 실시한다.
- 1차 증균 후 cefoperazone 용액(0.8 g/100 mL) 0.4 mL를 첨가한다.
- 42℃에서 24~48시간 미호기적으로 2차 증균을 실시한다.
- 유제품의 경우 1차 증균 시 supplement B를 사용하고, 2차 증균 시에는 rifampicin 용액(0.125 g/100 mL) 0.4 mL를 첨가하여 배양한다.

(2) 분리배양

- 증균배양액을 modified Campy blood free 한천배지 또는 Abeyta-Hunt 한천배지에 각각 접종시킨다.
- 42℃에서 24~48시간 미호기적으로 암소에서 배양한다.

(3) 확인시험

- Modified Campy blood free 한천배지상에서 원형 또는 불규칙한 형태로 반투명한 흰색 또는 투명한 집락, Abeyta-Hunt 한천배지상에서 무지개빛 광택 집락을 선별한다.
- 항생제를 넣지 않은 Abeyta-Hunt 한천배지에 접종하여 42℃에서 24~48시간 배양한다.
- 현미경상으로 집락 확인, catalase(+), oxidase(+)

- hippurate 분해 양성, 황화수소 비생성, nalidixic acid 감수성, cephalothin 내성, 25℃에서 비생육, 42℃에서 생육하는 것 등 추가적인 생화학시험을 실시한다.

16. 클로스트리듐 보툴리늄*Clostridium botulinum*

(1) 증균배양

- 고형 또는 반고형물 검체는 동량의 젤라틴 인산 완충액을 첨가하고 균질화, 액상 검체는 그대로 사용한다.
- 1~2 g 또는 1~2 mL의 검체를 2개의 Cooked Meat 배지 15 mL에 접종, 35~37℃, 7일간 배양한다.
- 2개의 TPGY 배지에 같은 방법으로 접종, 26℃, 7일간 배양한다.

(2) 분리배양

- 증균배양액 1~2 mL와 동량의 여과 제균한 알코올을 혼합한다.
- 실온에서 1시간 방치한다.
- Liver-Veal 난황한천배지 또는 혐기성 난황한천배지에 접종한다.
- 35~37℃, 48±3시간 혐기적 배양을 실시한다.

(3) 확인시험

- 그람양성, 간균, 아포 형성
- 호기 조건으로 35~37℃, 2~3일간 배양하였을 경우 균이 발육되지 않는 것을 확인한다.
- 0.1%의 glucose를 첨가한 GAM 배지에 접종하여 35~37℃에서 1~4일간 배양하여 운동성을 확인한다.
- 질산염 환원능 없음, 우유 분해능

(4) 독소확인시험

- 시험 용액을 4℃, 10,000 G로 20분간 원심분리한다.
- 동량의 2% trypsin 용액을 가하여 35~37℃, 30~60분간 반응시킨다.
- 1 mL당 100 U의 penicillin과 100 μg의 chloramphenicol을 첨가한다.
- 중량 15~20 g의 ICR계 마우스 5군에 복강 내 주사를 실시한다.

17. 크로노박터 사카자키*Cronobacter sakazakii*

(1) 증균배양

- 검체 3관(및 병)에서 검체 각 100 g을 900 mL 멸균증류수에 가한다.
- 35~37℃, 18~24시간 증균배양을 한다.
- 증균배양액 10 mL를 90 mL EE 배지에 첨가한다.
- 35~37℃, 18~24시간 2차 증균배양한다.

그림 5-25 VRBG 한천배지

자료 : BD - Diagnostic Systems: Difco & BBL Manual - Violet Red Bile Glucose Agar p.616

(2) 분리배양

- 증균배양액을 CESA 한천배지 또는 VRBG 한천배지 또는 C. sakazakii 한천배지에 도말시킨다.
- 35~37℃, 24 ± 2시간 배양한다.

Biosafety Level이란?

감염성 생물체로부터 실험자의 피폭에 따른 피해를 최소화하기 위해 감염성이 증명되었거나 잠재적 감염의 위험이 있는 생물체를 위해성 정도에 따라 분류하고, 이에 필요한 밀폐시설을 차등하여 분류하는 기준이다. 생물체의 위해성과 밀폐시설의 등급은 통상 국제보건기구(WHO) 또는 미국 질병통제예방센터(CDC)의 기준을 따라 4단계의 생물안전도(biosafety level), 즉 BL1, BL2, BL3, BL4로 분류한다.

고위험병원체 연구(보툴리늄균이나 탄저균, 페스트균 등)에 필요한 Biosafety Level-3 시설은 미국이 1,400여 개, 한국이 60개(2016년 12월 30일 현재) 내외가 있다.

18. 탄저균*Bacillus anthracis*

- 시험 용액 제조법에 따른 시험 용액을 보통한천배지에 도말시킨다.
- 24시간 동안 35~37℃에서 배양한다.
- 곰보유리 모양의 집락, 또는 회백색의 축모상을 형성한다.
- 혈액한천배지에서 용혈성을 보이지 않는다.
- 액체배지에서 침전하여 균막을 형성하지 않으며 발육 상층부는 투명하다.
- 그람양성, 대간균으로 양단이 직각으로 잘려짐, 낚싯대 모양의 연쇄상을 보인다.

19. 결핵균*Mycobacterium tuberculosis*

- 액상 검체 30 mL 이상을 3,000 rpm으로 30분간 원심분리, 유지부를 시험관에 취한다.
- 항산성 염색(acid-fast staining) 방법인 지일-닐센(Ziehl Neelsen)법을 이용하여 염색 후 검경한다.
- 유지부에 동량의 8% NaOH액을, 침전물에는 약 10배 양의 4% NaOH액을 가하여 혼합한다.
- 각각 0.1 mL씩을 3% Ogawa 배지에 도말, 35~37℃의 항온기 내에서 검액을 흡수시킨다.
- 배지의 시험관을 밀전하여 2개월간 배양한다.
- 배양하고 남은 검체는 BTB를 가한 염산 수용액 방울을 떨어뜨려 중화한다.
- 1~2 mL씩을 기니피그〔guinea pig : 투베르쿨린(tuberculin) 반응 음성, 체중 300 g 이상〕의 피내에 접종시킨다.

탄저병

흙 속에 사는 균인 탄저균(*Bacillus anthracis*)에 노출되어 발생한다. 탄저병은 기본적으로 초식동물에 발생하는 질병이지만, 사람이나 육식동물(기회숙주)에 남아 있다가 새로운 숙주로 옮겨 갈 수 있다. 피부 감염은 탄저균에 감염된 동물의 사체나 오염된 토양과 접촉하여 발생한다. 사람에게서 탄저병이 발병한 사례는 간혹 보고되고 있으며, 국내에서도 탄저병에 걸린 소를 도살한 후 그 고기를 먹은 사람에게서 발생한 경우가 보고된 바 있다. 탄저균은 전염성이 강하여 생물 병기로서의 가능성과 위험성에 대한 우려가 제기되어 왔다.

- 접종 후 2주 후부터 기니피그의 투베르쿨린 반응과 체중을 조사한다.
- 4~8주 후에 부검하여 림프절 및 각 장기의 결핵성 변화를 관찰한다.
- 병변 부위의 장기를 무균적으로 채취하여 1% NaOH로 유제를 만들고, 0.1 mL씩을 1% Ogawa 배지에 배양하여 결핵균을 재확인한다.

20. 브루셀라*Brucella*

- 우유의 경우 20~30 mL를 3,000 rpm으로 30분간 원심분리 후 유지부와 침전물을 직접 도말배양하고 두 마리 이상의 기니피그(250~300 g)에 3~5 mL씩을 복강 내에 주사하고, 세 마리 이상의 마우스(mouse, 12~15g) 피하에 0.25~0.5 mL를 주사한다.
- 고체 검체는 유제를 조제하여 직접 도말배양, 위의 실험동물에 주사하거나 유제를 멸균거즈로 여과한 후 그 여액 또는 1,000 rpm에서 5분간 원심분리하여 얻은 상층액을 실험동물에 접종한다.
- Liver 한천배지, Liver 한천배지에 Gentian violet을 첨가, 35~37℃, 10% 탄산가스 조건하에 4~6일간 배양한다.
- 그람음성, 단간균, 구균의 형상을 띤다.
- 액체배지에서 35~37℃, 24시간 배양한다.
- 운동성은 없으며 당류는 거의 분해하지 않는다. Indole 반응, MR 반응 및 VP 반응 음성을 나타낸다.
- 실험동물에 주사한 것은 접종 3주 후에 실험동물의 혈청에서 이 균에 대한 항체가 형성되었는지 여부를 혈청학적으로 진단, 비장에서 본 균을 분리배양한다.

브루셀라증

브루셀라속에 속하는 대표주로는 염소유산균, 돼지유산균이 있으며 이들에 의한 질병을 브루셀라증이라고 한다. 어느 것이든 그람음성의 구균에 가까운 소간균(0.6~1.5×0.5~0.7 ㎛)으로 아포, 편모가 없다. S형균은 협막을 가진다. 보통 한천배지에서는 발육이 불량하나, 간 추출물이나 혈청, 혈액을 포함한 배지에서는 잘 발육한다. 본래는 소, 양, 돼지 등의 병원균이지만 사람에도 감염되어 파상열을 일으킨다. 테트리시이클린(tetracycline)이 유효하다.

단원정리

- 대장균군 검사 : 대장균은 식품위생의 지표 미생물이며, 대부분의 식품에는 대장균과 관련되어 있는 「식품위생법」상의 규격기준이 존재한다. 일부 대장균이 검출되어서는 안 되는 식품이 있는데, 이때는 대장균의 존재 여부만을 확인할 수 있는 정성시험법을 사용할 수 있다. 대장균을 정량적으로 확인할 수 있는 방법으로는 유당배지법, BGLB법, 데스옥시콜레이트 유당한천배지법 그리고 건조필름법 등이 있다.
- 세균별 검사방법 : 식품에는 그 종류에 따라 다양한 미생물들이 존재한다. 이를 정성 또는 정량적으로 파악하기 위해서는 분석하고자 하는 미생물만을 성장시킬 수 있는 선택적 배지, 미생물에 적합한 배양온도 및 배양시간을 고려해서 실험을 진행해야 한다.

연습문제

1 건조필름법을 이용한 일반세균수의 확인방법에 대해 서술하시오.

2 저온세균과 내열성 세균의 수를 확인하는 방법에 대해 서술하시오.

3 황색포도상구균 정량실험법에 대해서 서술하시오.

4 리스테리아 모노사이토제네스를 분리배양할 때 이용할 수 있는 배지를 답하시오.

5 대장균 O157:H7(*Escherichia coli* O157:H7)의 확인시험에 대해서 설명하시오.

CHAPTER 6

미생물 제어법

1. 열처리 제어법
2. 비열 처리 제어법

1. 열처리 제어법

1) 마이크로파 가열

(1) 마이크로파의 정의 및 원리

마이크로파(microwave)란 주파수 300 MHz에서 30 GHz(파장 1 cm~1 m)에 이르는 매우 짧은 영역의 전자파를 말한다. 마이크로파 시스템은 크게 송신시스템(마이크로파 발진기, 도파관, 송신안테나)과 수신 시스템(수신안테나, 전송선로 또는 도파관, 마이크로파 증폭기, 수신기 등)의 2가지 시스템으로 구성된다. 마이크로파 파장대역의 전파는 파장이 긴 UHF인 TV방송에서부터 가장 파장이 짧은 영역에 있는 인공위성과의 통신 및 전 영역에 걸친 레이더까지 많은 응용 분야에서 이용되고 있을 뿐 아니라 가장 중요한 전파로 인식되고 있다. 마이크로파는 빛처럼 직진하여 물을 포함한 식품 성분에는 흡수되지만 금속에는 반사되고, 자연 상태를 유지하는 물질(전기적 성질을 갖지 않고 존재하는 것 : 파라핀, 벤젠 등)과 만나면 통과한다. 그렇지만 대부분의 물질들은 자연 상태로 존재하지 않기 때문에 전자장이 형성된 곳에 놓이면 그림 6-1처럼 일직선의 전자장이 형성되게 된다.

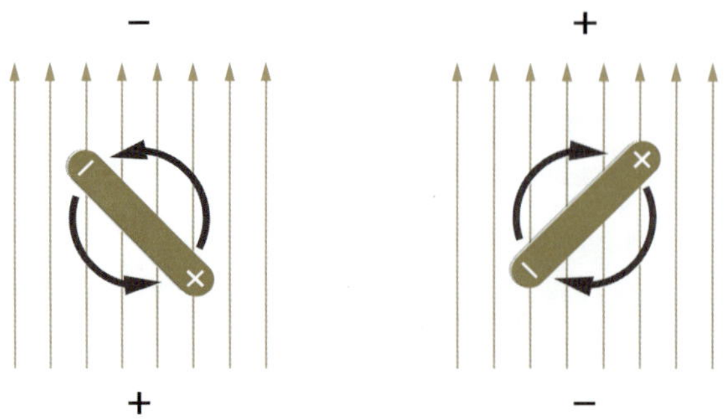

그림 6-1 마이크로파장에서 극성 분자의 움직임
자료 : 장학길, 식품가공저장학, 라이프사이언스

그런데 전자장은 1초에 수백만 번씩 변화하여 놓인 물질이 움직이려는 힘이 생기고 마이크로파 에너지는 이러한 힘을 전환하게 한다. 이러한 과정에서 발생되는 에너지파는 식품 표면으로부터 약 3.81 cm가량 뚫고 들어가서 물, 지방, 당 분자들을 활성화시킨다. 에너지파를 받은 분자들은 진동하여 분자 간에 충돌과 마찰이 생기는데, 이때 생긴 열이 식품 내부 및 표면으로 전달된다. 또한 마이크로파에서 생긴 열은 연속적인 전도

과정을 통해 증가된다.

전자파 에너지를 유전체(식품) 가열에 이용하는 마이크로파 가열(microwave heating)은 ISM(Industrial Scientific and Medical Use)에 의해 사용 주파수가 정해져 있으며, 2,450 MHz와 915 MHz가 세계적으로 이용되고 있는 영역이다. 파장이 짧으므로 빛과 거의 비슷한 성질을 갖고 있으며, 살균력이 강하고 식물이나 물에 잘 흡수되어 열을 발생한다. 이런 특성을 적용한 기술이 전자레인지이다.

마이크로파 살균기의 기본구성은 마이크로파 발진기, 즉 마그네트론 부분을 말하며, 아이솔레이터는 가열부로부터 반사전력을 흡수하여 마이크로파 발진기의 손상을 막아주는 보조역할을 한다. 튜너(tunner)는 전자파가 가열부에 많이 전달될 수 있도록 반사전력이 최소가 되도록 조절하는 장치이다. 마이크로파 배분기는 도파관으로부터 마이크로파를 손실 없이 가열부로 전달하는 역할을 한다.

또한 마이크로파 살균은 유전체 손실에 의한 발열을 효율적으로 이용하는 것으로, 피가열물체가 발열체로 되어 물체 내부로부터 가열이 진행되기 때문에 내부가열 또는 직접가열이라고 한다. 이러한 내부가열 방식은 일반적으로 열효율이 매우 높고 짧은 시간에 가열할 수 있는 장점이 있다.

(2) 마이크로파 가열의 특징

마이크로파 가열은 종래의 방법들과 본질적으로 다른 방식의 가열법으로 많은 특징을 가지고 있으며, 특히 열전도가 떨어지는 물질의 살균에 효과가 있다. 마이크로파는

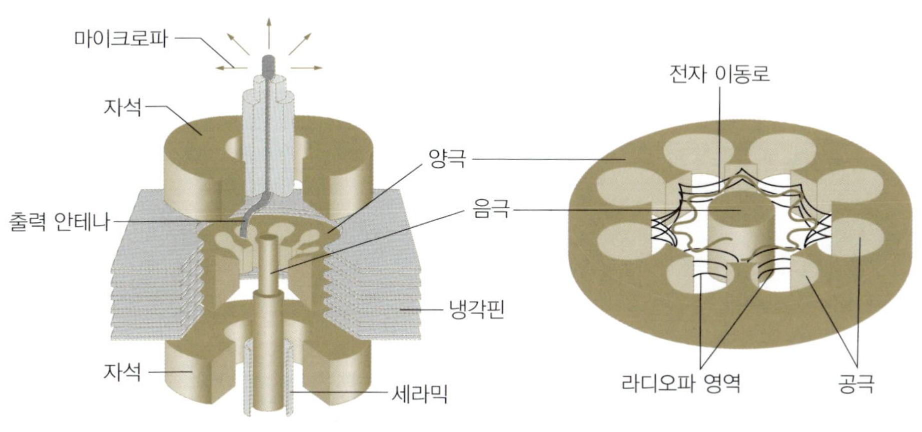

그림 6-2 마이크로파 발생장치
자료 : http://mainland.vott.org/istf2008/generarators.asp

순간적으로 물체에 침투하여 열로 변환시킴으로써 종래의 외부가열보다 단시간에 살균할 수 있으며 물체 자체가 발열체이기 때문에 가열장치를 예열할 필요가 없어 열효율이 매우 높다. 또한 마이크로파는 광속도로 조사되어 운전, 중지 및 출력조정에 의한 온도제어가 용이하고, 물체의 각 부분이 동시에 발열하기 때문에 복잡한 형태의 물질에 대해서도 비교적 균일하게 가열 및 살균을 할 수 있으며 손실계수의 차를 이용해 부분적으로 선택 살균도 할 수 있다. 가열 속도는 식품의 현재 온도, 분자의 진동, 식품의 양에 따라 다르다.

(3) 마이크로파 살균의 원리

마이크로파에 의한 살균의 원리는 크게 마이크로파 에너지의 유전계수에 따른 발열(가열살균)과, 마이크로파 전계 교환에 따른 전기적 효과(비가열살균)로 나눌 수 있다. 마이크로파 가열에 의한 살균을 종래의 가열살균 메커니즘으로 생각하면 간단하지만 미생물 세포는 가열에 의해 세포 내 성분과 조직 구조가 복합적으로 영향을 받기 때문에 미생물의 사멸 기구를 단순히 특정하는 것은 쉽지 않다.

지금까지 알려진 미생물 세포의 가열에 의한 주요 손상은 세포막이나 세포벽 구성성분의 유출에 따른 구조 변화, 효소 단백질의 구조 변화에 따른 효소활성의 저하, DNA의 직접적인 절단 또는 가열에 의한 효소의 활성 변화에 의해 일어나는 간접적인 DNA 절단 등에서 볼 수 있다. 마이크로파의 전기적 효과(비가열살균 효과)로 나타날 수 있는 메커니즘은 첫째, 마이크로파 전계에 의해 세포막이 불가역적 장애를 받아 이온의 능동수송이 저하되어 수동운송이 증가하게 된다. 둘째, 마이크로파 전계에 의해 효소단백질이나 DNA의 2차, 3차 구조가 불가역적으로 변화하게 된다.

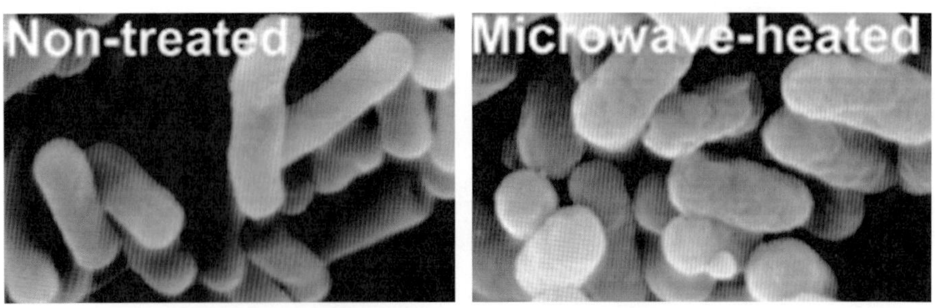

그림 6-3 마이크로파 살균 처리 전후 비교(SEM)
자료 : Woo et al., 2000 / AEM2000, 66, 2243-2247

기존 연구를 통해 자외선 조사에 의한 살균에서는 DNA 티아민의 이합체를 형성하여 DNA 복제가 장애를 받는다는 살균 메커니즘이 밝혀져 있다. 마이크로파 조사는 유전체 중의 분자가 배향분극으로 자외선 조사의 전자분극과는 다르지만 마이크로파 조사에 의해 단백질이나 DNA 등의 생체 고분자물질의 구조가 변화하는 것은 가능한 메커니즘이다.

(4) 마이크로파 가열의 식품 분야 응용

곰팡이, 효모 및 일반세균은 보통 70~80℃ 정도로 가열하면 사멸될 수 있고, 마이크로파를 이용하였을 때는 1분 이내에 대부분 미생물들의 사멸을 확인할 수 있다. 그러나 유포자 간균의 경우 100℃ 이상의 고온과 압력을 동시에 장시간 가하여도 쉽게 사멸되지 않는 내열성을 지니며, 마이크로파를 이용하여도 단시간 조사로는 쉽게 살균되지 않는다. 1960년대 초 *Staphylococcus aureus*와 *Salmonella Typhi*와 같은 세균들은 전통적인 가열법보다 마이크로파에 의한 가열법이 세균 사멸에 효과적이라 알려지면서 마이크로파가 주목을 받기 시작하였다. 많은 종류의 식품에 조사하여 마이크로파가 식품의 품질 변화 없이 효율적으로 살균 효과를 얻을 수 있음도 밝혀졌다.

셀로판으로 포장된 카스텔라나 만두를 마이크로파로 가열 처리한 경우, 미처리 샘플에 비해 2~5배 보존성이 향상된다. 마이크로파 조사에 의해 보존성이 좋아지게 되면 산업적 측면에서 상품의 저장성이 향상되어 판로가 확대되고 품질 열화에 의한 클레임이 감소하는 등 경제성 및 신뢰성 측면에서 크게 개선 효과를 볼 수 있다. 과자용의 마이크로파 가열장치는 이미 상당수 산업체에 적용되어 있다.

기존 연구를 통해 밝혀진 여러 식품군에서의 살균 효과를 살펴보면 표 6-1과 같다.

많이 사용하고 있는 셀로판으로 포장된 슬라이스 식빵에 마이크로파를 조사한 경우, 2,400 MHz에서 0.4 kW의 마이크로파를 40초간 처리한 경우(빵의 온도는 65~70℃로 상승) 9일간 방치해도 곰팡이의 발생을 확인할 수 없었고 60초간 처리한 경우(빵의 온도는 85~90℃로 상승)는 21일간 보존할 수 있다.

과채류는 세균의 오염이 쉽게 일어나지만 과채류를 이용해 제조되는 감자샐러드의 경우 품질 저하의 우려가 있어 일반적인 가열살균을 적용하기 매우 어렵다. 감자샐러드를 폴리프로필렌제 용기에 넣어 마이크로파로 가열 처리한 경우, 기존의 열탕 처리와 비교해 1/27이라는 단시간으로 90℃에 노날하여 가열살균에 따른 품질의 저하를 피할 수

표 6-1 마이크로파 처리에 의한 식품의 살균 효과

식품	미생물	처리 조건	효과
포장 빵	곰팡이	2,450 MHz, 10 kW, 컨베이어 방식	빵의 최고온도 65.5℃에서 5~10분으로, 21일 방치하여도 곰팡이 발생 없음
조리빵 Wiener roll, Ham roll	일반미생물, 대장균군	전자레인지(800 W)	10~15초에서 대장균 살균, 20초 조사로 생균수 10 이하
샐러드빵	대장균군	전자레인지(700 W)	75초 이내에서 대장균군 살균, 생균수는 90초로 없음
고기다짐빵	일반미생물, 곰팡이, 포도상구균		60~90초로 살균, 75초로 살균
카스텔라 (수분 24.7%)	곰팡이	전자제인지(800 W)	30초(최고온도 80℃)로 보존성 향상
카스텔라 (수분 22.7%)	곰팡이	전자레인지(1.2 kW)	45초로 살균
마롱글라세	곰팡이	전자레인지(1.2 kW)	15~30초로 살균
만두	곰팡이	전자레인지(1.2 kW)	15초 이상 처리로 11일 후에도 발생하지 않음
생과자, 반생과자	곰팡이, 대장균군	전자레인지	보존성 향상(2~3배)
슈크림	대장균, 포도상구균, 고초균	전자레인지	10~15초로 생균수 10 이하, 15초로 3 log 감소
생국수	*Staphylococcus aureus*		1.5분으로 살균
국수, 모밀국수	일반미생물	컨베이어식	보존성 2배 이상 연장
전분(고구마전분)	일반미생물	전자제인지(600 W)	3분 조사로 생균수 37~75% 저하
우유	일반미생물	전자레인지	30초 조사로 거의 살균
어묵	곰팡이	전자레인지(800 W)	1.5분으로 곰팡이 살균, 생균수 2 log 저하
햄소시지	일반미생물	40 MHz, 2,450 MHz	수 분으로 살균(상시의 2시간 정도)
어육소시지	일반미생물	1,250 MHz	충격 처리로 표면온도 82~91℃, 85~90℃, 45분 처리와 같은 살균 효과
된장, 오징어(조미), 김밥도시락	효모, 일반미생물	2,450 MHz	60℃에서 60~80초로 살균, 140초로 살균
계육	*Clostridium perfringens*	2,450 MHz	영양세포는 70℃ 이상에서 사멸, 포자는 49~84℃로 활성화, 발아 촉진, 80℃에서 2 log 저하
고기, 육제품	대장균, 곰팡이, 일반세균	700 W	60초(표면온도 85℃)로 살균, 140초로 살균
생선	*Salmonella* Typhimurium	2,450 MHz	195초 조사로 살균 불충분
참치	*Salmonella* Typhimurium	2,450 MHz, 시료 270 g	49~390초로 살균
햄	일반미생물	컨베이어식, 2,450 MHz	열수의 3배의 속도로 중심온도 상승하여 살균, 표면은 살균 불충분

자료 : 식품과학과 산업 33권 2호, 2000

있다. 4분 정도의 처리로 대장균군(초기균수 10^3 CFU/g)은 검출되지 않았으며 일반세균(초기균수 10^5 CFU/g)은 10 CFU/g 이하로 떨어졌다.

메밀분을 원료로 하는 국수에는 10^5~10^6 CFU/g의 잡균으로 오염되어 있다. 국수를 폴리프로필렌 필름으로 진공 포장해 마이크로파로 가열 처리하면 90초 정도로 거의 멸균의 효과를 볼 수 있고, 처리 후 메밀분의 관능은 크게 달라지지 않았다.

그 밖에도 최근 과실 캔 살균에 응용, 채소의 건조, 찻잎 건조에 응용 등 다양한 연구가 보고된 바 있다.

마이크로파는 일반 가열살균과 달리 식품에 따른 마이크로파 가열 메커니즘에 의해 살균 효과의 차이가 발생하여 실제로 적용할 때는 대상 식품의 마이크로파에 의한 가열 특성을 잘 알아 두어야 한다. 식품의 크기나 종류, 형태에 따라서 동일 중량이라 할지라도 미생물의 사멸속도는 다르며, 식품에 존재하는 미생물의 초기오염 정도는 사멸속도에 크게 영향을 주지 않는다. 따라서 장시간 처리를 피하기 위해서는 대상 식품의 오염도를 가능한 한 낮추는 것이 중요하며, 부분적인 과(過)가열을 방지하기 위해 예비살균 처리를 하거나 일반가열과 병용할 필요가 있다.

2) 옴 가열

(1) 옴 가열의 정의 및 원리

급속 가열방법과 비열처리를 통한 균 제어에 대한 관심은 1980년대의 전기와 전자기 처리법을 부각시켰다. 저항이나 전기적 저항 가열, 유도 가열, 극초단파 가열, 무선주파수 가열, 펄스자기장, 전기적 아크 방전, 진동 자기장 처리는 균 제어를 위해 연구되고 있는 몇 가지 기술들이다. 전기적 가열 처리는 급속 가열방법이고 나머지는 저온이나 비열처리 방법들이다. 전기적 가열법은 외부의 가열 매체를 사용하는 것이 아니라 식품 내부에서 열을 발생시키는 방법으로, 이렇게 발생되는 열에 의해 균을 비활성시키는 것이다. 추가적 관심 사항은 전기장, 비열 효과, 미생물의 상호작용에 관한 것으로, 이는 내부 열 발생과 함께 시너지를 나타낼지 여부에 관한 것이다.

옴 가열(ohmic heating)이나 전기적 저항 가열은 연속적으로 흐르는 식품에 저압의 교류 전류를 적용하게 되는데 열은 이 과정 동안 식품의 전기전도도에 의해서 발생된다. 처음으로 식품 가공공정에 전기를 적용한 예는 20세기 초반 우유살균이었다. 이 공정의 방법은 'electropure process'라고 부르며 유리 절연체로 구성된 수직의 직사각형 관 안에 병렬의 탄소 전극을 사용한 220V 교류전류의 적용과 관련이 있다. 그러나 사실상 이러한 기술이 추후 낙농 산업에 적용되지는 않았다. 이 기술의 불연속적 사용은 적합한 전극, 기기장치, 조종장치의 부재 때문이었다.

1980년대 말, 영국의 APV Baker사는 연속 공정 옴 가열 제조기술을 허가받고 식품 가공을 위한 상업적 옴 가열 시스템을 재도입하였다. 제조사는 옴 가열기 내부에 있는 식품이 미생물의 치사온도까지 빠르고 균일하게 가열했음을 보고하였다.

(2) 미생물 살균의 메커니즘

전류를 이용한 미생물 저감화 메카니즘과 관련된 연구가 많이 진행되고 있지만 그 기구에 대해 확실한 이유는 아직 밝혀지지 않았다. 현재까지 전류를 통해 생성되는 열과 화학적, 물리적 변화에 의해서 미생물의 저감화가 이루어지는 것으로 알려져 있다.

① 열에 의한 효과

옴 가열을 이용하여 식품 내부의 온도를 단시간 안에 올릴 수 있는 연구는 많이 이루어져 있으며, 식품 내부에서 발생된 열은 미생물을 저감화시키는 데 가장 큰 요소 중의 하나이다.

② 화학적 효과

식품에 염화물을 포함하는 화합물 또는 과산화수소가 존재할 경우, 낮은 전압의 교류전류로 처리하면 균을 사멸시킬 수 있다. 전극반응에 의해 식품 내에 생성되는 화학적 물질은 전극판의 종류, 전류밀도, 주파수, 사용되는 식품에 따라 달라진다.

③ 기계적 효과

옴 가열 동안에는 충격파가 생성되지 않지만, Shimada와 Shimahara(1985)에 의하면 세포막 손상은 막 투과성 변화와 세포 내 물질의 유출을 유발한다고 한다. 최근에 더 많은 연구에서 옴 가열 동안 이러한 약한 전기적 침투 작용원리가 일어난다고 보고되고 있다. *Lactobacillus acidophilus*의 발효에 대한 논문에서 약한 전기적 저항이 존재하는 조건에서는 균 성장의 유도기(lag phase)가 유의적으로 감소되지만, 발효의 궁극적 생산성은 감소된다고 하였다. 이러한 현상은 약한 전기천공(electroporation)이 발생하여 발효 초기단계에서 영양분의 이동을 개선시키기 때문에 발효가 가속화되는 것이라고 가정하였다. 후기단계에서는 전기천공 효과가 세포 내로 대사물질의 이동을 개선시키기 때문에 억제 효과를 유발한다. 세포 내 조직에 구멍을 생성하는 작용은 최근 여러 논문들에 의해서 더 확실히 검증되었다.

옴 가열의 추가적인 비가열(non-thermal) 효과는 옴 가열의 낮은 주파수(50~60 Hz) 때문인데 이는 세포벽에 구멍 생성과 전하 축적을 야기한다. 이는 고주파수를 이용하는 마이크로파(microwave) 및 무선주파수(radio frequency) 방법과는 대조적이며, 이는 충분한 전하가 축적이 일어나기 전에 전기장이 역행하기 때문이다. 하지만 이와는 대조적인 증거도 존재하는데 특히 Lee와 Yoon의 연구는 높은 주파수에서 *Saccharomyces cerevisiae*의 구성성분이 유출되는 현상을 나타낸다. 그러나 이 연구에서는 온도 제어의 세부사항이 이용되지 않았으므로 연구자들이 적절하게 온도 효과를 제거했는지는 알 수 없다.

(3) 옴 가열의 적용

옴 가열은 액체와 작은 입자들로 이루어진 혼합물, 높은 점성을 가지거나 열에 민감한 식품에 적용할 수 있다. 이 기술은 고형 음식물의 무균화 공정에도 적용 가능하다. 전통적으로 고형 음식물의 무균화 공정에서 액체 상태의 매질을 이용하여 열을 음식물로 전달하는 방법을 이용하였다. 이러한 방법은 음식물의 안전성을 높여 주지만 품질 면에서는 부정적인 영향을 미치게 된다.

옴 가열은 기존의 열처리방법을 대체할 수 있는 기술이다. 이 기술은 내부에서 열을 발생시킨다는 점에서 마이크로파와 유사하지만 마이크로파에 비해서 훨씬 일정하게 가

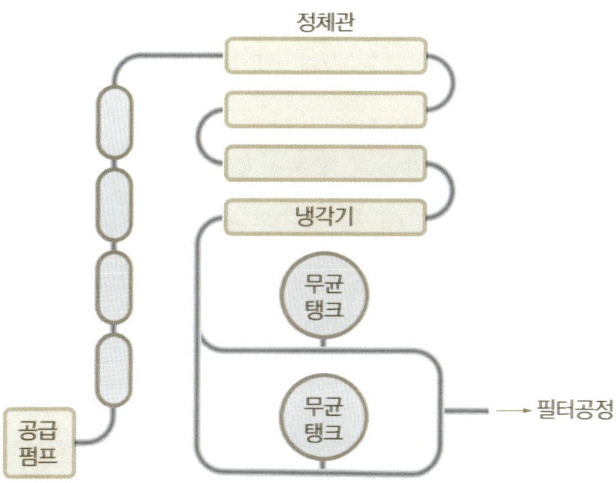

그림 6-4 옴 가열의 연속공정 개략도
자료 : Improving the thermal processing of foods, p.229

열된다. 또한 가열 속도도 기존의 기술에 비해 월등히 빠르다는 것이 이 기술의 장점이라고 할 수 있다. 따라서 옴 가열은 식품의 안전성과 더불어 높은 수준의 식품 품질을 유지시켜 줄 수 있는 기술이다.

옴 가열은 기존의 방법에 비해 높은 점성을 가진 식품과 열에 민감한 식품에도 적용을 할 수 있으며 식품의 품질 또한 유지시킬 수 있다. 현재 전 세계적으로 애완동물용 사료 및 고형 음식물 등의 처리에 있어서 옴 가열이 사용되고 있다.

3) 초고온 과열증기 가열

(1) 증기의 구분과 생성 원리

물이 끓어서 증기가 될 때, 가열된 정도에 따라 습증기(wet steam), 포화증기(saturated steam) 그리고 초고온 과열증기(superheated steam)로 구분할 수 있다. 습증기는 증기의 일부가 응축(condensation)되어 증기 내에 미세한 물방울이 맺혀 있어 뿌옇게 보이는 상태를 말하며, 일반적으로 포화증기가 끓는점 아래로 내려가면서 생성된다. 주전자나 스팀청소기에서 나오는 눈에 보이는 증기가 대표적인 습증기 상태의 증기이다. 하지만 표면에 분사하면 물방울이 맺히기 때문에 열전달을 방해하는 단점이 있으며, 물방울을 제거하지 못할 경우 금속을 부식시키고 미생물에 의한 재오염이 일어날 가능성이 있다.

포화증기는 끓는점에서 물이 액체에서 완전한 기체로 변한 상태이다. 실온에서 포화증기를 분사하면 습증기로 변해서 뿌옇게 보이는 경우가 많지만, 일반적으로 포화증기는 기체 상태로만 있기 때문에 눈에 보이지 않는다. 분사할 때 표면에 맺히는 물방울이 습증기보다 적고, 높은 잠열(latent heat)을 지니고 있어 식품 등을 빠르게 가열할 수 있다.

초고온 과열증기는 포화증기를 가열해 끓는점 이상의 온도로 만든 증기이다. 즉, 물에 잠열이 더해진 것이 포화증기라면, 여기에 현열(sensible heat)이 더해진 것이 초고온 과열증기이다. 그림 6-5에서는 포화증기선 오른쪽의 구간이 초고온 과열증기를 나타낸다. 기체 분자의 에너지 상태가 높아지면서 분자 간의 거리가 멀어지고 밀도가 낮아져서 증기 내에 물 분자가 적어 열전달 효율은 떨어지지만, 온도가 매우 높아 열전달 속도는 포화증기보다 높다. 그렇기 때문에 열 교환이나 짧은 시간에 미생물을 제어할 때 사용될 수 있다. 또한 초고온 과열증기는 포화증기보다 건조하기 때문에 '건증기'라고도 하며 식품의 건조공정에서도 많이 활용되고 있다.

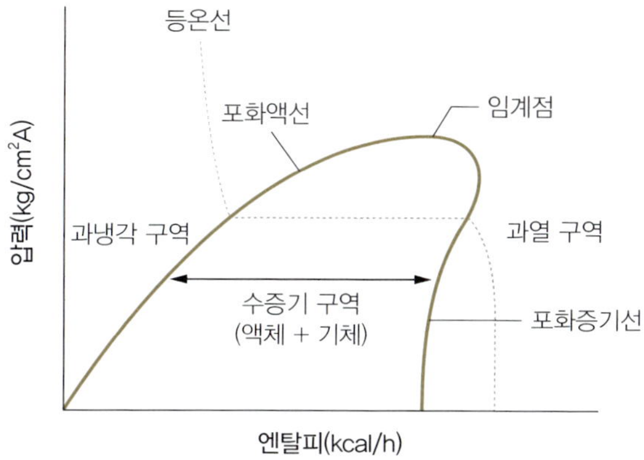

그림 6-5 물의 몰리에르선도

증기를 만드는 보일러는 크게 연관보일러(fire-tube boiler)와 수관보일러(water-tube boiler) 두 가지로 분류할 수 있다. 연관보일러는 챔버 안에 물을 넣고 그 내부를 파이프가 지나는 구조로 되어 있다. 파이프는 연료를 태워 가열된 뜨거운 공기가 지나면서 파이프를 가열하여 챔버 안의 물에 열을 전달하게 된다. 물을 채워 놓고 시작하기 때문에 처음에 가열되는 속도가 느리지만, 한번 생성되면 낮은 에너지로도 증기 생성을 유지할 수 있다는 장점이 있다. 수관보일러는 연관보일러와 반대로 연료를 가열하는 챔버 안에 수관이 지나는 구조로 되어 있다. 수관이 뜨거운 기체로 둘러싸여 있어 빠른 시간 안에 증기를 만들 수 있다는 장점이 있다. 하지만 파이프 내부에 많은 양의 물을 저장할 수 없어 물을 증발시키기 위해서는 수관 주위를 계속 높은 온도로 유지해야 한다는 단점이 있다. 일반적인 증기와는 다르게 초고온 과열증기는 한 개의 보일러로는 만들 수가 없

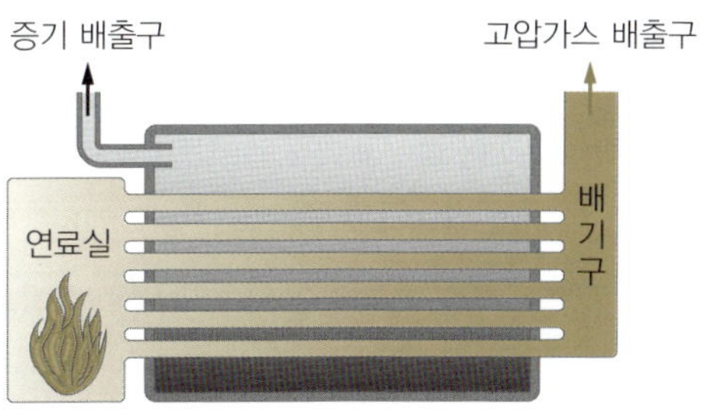

그림 6-6 연관보일러

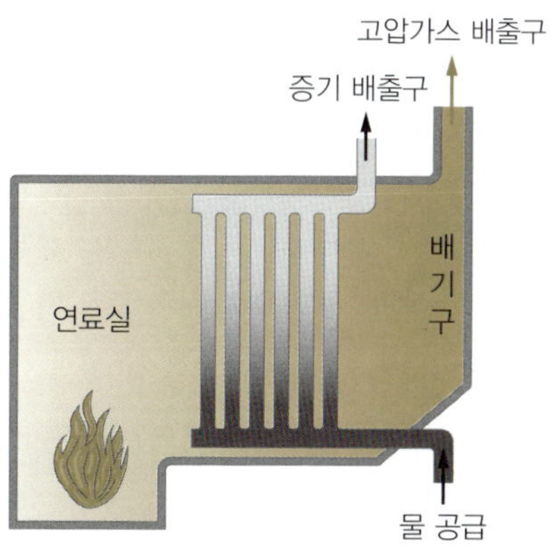

그림 6-7 수관보일러

다. 챔버 안에 액체 상태의 물이 있을 경우 아무리 포화증기를 가열해도 증발열로 전달되기 때문에 포화증기만 따로 모아 가열하는 2차 가열기가 필요하다. 이때, 압력이 증가하기 때문에 압력을 견딜 수 있게 설계되어야 한다.

(2) 초고온 과열증기의 특징과 살균 원리

초고온 과열증기를 이용해 미생물을 제어할 때 중요한 변수로는 온도와 압력이 있다. 일반적으로 두 변수의 값이 높을 때에 제어 효과가 증가한다. 압력의 경우 크게 두 가지로 해석할 수 있는데 첫 번째로는 높은 압력으로 분사되는 초고온 과열증기의 경우, 표면에 부딪혔을 때 강한 마찰이 발생하여 표면에 있던 균들이 떨어져 나가는 효과를 기대할 수 있다. 또한 높은 압력으로 분사되면 유체의 속도가 증가하게 되는데 이는 대류 열전달에 중요한 요소로 작용하게 된다. 이 밖에도 증기 내부의 물 함량도 열전달 효율에 영향을 주게 된다. 증기 자체의 특징은 아니지만 분사 거리, 배출구의 크기, 처리 시간 역시 증기를 이용한 미생물의 제어에 있어 고려되어야 할 요소이다.

초고온 과열증기의 미생물 제어 메커니즘은 다른 열처리와 마찬가지로 미생물의 세포막, 핵산(DNA, RNA 등), 효소 등 생명 활동을 하기 위해 필수적인 요소들을 불활성화시키는 것이다. 일반적으로 미생물은 외부 자극으로 인한 손상을 받게 되면 이를 회복하는 시스템을 통해 외부 자극에 저항성을 나타내게 되는데, 초고온 과열증기의 경우 회복 시스템을 포함하는 생명 활동에 필요한 요소들을 동시다발적으로 제어하기 때문에 미생물을 효과적으로 사멸시킬 수 있다.

(3) 초고온 과열증기의 식품 살균 분야 응용

포화증기의 경우 식품 살균에 있어 활발히 활용되고 있으며 특히 닭, 돼지, 소를 비롯한 육류의 가공과정에서 병원성 미생물을 제어하는 다양한 연구가 이루어졌다. 이에 비해 초고온 과열증기를 이용한 식품 살균의 적용은 비교적 최근 들어 연구가 이루어지고 있으며 현재까지 과일 및 채소류, 견과류, 분말 식품류 등에 적용한 연구가 보고되어 있다. 연구 결과를 살펴보면 100℃의 포화증기에 비해 초고온 과열증기를 이용할 경우 좀 더 빠른 시간 내에 병원성 미생물을 효과적으로 제어할 수 있는 것을 알 수 있다. 빠른 시간 내에 살균이 이루어지기 때문에 식품의 품질 효과도 커서 열에 민감한 과일과 채소류에도 종류에 따라 적용이 가능한 것으로 보고되고 있다.

또한 초고온 과열증기 처리는 식품뿐만 아니라 스테인리스강(stainless steel)이나 PVC

에 존재하는 병원성 미생물의 바이오필름 제어에도 뛰어난 효과를 나타낸다. 스테인리스강과 PVC는 식품의 가공 및 조리 환경에서 사용되는데 이에 존재하는 병원성 미생물은 식품으로 교차오염되는 원인이 되므로 이를 제어하는 것은 식품위생에 있어 매우 중요하다. 또한 병원성 미생물의 바이오필름은 여러 가지 살균 처리에 대해 높은 저항성을 나타내기 때문에 이를 제어하기 위한 효과적인 제어법이 필요한 상황이다. 보고된 연구에 따르면 초고온 과열증기 처리가 포화증기 처리에 비해 스테인리스강이나 PVC와 같은 식품 접촉 표면에 존재하는 병원성 미생물의 바이오필름 제어에 더 뛰어난 효과를 나타내는 것을 알 수 있다.

이처럼 초고온 과열증기 처리의 경우 기존 포화증기에 비해 식품 품질에 손상 없이 병

표 6-2 초고온 과열증기 처리에 의한 식품의 살균 효과

처리 대상	미생물	처리 조건	효과	비고
스테인리스강 및 PVC 표면 생성 바이오필름	*E. coli* O157:H7, *S.* Typhimurium *L. monocytogenes*	100~200℃	• 포화증기(100℃) 30초 처리 시 2~4 log 감소 • 초고온 과열증기(200℃) 10~20초 처리 시 5 log 이상 감소	Ban et al. (2014)
아몬드, 피스타치오	*E. coli* O157:H7, *S.* Typhimurium *S.* Enteritidis *L. monocytogenes*	100~200℃	• 포화증기(100℃) 20초 처리 시 3~4 log 감소, 초고온 과열증기(200℃) 10~15초 처리 시 5 log 이상 감소 (아몬드) • 포화증기(100℃) 30초 처리 시 3 log 감소, 초고온 과열증기(200℃) 30초 처리 시 5 log 이상 감소 (피스타치오)	Ban et al. (2016)
방울토마토, 오렌지	*E. coli* O157:H7, *S.* Typhimurium *L. monocytogenes*	100~200℃	• 포화증기(100℃) 5초 처리 시 3 log 감소, 초고온 과열증기(200℃) 3초 처리 시 5~6 log 이상 감소 (방울토마토) • 포화증기(100℃) 30초 처리 시 3 log 감소, 초고온 과열증기(200℃) 20초 처리 시 4~5 log 이상 감소 (오렌지)	Ban et al. (2018)
수박, 메론	*E. coli* O157:H7, *S.* Typhimurium *L. monocytogenes*	100~200℃	• 포화증기(100℃) 10초 처리 시 3 log 감소, 초고온 과열증기(200℃) 10초 처리 시 5 log 이상 감소 (방울토마토) • 포화증기(100℃) 30초 처리 시 3~4 log 감소, 초고온 과열증기(200℃) 30초 처리 시 6 log 이상 감소 (메론)	Kwon et al. (2018)
통후추, 피칸	*S.* Typhimurium *S.* Enteritidis	100~180℃	• 포화증기(100℃) 25초 처리 시 6 log 이상 감소, 초고온 과열증기(200℃) 4초 처리 시 6 log 이상 감소 (통후추) • 포화증기(100℃) 35초 처리 시 6 log 이상 감소, 초고온 과열증기(200℃) 12초 처리 시 6 log 이상 감소 (피칸)	Lee (2015)

원성 미생물을 빠른 시간 내에 살균할 수 있으며, 다양한 식품 접촉 표면에 존재하는 병원성 미생물의 살균에 있어서도 뛰어난 효과를 보이기 때문에 앞으로도 식품 산업 분야에서 다양하게 활용될 것으로 예상된다.

4) 적외선 가열

(1) 적외선 가열기술의 정의 및 원리

일반적으로 열의 전달은 전도, 대류, 복사에 의해서 이루어지기 때문에 기존 가열방식으로는 샘플의 외부에서 발생한 열이 샘플 내부로 전달된다. 이러한 기존 가열방식에 의해서는 상대적으로 온도가 낮은 부분인 냉점이 발생하고 식품 안전을 확보하기 위해서 오랜 가열 시간이 필요하다. 적외선 복사(infrared radiation, IR radiation)를 이용하여 식품을 가열하면 식품 물질이 열을 빠르게 흡수하여 가열 시간을 단축하고 식품의 품질을 향상시킬 수 있다. 적외선 복사는 전자기파 형태로 열에너지를 식품에 전달하는 데 그 파장이 가시광선(visible light)과 마이크로파(microwave) 사이에 있다(그림 6-8). 이러한 원리를 바탕으로 하여 식품 산업에서 적외선 가열(infrared heating)을 건조, 튀김, 살균 등에 이용할 수 있으며 이에 대한 관심이 높아지고 있다.

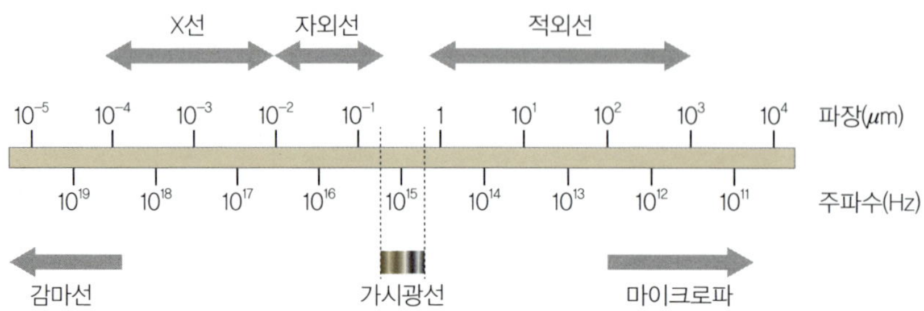

그림 6-8 전자기파 스펙트럼(Electromagnetic wave spectrum)

(2) 기술의 특징

적외선 가열을 파장에 따라서 근적외 영역(near-infrared, NIR), 중적외선 영역(mid-infrared, MIR), 원적외선 영역(far-infrared, FIR)으로 나눌 수 있다(그림 6-9). 대부분의 식품 성분은 FIR 파장 때의 에너지를 흡수하므로 일반적으로 식품 가공에서는 FIR이 장점을 가지는 것으로 알려져 있다. 식품의 구성성분에 따라서 각기 다른 파장 때의 에너

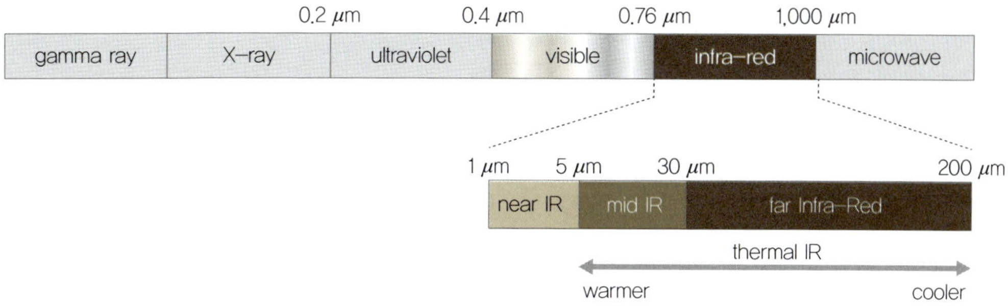

그림 6-9 적외선 가열 파장

지를 흡수하며 이러한 차이로 인해서 선택 가열(selective heating)이 가능하나 이를 위해서는 먼저 물에 의한 흡수가 최소화되어야 한다.

(3) 살균의 원리

액체나 고체 식품에서 세균, 포자(spore), 효모, 곰팡이 등을 제어하는 데 적외선 가열을 이용할 수 있다. 먼저 적외선 가열에 의한 미생물 저감은 주로 세포의 DNA, RNA, 리보솜, 단백질, 그리고 세포막의 파괴로 생각된다. 적외선에 의한 손상 정도는 단백질 > RNA > 세포벽 > DNA 순으로 높다는 결과가 보고되어 있다. 적외선 가열이 UV와 마이크로파 가열(microwave heating) 파장대 사이에 있기 때문에 열에 의한 효과 외에 추가적인 효과가 있다는 결과가 보고되고 있지만, 이는 아직 명확하게 밝혀지지는 않았다.

적외선 가열에 의한 미생물의 저감은 적외선 가열의 세기, 식품 샘플의 온도, 파장, 식품의 두께, 미생물의 종류, 수분 함량, 식품의 유형에 따라서 달라진다. 적외선 가열의 세기를 증가시킬수록 미생물이 더 많은 에너지를 흡수할 수 있기 때문에 살균에 좀 더 효과적이라 알려져 있다. 또한 식품 샘플의 온도가 높을수록 식중독균이 빠르게 사멸되므로 살균에도 효과적이다. 식품 성분이나 미생물의 종류에 따라서 흡수하는 파장 영역이 다르기 때문에 특정 파장 영역의 적외선 가열을 이용하여 선택 가열을 할 수 있으며, 전체적인 식품의 품질 변화 없이 식중독균을 효과적으로 제어할 수 있다. 적외선 가열의 투과 깊이가 매우 낮기 때문에 식품의 두께가 클수록 효과가 줄어들고 반대로 식품의 두께가 얇은 경우에는 매우 효과적으로 이용할 수 있다. 미생물의 종류에 따라서 적외선 가열에 대한 저항성이 다르며, 일반적으로는 포자가 영양세포(vegetative cell)보다 저항성이 큰 것으로 알려져 있다. 수분 함량에 따라서도 적외선 가열에 대한 저항성이 다르다고 알려져 있는데, 일반적인 경우 수분 함량이 작을수록 저항성이 크다. 따라서 적외선 가열을 식품 내 미생물 저감에 이용하는 데 있어 식품 샘플과 미생물의 종류에 따라서 가열의 세기와 파장 등을 적절히 조절해야 식품 품질을 잘 보존하면서도 식중독균을 효과적으로 제어할 수 있다.

(4) 적용

① 근적외선 가열 시스템을 이용한 슬라이스 햄 살균

그림 6-10의 모식도와 같은 근적외선 가열 시스템을 이용하여 슬라이스 햄을 살균한 연구가 보고된 바 있다.

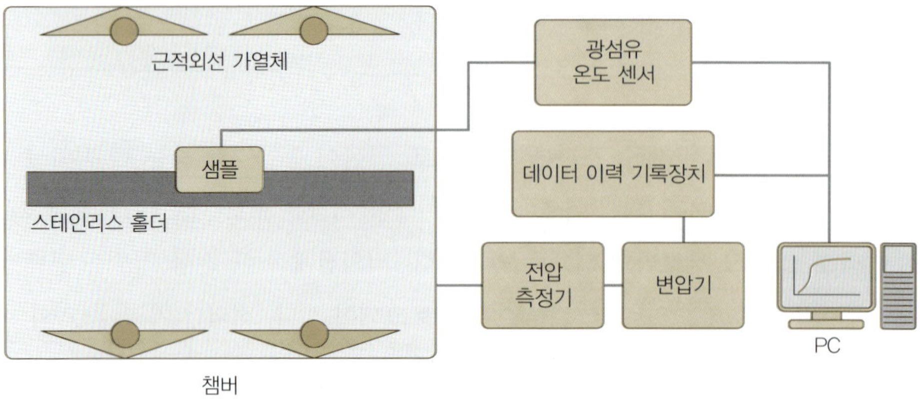

그림 6-10 **NIR 가열 시스템의 모식도**

근적외선 가열을 이용하여 같은 전력에서 기존 대류 가열(convective heating)보다 슬라이스 햄의 표면(그림 6-11)과 내부(그림 6-12) 온도를 보다 빠르게 올릴 수 있었다.

근적외 가열의 경우가 기존 가열방식보다 온도가 보다 효과적으로 올라갔기 때문에 근적외 가열을 이용하여 같은 전력에서 기존 대류 가열보다 슬라이스 햄의 표면(그림 6-13)과 내부(그림 6-14)에서 식중독균을 보다 효과적으로 줄일 수 있었다. 이는 기존 가열방식의 대체재로 근적외 가열을 효과적으로 사용할 수 있음을 의미한다.

② NIR-UV 시스템을 이용한 고춧가루 내 식중독균 제어

NIR-UV 시스템을 이용한 고춧가루 내 식중독균 저감 연구 결과가 보고된 바 있다. NIR-UV를 조합하는 것이 각각의 기술을 단독으로 처리하는 것보다 효과적이었으며 식

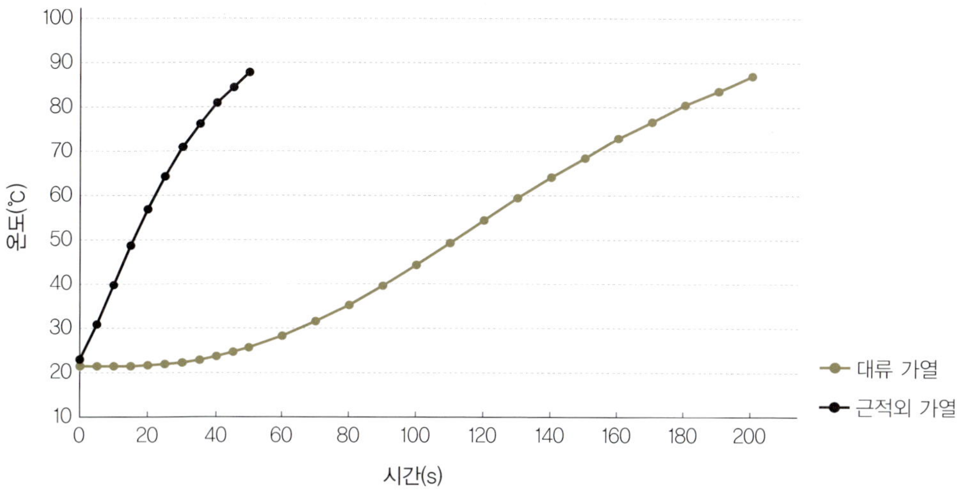

그림 6-11 대류 가열과 근적외 가열을 이용한 슬라이스 햄 표면의 온도 상승 곡선

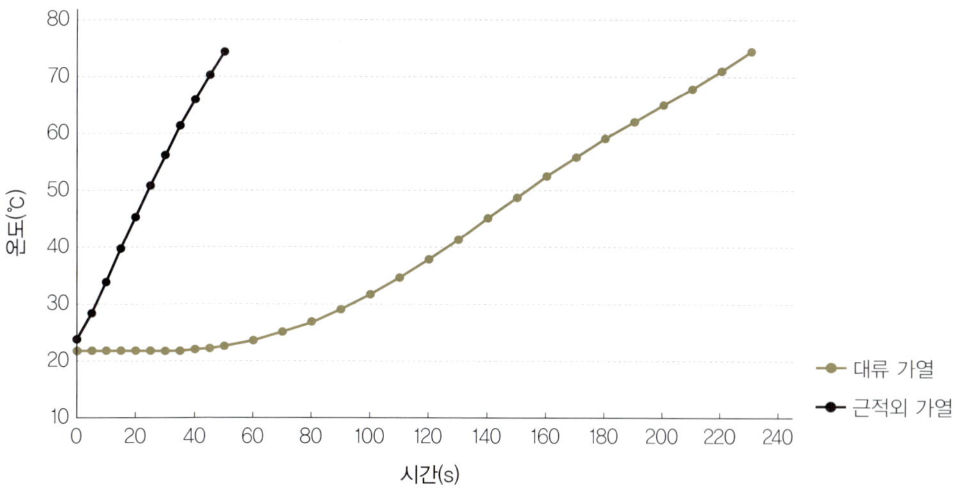

그림 6-12 대류 가열과 근적외 가열을 이용한 슬라이스 햄 내부의 온도 상승 곡선

중독균 저감에 대한 시너지 효과가 관찰되었다. 그 메커니즘을 살펴보기 위해 세포막 손상 정도를 살펴본 결과, 조합 처리에 의해서 세포막이 크게 손상됨이 관찰되었으며(그림 6-15) 세포막 손상 정도 값(PI value) 또한 유의적으로 높았다. 따라서 고춧가루 내 식중독균을 저감하는 데 있어 NIR-UV 조합 처리 시스템을 적용하는 것을 추천할 수 있다.

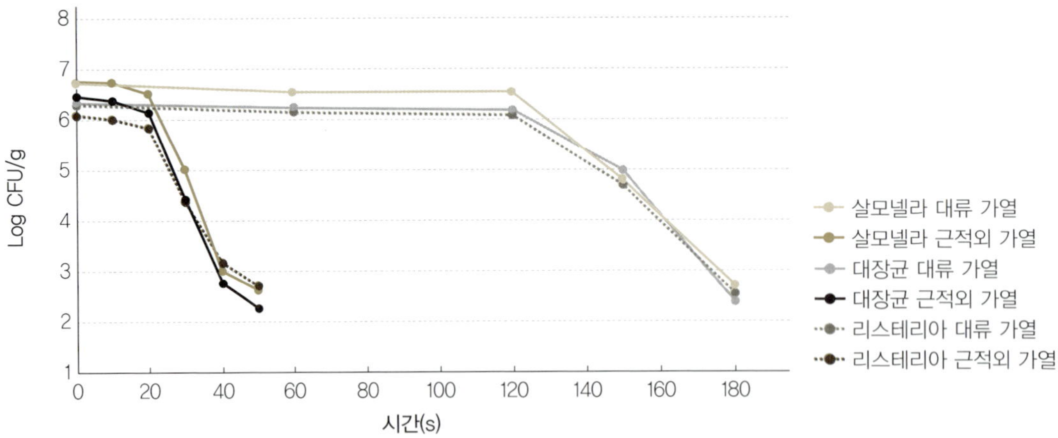

그림 6-13 대류 가열과 근적외 가열을 이용한 슬라이스 햄 표면의 식중독균 저감

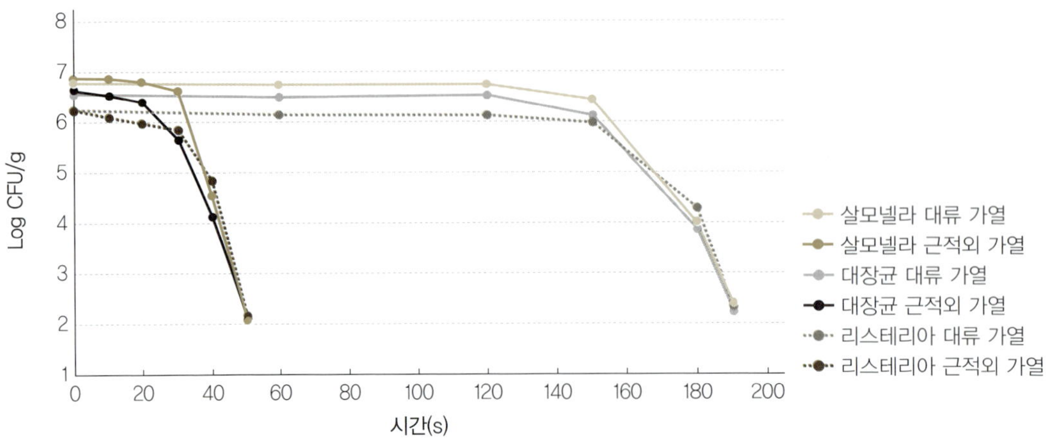

그림 6-14 대류 가열과 근적외 가열을 이용한 슬라이스 햄 내부의 식중독균 저감

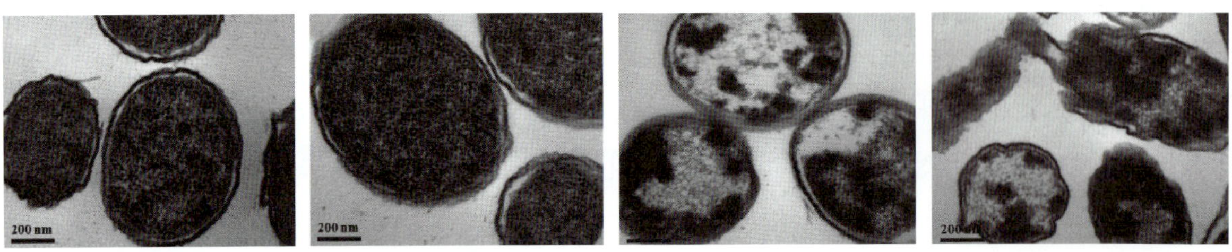

(a) 대조군 (b) UV 처리 (c) NIR 처리 (d) 조합 처리

그림 6-15 UV-C 조사, 근적외 가열 및 조합 처리를 통한 *Salmonella* Typhimurium의 막 손상 정도

③ **NIR-Lactic acid(LA) 시스템을 이용한 견과류 내 식중독균 제어**

NIR-LA 시스템(그림 6-16)을 이용한 견과류 내 식중독균 저감 연구가 보고된 바 있다. NIR-LA를 조합하는 것이 각각의 기술을 단독으로 처리하는 것보다 효과적이었으며 식중독균 저감에 대한 추가적인 효과가 관찰이 되었다. 따라서 견과류 내 식중독균을 저감하는 데 있어 NIR-LA 조합 처리 시스템을 적용하는 것을 추천할 수 있다.

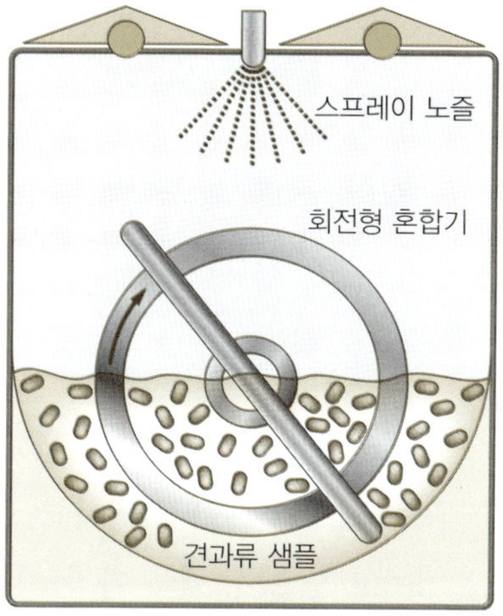

그림 6-16 NIR-LA 조합 처리 시스템의 모식도

2. 비열 처리 제어법

1) 자외선 조사

(1) 자외선의 정의 및 종류

전자기 스펙트럼은 파장이 1 m 이상인 라디오파(radio wave)로부터 10^{-8} m 미만의 파장을 갖는 X-ray까지 다양한 범위를 포함한다. 그중 자외선은 100~400 nm 범위의 파장을 가지는 전자기파를 말한다. 이 자외선의 범위는 다음과 같이 크게 세 가지로 나뉠 수 있다. 320~400 nm의 파장을 갖는 장파적외선(long-wave UV, UVA), 280~320 nm의 파장을 갖는 중파적외선(medium-wave UV, UVB), 200~280 nm의 파장을 갖는 단파적외선(short-wave UV, UVC)이 그것이다.

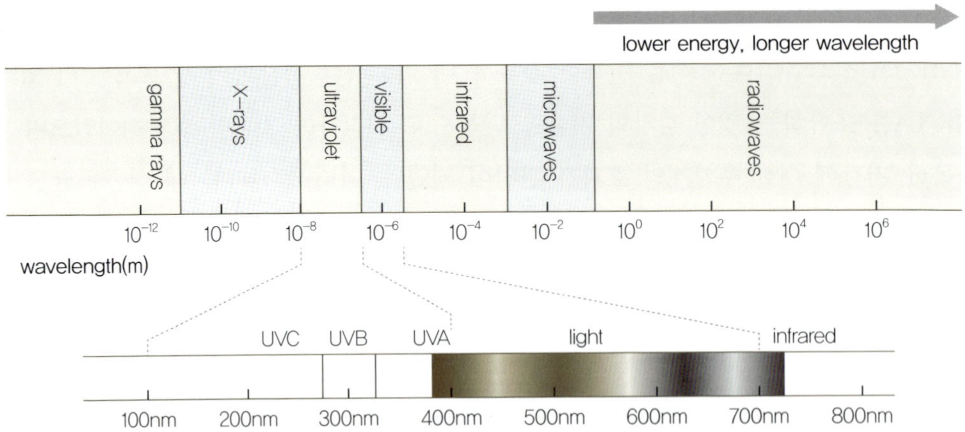

그림 6-17 전자기파 스펙트럼

자료 : https://www.canada.ca/en/health-canada/services/sun-safety/what-is-ultraviolet-radiation.html

① 자외선의 발생 원리

원자와 이온은 높은 에너지 상태에서 낮은 에너지 상태로 바뀌면 빛을 발산한다. 원자와 대부분의 이온은 양성자와 중성자의 핵을 선회하는 전자로 구성된다. 각 궤도의 전자는 고유한 에너지 상태를 가지고 있으며, 핵에 가장 가까운 전자는 에너지가 낮고 멀어질수록 더 높은 에너지를 가진다. 전자가 높은 에너지(E_2)에서 낮은 에너지(E_1)로 전이될 때, 빛의 광자 형태로 에너지가 방출되는데, 각 광자는 다음과 같은 식으로 표현되는 에너지(J)을 전달한다.

$$E = E_2 - E_1 = hc/\lambda$$

h : 플랑크 상수(6.23×10^{-34} J × S)　c : 빛의 속도(2.998×10^{3} m × s^{-1})　λ : 빛의 파장(m)

주어진 원자 또는 이온의 에너지 준위는 그들의 전자, 양성자 및 중성자 수와 그들의 외력과의 상호작용에 따라 고유한 값을 나타낸다. 따라서 각 요소는 고유한 빛의 스펙트럼을 방출한다. 결국, 적절한 에너지 수준에서 자외선 영역의 빛이 방출된다.

② 자외선 조사 에너지

자외선 조사량을 기반으로 한 자외선에 의해 유도된 효과를 평가하는 것은 자외선의 현상을 이해하는 데 가장 실용적인 접근방법 중의 하나이다. 그러므로 정확한 조사량을 결정하는 것은 모든 자외선에 대한 연구에 필수적이다. 가장 일반적으로 측정되는 자외선 조사량은 수직으로 조사되는 단면당 에너지의 입사량이다. 이 자외선 조사량

(UV dose)을 결정하기 위해서는 자외선 세기(UV intensity)를 측정하여야 한다. 자외선 세기란 자외선 에너지 흐름의 수직인 단위면적을 단위시간당 통하는 에너지 양을 뜻하며, 단위는 W/m^2 또는 mW/cm^2를 가진다. 측정된 자외선 세기에 노출 시간을 곱한 것이 자외선 조사량이며, 단위는 J/m^2 또는 mJ/cm^2를 가진다. 이 자외선 조사량은 항상 노출되는 샘플의 정확한 위치에서 측정되어야 샘플에 조사되는 에너지의 양을 정확히 결정할 수 있다.

(2) 기술의 특징

미생물 측면의 안전성 확보를 위해서 가열 처리가 미생물을 제어하기 위해 가장 효과적인 방법이지만 샐러드, 과일 등 신선편의식품에는 적합하지 않다. 특히 소비자들은 화학적 살균제나 식품첨가물이 들어가지 않은 식품을 선호하고, 최근 문제가 되고 있는 항생제 내성균의 발생 빈도가 높아짐에 따라 식품 가공시설에서 사용할 수 있는 새로운 살균기술이 필요한 실정이다.

일반적으로 자외선 조사(ultraviolet irradiation)는 공기, 표면, 물 살균을 위한 방법으로 이용한다. 새로운 비가열 처리기술로서 자외선 조사는 다양한 장점을 가진다. 제어 가능한 부패 미생물 및 병원성 미생물의 스펙트럼이 넓고, 식품의 영양 및 관능 품질 변화를 최소화시킬 수 있으며, 처리 후 잔류물이 없어 독성을 보이지 않는다. 또한 가열 처리 살균공정에 비해 에너지 소모량이 적은 것도 장점이다. 이로 인해 최근 식품 업계에서는 식품의 품질 변화를 최소화하기 위해 비가열 처리기술 중 하나인 UV에 큰 관심을 보이고 있다. 또한 2000년 미국식품의약국(Food & Drug Administration, FDA)에서는 「Code of Federal Regulations Title 21」에서 식품, 물, 음료수 살균에 UV 처리를 승인함으로써 UV는 적절한 관리하에서 안전한 기술임을 확인할 수 있다.

표 6-3 가공식품에서의 자외선 조사

식품	용도	제한점
식품, 가공식품	표면 미생물 제어	오존 생성이 없어야 함
식수	가공식품에 사용되는 물 살균	오존 생성이 없어야 함; 흡광계수 0.19 이하
주스	병원성 미생물 및 기타 미생물 제어	레이놀즈수 최소 2,200 이상의 난류

자료 : US FDA, Code of Federal Regulation Title 21, chapter 1, part 179, subpart B

(3) 살균의 원리

UV에 의해서 미생물의 DNA, RNA 등 유전물질이 주요한 영향을 받는데, 자외선 파장 영역에 따라 유전물질의 손상 패턴이 달라진다. 핵산 중 피리미딘(pyrimidine), 퓨린(purine) 구조는 200~280 nm 영역의 UVC 파장을 직접 흡수하여 이합체(dimer)를 형성하는데 이는 빛에 의해 생성된 물질이기 때문에 광분해 생성물(photoproduct)이라 한다. 피리미딘과 퓨린 모두 UVC 영역의 빛을 흡수하지만 피리미딘이 퓨린에 비해 약 10배가량 많은 빛을 흡수하여 더 많은 이합체를 형성한다. 주요한 광분해 생성물은 cyclobutane pyrimidine dimers(CPDs)와 6-4 pyrimidone photoproducts(6-4PPs)이다.

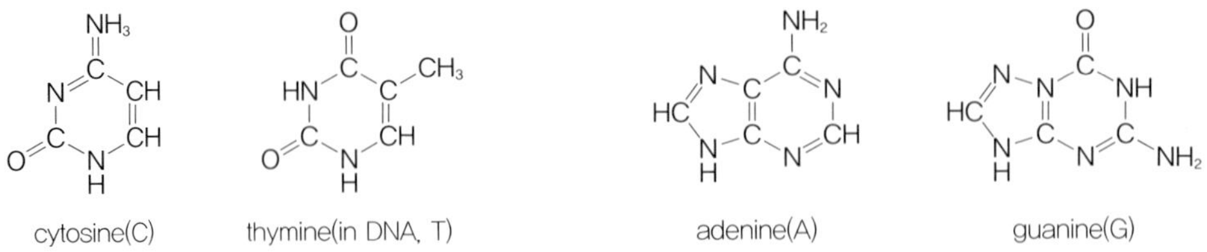

그림 6-18 핵산의 구조

두 개의 인접한 피리미딘 중 하나가 광자(photon)를 흡수하면 CPDs가 형성된다. 이 두 피리미딘은 공유결합으로 연결되어 고리 구조를 형성한다. CPDs는 핵산 중 피리미딘을 가지고 있는 티민(thymine)과 시토신(cytosine) 사이에서 형성되지만 일반적으로 티민에서 가장 높은 빈도로 형성된다.

6-4PPs도 위와 비슷한 과정을 통해 생성되지만 고리 구조가 아닌 단순한 연결 구조를 형성된다. 6-4PPs는 자외선에 의한 DNA 손상의 약 25%를 차지하는데, CPDs보다는 매우 낮은 수준이다. 이는 이합체를 형성하기 위한 양자효율(quantum yield)이 다르기 때문으로, CPDs의 양자효율은 $\Phi_{254\ nm}$=22~26, 6-4PPs는 $\Phi_{254\ nm}$=1.4로 약 16배 정도의 차이를 보인다. 자외선에 의해 생성된 CPDs와 6-4PPs로 인해 유전물질은 구조적으로 뒤틀리고 DNA의 전사(transcription) 및 번역(translation) 과정이 원활하게 이루어지지 못해 돌연변이가 생겨 결국에는 미생물의 사멸을 일으키게 된다.

280~320 nm 파장 영역인 UVB를 통해서는 CPDs, 6-4PPs의 광분해 생성물 이합체

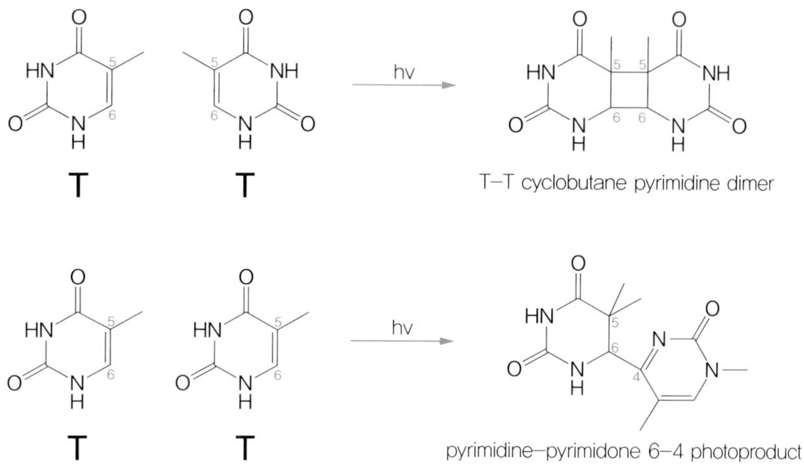

그림 6-19 Cyclobutane pyrimidine dimers와 6-4 pyrimidone photoproducts의 생성과정

를 거의 형성하지 못한다. Cytosine photohydration, guanine bases oxidation 등 다른 종류의 광분해 생성물을 형성하는 것으로 알려져 있다.

UVA(320~400 nm) 조사를 통해서는 광화학적(photochemical) 손상이 거의 일어나지 않는데 DNA가 UVA 파장 영역의 빛을 거의 흡수하지 않기 때문이다. 하지만 DNA의 광산화(photooxidation) 관련 손상을 관찰할 수 있고 특히 구아닌(guanine)이 산화반응에 취약하기 때문에 UVA 조사를 통해서는 8-oxo-7,8-dihydro-2′-deoxyguanosine(8-oxoguanine)이 생성된다. 산화과정에서의 손상은 작은 부위이기 때문에 복사 및 전사 과정은 큰 무리 없이 진행되지만 단백질 합성과정에서 오류로 인해 돌연변이 단백질을 생성하게 된다.

한편 UVA 빛에 의해 직접적인 손상을 받는 아미노산 잔기는 주로 트립토판(tryptophan), 티로신(tyrosine), 히스티딘(histidine), 시스틴(cystine; disulfide bond)에 국한되어

그림 6-20 구아닌의 산화과정

있다. UVA에 의한 대부분의 단백질 손상은 간접적으로 이루어지는데, UVA에 의해 만들어진 활성산소(reactive oxygen species, ROS)가 단백질의 아미노산과 반응하여 단백질의 기능을 불활성화시킨다. ROS에 의해 발생하는 아미노산 잔기의 변화가 연속적으로 전이되어 분자 내부뿐만 아니라 분자-분자 간 손상도 유발하므로 단백질은 구조가 망가지면서 기능성을 잃게 된다.

(4) 식품 공정에서 자외선기술의 적용

① 고체 식품 표면

자외선기술은 식품 산업에서 다양한 목적으로 사용되고 있다. 이 기술은 제빵기, 치즈 및 육류 설비에서 일반적인 세척 및 소독 작업에 보조장치로 사용되고 있으며, 컨베이어 표면 및 상자, 뚜껑, 병, 상자, 튜브, 필름 및 포일과 같은 포장 용기의 오염 제거에 사용된다. 하지만 자외선기술은 식품 가공 산업에서 식품에 직접 적용하는 경우는 비교적 많지 않은데, 이는 상업적으로 이용할 수 있는 고체 살균 자외선 장비가 없기 때문이다. 또한, 자외선기술을 이용한 미생물 저감화 연구는 대부분 액체 또는 공기에 집중되어 있어서 표면에 대한 살균 효과를 예측하는 데 필요한 데이터가 부족하기 때문에 아직까지는 자외선기술을 고체 살균에 적용하기가 어렵다. 하지만 자외선기술을 고체 식품의 표면에 적용하여 미생물을 제어하는 연구가 점차 증가하는 추세이다. 자외선기술이 적용되어 연구된 식품의 주요 그룹은 즉석 섭취용 육류(RTE meat), 빵, 달걀 껍질, 생선, 채소 및 과일, 분말을 포함한다. 이렇듯 활발한 연구들을 통해 앞으로 식품 산업에서 자외선기술의 고체 식품에 대한 적용을 기대할 수 있다.

② 액체 식품 및 음료

자외선기술은 광범위한 범위의 액체 식품 및 음료의 미생물 오염 수준을 감소시키는 데 상당한 가능성을 보이고 있다. 액체 식품에는 주스, 소금물, 액체 설탕, 기타 반투명 및 불투명한 식품이 포함된다. 그러나 액체 식품은 색소, 유기용질 및 부유물질로 인해 비교적 적은 양의 자외선을 투과시키게 되고, 낮은 투과율은 자외선 살균공정에서 살균 효과를 감소시킨다. 특히 과일주스는 종류에 따라 흡수율과 탁도가 매우 다양하다. 예를 들어 11 cm^{-1} 정도의 자외선 흡수계수를 가지는 사과주스에 비해 오렌지주스는 100 cm^{-1}의 흡수계수를 가져 비교적 높은 흡수율을 보인다. 또한 부유물 및 가용성 고형물로 인해 생기는 주스의 탁도는 사과주스의 1,000 NTU에서부터 당근, 오렌지, 파인애플과 같은 불투명한 품종의 주스가 나타내는 4,000 NTU 이상까지 그 범위가 다양하다. 또한 액체 식품, 주스 및 음료는 그 종류에 따라 다양한 용해성 고체 함유량(°Brix), pH, 점도를 가지며, 이러한 특징은 자외선기술의 저감화 효과에 영향을 미친다. 따라서 자외선기술을 액체 식품 및 음료 살균에 적용할 때에는 반드시 각 식품이 가지는 특징을 고려하여 각 식품마다 적합한 살균 기준을 확립해야 한다.

③ **공기**

미생물 오염에 민감한 식품을 다루는 작업장에 멸균된 깨끗한 공기를 제공하기 위해서, 필터를 사용하여 0.1 μm 이하 크기의 물질을 제거하는 공기 순환시스템에 남아 있는 미생물을 사멸시키는 데 자외선기술의 적용이 제안되어 왔다. 마찬가지로 자외선기술이 적용된 공기가 박피 장비를 통해 송풍될 때 기계적으로 껍질이 제거되는 과일 및 채소의 미생물적 품질이 개선된다. 또한, 저온 보관소 및 달걀 부화장에서 공기의 미생물적 품질도 자외선기술의 적용을 통해 개선될 수 있다.

(5) LED-UV & 엑시머램프 개요

현재, 자외선을 이용한 살균시스템에서는 주로 수은 증기 충전램프가 사용되고 있으며, 254 nm 파장의 빛을 방출하는 저압램프와 다중 파장을 방출하는 중압램프가 있다. 하지만, 수은램프는 인체와 환경에 유해한 수은을 함유하고 있으며 깨지기 쉬운 석영으로 구성되어 있어서 잠재적 위험성을 가진다. 유엔 환경계획(United Nations Environment Program)에서는 2020년까지 수많은 수은 함유 제품의 제조 및 수출입을 금지시켜 수은의 사용을 점차적으로 제한하는 미나마타 협약을 채택하였고, 우리나라도 이 협약에 서명함으로써 기존의 수은램프를 대체할 새로운 자외선시스템의 필요성이 제기되었다. 현재 수은램프를 대체할 가능성이 높은 자외선 조사시스템으로는 LED-UV와 엑시머램프(excimer lamp, excilamp)가 주목을 받고 있다.

① **엑시머램프**

최근 십여 년 동안 미생물 제어를 목적으로 엑시머램프(excimer lamp) 또는 엑시플렉스램프[exciplex lamp(excilamp)]의 적용에 초점을 맞춘 연구가 활발히 진행되었다. 수은을 배제한 자외선 조사기술의 원리는 rare gas excited dimer, halogen excited dimer, 또는 rare gas halide excited complexes의 전이에 기반을 두고 있으며, 172~345 nm의 단파장을 방출하는 특성을 가진다. 엑시머램프가 방출하는 파장은 램프에 충전된 기

표 6-4 할로겐과 희가스 조합에 따른 엑스머(X_2, Rg_2)와 엑시플렉스(RgX)의 최대 방출 파장

희가스(Rg)		He	Ne	Ar	Kr	Xe
할로겐 (X)	Rg_2	74 nm	83 nm	126 nm	146 nm	172 nm
	X_2					
F	157 nm		108 nm	193 nm	248 nm	354 nm
Cl	259 nm			175 nm	222 nm	308 nm
Br	289 nm			165 nm	208 nm	282 nm
I	342 nm				190 nm	253 nm

자료 : Kogelschatz, U., Excimer lamps: history, discharge physics, and industrial application. In Atomic and molecular pulsed laser. V. Edited by V.F.Tarasenko, G.V.Mayer, and G.G.Petrash. proc. SPIE, 5483: 272-286. 2004.

체나 혼합기체의 형태에 의해 결정된다(표 6-4).

엑시머램프는 파장의 선택적 응용, 수은의 부재, 기하학적 변동성, 긴 수명 및 기타 장점으로 기존의 수은램프 대체제로 매력적이다. 엑시머램프를 이용하여 미생물을 저감화하는 연구는 대부분 물이나 식품 외의 표면에 집중되어 왔으나, 최근 들어 이 기술을 여러 식품에 적용하여 미생물의 제어 효과를 확인하는 연구가 수행되고 있다.

222 nm의 파장을 나타내는 KrCl excilamp와 282 nm의 파장을 나타내는 XeBr excilamp를 254 nm의 파장을 나타내는 수은램프와 함께 사과주스에 적용하였을 때, 222 nm의 KrCl excilamp와 282 nm의 XeBr excilamp가 254 nm 수은램프에 비교해 낮은 D값(D-value)을 나타내었다. 또한 엑시머램프 간에는 222 nm KrCl excilamp가 252 nm XeBr excilam보다 낮은 D-값을 나타내었다(Orlowska, M., Koutchma, T., Kostrzynska, M., & Tang, J. 2015). 이것은 엑시머램프가 사과주스에 적용될 때 수은램프보다 더 높은 살균 효과를 나타낸다는 것을 의미한다. 또한, 222 nm KrCl excilamp는 치즈 표면에 적용되었을 때 254 nm 수은램프에 비해 같은 에너지 유량(UV dose)에서 더 높은 저감화 효과를 보였다(Ha, J.-W., Lee, J.-I., & Kang, D.-H. 2017). 이것은 222 nm KrCl excilamp가 치즈 생산공정에서 수은램프를 대체 적용되어도 효과적으로 미생물을 제어할 수 있다는 가능성을 나타낸다. 한편 엑시머램프가 우유에 적용되었을 때 미생물 제어 효과를 살펴보면 222 nm의 KrCl excilamp와 282 nm의 XeBr excilamp 모두 254 nm의 수은램프에 비해 낮은 저감화 효과를 보였다(Yin, F., Zhu, Y., Koutchma, T., Gong, J., 2015).

현재, 엑시머램프는 수은램프를 대체하여 식품에 적용될 가능성이 높음에도 불구하고 아직까지는 식품에 대한 적용 연구가 부족한 실정이다. 특히, 사과주스에서는 수은램프와 비교하여 엑시머램프가 더 뛰어난 미생물 제어 효과를 나타낸 반면, 우유에서는 수은램프에 비해 감소된 미생물 제어 효과를 보였다. 따라서 엑시머램프를 식품에 적용할 때는 미생물 제어 효과에 대한 많은 연구 수행을 통해 적용 가능성을 검토하는 것이 중요하다.

② **UVC LED**

최근 몇 년간 반도체 산업이 급격하게 성장하면서 수은램프를 대체할 새로운 기술로 LED 기반의 자외선 조사기술이 각광을 받고 있다. LED는 반도체물질을 이용하여 p-n 접합(junction; hole and electron)을 만든다. 이 접합에서 전자(electron)와 hole이 재결합하며 빛을 만들고, 사용하는 반도체물질에 따라 빛의 파장이 결정된다. 가장 널리 쓰이는 재료는 질화갈륨(gallium nitride, GaN), 알루미늄질화갈륨(aluminium gallium nitride, AlGaN), 질화알루미늄(aluminium nitride, AlN) 등으로 3족 질화물(III-nitride)을 사용한다.

무엇보다 UV LED는 수은을 포함하지 않으므로 인체 및 환경 독성을 줄일 수 있다. 수은램프는 254 nm의 최고 파장을 내는 반면에, UV LED는 반도체 재료의 구성을 바꾸며 다양한 파장을 낼 수 있다는 장점이 있다. 수은램프는 깨지기 쉬워 보관이나 폐기처리에 각별한 주의가 필요한 데 비해, UV LED는 단단한 구조를 가져 운용이 쉽다. 또한 UV LED는 크기가 매우 작아 다양한 구조, 특히 소형 장치에도 적용할 수 있다. 에너

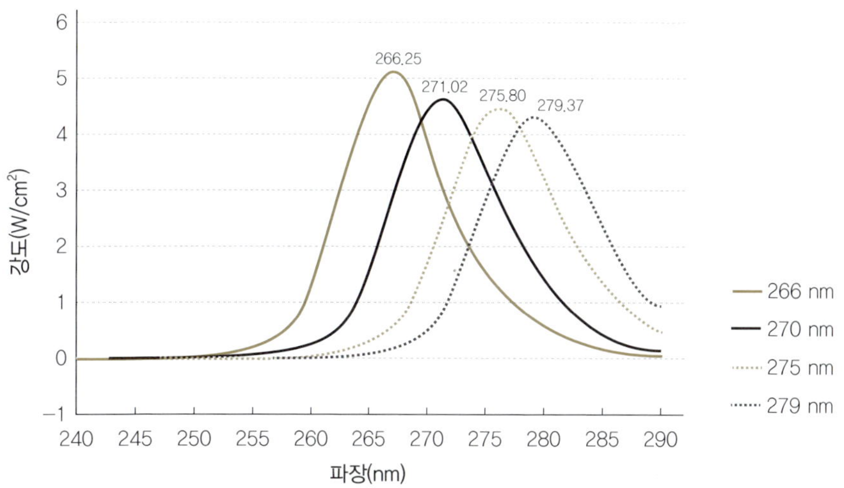

그림 6-21 UV LED의 다양한 파장
자료 : Kim et al., Applied and Environmental Microbiology, 82:11-17. 2016.

지 소비와 수명 측면에서도 UV LED는 수은램프를 앞서고 있어 향후에 기존 수은램프 시장을 대체할 수 있는 기술로 판단된다.

치즈 표면에 오염된 병원성 미생물을 UVC LED를 이용하여 다양한 영역의 파장으로 처리함으로써 모든 파장에서 효과적인 미생물 제어 효과를 확인할 수 있었다(Soo-Ji Kim, Do-Kyun Kim, Dong-Hyun Kang, 2016). 하지만 파장에 따라 살균 메커니즘은 달라지는데 최고 파장이 266 nm일 경우에는 DNA에 직접적으로 흡수되기 때문에 DNA 손상이 유발되는 반면에, 최고 파장이 279 nm일 경우에는 활성산소(ROS)가 생성되어 미생물의 사멸을 유발한다(Do-Kyun Kim, Soo-Ji Kim, Dong-Hyun Kang, 2017).

2) 방사선 조사

(1) 방사선 조사의 정의 및 종류

방사성 물질에서 나오는 이온화된 방사선 에너지를 식품에 쪼이는 것을 방사선 조사라고 한다. 방사선 조사에 의한 식품 저장 연구는 1895년 Rontgen이 X-선을 발견한 데 이어 1896년에 밍크(mink)가 세균에 미치는 X-선의 효과에 관하여 발표한 데서 비롯되었다. 방사선에 의한 식품 저장의 실제적인 연구는 대형의 방사선 조사선원이 개발 생산된 1950년부터 활발해지기 시작했다. 방사선 조사에 많이 이용되는 조사 선원으로는 감마선(^{60}Co 또는 ^{137}Cs)이나 X-선 등이 있으며, 이는 식품의 발아 및 숙성을 지연시키거나 식품의 병원균, 기생충 및 해충을 사멸시키고 위생적인 식품을 만든다. 방사선 조사 식품이란 발아의 방지나 식중독균의 살균과 같은 유익한 효과를 일으키기 위해 방사선 에너지를 처리한 식품을 말한다. 반면에 방사능 오염 식품이란 핵 반응기 누출 사고 또는 핵실험에서 발생된 방사능 오염 물질이 우발적으로 오염된 식품을 말한다. 따라서 방사능 오염 식품은 보존이나 위생적인 품질을 향상시킨 방사선 조사 식품과는 전혀 다르다. 방사선의 식품 조사는 식품 밖에서 조사하는 것이므로 식품에 처리된 감마선은 열로 변하거나, 식품을 통과하여 빠져나가므로 식품 속에 잔류되거나 식품 내의 물질이 방사능을 띠게 하지 않는다.

자연에 존재하거나 인공적으로 만들어지는 방사성 핵종을 방사성 동위원소라고 하며, 이것은 매우 불안정하므로 자연적으로 붕괴하여 안정 상태에 이르렀을 때 방사선을 방출하게 된다. 감마선과 X-선은 그 발생원에 주된 차이가 있기는 하지만, 물질에 대한 특성이나 효과는 같다. X-선은 기계에 의해 발생되는 것으로 그 에너지가 항상 가변적인 반면에, 감마선은 고유의 에너지를 가지고 있으며 방사성 동위원소의 자연붕괴에 의해 발생된다. 방사선 핵종이 초기 방사선 레벨의 절반까지 붕괴하는 데 소요되는 시간을 반감기라 하며, 이것은 방사성 동위원소마다 고유의 값을 가진다.

산업적으로 식품 조사에는 특정 종류의 방사선원만이 사용될 수 있다. ^{60}Co 또는 ^{137}Cs의 방사성 동위원소가, 5 MeV 이하의 에너지를 가진 X-선 발생장치나 10 MeV 이하의 에너지를 가진 전자선 장치로부터 방사선 에너지를 발생하여 식품을 조사하게 된다. 이때 방사능을 유발하지 않는 아주 낮은 수준이 적용된다.

한편 ^{60}Co은 원자로 안에서 금속의 ^{59}Co에 중성자로 충격을 주어 만들어지며, ^{137}Cs은 우라늄의 붕괴로 생성되는데 사용된 핵 원료를 재처리함으로써 얻을 수 있다. 이 두 가지의 장단점을 보면 다음과 같다. ^{60}Co의 장점은 침투력이 좋고 균일하게 조사되며, 쉽게 이용할 수 있고, 환경에 유해한 위험도가 적다. 단점은 반감기가 5.3년으로 짧고 다소 식품 가공 속도가 느리다. ^{137}Cs의 경우 반감기가 30년으로 길고 방출 에너지가 적어 차폐기물이 적은 반면에, 단점은 침투력이 약하고 균일하게 조사되지 않으며 공정 속도가 느리다. 또한 수용성과 낮은 녹는점 때문에 환경 유해성이 크고 연료 보급이 핵 폐기물에 의존하므로 공급이 한정된다.

표 6-5 방사선의 성질과 종류

종류		본체	전하	전리능	투과력	방사선원
자연	α	He^{++}	+2	강	약	Radioactive isotope
	β	고속전자속	-1			Radioactive isotope, 전자 가속기(≤10 MeV)
인공	γ	전자파	0	약	강	Radioactive isotope
	X	전자파	0			X선 발생 장치(≤5 MeV)
	n	중성자속	0			원자로

표 6-6 산업적으로 이용될 수 있는 방사선의 종류

방사선	선원	반감기	이동 에너지(MeV)
감마(γ)선	Co-60	5.3년	1.17 1.33
	Cs-137	30년	0.66
전자선	전자가속기에서 발생(10 MeV 이하)		
X선	기계적으로 발생(5 MeV 이하)		

자료 : 식품가공저장학, 라이프사이언스

이와 같은 이유로 식품에 조사되는 감마선원은 주로 ^{60}Co를 사용하는데 감마선원은 사용하지 않을 때는 밀폐 보관이 되어야 하므로 물이 있는 용기 속에 저장한다. 사용하고자 할 때는 이 선원을 수중 풀(pool)에서 잘 보호된 조사실로 옮겨 식품에 조사한다. ^{60}Co은 조사시설 안에서 사용되는 동안에 누출되지 않도록 연필 모양의 스테인리스 캡슐 속에 봉입되어 있다. 작업이 끝나면 조사선원은 기계장치에 의해 다시 수중 풀 속으로 들어간다.

조사된 물질이 받은 방사선 선량은 그 물질이 받은 에너지로 표시할 수 있다. 방사선은 어떤 물질을 투과할 때 그 물질의 분자를 이온화시킴으로써 에너지를 제공하게 된다. 이때 단위질량당 방사선에 의해 부여된 에너지의 양을 흡수선량이라 한다.

① **그레이 : Gy(Gray) 흡수선량**

식품이 조사될 때에 흡수하는 방사선의 에너지 양이며 단위는 그레이로 표시한다.

1 Gy는 1 Kg의 식품이 조사될 때 1 J의 에너지가 흡수되는 것과 같은 양의 에너지이다.

$$1000\ \text{Gy} = 1\ \text{kGy}$$

② **라드 : rad(radiation absorbed dose)**

피조사체의 종류에 관계없이 물질 1 g당 100 erg의 에너지 흡수선량을 나타내며 라드라는 단위를 사용하기도 한다.

③ **전자볼트 : eV(electron volt)**

방사선의 에너지를 나타내는 단위로 전자가 1볼트의 전장을 통과할 때 얻어지는 운동에너지를 1 eV라 한다.

$$1\ \text{eV} = 1.602 \times 10^{-12}\ \text{erg}$$

(2) 방사선 조사에 의한 효과

방사선은 생체조직의 구성물질을 이온화함으로써 에너지를 부여하게 되는데 이때 생체에 영향을 미치게 된다. 그러나 이런 과정에서 생체에 흡수되는 에너지는 매우 적은 양에 불과하다. 이러한 소량의 에너지가 어떻게 생체에 영향을 미치는가에 대하여 직접작용설과 간접작용설로 설명하고 있다.

- 직접작용설 : 생체 내에는 생명현상을 지배하는 부분이 존재하고 특히 이 부분이 방사선에 매우 약하여 표적에 방사선이 적중하면 전리가 일어나 치사 효과가 나타난

다는 이론이다.

- 간접작용설 : 생체 중의 물이나 다른 구성성분이 방사선의 전리작용에 의하여 자유 라디칼(free radical)이나 이온을 생성하고, 이들이 세포에 화학작용을 하여 치사 효과를 나타낸다는 이론이다. 미생물의 세포에 전자선이나 감마선이 조사되면 미생물 속에 존재하는 물 분자가 여기상태(excited state)가 되거나 전리되면서 미생물의 기능이 치명적인 영향을 받게 되어 결국은 사멸한다. 물 분자는 방사선 작용에 의해 H•, OH•, O_2•, H_2O_2, H^+, OH^-을 생성하며, 이들이 강한 산화제와 환원제로 작용하는 것이다. 조사선량에 따른 미생물의 사멸 관계를 생존곡선 관계로 나타낼 수 있는데, 일반적으로 같은 속, 균종 간에도 서로 다른 양상을 보인다.

① 부분살균

식품 속에 있는 미생물 수를 감소시키는 살균방법이다. 우유에 있을 수 있는 병원미생물들을 파괴시키고 부패 미생물의 수를 크게 줄여 부패를 지연시킨다. 또한 부패가 잘 되는 신선한 생선류나 조개류의 부패를 지연시키고, 양념 속의 미생물 수를 줄이며, 육류와 가금류의 병원성 세균과 기생충을 파괴시키거나 수를 감소시킨다. 식품의 살균에는 멸균보다 낮은 양의 방사선 조사가 사용되는데, 일반적으로 1.0~10 kGy 정도의 조사선량이 사용된다.

병원성 세균은 매년 발생하는 식품 매개 질환 집단발생의 원인이 된다. 식품 조리과정의 개선으로 이러한 질환의 발생빈도를 줄였지만, 방사선 살균은 그 문제를 해결하는

표 6-7 다양한 식품에서의 방사선 조사 적용

방사선 조사 식품 유형	조사량(kGy)	처리 효과
육류, 가금류, 어류, 조개류, 채소류, 구운 식품, 조리식품	20~71	멸균(상온에 보관해도 부패 없음)
양념, 기타 조미식품	max 30	미생물, 해충 감소
육류, 가금류, 어류	0.1~10	절이지 않은 냉장식품에서 미생물 수를 줄여 부패 지연, 일부 식중독 원인 세균의 살균, 질병 유발 기생충의 무해화
딸기와 기타 과일	1~5	곰팡이 성장 지연-저장 기간 연장
곡류, 과일, 채소 등	0.1~2	살충/해충 감염 재발이 잘 되는 식품에 방어 효과, 훈증제 대체 효과
바나나, 아보카도, 망고, 파파야, 비감귤류 과일, 감자, 양파, 마늘, 생강	max 1.0 0.05~0.15	숙성 지연, 발아 억제
곡류, 탈수 채소, 기타 식품	다양	바람직한 물리적 변화, 재수화 시간 단축

표 6-8 조사선량에 따른 식품별 살균 효과

조사선량(kGy)	살균 효과
2~7	냉동 육류, 닭고기, 달걀, 새우 등의 내부 병원균 살균
3~10	향신료, 건조 채소, 향료, 전분 등의 식품산업용 효소 체제 살균
15~25	장기 저장용 우유, 유제품, 주스 등의 포장재 멸균

또 다른 하나의 보완 수단이 될 수 있다. 결국 과일, 채소, 육류, 닭고기, 생선, 해산물의 보존성 연장은 냉장과 저선량 조사를 병용함으로써 크게 늘일 수 있으며, 이와 같은 처리를 하여도 맛과 향에 변화는 일어나지 않는다.

② 완전멸균

방사선 조사는 멸균 대상 의료비품의 멸균에도 사용되는데, 상대적 고용량 방사선(30~50 kGy) 처치는 식품에서 자랄 수 있는 모든 미생물을 제거할 수 있다. 멸균된 식품은 상온에서 오랫동안 밀폐용기에 저장해 두어도 미생물에 의한 부패가 일어나지 않는다. 그것은 동일한 저장 상태로 만들기 위해 열처리를 이용하는 통조림 저장과 유사하다. 미국 야전군을 위한 양질의 음식을 생산할 목적으로 방사선 멸균이 적용되었으며, NASA의 우주비행사와 면역 체계에 이상이 있는 일부 환자들을 위한 식품에 방사선 멸균이 사용되어 왔다. 그 밖에도 실험동물용 무균사료, 의약품, 의료용품 및 포장재료 등에 적용될 수 있다.

③ 식중독의 억제

미생물에 의하여 발생되는 식중독을 막기 위하여 방사선을 이용한다. 감마선 조사를 통하여 고체 식품이라든가 건조식품을 살균할 수 있다. 살모넬라, 캠필로박터, 리스테리아, 여시니아 등의 포자 비생성 병원균은 저선량으로도 살균할 수 있다. 따라서 저선량 조사는 이들 미생물에 의한 중대한 공중위생상의 문제를 해결하는 데 대단히 유용하다. 식품에 바람직하지 않은 품질 변화를 일으키지 않을 정도의 선량으로 조사함으로써 소고기, 돈육, 어류 속의 포자 비생성 병원균을 제어할 수 있으며, 특히 냉동한 육류 식품을 조사하는 데 아주 실용적이다. 일반적으로 곰팡이의 D_{10}값은 0.2 kGy 내외이고, 세균의 D_{10}값은 0.1~2.0 kGy이다.

④ **발아 억제**

극미량 방사선 조사 처리는 양파, 토마토, 마늘과 같은 채소의 발아를 억제한다. 이러한 미량의 방사선 조사는 현재 사용되고 있는 화학 살균물질들을 대신할 수 있다. 미국을 비롯한 많은 국가에서 감자와 마늘의 발아 억제 목적으로 방사선 조사를 승인하고 있으며, 일본에서는 상업적 목적으로 사용되고 있다.

반대의 경우도 존재하는데 극히 소량의 감마선량을 대맥에 조사하면 오히려 발아가 촉진되어 맥아 제조 시간을 단축시킬 수 있다.

⑤ **과실, 채소의 숙성 속도 지연**

바나나, 딸기, 망고, 구아바, 파파야, 토마토, 체리, 아보카도 등의 과일이나 채소에 저용량의 방사선을 조사하면 숙성이 지연되면서 보존성이 연장되는데 이때 맛이나 외관 품질에는 거의 영향을 미치지 않는다. 성숙이 지연되는 정도는 선량의 정도에 따라, 또 조사 시 성숙도의 차이에 따라 다르다. 경우에 따라서는 숙성도가 촉진되기도 한다.

표 6-9 과일의 숙성 속도 지연

조사선량(kGy)	숙성 속도 지연
0.3~1.0	망고(약 1주간), 바나나(약 2주간)의 보존성이 연장
1.0~1.5	양송이, 아스파라거스의 성숙도 지연
1 내외	파파야의 살균 및 성숙도 지연

⑥ **돼지고기의 선모충 제어**

저용량 방사선은 고기의 맛이나 육질에 영향을 크게 주지 않고 생돼지고기에 의한 선모충의 감염 위험성을 줄일 수 있다. 방사선 조사가 처리된 돼지고기는 덜 익히거나 날것으로 먹더라도 선모충증을 일으키지 않는다. 방사선 조사 처리는 선모충증을 일으키는 기생충인 선모충의 성장을 방해함으로써 생활과정을 거쳐 사람에게 병을 일으키는 상태로 성숙하지 못하게 한다.

⑦ **물리적 특성 향상**

방사선은 일부 식품의 물리적 특성을 향상시킬 수 있다. 방사선 조사된 밀로 만든 빵은 특정 반죽제를 사용하여 더욱 크게 부풀기 때문에 생산성을 높일 수 있으며, 방사선 조사된 건조채소는 조사하지 않은 것보다 더 빨리 원래의 형태로 돌아올 수 있다.

(3) 식품 저장에 방사선 이용

식품의 저장성을 향상시킬 목적으로 방사선 조사가 이루어질 때에는 각기 목적에 따라 선량의 범위가 다르게 적용이 되는데, 국제식량기구와 세계보건기구는 이에 대한 기준을 제시한 바 있다. 표 6-10에서 보는 바와 같이 목적 및 적용 식품에 따라 저선량 조사, 중선량 조사, 고선량 조사의 3가지로 구별하여 제시하였다.

표 6-10 방사선 조사량의 식품에 대한 기준

구분		조사량(kGy)	적용 식품
저선량 조사	발아 억제	0.05~0.15	감자, 양파, 마늘, 생강 등
	해충, 기생충의 살충	0.15~0.50	곡물, 콩, 생선, 과실, 건조식품, 생돈육 등
	성숙의 지연	0.50~1.00	과실, 채소 등
중선량 조사 (1~10 kGy)	선도의 연장	1.00~3.00	생선, 딸기 등
	식품 소재 또는 첨가물의 살균	1.00~7.00	생수산물, 냉동 수산물, 생육, 냉동육 등
	식품 특성의 개선	2.00~7.00	포도(주스의 수율 향상), 건조채소 등
고선량 조사 (10~50 kGy)	멸균, 비열의 병용	30.0~50.0	육류, 닭고기, 수산물, 가공식품, 환자식
	식품 소재 또는 첨가물의 살균	10.0~50.0	향신료, 효소제, 천연가스 등

① 저선량 조사

저선량 조사는 살균 효과보다는 과채의 발아 억제와, 기생충이나 해충의 억제에 그 목적을 두고 이용한다. 감자의 경우 수확 후 3개월 정도 지나면 발아하기 시작해 가치가 떨어지는데 발아 억제제를 사용하는 경우 발아는 억제되나 환원당이 축적되고 미생물의 오염이 발생할 수 있는 단점이 있다. 0.05~0.15 kGy 정도의 저선량 조사만으로 감자의 품질에는 영향을 미치지 않으면서 6개월 이상 발아가 억제된다.

쌀, 밀, 밀가루, 돼지고기의 선모충, 건조식품, 향신료의 해충 등을 살충할 목적으로 저선량 조사를 이용할 수 있다.

② 중선량 조사

1~10 kGy 정도의 선량 처리로는 완전살균은 불가능하지만 육류, 과일, 채소, 어패류 등의 품질에 영향을 끼치지 않고 흡착된 부패균을 사멸시킬 수 있다. 냉장과 병용 처리를 통해 저장 기간을 더 연장시킬 수 있으며, 냉장 이외에 진공 포장 및 질소가스를 충전하거나 가벼운 열처리를 함께 실시한다면 선량을 줄이는 데 효과적인 것으로 알려져

있다. 이처럼 몇 가지 방법을 함께 사용하는 허들기술을 통해 지나친 품질 변화를 최소화할 수 있다.

③ 고선량 조사

고선량의 방사선 조사를 통해 식품에 존재하는 모든 미생물의 완전멸균이 가능하지만, 식품 조직 내에 존재하는 효소까지 불활성화시키는 것은 어렵다. 이 경우 미생물이 아닌 식품 내에서 효소에 의한 바람직하지 못한 반응이 계속 일어나 품질 저하를 일으킨다. 간혹 방사선의 간섭반응(side reaction)에 의해서도 품질 변화가 심하게 일어나는 식품도 있다. 이러한 간섭반응에 의한 피해를 줄이기 위해 여러 가지 방법들이 이용되는데, 예를 들면 식품 내에 생성된 자유라디칼이 이동하는 것을 방지하기 위해 동결 상태에서 방사선 조사 처리를 실시한다. 지방이 많이 함유된 식품의 경우 산패가 진행될 수 있으므로 진공 상태를 유지하거나 질소를 충전한 상태에서 방사선 조사 처리함으로써 산화를 억제시킬 수 있다. 또 고선량 조사로 인한 조사취가 발생되는데 이를 상쇄하기 위해 다른 향신료나 소스류를 첨가하기도 한다. 따라서 중선량 조사와 마찬가지로 허들기술을 함께 적용하는 것이 바람직하다.

(4) 방사선 조사가 식품 성분과 기능에 미치는 영향

식품에 방사선 조사 시 생성되는 화합물의 종류 또는 방사선으로 인한 분해산물의 생성에 영향을 주는 요인 중 가장 중요한 것은 선량이며, 곡물의 경우 해충 방제에 필요한 선량 0.5 kGy 이하는 조사한 식품 속에서 화학적 변화가 일어나지 않는다. 멸균에 필요한 선량 300 kGy와 같은 고선량에서는 많은 화학적 변화가 일어났으나 그 양이 매우 적다. 60 kGy로 조사한 식품 속에서 60종류의 방사선 분해생성물이 검출되었으나 이 또한 대부분 소량 생성되었을 뿐이며 이러한 화합물들 모두가 조사하지 않은 식품에서도 일부 검출되는 수준이다. 또한 아미노산, 비타민, 당 등 각각의 식품 성분은 감마선 조사에 의하여 분해되나 복합계인 식품에 조사되었을 때에는 이와 반대로 보호 효과도 나타난다.

① 지방질

지질에 대한 방사선의 작용은 산소의 존재 유무에 따라 영향을 받기 때문에 산소가 존재하면 지방 산패 속도는 매우 빨라진다. 방사선 조사에 의해 지방의 산패는 더욱 가속화되는데 산소가 없는 조건하에서는 수소가스가 주로 생성되고 메탄과 알칸이 미량

생성된다. 그러나 산소가 있는 조건하에서 방사선 조사는 과산화물이 생성되고 이들 산화물로부터 알데히드, 케톤류가 생성되며 절단된 저분자물의 산화물도 생성된다. 특히나 이중결합이 있는 불포화지방산은 쉽게 산화된다.

대두유에 다량의 방사선 조사를 처리할 경우 산패를 나타내는 과산화물가, 산가 등은 높아지고 이중결합이 줄어드는 데 반하여 검화가는 거의 변화가 없어 분자량의 크기 변화는 거의 없다. 이런 결과를 토대로 지방 함량이 높은 식품의 경우 진공 포장을 하여 산소가 없는 조건을 만든 후 방사선 조사를 하는 것이 좋다. 지방 산패를 촉진시키는 물질의 하나인 감광체로서 클로로필은 광산화를 유발하는 물질이다. 반대로 이런 감광체를 방사선 조사를 통하여 제거함으로써 지방의 산패를 억제시킬 수도 있다.

② 탄수화물

탄수화물에 방사선을 조사하면 전분결합이 끊어져 중합도가 떨어지면서 고분자의 탄수화물이 저분자량의 덱스트린으로 분해된다. 따라서 분자량이 큰 탄수화물이 분자량이 작은 상태로 바뀌면서 점도의 저하, 기계적 강도 저하는 물론이고 가수분해가 용이해져서 세균에 대한 저항성도 약하게 변한다. 또 효소에 의한 가수분해도 쉽게 일어난다. 과일의 셀룰로오스나 펙틴에 적용하면 조직이 연화되어 숙성을 촉진시킬 수 있다. 이외에도 용해도가 증가하고 팽윤력이 감소하는 현상이 일어나기도 하는데, 이런 특성을 활용하여 옥수수의 변성 전분을 개발하는 데 감마선을 이용하기도 한다.

③ 단백질

단백질에 살균 선량 정도의 방사선 조사를 하면 별다른 변화를 발견하기가 어려우나 그 이상의 선량을 조사하게 되면 고단백질 식품의 경우 상당히 뚜렷하게 향미가 달라지고 단백질의 변성도 초래한다. 특히 탈아미노화가 일어나면 암모니아가 생성되며 황을 함유하고 있는 황아미노산의 경우 $-SH$기가 이황화결합으로, 또는 $-SO_2H$, $-SO_3H$로 변화되면서 휘발성 유황화합물이 생성된다.

④ 비타민과 무기질

방사선 조사에 따른 비타민의 파괴 정도는 현저하나 비타민의 종류와 조사 환경에 따라 그 정도는 다르게 나타난다. 식품 내에서 비타민이 파괴되는 정도는 가열살균했을 때와 비슷한 수준이며, 지방에서와 마찬가지로 비타민 A와 같은 지용성 비타민의 경우 산소가 있는 경우보다는 산소가 없는 경우 손실 정도가 적다. 수용성 비타민은 비타민

B_1, C 등이 감수성이 크고 B_2, B_6, 나이아신 등은 안정하다. 비타민 C(환원형)는 특히 방사선 조사에 민감한데 비타민 C로서의 영양학적 역할은 감소되지만 식품 내의 산소와 반응해 자신이 환원형에서 산화형으로 바뀌어 산화 방지 역할을 하고 식품의 품질을 보호하고 안정시킨다. 채소 중의 비타민 C의 파괴율은 표 6-11과 같다.

표 6-11 채소 중 비타민 C의 손실 정도

채소	손실률(%)	채소	손실률(%)
아스파라거스	71.5	완두	92.1
콜리플라워	86.5	시금치	64.5

표 6-11의 결과는 방사선이 18.6 kGy가 조사되었을 때의 결과이다. 하지만 이 정도의 조사량은 상당히 많은 양에 해당되며, 실제로는 이보다 훨씬 적은 방사선이 채소에 조사되고 있다. 무기질들과 미량원소의 경우 방사선 조사에 의하여 큰 영향을 받지 않는데 방사선 조사된 식품이 일반적인 가공과정을 거친 비조사 식품과 영양학적으로 변화가 없다는 것이 밝혀져 있다. 공기 누출과 조사온도 등이 영양소 함량에 영향을 미칠 수 있다.

⑤ 식품 속의 효소

효소는 방사선 조사의 직접 효과 또는 간접 효과 중 어느 것에 의해서든지 불활성화될 수 있다. 그러나 식품 속에 존재하는 효소는 용액 상태로 효소만 있을 때에 비하여 식품 성분에 의해 보호를 받기 때문에, 효소를 불활성화하기 위해 제공되어야 하는 조사량은 단순히 미생물을 살균시키는 경우보다는 많은 양이 요구된다. 경우에 따라서는 5배 정도의 조사량이 필요하기도 하다.

⑥ 관능적 변화

저선량의 방사선 조사라 할지라도 식품 내에서 바람직하지 않은 반응을 일으킬 수도 있다. 우유와 같은 유제품은 감마선에 대해서 소비자가 감지할 수 있을 정도로 이취가 날 수 있다. 멸균에 필요한 고선량의 방사선을 조사하면 육류에서도 이취가 발생한다. 이취는 적색육에서 많이 발생하며 돼지고기보다는 소고기에서 더 많이 발생된다. 그러나 조사한 직후 느꼈던 냄새는 식품을 저장하거나 요리하는 동안에 감소하거나 소멸되지만, 이러한 냄새를 줄이기 위해 저온에서 육류를 조사하거나 또는 효소를 먼저 불활성화시킨 후 -30℃에서 50 kGy로 조사하는 것이 바람직하다. 감자나 전분이 함유된 수프의 경우는 점도가 저하되어 또 다른 조직감을 느낄 수 있으며 요리 시간이 단축될 수 있다. 이외에도 건조한 과실의 복원성을 개선시킬 수도 있다. 전반적으로 현재 식품 조사에 이용되는 10 kGy 미만의 선량은 식품의 관능적 품질(색, 맛, 풍미) 등에 아무런 영향도 미치지 않는다고 세계보건기구에서 발표한 바 있다.

(5) 방사선 조사 식품의 안전성

과거 몇 십 년에 걸쳐 여러 가지 동물 연구들이 이루어져 왔으나 방사선 조사된 식품의 소비가 해로운 효과를 유발한다는 증거는 없었다. 독성학의 모든 면을 다룰 수 있는 만성, 아만성 효과, 생식, 기형학, 돌연변이 유도에 관한 시험 결과에서 조사된 식품을 소비하였을 때 유해한 효과가 없었으며, 국제적 계획 사업으로 1970년부터 1982년까지 수행된 다수의 동물 투여실험에 대한 각종 보고서에서도 유해한 효과는 보이지 않았다.

또한 포유동물이나 영양이 부족한 아이들에게 나타난 다배수 염색체의 유도와 관련된 연구에서도 방사선 조사된 밀을 소비한 것이 다배수 염색체에 영향을 주지 않았다는 통계적으로 유효한 연구 결과가 보고된 바 있다. 따라서 1992년 5월 제네바에서 과거 40년간의 식품 조사에 관한 다양한 연구보고서를 토대로 세계보건기구, 국제식량농업기구, 국제원자력기구 등을 비롯한 국제기구와 국제소비자연맹 등은 다음과 같은 결론을 내렸다.

- 방사선 조사는 건강에 해로움을 줄 수 있는 식품 성분의 변화를 초래하지 않는다. 10 Kgy 이하로 조사하는 저선량에서는 방사선 조사에 의한 심각한 화학적 변화는 찾아볼 수 없으며, 소량 발생되는 화합물들도 조사 식품에서만 특이하게 생성되는 것이 아니다.
- 조사 식품은 위생적인 측면에서 안전하며 해로운 미생물의 변화를 초래하지 않는다. 전리 방사선은 미생물을 죽이거나 불활성화시킬 수 있는 화학적 변화를 미생물 내부에 일으켜서 식품 내의 미생물 수와 종을 상당히 감소시킨다. 또한 방사선 조사는 생존하는 병원균의 유독성을 감소시킬 수 있다.
- 조사 식품은 소비자에게 영양적 측면에서 어떠한 영양 손실을 초래하지 않는다. 10 Kgy 이하의 선량으로 조사된 식품은 비조사 식품과 영양적 차이가 거의 나지 않았으며 저선량, 낮은 온도, 산소 접촉이 없는 조성에서는 조사에 의한 비타민 손실을

최대한 막을 수 있다. 거대 영양소, 미량원소, 무기질은 조사에 의한 손실이 발생하지 않는다.

- 방사선 조사 식품은 어떠한 유전적 영향도 미치지 않아 조사 식품을 섭취하여도 염색체 이상이 일어나지 않는다. 현재 방사선 조사 식품을 허용하고 있는 나라에서 허가된 품목 수는 표 6-12와 같으며, 주요 국가의 허가 품목은 표 6-13과 같다. 주요 허용 대상 식품은 향신료, 건조 채소류, 근채류, 가금류 등이다.

표 6-12 방사선 조사 식품의 허가국과 품목 종류 수

허가국	종류	허가국	종류	허가국	종류	허가국	종류
미국	55	체코	5	베트남	7	아르헨티나	13
벨기에	13	이탈리아	3	네덜란드	20	한국	16
유고	23	우루과리	1	스페인	2	파키스탄	24
크로아티아	30	영국	47	중국	22	인도	5
이란	18	덴마크	2	시리아	21	필리핀	5
브라질	24	헝가리	13	러시아	16	인도네시아	12
일본	1	이스라엘	26	프랑스	41	코스타리카	15
방글라데시	20	멕시코	34	핀란드	2	쿠바	16
캐나다	7	칠레	18	폴란드	6	우크라이나	16
노르웨이	3	태국	28	남아연방	92		

표 6-13 방사선 조사 식품의 허가국과 허가 품목

국가	허가 품목
미국(55)	쌀, 밀, 배, 향신료, 조미 건조 채소, 건포도, 자두, 감자, 사과, 밀 가공품, 귤, 여지, 마늘, 닭고기, 샤롯, 부분 가금육, 딸기, 토마토, 파파야, 견과류, 뿌리 및 괴경, 건조 완두콩, 건조 살구, 건조 과일, 가금육(생 또는 냉동), 복숭아, 살구, 붉은 건포도, 과일, 옥수수 분말, 건조 버섯, 대추야자, 커피콩, 돼지고기, 코코아콩, 버섯, 허브, 밤, 콩류, 건조콩, 체리, 망고, 옥수수, 곡류 분말, 건조 대추, 채소, 건조 효소 제제, 건조 채소, 포도, 식물성 식품, 근류, 적육
영국(47)	쌀, 밀, 곡류 분말, 배, 건조 버섯, 샤롯, 망고, 딸기, 버섯, 양파, 건포도, 자두, 어육, 토마토, 밀 가공품, 견과류, 귤, 옥수수, 조미 건조 채소, 건조 채소, 부분 가금육, 과일, 사과, 새우, 냉동 해양 식품, 여지, 마늘, 포도, 건조 어육, 건조 콩류, 건조 과일, 체리, 닭고기, 대추야자, 건조 살구, 붉은 건포도, 조미료, 어패류, 살구, 가금육, 복숭아, 건조 완두콩, 나무딸기, 건조 대추, 향신료
프랑스(41)	곡유, 곡류 분말, 가금육, 동물 혈병, 건조 완두콩, 동물 혈장, 난백, 동물 피, 개구리 다리, 허브, 건조 채소, 곡분, 대추야자, 딸기, 건포도, 건조 무화과, 켐버트 치즈, 아라비아 검, 닭고기, 감자, 양파, 마늘, 카세인, 샤롯, 옥수수, 향신료, 곡류 플레이크, 조미용 건조 채소, 부분 가금육, 곡류 씨앗, 마늘 분말, 새우, 건조 버섯, 난백, 건조 대추, 건조 과일, 양파 분말, 건조 살구
네덜란드(20)	곡류 플레이크, 콩류, 건조 과일, 허브, 향신료, 가금육, 조미 건조용 채소, 개구리 다리, 아라비아 검, 건조 채소, 부분 가금육, 건조 완두콩, 대추야자, 닭고기, 건조 버섯, 건조 인디안 대추, 건포도, 새우, 콩류, 환자식

방사선 조사 표시

모든 방사선 조사 식품은 '조사처리(treated with radiation, treated by irradiation)'라는 문구를 표시하거나, 국세적으로 공통된 마크를 표시하도록 되어 있다. 우리나라 역시 이 마크를 표시하도록 규정하고 있다. 국내에서는 방사선 조사 식품에 사용되는 감마선에 대하여 흡수선량에 따른 식품의 특성과 사용 목적의 타당성 등을 검토한 후 사용을 승인하고 있다. 발아억제 및 살균·살충을 위한 목적으로 방사선 조사가 승인된 품목으로는 감자, 양파, 건조향신료 및 소스류 등 총 26개 품목이 있다. 또한, 조사된 완제품뿐만 아니라 조사된 원료가 함유된 모든 제품에도 방사선 조사 표시를 하도록 표시제가 강화되었다.

방사선 조사가 절대적으로 안전한 처리법으로 인정받기 위해서 각국 정부는 조사 식품 또는 식품 조사에 관한 법률을 제정하고 있으며, 규제 당국은 방사선 조사하는 종류와 목적을 결정하여 개개의 식품 조사 목적에 부합되는 정확한 방사선량을 결정한다. 또한 규제 당국은 식품 조사의 표시에 기재되어야 할 식품 조사에 관계되는 정보의 종류에 대해서도 규정하고 이 사항에 대해서는 포장식품의 표시에 관한 국제 일반 규격이 전리 방사선으로 처리한 식품에 대하여 그 사실을 기입한 표시를 하게끔 명확하게 규정하고 있다. 조사 처리된 식품은 검사를 받는 것은 물론, 감마선 조사 사항의 안전성에 대하여 책임을 맡고 있는 당국에 의해 감독을 받아야 한다. 이와 같은 2종의 관리를 시행함으로써 식품 조사의 종사자, 조사 식품의 소비자, 환경이 부당한 위험에 직면하지 않도록 예방할 수 있다.

3) 플라스마

(1) 플라스마의 정의 및 저온 플라스마

① 정의

플라스마란 기체가 이온과 전자의 밀도가 거의 같게 이온화되어 전기적으로 중성을 나타내는 상태를 의미한다. 일반적으로 플라스마는 전자, 이온 및 중성입자로 이루어져 있다. 플라스마는 언급한 바와 같이 전기적으로 중성을 나타내나, 일반적인 기체와는 다르게 매우 높은 전기전도도를 갖는다. 주로 고온에서 생성되기 때문에 이온들의 운동에너지가 매우 크므로 반응성이 높다. 또한 빛을 발하는 광자도 포함되어 있어 네온사인과 같은 광원으로도 사용된다. 위와 같은 특이한 성질로 인해 플라스마를 고체, 액체, 기체와 함께 물질의 '제4의 상태'로 분류한다.

② 저온 플라스마

식품 산업에서 플라스마는 일반적인 가열 살균을 적용하기 어려운 과채류 등의 표면 살균에 주로 이용된다. 일반적으로 플라스마는 고온(106 K)에서 형성된다. 하지만 고온 플라스마는 온도가 너무 높아 식품에 적용할 수 없기 때문에 식품 산업에서는 주로 저온 플라스마를 사용한다. 저온 플라스마(nonthermal plasma, cold plasma, non equilibrium plasma)란 구성물질들 사이에 전자의 온도가 이온이나 중성입자들에 비해 월등히 높은 열적으로 비평형인 플라스마를 말한다. 전자를 제외한 부분의 온도는 실온에 가깝기 때문에 식품 품질에 영향을 주지 않고 미생물을 제어하는 데 효과적이다.

(2) 플라스마 생성원리 및 발생원

① 플라스마 생성원리

- 파셴 곡선(Paschen curve) : 플라스마를 발생시키고 유지하기 위해서는 주어진 전압이 방전 개시 전압 V_b(volt)을 넘겨야 한다. 기체가 이온화되기 위한 전압의 조건은 기체마다 다르지만, 전극 사이 간격 d(m)과 기체 압력 p(pascal)이 플라스마를 발생시키고 유지하는 데에 중요하다. 그림 6-22는 다양한 기체의 압력과 전극 간격의 곱(pd값)과 V_b의 상관관계를 나타낸 파셴 곡선이다. 기체마다 V_b는 다르지만, 그래프의 모양은 거의 비슷한 경향을 보인다. V_b는 pd값이 커지거나 작아질수록 크다. pd값이 작은 경우에는 기체 분자들 간의 충돌이 적어 V_b가 커지며, pd값이 큰 경우에

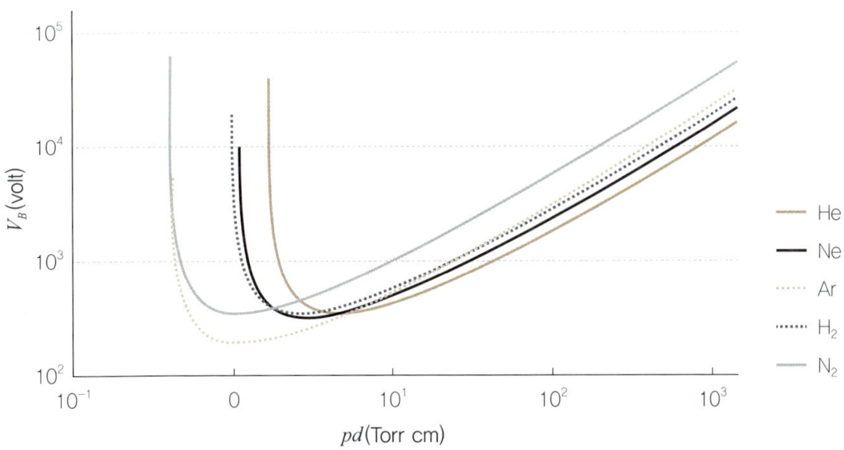

그림 6-22 파셴 곡선

자료 : https://goo.gl/images/Lrrj8C

는 반대로 너무 많은 충돌이 일어나 V_b가 커진다. 파셴 곡선에서 가장 중요한 것은 압력이나 거리에 관계없이 V_b를 넘지 못하면 기체의 이온화가 일어나지 않아 플라스마가 생성 및 유지되지 못한다는 점이다.

② **플라스마 발생방법**

저온 플라스마는 크게 저압 플라스마(low pressure plasma)와 상압 플라스마(atmospheric pressure plasma)로 나눌 수 있다. 저온 저압 플라스마(low pressure cold plasma)는 진공 또는 저압 상태에서 생성해야 하는 단점이 있어서 산업적으로 적용하기 어려운 부분이 있다. 이를 해결하기 위해 대기압 상태에서 플라스마를 발생시킬 수 있는 발생방법들이 연구되었다. 지금부터 저압 저온 플라스마와 함께 실제 식품 살균에 적용 가능성이 높은 저온 상압 플라스마(atmospheric pressure cold plasma)의 발생방법에 대하여 설명하기로 한다.

- 글로 방전(glow discharge) : 전극판 사이 기체를 주입하고 전류를 흘려보낼 경우 플라스마가 생성되는 방전 형태 중의 하나이다. 저압 상태에서 전압이 점점 높아져 방전 개시 전압을 넘을 경우, 기체의 이온화가 진행되어 플라스마를 생성한다. 글로 방전은 실생활에서 많이 볼 수 있는데, 글로 방전 시 빛을 내기 때문에 네온사인이나 형광등 등에 다양하게 이용되며, 분광학을 통해 기체 분자들의 다양한 상호작용 등을 관찰할 수 있다.
- 고주파 방전(radio frequency discharge) : 고주파 방전은 글로 방전의 일종이나, 글로 방전이 직류전압을 이용하는 데 비해 고주파 방전은 고주파 교류전압을 이용하는 점이 다르다. 직류전압 사용 시 부도체를 전극으로 이용할 경우, 음극 표면에 양이온이 축적되어 전기적 평형이 깨진다. 즉, 처음에는 방전이 발생하지만 방전을 지속하기가 어려운 단점이 있어서 이를 해결하기 위해 고주파 방전을 사용하게 되었다. 교류전압을 통해 음극과 양극을 빠르게 변화시켜 주면 전극에 양이온이 축적될 시간이 부족하여 개시된 방전이 지속될 수 있는 장점이 있다.
- 유전체 장벽 방전(dielectric barrier discharge, DBD) : 가장 유명한 플라스마 발생방법이다. 평행한 두 전극 중 하나 이상의 전극이 유전체(dielectric barrier) 층으로 덮여 있는 구조로 고주파인 교류 전력을 이용하여 플라스마를 생성한다. 절연체인 유전체를 이용할 경우, 직류 전력을 통한 전류의 흐름이 일어나지 않아 교류 전력을 사용해 플라스마를 생성한다. 안정적으로 플라스마를 발생시키기 위해 두 전극 사이 간

격을 매우 좁게 하여(mm 단위) 사용하며, 전극 사이에 다양한 가스를 주입하여 플라스마를 생성한다.

③ **플라스마 발생원**

앞에서 언급한 바와 마찬가지로 진공 상태에서 만들어지는 저온 플라스마는 여러 가지 장점을 가지고 있지만 산업계에서는 진공 조건을 만들기가 어려워 적용에 어려움을 겪었다. 이러한 단점을 개선하기 위해 연구가 진행되었고, 현재는 일반적인 상압 조건에서도 생성 가능한 다양한 방식의 플라스마 발생원이 개발되어 식품 산업계의 관심을 받고 있다. 지금부터는 직접 실제 업체에 적용 가능한 발생원에 대해 소개하기로 한다.

- 코로나 방전(corona discharge) : 비대칭형 전극에 펄스 또는 연속적인 직류전압을 이용해 플라스마를 발생시키는 방법이다. 그림 6-23에서 보듯이 전류가 흐를 경우, 끝이 뾰족한 전극 주변은 기체의 방전 개시 전압보다 높아 부분적으로 이온화가 진행되어 플라스마가 형성된다. 뾰족한 전극에서 시작된 방전은 평평한 전극으로 뻗어나가며 플라스마의 형성 범위가 확산되는 방식을 코로나 방전이라고 한다.

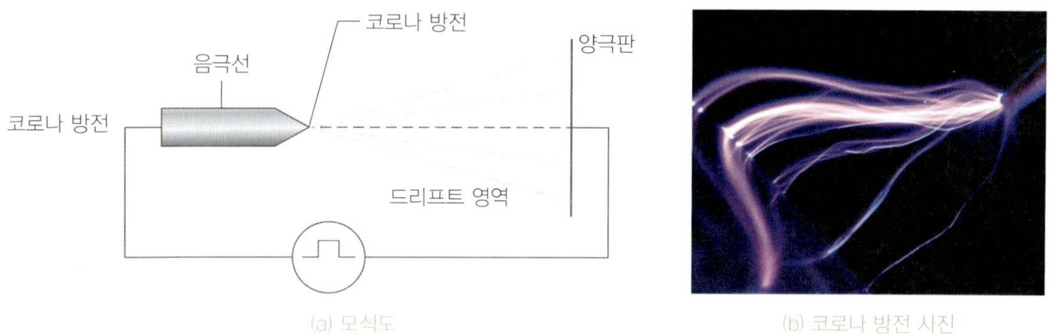

그림 6-23 코로나 방전의 모식도 및 사진

자료 : Nehra, Vijay, Ashok Kumar, and H. K. Dwivedi. "Atmospheric non-thermal plasma sources." International Journal of Engineering 2.1: 53-68. 2008; https://goo.gl/images/7GJ73Y

- 상압 플라스마 제트(atmospheric-pressure plasma jet, APPJ) : 플라스마 제트는 두 개의 동심원인 전극 사이에 다양한 기체를 주입해 주어 플라스마를 형성하는 방법이다. 안쪽의 전극에 전압을 걸어 두 전극 사이의 기체에 무선 주파수(radio frequency)를 처리할 경우, 두 전극 사이에서 기체가 이온화되어 플라스마가 생성된다.
- 유전체 장벽 방전(dielectric barrier discharge, DBD) : 두 전극 사이에 유전체를 삽입

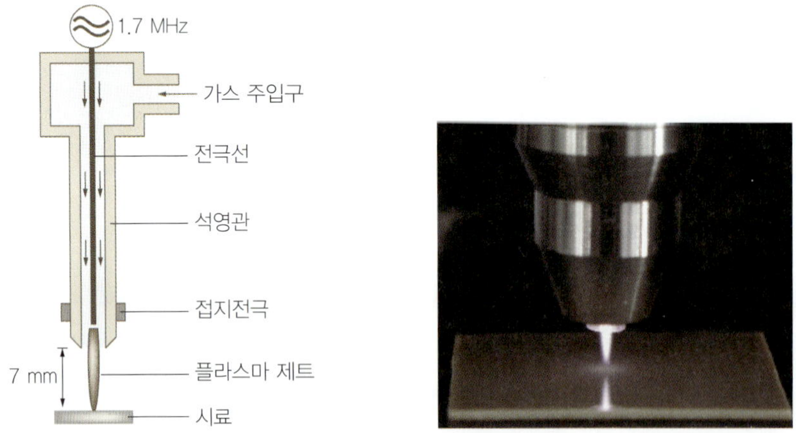

그림 6-24 플라스마 제트의 모식도 및 사진

자료 : https://goo.gl/images/FiqMnw

유전체 장벽 방전 평면 전극판 배치도

그림 6-25 유전체 장벽 방전 모식도

자료 : Nehra, Vijay, Ashok Kumar, and H. K. Dwivedi. "Atmospheric non-thermal plasma sources." *International Journal of Engineering* 2.1: 53-68. 2008.

해 만드는 방식으로, 상압 조건에서 저온 플라스마를 만들기 쉬운 교류 방전이다. 다른 플라스마 처리방식과 다른 점은 기존의 플라스마는 전극 사이에 방전이 직접적으로 닿게 되어 전극 부식이 일어나지만 유전체 장벽 방전은 유전체가 존재하므로 전극 부식을 막을 수 있다는 것이다. 다만, 유전체 장벽 방전은 절연체인 유전체가 존재해 직류전압 사용 시 전류의 흐름이 일어나지 않아 교류전압을 사용한다.

(3) 살균원리와 메커니즘

최신 살균기술을 성공적으로 산업계에 적용하기 위해서는 살균 메커니즘을 정확하게 이해해야 한다. 최근 많은 연구를 통해 저온 플라스마기술이 식품 살균에 효과적인 것으로 밝혀졌으나, 그 메커니즘은 플라스마 특유의 복잡한 성질로 인해 명확하게 밝혀지지 않았다. 연구된 내용들을 통해 살펴보면, 플라스마를 통한 살균 메커니즘은 크게 생물학적 측면과 물리적 측면의 가설들이 존재한다.

① 생물학적 메커니즘

- 자외선으로 인한 DNA 손상 : 플라스마 생성 시 발생하는 자외선으로 인한 직접적인 DNA 손상이 첫 번째 플라스마 살균 메커니즘의 가설이다. 260 nm 근처의 자외선은 DNA의 티민과 시토신을 반응시켜 이합체를 형성하여 DNA의 복제 능력을 손상시킨다. 하지만 이 메커니즘에 대한 논쟁은 계속되고 있다. 실제로 플라스마 생성 시 발생되는 자외선 중 미생물 제어에 도움이 되는 220~280 nm의 자외선은 상압에서 공기에 의해 흡수되거나, 미생물을 사멸할 수 있을 정도의 조사량이 미생물에게 전달되지 않기 때문이다.
- 지방질과산화(lipid peroxidation) : 두 번째 플라스마 살균 메커니즘의 가설은 미생물의 세포막이나 세포 내 구성물질(DNA, 단백질, 탄수화물 등)의 산화로 인한 손상이다. 세포막의 지질, 특히 고도불포화지방산(polyunsaturated fatty acid, PUFA)이 활성산소(ROS)에 매우 민감해 플라스마 처리에 가장 취약한 것으로 알려져 있다. 또한 그람양성균의 경우 세포막에만 영향을 주는 것이 아니라 활성산소가 세포 내부로 침투하여 세포 내 구성물질에 산화로 인한 손상을 주기 때문에 미생물이 제어될 가능성도 존재한다. 한 가지 흥미로운 사실은 플라스마 처리가 미생물의 비배양성 생존 상태(viable but nonculturable, VBNC)를 유발할 수도 있다는 점이다. 이는 플라스마 처리로 인한 지방의 과산화과정이 미생물을 제어하기에 충분하지 못할 경우 미생물이 죽지 않고 살아남아 비배양성 생존 상태로 넘어갈 수 있다는 것이다.
- 단백질 변형(protein modulation) : 플라스마로 인한 단백질의 변형 또한 가능성이 높은 플라스마 살균 메커니즘이다. 이 기구는 플라스마로 인해 세포 내부 구성물질이 아닌 세포의 외부에 존재하는 단백질이 변형되어 미생물이 사멸한다는 내용이다. 그러나 플라스마가 아미노산과 어떤 형식으로 반응하는지가 불확실하기 때문에 더 많은 연구가 필요한 실정이다.
- 세포자멸 유도(inducing apoptosis) : 활성산소는 세포의 생물학적 경로에 신호 분자로 중요한 역할을 수행하는데, 이러한 활성산소가 포유류 세포에 산화 스트레스

(oxidative stress)를 주어 세포 예정사(programmed cell death, PCD)를 유발할 수 있다는 사실이 알려져 있다. 세포자멸 유도 메커니즘은 이러한 세포 예정사가 다세포 생물이 아닌 미생물에서도 일어날 수 있으며, 이에 따라 플라스마에 존재하는 활성산소가 미생물의 세포 예정사 과정에 작용하여 미생물을 제어할 수 있다는 의견이다. 다만, 이에 대한 연구가 부족하여 플라스마가 미생물의 세포 예정사에 미치는 영향에 관한 연구가 더 필요하다.

② 물리적 메커니즘

- 정전기 파괴(electrostatic disruption) : 플라스마의 물리적 살균 메커니즘 내용 중 가장 많이 밝혀져 있다. 플라스마로 인해 생성된 하전입자(charged particle)들이 축적되면서 생성된 정전기력이 세포막을 파괴하고 미생물을 제어하게 된다는 가설이다. 즉, 정전기력이 증가하여 세포막의 인장력보다 강해질 경우 세포막은 불안정해지면서 쉽게 깨져 미생물이 사멸한다는 메커니즘이다.
- 전기천공(electroporation) : 플라스마의 살균 메커니즘은 플라스마 처리 시 전기장이 형성되기 때문에 고전압 펄스 전기장(pulsed electric field, PEF)과 비슷할 것이라 예상할 수 있다. 고전압 펄스 전기장의 살균 메커니즘은 전기천공이 가장 큰 역할을 한다고 알려져 있다. 전기천공은 전기장으로 인해 미생물의 세포막에 구멍이 만들어지는 것이며, 전기천공이 일어날 경우 세포 내 물질이 외부로 유출되어 미생물이 사멸하게 된다. 플라스마 처리 시에도 전기장으로 인한 전기천공이 일어날 수 있다는 가설이지만, 플라스마의 경우 처리되는 위치와 전극과의 거리가 멀어 전기장의 세기가 약해 실제로 플라스마 처리 시 전기천공으로 인한 미생물의 제어가 일어나는지에 대한 연구는 좀 더 필요한 상황이다.

(4) 플라스마의 식품 분야 응용

플라스마의 식품 분야에 대한 응용이 최근 주목을 받고 있다. 플라스마와 같은 비가열 처리는 가열 처리에 비하여 식품의 품질 변화가 적게 일어나 식품 산업에서 플라스마를 공정에 적용하는 추세이다. 플라스마는 식품 가공공정 중 표면 살균뿐만 아니라 표면의 특성 개선, 식품과 식품 관련 소재들과의 물질 전달을 강화하기 위해서도 사용한다. 그중에서도 저온 플라스마의 경우 육제품, 가금류, 유제품, 신선 농산물 등의 식품 표면과 곡물류, 향신료 등의 분말 식품, 최근 자주 문제가 되고 있는 새싹 채소류와 그

씨앗 등을 물 없이 살균할 수 있다. 이는 일반적인 살균공정에서 사용되는 물의 양을 줄일 수 있고, 추가적인 건조공정을 생략할 수 있어서 식품 산업에 적용 가능성이 매우 크다고 할 수 있다.

표 6-14 저온 플라스마 처리에 의한 식품 살균 효과

식품	플라스마 발생원	사용된 기체	미생물	저감화 효과 (Log reduction)
아몬드	DBD	공기	*E. coli*	5
멜론 표면	DBD	공기	*Salmonella*	3
사과	gliding arc	산소	*E. coli*	3.7
곡류	cold plasma	산소	*A. parasiticus*	3
프레스 햄 조각	DBD	헬륨	*L. monocytogenes*	8
계육	plasma jet	헬륨+산소	*L. innocua*	3.3
베이컨	RF glow discharge	헬륨+산소	*L. monocytogenes, E. coli*	2.6
오렌지 주스	DBD	공기	*S. aureus, E. coli*	5
조리된 닭가슴살	plasma jet	질소+산소	*L. monocytogenes*	4.73
닭가슴살	DBD	공기	*C. jejuni*	2.45
햄(브레사올라)	DBD	공기	*L. innocua*	1.6
딸기	cold oxygen plasma	질소	*S.* Typhimurium	1.76
상추	corona discharge	아르곤	*E. coli*	1.6
양상추	plasma jet	질소	*S. enteric*	2.72
현미 시리얼바	plasma jet	아르곤	*A. flavus*	4
사과주스	cold plasma	아르곤+산소	*Citrobacter freundii*	5
딸기	DBD	습한 공기	Yeasts, Molds	3
씨앗	surface microdischarge plasma	공기	일반 세균	2
토마토	DBD	공기	*S.* Typhimurium	3.8
양상추	cold oxygen plasma	산소	*S.* Typhimurium	5
옥수수 샐러드	plasma jet	아르곤+산소	*E. coli*	2.75
블루베리	atmospheric cold plasma	공기	호기성 세균	2
양배추, 양상추, 건조 무화과	cold plasma	헬륨+산소	*S.* Typhimurium, *L. monocytogenes*	2
사과, 딸기, 양상추, 당근	microwave processed plasma air	공기	*C. freundii*	6

자료 : Mir, S. A., Shah, M. A., Mir, M. M., 2016. Understanding the Role of Plasma Technology in Food Industry. *Food Bioprocess Technology* 9, 734-750.

① **육류, 가금류**

육류와 가금류의 경우 새로운 공정의 개발 및 적용에 가장 열려 있는 분야이다. 육류, 가금류 공정 중 도축, 제품 성형(절단, 혼합, 압출 등), 가공(조리, 염지, 건조, 냉동 등), 포장 과정에서 미생물학적 안전성을 확보하기 위하여 매우 다양한 살균기술을 사용한다. 플라스마는 가스 조성, 플라스마 발생원, 처리방법 등을 이용해 다양하게 공정 특성에 맞추어 적용할 수 있어 육류, 가금류 산업의 모든 공정에 적용 가능하다. 플라스마는 육류 산업에서 돼지고기, 가공육, 햄, 육포 및 포장재의 살균에 효과적이며, 유통기한의 연장에 도움이 되는 것으로 알려져 있다. 그러나 색 변화, 지방 산화 등 품질에 영향을 미칠 수 있다는 단점 역시 존재한다. 가금류 산업에서는 닭 가슴살, 닭 껍질, 달걀의 살균 등에 적용할 수 있다.

② **과채류**

과일과 채소류는 주로 가공하지 않고 섭취한다는 특징이 있는 식품이다. 따라서 가열처리를 통한 살균이 어렵기 때문에 주로 살균제(차아염소산 나트륨 등)를 이용해 살균하고 있다. 이러한 화학적 살균의 경우 많은 양의 물을 필요로 하는 단점이 있다. 육류, 가금류와 마찬가지로 플라스마를 사용하면 이러한 단점을 보완할 수 있다. 플라스마 처리의 경우 사과, 멜론, 양상추, 망고, 당근, 토마토, 방울토마토, 딸기, 블루베리, 시금치, 감자, 양배추, 건조 무화과, 헤이즐넛 등의 표면에 존재하는 식중독균과 일반 세균을 효과적으로 제어할 수 있는 것으로 알려져 있다. 세균 외에 곰팡이 제어와 효소 제어에도 사용할 수 있다. 살균 용도 외에도 플라스마를 통하여 과일의 숙성 정도를 조절하는 연구들도 진행되고 있다.

③ **곡류**

곡류는 농작물의 생산과 공급 전체의 50% 이상을 차지한다. 플라스마기술은 곡물 산업계에서 각광받고 있는 기술이며, 비가열 처리로 다양한 곡류에 적용할 수 있다. 플라스마는 다양한 목적을 위해 사용할 수 있어서 곡물 산업에 많은 이익을 가져다 줄 수 있다. 예를 들어 현미에 플라스마 처리할 때 수분 흡수량을 늘려 질감을 개선할 수 있고 조리 시간을 단축할 수도 있다. 밀에 플라스마를 처리한 경우 발아된 새싹이 더 길어지는 것으로 알려져 있으며, 밀가루에 처리하면 반죽의 강도가 상승함은 물론이고 처리 시간이 길어질수록 탄성과 점성도 증가한다. 또한 전분의 유동성과 전분 과립의 구조에도 영향을 주고, 곡류 저장 시에는 해충의 제어에도 효과적인 것으로 알려져 있다.

④ 유제품

우유는 영양적 가치가 높은 식품으로 쉽고 편하게 접할 수 있지만 식중독균에 쉽게 오염되는 문제가 있다. 가열을 통한 우유 살균의 경우 품질 변화를 유발할 가능성이 높아 식품 품질에 영향을 적게 주는 비가열 처리인 플라스마를 통한 살균기술이 주목받고 있다. 우유에 플라스마를 20분 동안 처리할 경우 우유에 존재하는 세균이 4 log 이상 제어되었으나 우유의 pH와 색은 변하지 않았다. 또한 플라스마를 이용해 치즈에 존재하는 식중독균을 효과적으로 제어할 수 있으며, 식중독균 제어 효과는 밀봉 상태에서 처리 후 방치할 때 더 커지는 것을 확인할 수 있다. 또한 플라스마는 단백질의 구조를 변형시켜 유청 단백질의 기능성을 증가시킬 수 있다.

⑤ 향신료

플라스마는 향신료의 살균에도 사용할 수 있다. 플라스마는 고추씨, 오레가노, 고춧가루, 통후추 등의 살균에 효과적인 것으로 알려져 있다. 그러나 처리 시간이 길다는 단점이 있으며 고춧가루의 카로티노이드, 후추의 피페린과 휘발성 기름에 영향을 미치기도 한다. 플라스마를 통하여 향신료의 품질에 영향을 주지 않으면서 효과적으로 식중독균을 제어할 수 있는 방법에 대한 연구가 필요하다.

⑥ 포장재

식품 산업에서의 포장은 식품을 보관하는 역할과 저장 기간 동안의 손상, 외부의 오염원 차단 등의 목적으로 사용한다. 포장에 사용되는 포장재가 잘 관리되지 못할 경우 식중독균이나 세균에 오염되어 식품에 교차오염을 일으키는 원인이 될 수 있다. 포장 산업계에서는 플라스마를 다음과 같은 3가지 목적으로 사용한다. 첫째, 불필요한 유기물의 제어(식중독균 등의 살균 포함), 둘째는 표면 처리, 또는 포장재 습윤성 활성화, 셋째는 품질 향상을 위한 기질 부착이다. 플라스마는 저온에서 처리되기 때문에 열에 민감한 포장재 처리에 매우 큰 장점을 갖고 있다. 플라스마 이용 시 유리, 폴리에틸렌, 폴리프로필렌, 나일론, 종이 포일, 폴리스티렌, 알루미늄 포일 등 다양한 포장재를 살균할 수 있으며, 포장용 생분해중합체(biodegradable packaging polymers)의 특성에도 영향을 미치는 것으로 알려져 있다.

4) 가스치환포장

(1) 가스치환포장의 원리

가스치환포장(MAP)의 원리는 포장 내부의 공기를 고정된 가스 혼합물로 대체하는 것이다. 일단 혼합가스가 주입되고 나면 이후에 조절할 수 없고 이에 따라 조성의 변화가 불가피하다. 따라서 가스치환포장은 가스조절포장(controlled atmosphere packaging, CAP)과 혼동되어서는 안 된다. CAP에서는 저장 기간 동안 가스의 조성이 조절되고 유지될 수 있다. CAP는 수확 후 농산물(post-harvest products)의 운송이나 저장 중에 가장 많이 사용된다. 진공포장 역시 가스치환포장의 한 유형으로 분류되기도 하지만 공기 조성이 변화되는 것이 아니라 제거되는 것이기 때문에 일반적으로 가스치환포장과는 구별한다.

가스치환포장의 가장 큰 장점은 유통기한(shelf life)을 증가시켜 이에 따른 경제적 손실을 최소화해 준다는 것이다. 하지만 이것은 식품의 종류, 원재료의 초기 품질, 저장온도, 혼합가스, 포장하는 동안의 위생 상태, 가스와 생산물의 부피비율 등의 요인에 의존한다. 또한 생산물의 운송거리를 확대해 주고 화학적 방부제의 사용을 줄여줄 수 있다. 하지만 가스치환포장의 단점은 포장을 위한 고가의 장비가 필요하므로 포장에 드는 비용이 증가하게 된다. 또한 효과를 유지하기 위한 온도 조절이 필요하고 생산물의 부피가 증가하여 운송비용이 늘어날 수 있다.

(2) 가스치환포장에 사용되는 가스

가스치환포장에 사용되는 주요한 세 가지 가스는 이산화탄소, 산소, 질소이다. 식품의 종류에 따라서 이 세 가지 가스가 다양한 혼합 조성으로 사용된다. 일반적으로 호흡을 하는 생산물에는 이산화탄소와 산소가 낮은 농도로 사용되고, 호흡을 하지 않는 생산물에는 이산화탄소의 비율이 높게 사용된다. 이 세 가지 가스 이외에도 일산화탄소, 오존, 에틸렌옥시드(ethylene oxide), 이산화질소(nitrous oxide), 헬륨, 네온, 아르곤, 프로필렌옥시드(propylene oxide), 에탄올(ethanol vapour), 수소(hydrogen), 이산화황(sulphur dioxide), 염소(chlorine) 등 가스의 효과에 대한 연구가 진행되었으나 안전성, 식품의 품질 등에 관한 이유로 일부 사용이 제한되고 있다.

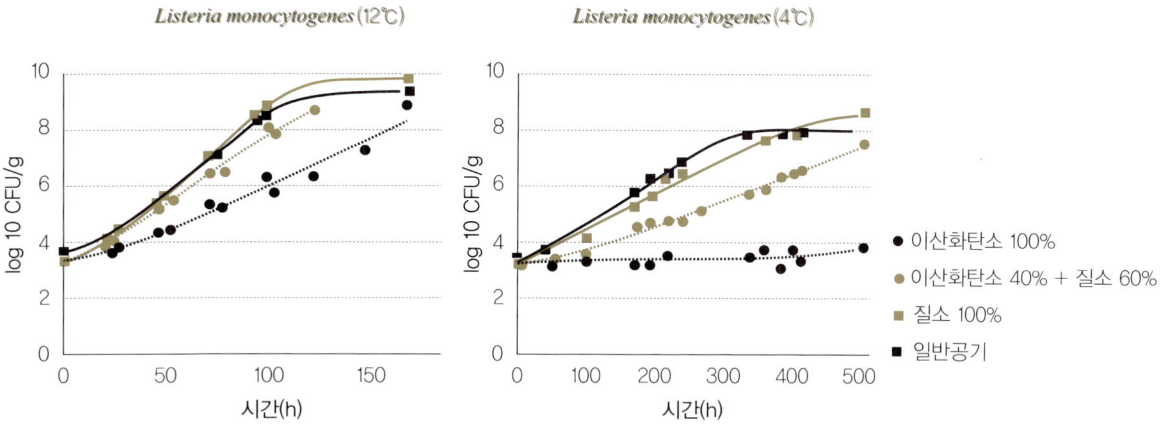

그림 6-26 MA 조성별, 온도별, 니신의 살균 효과 변화
자료 : International Journal of Food Microbiology, Szabo 1998

① 이산화탄소

이산화탄소는 세균과 곰팡이 발육의 상당한 저해 효과가 있어 가스치환포장에서 매우 중요하다. 또한 이산화탄소는 식품의 부패균의 성장을 저해하며, 용해도는 온도가 낮아질수록 증가하고 물과 지방에 녹기 쉽다. 따라서 저장온도가 이산화탄소의 효과에 있어서 가장 중요한 요인이 될 수 있으며, 온도가 낮아질수록 그만큼 세균성장 저해 효과는 증가한다. 이산화탄소는 식품에서 다음과 같이 용해된다.

$$CO_2(g) + H_2O(L) \longleftrightarrow HCO_3^- + H^+ \longleftrightarrow CO_3^{2-} + 2H^+$$

가스치환포장에서 세균의 성장 억제는 식품에 용해된 이산화탄소의 농도에 의존하는데 식품 표면의 pH가 용해된 이산화탄소의 산성화 효과에 의해 낮아진다. 하지만 이산화탄소의 세균 저해작용은 다음과 같은 현상들이 복합적으로 일어나 발생된다.

- 세포막을 투과하여 세포 내 pH를 낮춘다.
- 세포막의 기능을 변화시킴으로써 영양분의 흡수 등에 영향을 준다.
- 직접적으로 효소의 작용을 억제하거나 효소의 반응률을 낮춘다.
- 단백질의 물리화학적 특성을 변화시킨다.

② 질소

질소는 비활성가스로 낮은 용해도로 인해 가스치환포장에서 충전제로 많이 사용된다. 질소는 식품에 잘 흡수되지 않으며, 물과 지방에 잘 용해되지 않는다. 따라서 이산화탄소의 용해로 발생하는 포장 변패를 예방하기 위해 사용된다. 또한 산소에 의한 변패가 잘 일어나는 식품에서 산소를 대체하기 위해 사용되거나 호기성 세균의 성장을 억제하기 위해 진공포장 대신 사용된다.

③ **산소**

산소는 호기성 부패세균의 성장을 억제하기 위해 가능한 한 낮은 농도로 사용하는 것이 일반적이다. 산소의 존재는 산화형 산패를 일으킬 수도 있지만 반대로 높은 농도의 산소는 적육의 붉은색을 유지하기 위해 사용되기도 하며, 80~90%의 고농도 산소는 특정 과일과 채소류의 유통기한을 증가시키기 위해 사용된다. 또한 30% 정도의 산소는 어패류의 육즙 손실과 색 변화를 줄이기 위해 사용된다. 어느 정도의 산소는 호흡을 하는 생산물에서 혐기적 호흡을 막기 위해 포함될 수 있다.

(3) 가스치환포장 적용

고유한 가스 혼합 조성이 각기 다른 종류의 식품 포장에 사용된다. 부패가 주로 세균에 의한 것이기 때문에 혼합가스에서 이산화탄소는 포장 변패, 식품 삼출물, 맛의 변질을 일으키지 않는 범위 내에서 가능한 한 높은 농도로 사용해야 한다. 대개 30~60%의 이산화탄소와 40~70%의 질소가 적당한 범위이다. 주된 부패 지표가 산화형 산패인 식품에서 혼합가스는 산소를 포함하지 않아야 하며, 식품의 종류에 따라 혼합가스는 100% 질소나 이산화탄소와 질소의 혼합가스가 사용된다. 반대로 호흡을 하는 식품에서는 너무 높은 농도의 이산화탄소나 너무 낮은 농도의 산소는 피해야 한다. 이때는 대략 5%의 이산화탄소와 산소가 높은 투과율을 가진 포장물질과 함께 사용된다.

① **어패류**

생선과 조개류는 높은 a_w, 중성 pH, 그리고 자기분해효소가 존재하여 쉽게 변패되기 쉽다. 품질 저하는 온도에 크게 의존하기 때문에 낮은 온도에 저장함으로써 예방할 수 있다. 더 좋은 방법은 저온 저장과 함께 높은 농도의 이산화탄소를 사용한 가스치환저장을 병행하는 것이다. 선행 연구들에서 이들 방법을 통해 날생선은 50~100%의 유통기한 증가, 조리된 생선에서는 100~200%의 유통기한 증가가 관찰되었다.

40~60%의 이산화탄소, 40~60%의 질소의 혼합가스 사용이 지방질이 많은 생선 생산물에 적합하다. 이는 세균에 의한 부패 예방은 물론이고 지방질이 많은 생선에 있는 불포화지방의 산화형 산패에 의한 악취도 예방할 수 있다. 진공포장 역시 같은 목적으

표 6-15 식품별 최적 공기 조성

식품	가스 조성
흰살생선	40% CO_2 : 30% O_2 : 30% N_2
지방질이 많은 어류	40~60% CO_2 : 40~60% N_2
베이컨	20~35% CO_2 : 65~80% N_2
조리된 가금류	30% CO_2 : 70% N_2
가금류	100% CO_2 25~30% CO_2 : 70~75% N_2 20~40% CO_2 : 60~80% O_2 60~75% CO_2 : 5~10% O_2 : 20% N_2
염지육	20~50% CO_2 : 50~80% N_2
신선육	30% CO_2 : 30% O_2 : 40% N_2 15~40% CO_2 : 60~85% O_2
파스타(육류를 넣은)	50~80% CO_2 : 20~80% N_2
치즈	0~70 CO_2 : 0~30% N_2
베이커리	100% N_2 100% CO_2 20~70% CO_2 : 20~80% N_2
과채소류	3~8% CO_2 : 2~5% O_2 : 87~95% N_2
파스타	100% N_2

자료 : Journal of Food Protection, 1991, 54, 58-70, Meat and Meat Products. In : Principles and Applications of Modified Atomosphere packaging of food(1993, edited R.T.Parry, 170-187)

로 사용될 수 있지만 세균에 의한 부패를 함께 막아 주는 데에는 가스치환포장이 더 좋은 효과를 나타낸다. 흰살생선에서는 40% 이산화탄소, 30% 산소, 30% 질소 또는 40% 이산화탄소, 60% 질소의 혼합가스 조성이 바람직하다. 이때 사용되는 30% 산소의 사용은 육즙의 손실을 막아 줄 수 있다.

② **육류**

적육의 유통기한에 영향을 주는 두 가지 지표는 세균의 성장으로 인한 변패와 색의 변화이다. 산소가 부족하면 붉은 oxymyoglobin이 metmyoglobin으로 변하여 육의 붉은색을 잃게 된다. 따라서 적육에서는 높은 농도의 산소가 필요하다. 적육에 많이 존재하는 *Pseudomonas*속의 종과 같은 호기성 부패균은 이산화탄소에 의해서 성장이 저해될 수 있다. 따라서 고기의 색 유지와 세균의 성장 저해를 동시에 달성하기 위해서는 20~30% 이산화탄소, 70~80% 산소의 혼합가스의 사용이 권장된다.

적육이 아닌 일반 육에서는 세균의 성장과 산화형 산패가 유통기한을 결정하며, 이때는 이산화탄소와 질소의 혼합가스가 사용된다. 즉, 돼지고기와 같이 불포화지방을 많이 함유하고 있는 식품은 산화형 산패가 일어나기 쉽기 때문에 산소의 제거가 중요하다. 위생적인 도축과정과 냉장온도의 유지 역시 가스치환포장 육류의 유통기한 증가에 있어서 중요한 요인이 될 수 있다.

③ **신선과채류**

신선과일 및 채소류는 수확 후에도 지속적으로 호흡을 하는데 호기적 조건에서는 이산화탄소와 수증기가 생성되는 데 반해, 혐기적 조건에서는 에탄올, 아세트알데히드, 유기산 등의 산물이 생성된다. 신선과일 및 채소류의 유통기한에 영향을 주는 지표로 내부적 요인(호흡율)과 외부적 요인(상대습도, 저장온도, 초기균의 양, 부피, 포장필름, 빛) 등이 있다. 신선과일 및 채소류에 변질에 영향을 주는 것으로 세균의 성장, 수분 손실, 효소적 갈변 등이 있다.

산소의 양을 감소시키는 가스치환포장은 세균 성장 억제, 호흡 저해, 성숙도 지연, 에틸렌 생산 감소, 과육 연화 지연 등에 특히 효과적이다. 만약 생산물이 투과율 낮은 필름에 포장되어 있다면 포장 내부에 있는 산소의 양이 줄어들고, 이에 따른 혐기적 호흡이 시작될 수 있다. 혐기적 호흡은 악취를 유발할 수 있고 신선과일 및 채소류의 품질 변화를 빠르게 일으킬 수 있다. 또한 혐기적 병원균의 성장도 야기시킬 수 있으므로 최소 2~3%의 산소가 호기적 조건을 위해 요구되고, 적합한 투과율의 포장필름이 사용되어야 한다. 이러한 상용화된 혼합가스 조성 외에 다른 비율의 혼합가스도 연구가 활발히 진행되고 있다. 높은 농도의 산소(80~90%) 사용이 아이스버그 양상추(iceberg lettuce)의 가스치환포장 저장에 있어 좋은 효과를 나타냈다(Day, 1998). 소위 '산소 쇼크'라고 불리는 이러한 처리는 호기성 세균과 혐기성 세균의 성장 저해, 효소적 갈변, 혐기적 발효반응 저해 효과를 나타낸 바 있다.

적절한 세척 처리가 병행되면 신선과일 및 채소류의 가스치환포장 효과를 더욱 향상시킬 수 있다. 또한 신선과일 및 채소류의 호흡률, pH, a_w 등에 대한 정보를 미리 알고 적절한 저장온도, 상대습도, 포장물질 등을 선택하는 것이 중요하다.

(4) 능동포장법

능동포장(active packaging)은 포장물질과 식품과의 능동적인 상호작용이 이루어지는 방법이다. 능동포장의 목적은 저장 기간 동안 생산물의 유통기한을 더 높이는 데에 있다. 능동포장방법으로는 산소 제거/흡수제, 이산화탄소 흡수/생산제, 에탄올 발포체, 수분 흡수제 사용 등이 있다. 능동포장에 대한 연구가 활발하게 이루어지고 있지만, 상업적으로 널리 사용되고 있는 기술은 아직 많지 않다.

① **산소 흡수제**

산소 흡수제의 사용으로 상업적인 가스포장 생산라인에서는 작업 불가능한 농도의 산소량까지 줄일 수 있다. 산소 흡수제를 사용한 능동포장은 포장 내부 공간의 산소 농도를 0.01%까지 낮춰줄 수 있기 때문에 산소에 의한 변패 혹은 색 변화를 막을 수 있다. 산소 흡수제의 용량이 충분하면 외부로부터 포장 내부로 자연스럽게 들어오는 산소 또한 흡수할 수 있어 유통기한을 증진시키는 데 효과적이다.

현재 산업에서 가장 많이 사용되는 산소 흡수제는 철가루이다. 1 g의 철은 300 mL의 산소와 반응할 수 있다. 철을 포함한 흡수제가 가장 적합한 물질이기는 하지만 포장 설비에 설치되어 있는 금속 검출기를 지나가지 못한다는 단점이 있다. 이러한 문제는 아스코르브산(ascorbic acid)이나 효소를 이용한 흡수제를 이용하면 어느 정도 해결할 수 있다. 사용되는 산소 흡수제의 크기는 여유 공간에 존재하는 산소의 정도, 외부의 공기로부터 들어올 산소의 양에 따라 결정한다. 산소 흡수제의 효과를 높이고 흡수제의 빠른 포화를 방지하기 위해서 외부로부터의 산소 투과를 잘 막아줄 수 있는 포장물질을 사용하는 것도 중요하다. 대부분이 상온에서 사용되지만 특정 흡수제는 냉장온도 또는 냉동온도에서 작용하도록 만들어진 것도 있다.

(5) 가스치환포장의 전망

여러 가지 혁신적인 포장기술의 개발 및 포장 주변 환경과의 상호작용을 통해 가스치환포장은 식품의 안전성 확보와 유통기한의 증진을 이끌 수 있다. 산소 흡수제 이외에도 이산화탄소 발포제가 이미 상업적으로 이용되고 있으며, 연구 또한 활발히 이루어지고 있다. 나아가 실제적인 이용을 위해서는 가스치환포장의 안전성에 대한 논의도 지속적으로 이루어져야 한다.

5) 초고압 처리

(1) 초고압 처리의 원리

초고압 처리기술은 1990년대 일본에서 처음으로 산성식품의 살균을 위하여 상업화되었다. 미국과 유럽에서 많은 연구가 진행되었지만 비싼 설비와 처리비용 등의 문제로 상업화는 다소 느린 편이다. 최근에는 식품의 산업적 초고압 처리가 정체식과 반연속적 공정으로 처리되고 있다. 고체 식품은 오직 정체식으로 처리가 가능하지만 액체 식품은 연속적인 처리가 가능한 특징이 있다. 50~1000 MPa 범위의 초고압 처리를 통해 식품의 향이나 영양분의 손실 없이 미생물과 미생물의 효소를 효과적으로 제어할 수 있다.

초고압 처리기술은 약간의 온도 상승을 동반할 수는 있지만 비가열 처리로 분류된다. 최근 초고압 처리에 따른 미생물 제어에 대한 연구가 많이 이루어지고 있는데, 미생물의 종류에 따라 초고압 처리에 대해 각각 다른 저항성을 나타낸다. 일반적으로 그람양성균이 그람음성균보다 압력에 저항성을 보이고, 구균이 간균에 비해 높은 압력 저항성을 가진다. 또한 원핵생물이 진핵생물에 비해 압력에 더 저항성을 나타낸다. 압력 처리는 세포 주요 효소의 불활성화, 세포막의 형태 변화, 단백질 합성 저해, 유전자 전사와 번역의 저해 등 미생물 세포의 여러 가지 생리 변화를 유도한다. 여기서 세포의 형태 변화는 세포막의 세포벽으로부터 분리, 세포막의 수축, 가스 액포(gas vacuoles)의 수축 등을 포함한다.

(2) 초고압 처리에 의한 살균

포자는 살아 있는 세포보다 초고압 처리에 더 저항성을 나타내기 때문에 1,000 MPa 이상의 압력도 견뎌낼 수 있으며, 초고압 처리로 인해 포자의 발아가 유도될 수도 있다. 포자의 발아는 저압력과 초고압 모두에서 유도되지만, 저압력에서 발아 유도된 포자가 추가적인 압력 처리에서 더 민감한 반응을 나타내는 것으로 보고되었다(Wuytack et al., 1998). 또한 *Clostridium* 종의 포자가 *Bacillus* 종의 포자보다 초고압에 더 저항성을 보인다. 포자를 효과적으로 제어하기 위해 열과 초고압의 병행 처리 또는 초고압의 반복 처리에 대한 연구도 진행되었다. 이러한 처리는 어느 정도 포자를 제어하는 데 효과를 나타내지만, 미생물의 종, 처리 압력, 처리 시간, pH, 온도 등에 따라 효과에는 차이가 발생할 수 있다. 초고압 처리를 통한 바이러스의 제어도 진행되고 있는데 이 원리는 바이러스의 외막에 손상을 주어 바이러스 입자가 숙주세포에 결합하지 못하게 하거나, 가역

표 6-16 세균별 압력에 따른 생존력 저감 정도

미생물 종		로그수		저감화
		대조군	압력 처리 후	
Listeria monocytogenes	CA	8.00	7.08	0.92
	ScottA	8.00	7.04	0.96
	Camp$^+$ Beta$^+$	8.00	6.26	1.74
	V7	8.04	6.11	1.93
	35091	8.00	5.90	2.10
	117	7.78	5.30	2.48
	103	7.90	541	2.49
	Ohio$_2$	7.95	5.15	2.80
	SLRI	8.00	4.47	3.53
Staphylococcus aureus	778	8.18	7.48	0.70
	485	8.11	7.41	0.70
	743	8.14	7.28	0.86
	315	8.18	7.28	0.90
	565	8.26	7.14	1.12
	765	8.11	6.60	1.51
	582	8.80	1.00	7.80
E. coli O157:H7 strains	933	8.28	5.48	2.80
	C7927	8.25	5.39	2.86
	931	8.34	5.08	3.26
	SLR 503	8.32	5.04	3.28
	35748-88	8.30	3.95	4.35
	932	8.26	2.62	5.64
Salmonella spp.	*S.* Enteritidis FDA	8.14	2.69	5.45
	S. Typhimurium E21274	8.60	2.89	5.71
	S. Typhimurium ATCC 14028	8.30	1.00	7.30
	S. Enteritidis VL	8.78	1.30	7.48
	S. Choleraesuis serovar Typhi ATCC 6539	7.70	ND	7.70
	S. Choleraesuis ATCC 10708	8.34	ND	8.34

[1]n = 8.

[2]ND, no CFU were detected in 1 mL of cell suspension from each of the samples tested. (Alpas, Applied and Environmental Microbiology, 1999, 65, 4248-4251)

적 혹은 비가역적으로 바이러스 입자를 해리시킨다.

식품의 조성은 압력 처리 시 미생물의 반응에 큰 영향을 미친다. 단백질, 탄수화물, 지방, 그리고 다른 식품 구성물들이 미생물에 대한 보호작용을 나타낼 수 있다(Simpson & Gilmour, 1997). 필수 비타민과 아미노산을 많이 함유한 식품은 다른 식품에 비해 더 효과적인 보호작용을 보인다. Ca^{2+}을 비롯한 다른 양이온과 높은 농도의 수크로오스(sucrose)가 초고압 처리 시 *E. coli*의 저항 효과를 증진시켜 준다는 연구가 보고되었다(그림 6-29, Hauben et al., 1998; Opstal et al., 2003). 이때 칼슘은 세포외막을 안정화시켜

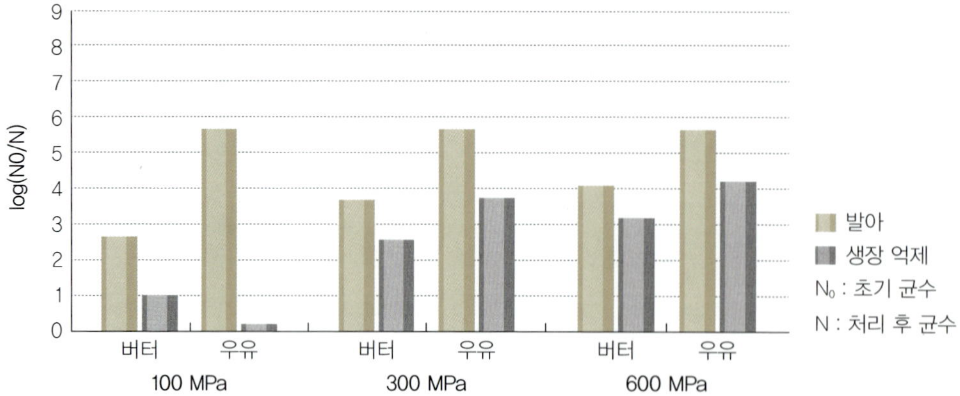

그림 6-27 압력별 우유 내에서의 포자 발아 및 제어 수준
자료 : International Journal of Food Microbiology, 92, 227-234

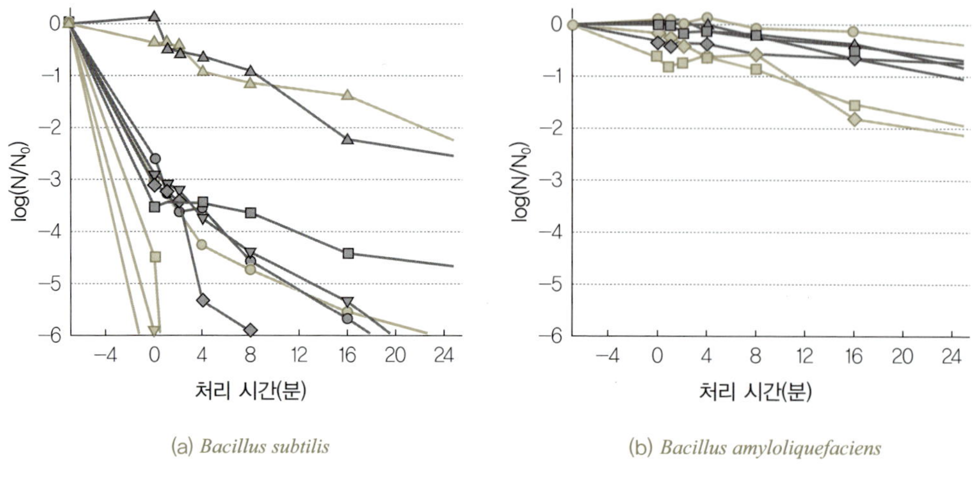

그림 6-28 압력과 가열 병행 처리를 통한 으깬 당근 속 *Bacillus subtilis*(왼쪽), *Bacillus amyloliquefaciens*(오른쪽)의 포자 제어 (기호-균종 구분)
자료 : Applied and Environmental Microbiology 70(12), 7321-7328

주기 때문에 미생물의 저항성을 증진시켜 주며 수크로오스는 세포막 단백질의 기능을 안정화시켜 줌으로써 세포의 저항성을 높인다.

미생물의 성장 단계도 압력에 대한 민감도를 결정하는 데 중요한 역할을 한다. 정체기(stationary phase)에 있는 세포는 증폭기(exponential phase)에 있는 세포에 비하여 압력 처리에 대해 더 저항성을 나타낸다. 이는 주위 환경 변화에 반응하여 생성되는 단백질

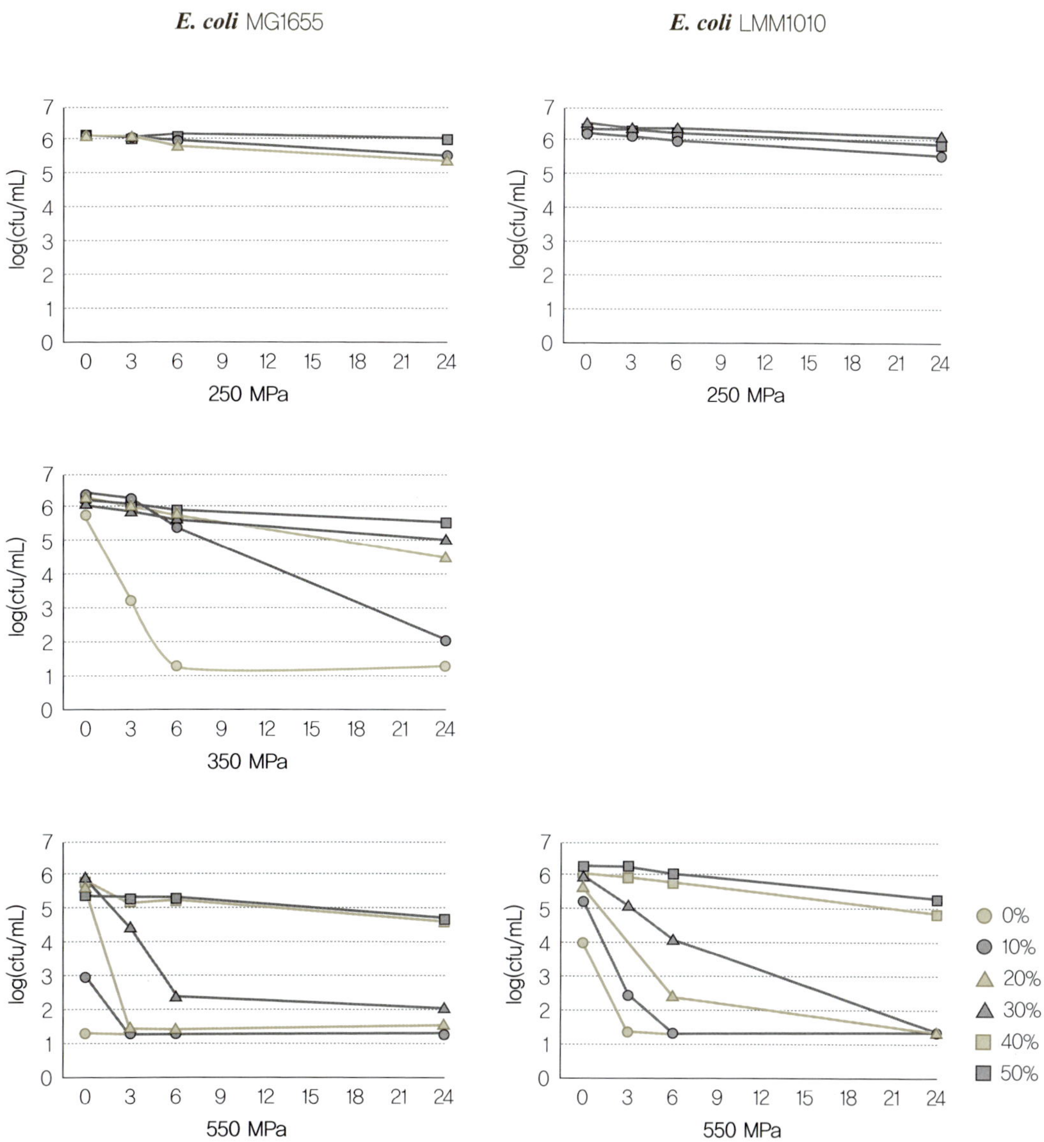

그림 6-29 고압 처리 시 수크로오스로 인한 세포의 저항성 증가
자료 : International Journal of Food Microbiology, 88, 1-9

에 의한 것으로 알려져 있다(Hill et al., 2002; Robey et al., 2001; Wemekamp Kamphuis et al., 2004).

온도 또한 초고압 처리 시 미생물의 생존에 영향을 주는 요인이다. 상온 이상의 온도에서 초고압이 처리되었을 때 미생물의 저해 효과가 증가하며 초고압 처리와 고온 가열의 병행 처리는 미생물 포자의 저해에 대해 특히 좋은 효과를 나타낸다. 이는 온도의 증가로 미생물 포자가 발아되고, 발아된 세포는 초고압 처리에 더 민감하기 때문이다. 따라서 열처리 이후에 초고압 처리를 순차적으로 하는 것이 열처리와 초고압 처리를 동시에 처리하는 것보다 미생물 포자를 제어하는 데 더 효과적일 수 있다.

반대로 상대적으로 낮은 압력을 처리하여 포자의 발아를 유도한 후 열처리를 하여 포자를 제어하는 방법도 연구된 바 있다.

최근에는 초고압 처리가 어떻게 미생물, 바이러스, 곰팡이를 불활성화시키는지 그 메커니즘에 초점을 맞춘 연구가 많이 이루어지고 있다. 그 결과로 압력 스트레스에 대해 유전자와 단백질 수준에서의 반응에 관심을 두게 되었다. 마이크로어레이(microarray)와 단백질 분석(proteome analysis)을 통해 초고압 처리에 대한 저항성과 관련된 유전자와 단백질에 관한 연구가 이루어졌다. 이와 같은 연구는 주로 식중독과 관련된 대장균(*E. coli*), 리스테리아균(*Listeria monocytogenes*), 그리고 유산균에 대해서 이루어졌으며, 초고압 처리가 산화스트레스, 열/냉 스트레스 반응, SOS 반응, 주화성과 관련된 유전자의 재형성, 광전이 효소 체계(phosphotransferase systems) 등의 반응을 유도하는 것으로 밝혀졌다.

(3) 초고압 처리와 식품 품질

초고압 처리는 미생물에 안전하면서 높은 품질의 식품을 생산할 수 있다. 미생물학적 품질뿐만 아니라 효소적 반응, 생화학적 변화 그리고 구조 변화 등도 소비자들이 식품의 품질을 인지하는 데 영향을 끼칠 수 있다. 초고압 처리는 고단백질 식품에서 어느 정도의 단백질 변성을 일으킬 수 있지만 열처리 기술에 비해 그 영향은 적은 편이다. 초고압 처리에 의해 유도된 단백질의 변성은 처리 조건과 단백질의 종류에 따라 다시 회복 가능하다. 신선육이나 가금류에서는 초고압 처리로 미오글로빈의 변화, 철 원자의 산화 등에 의한 색 변화가 일어날 수 있다. 그러나 백색육이나 염지육에서는 이러한 색 변화가 거의 일어나지 않는다. 식품의 관능적 특성도 색 변화 못지않게 제품 판매에 큰 영향을 미친다. 따라서 식품의 유동학적 특성을 이해하는 것이 제품의 품질을 유지하는

초고압을 이용한 효소의 조절

효소반응을 포함한 화학반응은 가열에 의하여 촉진되지만, 압력 변성이 수반되지 않는 압력 범위(3,000기압 이하)에서 효소반응은 압력에 의해 촉진될 수도, 지연될 수도 있다. 체적 변화 및 활성화 체적이 음인 계에서는 압력에 의하여 반응이 현저히 가속되고, 양인 경우는 압력에 의해 효과가 억제된다. 이와 같이 효소 그 자체의 비가역적 변성은 거의 없이 압력에 의해 효소활성의 내용을 변화시킬 수 있다는 사실은, 식품 분야에서의 이용과 함께 화학물질, 약품 등 유용 물질의 효소 생산 분야에서도 향후 응용연구가 기대된다.

저장 중에 식품에 내재된 효소가 작용하여 풍미와 품질의 저하가 일어나는 것을 방지하기 위해 열처리로 효소를 불활성화시키는데, 열처리를 피하여야 할 경우 고압 처리로 이러한 목적을 수행할 수 있다.

데 있어 무엇보다 중요하다. 대부분의 수분을 많이 함유한 식품의 물리적 구조는 초고압 처리 후에도 변화가 없는데 이는 초고압 처리가 전단력을 가하지 않기 때문이다. 과일과 같은 식품에서는 공기주머니의 붕괴로 모양의 변화와 물리적 수축으로 인한 비가역적 변화가 일어나기도 한다. 그러나 이러한 원치 않는 관능적 변화 외에 모짜렐라(mozzarella)치즈를 산업적으로 가공하는 데는 초고압 처리가 이용된다.

(4) 앞으로의 전망

초고압 처리는 식품 산업에서 안전성과 품질 유지에 있어 큰 잠재력을 지니고 있다. 육안상의 식품 품질을 유지해 줄 수 있을 뿐만 아니라 영양소도 유지시켜 줄 수 있기에 소비자로 하여금 신선한 식품으로 인식될 수 있으며, 이는 산업에서 매우 중요한 부분이다. 초고압 처리 장비의 비싼 가격이 이 기술을 식품 산업에 적용하는 데에 장애물이 될 수 있지만, 이러한 문제는 지속적인 연구를 통해 해결할 수 있을 것이다. 또한 초고압 처리만의 미생물 제어 효과뿐만 아니라 다른 항균물질과의 병행 처리 또한 많이 연구되고 있다.

6) 고전압 펄스 전기장

(1) 고전압 펄스 전기장의 정의 및 원리

고전압 펄스 전기장(pulsed electric field)은 미생물, 효모, 곰팡이의 사멸에 효과적인 방법으로 각광받고 있다. 미생물이 포함된 액상 식품에 짧은 시간 동안 높은 전압으로 처리하면 세포막에 큰 충격을 주어 미생물을 사멸할 수 있다. Mittal은 고전압 펄스 전기장의 가장 큰 장점으로 낮은 에너지를 이용하여 살균 효과를 얻을 수 있다고 언급한 바 있다. 전통적인 가열방법으로 1 L의 우유를 살균하기 위해서는 300 kJ 이상의 에너지가 필요하지만, 고전압 펄스 전기장을 이용하면 200~240 kJ이면 충분히 살균할 수 있으며, 미생물의 포자도 제거할 수 있다.

전통적인 가열살균은 미생물의 사멸, 효소의 불활성화뿐만 아니라 영양 성분 및 향기의 감소, 지방 산화, 단백질의 변성을 초래할 수 있다. 하지만 고전압 펄스 전기장 처리는 상온 혹은 냉장온도에서 몇 초 이내에 가능하기 때문에 식품의 품질에는 변화를 주지 않으면서 미생물의 사멸이 가능하다. 탈지유(skim milk-2% fat)에서 고전압 펄스 전기

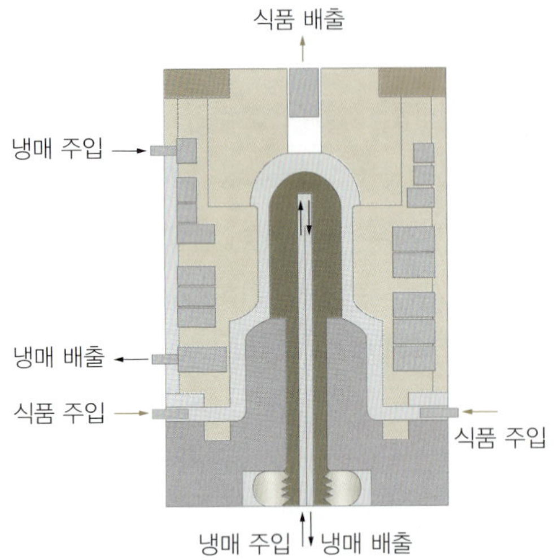

전극 간격 : 0.6 cm
처리 용량 : 29 mL

처리 식품 :
과일주스, 생탈지유, 완두수프, 달걀물

전력계 : 35 to 50 kV/cm

온도 : 처리 중 45~53℃를 유지함

그림 6-30 고전압 펄스 전기장 장치의 개략도

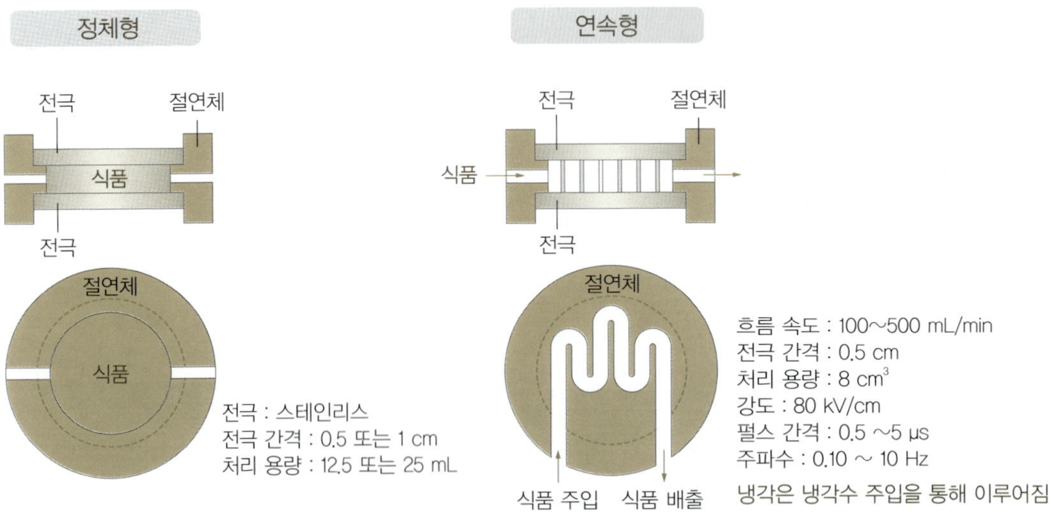

그림 6-31 고전압 펄스 전기장의 배치타입 및 연속공정타입

장 처리는 우유의 물리화학적 변화를 일으키지 않으면서 유통기한은 2주간 지속된다. 또한 고전압 펄스 전기장 처리와 기존의 열처리를 이용한 살균 효과에서 큰 차이가 보이지 않는다고 보고하였다.

(2) 고전압 펄스 전기장에 의한 살균

고전압 펄스 전기장의 비가열살균 효과에 대하여 많은 연구가 이루어졌다. Castro는 우유, 발효유, 오렌지주스, 액상 난황에서 고전압 펄스 전기장 처리를 통하여 세균, 효모, 곰팡이가 5 log 정도 감소되는 것을 관찰하였다. Zhang은 유식품에서 70 kV/cm의 강도와 160 ㎲ 동안의 고전압 펄스 전기장 처리를 통하여 *E. coli*의 9 log 감소를 관찰하였다.

표 6-17 고전압 펄스 전기장 처리에 의한 미생물 저감화 효과

미생물	Suspension media	Log reduction (CFU/mL)	온도 (℃)	Peak electric field 강도(kV/cm)	처리 시간 (㎲)	Number of pulse treatments
Escherichia coli (10^9 CFU/mL)	Skim milk	1~3	15	20~45	0.7~1.8	64
Bacillus subtilis 3×10^3 spores/mL	0.15% NaCl	3.4	25	50	2~3	30
B. cereus 10^5 spores/mL	0.15% NaCl	5	25	50	5~6	50
E. coli (10^9 CFU/mL)	Modified SMUF[1)]	9	20	70	160	80
E. coli	Phosphate buffer milk	4	20	20	1080	30
E. coli	Modified SMUF[1)]	3	-	22	200	5
B. subtilis	Modified SMUF[1)]	5	60	60+HHP[2)]	-	75
E. coli	Modified SMUF[1)]	3~4	37	16	200~300	60
Staphylococcus aureus	Modified SMUF[1)]	3	37	16	200~300	60
B. subtilis and Lactobacillus delbrueckii	Modified SMUF[1)]	4~5	30	16	200~300	40~50
E. coli	Modified SMUF[1)]	2.2	10	40~50	-	8
Saccharomyces cerevisiae	Apple juice	> 6	<40	36	-	-
Zygosaccharomyces bailii	Orange, apple, grape, pineapple, cranberry juice	5	20	32~36.5	2~3.5	-
Total coliforms, *E. coli*, yeast, mold	Spices	1	-	20~80	1~99	11~28
Listeria monocytogenes	Milk	1~4	24~50	25~35	100~600	-
Salmonella Dublin	Skim milk	3	10~50	15~40	12~127	-

1)SMUF : Simulated milk ultrafiltrate
2)HHP : High hydrostatic pressure

표 6-17에 고전압 펄스 전기장의 처리 조건별 미생물의 감소량을 나타내었다.

(3) 고전압 펄스 전기장에 의한 살균 원리

① 전기적 방전electrical breakdown

세포막은 다음과 같이 전하를 나타낸다(그림 6-32 a). 보통 상태에서 세포막의 전위차 V·m은 10 mV이다. 하지만 세포막에 고전압 펄스 전기장을 짧은 시간 동안(μs) 처리하게 되면 전위차(V)가 증가하게 된다(그림 6-32 b). 전위차는 전기장의 세기(E)와 미생물의 크기에 비례한다. 전계강도(field intensity)가 한계점(critical electric field) 이상으로 증가하게 되면 가역적 공극(reversible pore)이 형성된다(그림 6-32 c). 여기에서 한계전계보다 높은 강한 전기장(intense electric fields)을 긴 시간 처리하게 되면 비가역적 공극(irreversible pore)이 형성되며, 이로 인한 세포막의 붕괴가 발생한다(그림 6-32 d).

그림 6-32 고전압 펄스 전기장을 통한 세포의 사멸 메커니즘

② 전기천공 형성electroporation

10 kV/cm의 고전압 전기(High voltage electric field)나 그 이상의 고전압 펄스 전기장 처리에서 세포막의 지질층과 단백질은 일시적으로 불안정해진다. 고전압 펄스 전기장 처리 동안 세포의 원형질막(plasma membranes) 투과성이 증대하고, 삼투평형(osmotic equilibrium)에 변화가 초래되면서 세포막의 팽창이 발생하며 결국에는 세포가 터지게

된다. Kinosita와 Tsong은 포어형성을 두 단계의 메커니즘으로 설명하였다(그림 6-33). 전기장 세기(electiric field intensity), 펄스 수(number of pulses)의 증가와 매개체의 이온 강도 감소 등에 따라 포어의 크기는 증가한다.

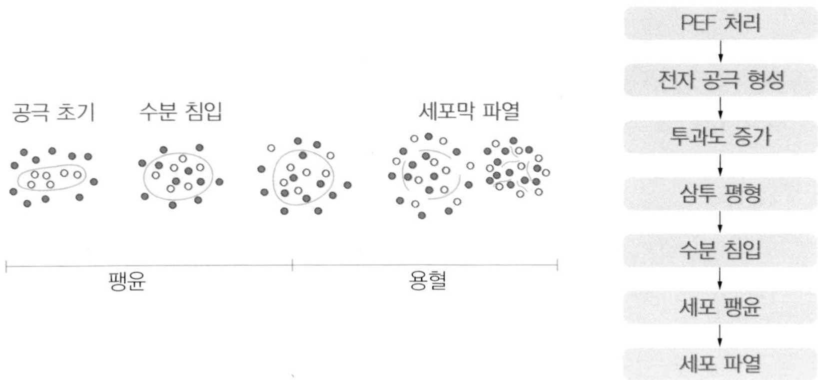

그림 6-33 고전압 펄스 전기장을 통한 포어 형성 메커니즘

(4) 고전압 펄스 전기장 발생기 및 설비

일반적인 액상 식품은 많은 양의 이온을 함유하고 있어 전기가 전달되는 도체이기도 하다. Zhang의 연구에 의하면 고전압 펄스 전기장 처리를 위해서는 짧은 시간 동안(μs)에 많은 양의 전류가 식품에 흘러야 한다. 펄스 생성기와 상업용 고전압 펄스 전기장 장치의 일반적인 계략도는 그림 6-34, 그림 6-35에서 확인할 수 있다.

고전압 펄스 전기장 처리는 고전압을 이용하기 때문에 전력공급기(power supply), 축전기(capacitor), 챔버(chamber)는 반드시 안전한 구역에 있어야 한다.

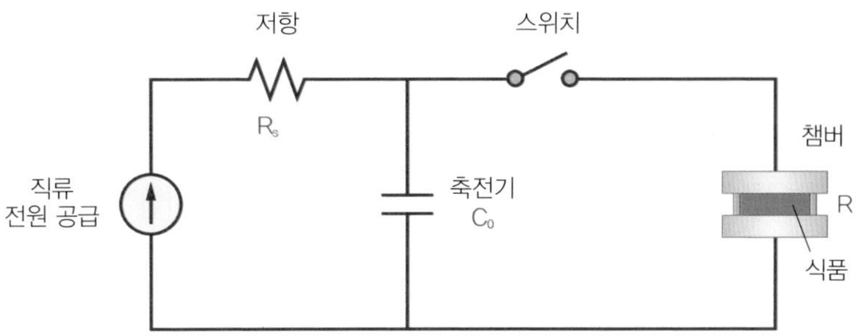

그림 6-34 전기장 발생기 및 설비 개략도

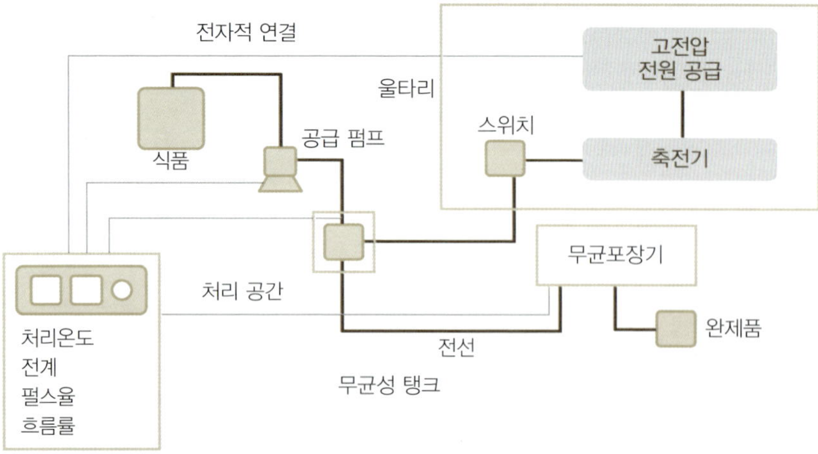

그림 6-35 고전압 펄스 전기장의 산업 적용 설비

7) 천연항균물질

(1) 식품 산업에서의 천연항균물질

최근 소비자의 건강 지향적 성향과 함께 합성보존료가 첨가된 식품의 사용을 꺼리면서 천연물에 대한 요구가 높아지고 있다. 이와 같은 경향으로 인하여 식품 산업계에서도 인공합성보존제의 사용을 될 수 있는 한 제한하려는 추세이고, 안전성이 확보된 천연항균성 물질을 식품의 보존에 이용하고자 하는 연구가 집중적으로 이루어지고 있다. 천연항균물질의 개발과 이용은 인공합성보존제의 대체라는 의미와 소비자 기피 현상을 유발시키지 않으면서 각종 가공식품의 저장성 향상과 안전성 확보라는 견지에서 그 중요성이 강조된다. 일반적으로 인간이 장기간 식용으로 사용했던 천연물을 그대로 이용하거나 추출하여 보존제로 사용하는 경우, 미국에서는 이를 generally recognized as safe(GRAS) 리스트로 분류하여 관리하고 있다.

천연항균물질에는 동물이나 식물에 천연적으로 존재하는 특정 단백질 및 효소류, 유기산, 키토산, 식물의 정유 및 미생물에서 유래된 e-polylysine, nisin, natamycin 등이 있다(표 6-18). 산업체에서의 천연항균제 이용이 아직까지 미미한 수준이며 이에 대한 충분한 고찰 또한 부족한 실정이지만, 앞으로 합성보존료를 대체할 수 있는 살균소독제로서 그 이용 가능성이 매우 높으며 산업현장에서의 수요 급증이 예상된다. 이에 따라 다양한 천연항균제의 특성과 효과를 고찰하고, 식품 산업에서 직접 이용될 수 있는 분야와 그 활용성에 대하여 살펴보고자 한다.

표 6-18 식품 적용 가능한 천연항균물질의 종류

물질의 기원		항균물질
동물	우유	락토퍼옥시데이스, 락토페린
	우유, 달걀	리소자임
	꿀	글루코스옥시데이스
	게, 새우	키토산
식물	조미료, 허브	에센셜오일, 페놀릭, 이소프레노이드
	양파, 마늘, 고추냉이	황화합물
	배추속식물(머스터드 등)	이소티오시안염
	포도씨	포도씨추출물
	홉	홉기름
미생물	*Lactococcus*	니신, 락티신
	Pediococcus	페디오신
	Lactobacillus	락토신, 헬베티신, 사카신, 바바리신, curvacin
	Leuconostoc	루코신, 메센테리신
	Camobacterium	캐모신
	Streptomyces natalensis	나타마이신
	Streptomyces albulus	ε-폴리라이신

자료 : 식품과학과 산업 6월호

(2) 식물 유래 천연항균물질

식용으로 이용 가능한 식물자원의 발굴과 함께 이들이 함유한 각종 기능성 물질과 항균물질을 탐색하고 그 유효성을 평가하는 것은 매우 중요하다. 식물로부터 분리된 물질 중 항균 및 항산화 작용, 그리고 다양한 생리활성을 갖는 물질들이 매년 보고되고 있다. 식물 유래 천연물질의 항균력에 대한 작용 메커니즘은 모두 밝혀지지는 않았지만 이 중 phenolic과 terpenoid는 미생물의 세포막을 파괴하는 메커니즘을 통해 항균 작용을 지닌다고 보고되었고, cumarin과 alkaloid는 유전자 수준에서 미생물의 성장을 억제한다고 알려져 있으며, phenol과 flavonoid는 미생물의 성장을 억제한다고 알려져 있다. 페놀화합물(phenolic compound)은 낮은 수용성에도 불구하고 수산기(hydroxyl group)가 있어 항균활성이 높고, 차나무의 항균활성은 monoterpene류의 미생물 세포벽과 세포막에 대한 투과율과 관계가 깊으며 이들 물질이 세포막 구조의 투과벽을 파괴함으로써 살균 효과를 나타낸다. 약 1,300여 종 이상의 식물이 이러한 항균활성을 갖는 성분을 지니고 있지만, 소수의 식물 유래 물질만이 그 효과와 적용 가능성 때문에 식품 첨가물인 보존제로 인정되고 있다.

표 6-19 식물 유래 천연항균물질의 종류와 주요 구성성분

허브/조미료	활성물질
올스파이스	eugenol, methyl eugenol
케러웨이	carvone
시나몬	cinnamaldehyde, eugenol
정향	eugenol, eugenol acetate
고수	d-linalool, d-α-pinene, β-pinene
쿠민	cuminaldehyde
마늘	diallyl disulfide, diallyl trisulfide, allyl propyl disulfide
민트	α-, β-pinene, limonene, 1,8-cineole
양파	d-n-propyl disulfide, methyl-n-propyl disulfide
오레가노	thymol, carvacrol
후추	monoterpenes
로즈마리	borneol, 1,8-cineole, camphor, bormylacetate
세이지	thujone, 1,8-cineol, borneol
백리향	thymol, carvacrol, menthol, menthone

자료 : 식품과학과 산업 6월호

표 6-20 염소수 및 바질오일 세척 후 양상추의 세균 수 변화

처리		배지별 미생물 로그수(log CFU/g)			
		PCA	CFC	AA	VRBGA
대조군	양상추	5.11	4.54	3.51	4.06
물	양상추	4.63	4.1	3.15	4.09
	세척용	4.15	3.11	2.09	3.39
염소(125 ppm)	양상추	3.76	3.01	<2.31	2.31
	세척용	<1.31	<1.31	<1.31	<1.31
바질오일(0.1%)	양상추	3.31	2.31	<2.31	<2.31
	세척용	<1.31	<1.31	<1.31	<1.31
바질오일(1%)	양상추	<2.31	<2.31	<2.31	<2.31
	세척용	<1.31	<1.31	<1.31	<1.31

자료 : Wan et al., 1998 / JAM 1998, 84, 152-158

향신료와 방향성 식물의 정유 성분 중 항균활성을 지닌 특정 성분을 표 6-19에 나타내었다. 식물의 정유 성분들은 주로 소수성을 띠는 방향족 구조를 내부에 포함하고 있는데, 이는 벤조산(benzoic acid) 같은 기존의 합성보존료에서 발견할 수 있는 구조와 유사하다. 식물의 정유 성분들은 GRAS에서 인정되며, 오랜 기간 식품에 첨가되어 왔기 때문에 천연항균제로서 이용 가능성은 매우 높다고 할 수 있다. 표 6-20은 천연항균제로서 바질오일(basil oil : 0.1%, 1%)을 양상추의 세척에 이용하였을 때 125 ppm의 염소(chlorine)와 비교할 만한 효과를 보여 주는 자료이다.

(3) 동물 유래 천연항균물질

동물에는 자신을 보호하기 위한 수단인 자기방어기구가 잘 발달되어 있어, 체계적인 면역 시스템과 함께 다양한 항균물질들이 존재하는 것으로 알려져 있다. 예를 들어 우유 속에 존재하는 lactoferrin이나 lactoperoxidase, 달걀을 세균의 감염으로부터 오랜 기간 동안 막아 주는 역할을 하는 lysozyme, ovotransferrin, avidin, ovoflavoprotein, ovomucoid, cystatin 등이 있다. 이러한 항균물질들은 본래 생체 내에 존재하는 분자들이기 때문에 그 안전성 면에서는 탁월하다고 할 수 있다. 최근 이러한 bioactive compound들에 대한 연구가 활발히 진행되고 있으며 이와 함께 그 기능이 다양하고 항균 스펙트럼이 넓은 새로운 동물 유래 물질을 탐색하여 유전공학기술을 통해 대량생산하려는 연구가 진행되고 있다.

Lactoferrin은 항염증작용, 항균작용, 항암작용 등에 관여하는 철이온과의 결합력이 높은 당단백질이다. 주로 우유나 모유에 존재하며 침, 눈물, 혈액에도 소량 함유되어 있다. Lactoferrin은 미생물 성장의 필수 요소인 철이온과 결합하여 미생물 내에서 고갈시킴으로써 미생물의 성장을 억제시킨다고 알려져 있다. Activated lactoferrin은 FDA에 의해 GRAS로 분류되며, 소고기(beef)의 보존료로 사용이 승인된 물질(65.2 mg/kg 이하)이다. 현재 소고기뿐만 아니라 다양한 육류 및 어류의 보존제, 식용 가능한 식품 포장재료로서의 적용 연구가 진행되고 있다.

Lysozyme은 인간에게 독성이 없고 세균 특이적 가수분해 활성을 갖고 있으며, 용해도가 크고 무미, 무취의 특성을 지녀 천연항균제로서 이상적인 조건을 갖추고 있다. 보통 달걀 하나에는 0.3~0.4 g의 C-type lysozyme이 함유되어 있어 경제적 가치가 높다. 특히 다양한 그람양성균에 강한 항균활성을 갖고 있는데, 세균의 세포벽을 구성하는 peptidoglycan 성분 중 N-acetylmuramic acid와 N-acetyl-glucosamine 사이의 β-1,4 결합을 가수분해시켜 균을 사멸시키므로, 펩티도글루칸의 함유율이 5~10%인 그람음성균보다는 90%인 그람양성균에 더 효과적으로 작용한다. 리소자임은 현재 FDA에서는 GRAS로 분류되어 있으며 캐나다, 유럽연합 이외에 한국에서도 "화학적 합성품 이외의 식품첨가물"로 사용을 허가하고 있다.

그림 6-36은 리소자임을 키토산 필름과 함께 적용하였을 때 다른 물질보다 살균효과가 더 높음을 보여 준다.

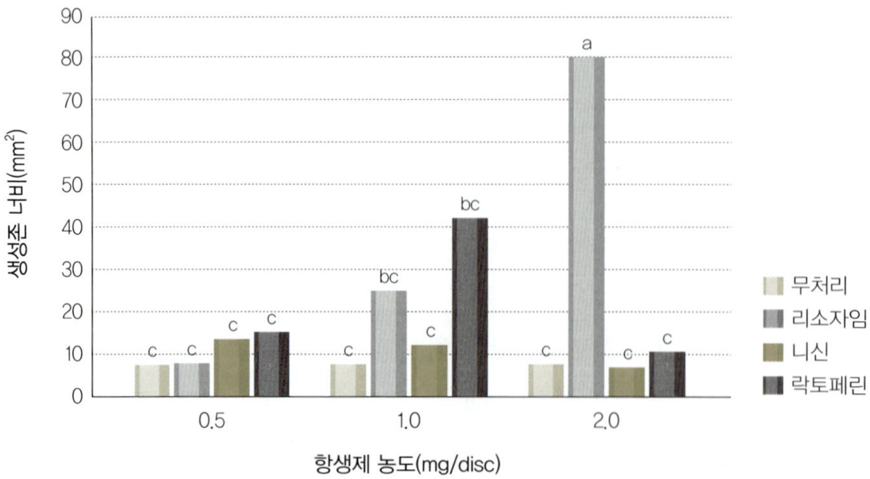

그림 6-36 리소자임, 니신, 락토페린을 처리한 키토산 필름에서의 병원성 대장균 저감화
자료 : CYNTHIA et al, Journal of Food Protection, Vol. 71, No. 2, 2008, pp.319~324

(4) 미생물 유래 천연항균물질

미생물이 다른 미생물에 대해 생장을 억제하는 항균물질을 생산해 내는 경우가 많은데, 이 중 유산균이 생성해 낸 항균성 펩티드 또는 단백질인 박테리오신(bacteriocin)이 가장 대표적이다. 이것이 인체에 섭취되면 소화기관 내에 존재하는 단백질 가수분해효소에 의해 분해되므로 장내 유익균에 영향을 주지 않고 잔류성이 없어 생체 내에서 안전하다. 그러나 대부분의 박테리오신은 항균작용의 범위가 좁기 때문에 천연보존제로서의 사용에 제한을 받는다.

대표적인 박테리오신인 니신(nisin)은 1928년 Rogers에 의해 *Lactococcus lactis*가 *Lactobacillus bulgaricus*의 생육을 저해한다는 사실이 보고되면서 처음으로 발견되었고, 그 이후 1947년 Mattick과 Hirsch가 이 항균물질을 nisin이라 최초로 명명하였다.

니신의 생성 균주인 *Lactococcus lactis*는 각종 낙농 제품에 자연적으로 존재하는 균이기 때문에 그 생성물인 니신은 천연물질이라 할 수 있다. 다양한 박테리오신 중 유일하게 그 사용이 허가된 니신은 합성보존료를 대체할 수 있는 천연보존료로 광범위한 분야에서 응용되고 있는데 발효유, 통조림 식품, 치즈, 알코올 음료, 어패류, 김치, 냉동제품, 과일 및 채소류 등의 저장성 향상을 위해 사용되고 있다. 또한 유기산, 리소자임, lauricidin, lactoperoxidase 등의 다른 항균제와 병합 처리에 대한 연구도 활발하게 진행 중이다(그림 6-37). 국내에서는 아직 사용이 허가되어 있지 않았지만 니신은 미국에서 1988년에 GRAS로 인정받았으며, 현재 80개국 이상의 국가에서 그 사용이 허가되어 있다.

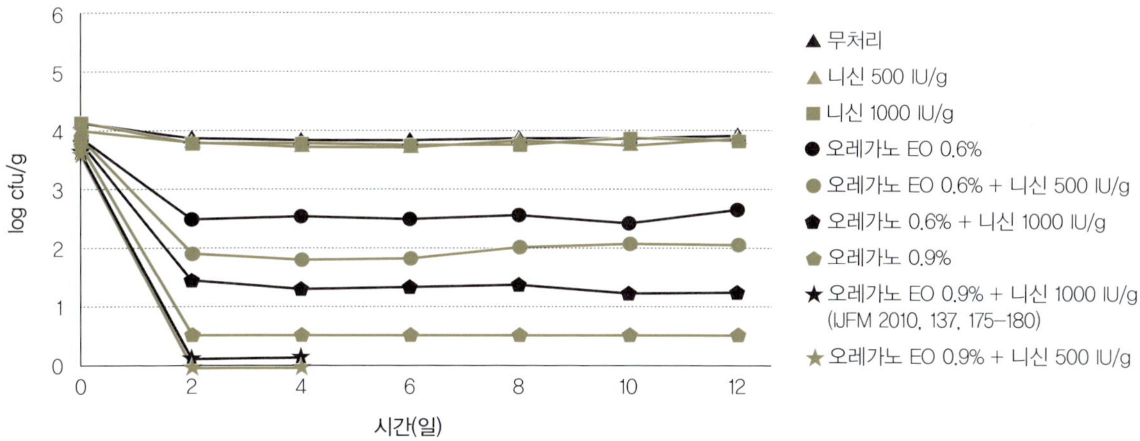

그림 6-37 식물 추출 오일 및 니신의 혼합 적용을 통한 살균 효과

자료 : IJFM 2010, 137, 175-180

(5) 향후 천연항균물질의 응용

천연 소재에서 탐색한 항균활성을 지닌 물질 중 실제 식품에 적용하기 위해서는 실용적, 경제적, 관능적 측면에서 해결해야 할 문제가 있는 것이 많다. 다양한 요인들이 작용하여 실제 산업에 적용했을 때에 항균제의 항균활성은 실험실 수준에서 측정된 항균력과는 차이가 매우 크다. 예를 들어 항균제의 항균력을 나타내는 활성 부위가 식품 속에서는 주로 식품입자(단백질, 지방, 설탕, 소금 등)에 둘러싸여 있게 되어, 식품에 첨가된 항균제의 일부만이 항균작용을 하게 된다. 또한 동일 식품 내에서도 서로 다른 물질들 사이의 상호작용으로 pH 격차가 발생될 수 있고, 미생물의 분포 역시 일정하지 않아 실험실에서 측정된 항균력과는 차이가 매우 크다.

이러한 다양한 요인들로 인해 천연항균제의 실제적 사용이 아직까지는 활발하지 않지만, 합성보존료의 안전성 문제가 심각하게 대두되고 있는 상황과 천연물은 인체에 유용하며 안전하다는 인식 때문에, 앞으로 합성보존료를 대체할 수 있는 살균제로서 천연항균제의 이용 가능성은 매우 높다고 할 수 있다. 천연물로부터 새로운 천연항균물질을 발견하여 식품 산업에 응용하는 연구가 더욱 활발하게 이루어지고, 이를 바탕으로 식품에 적극적인 적용이 검토되어야 할 것이다.

1. 열처리 방법

- 마이크로파 가열 : 마이크로파(microwave)란 주파수 300 MHz에서 30 GHz(파장 1 cm~1 m)에 이르는 매우 짧은 영역의 전자파를 말한다. 에너지파는 식품 표면으로부터 약 3.81 cm가량 뚫고 들어가서 물, 지방, 당 분자들을 활성화시킨다. 에너지파를 받은 분자들은 진동하여 분자 간에 충돌과 마찰이 생기는데, 이때 생긴 열이 식품 내부 및 표면으로 전달된다. 마이크로파는 순간적으로 물체에 침투하여 열로 변환시킴으로써 종래의 외부가 열보다 단시간에 살균할 수 있으며 물체 자체가 발열체이기 때문에 가열장치를 예열할 필요가 없어 열효율이 매우 높다.

- 옴 가열 : 옴 가열이나 전기적 저항 가열은 연속적으로 흐르는 식품에 저압의 교류전류 적용과 관련이 된다. 옴 가열을 이용하여 식품 내부의 온도를 단시간 안에 올릴 수 있는 연구는 많이 이루어져 있으며, 식품 내부에서 발생된 열은 미생물을 저감화시키는 데 가장 큰 요소 중의 하나이다. 옴 가열은 액체와 작은 입자들로 이루어진 혼합물, 높은 점성을 가지거나 열에 민감한 식품에 적용할 수 있다. 또한 이 기술은 고형 음식물의 무균화 공정에 적용 가능하다. 내부에서 열을 발생시킨다는 점에서 마이크로파와 유사하지만 마이크로파에 비해서 훨씬 일정하게 가열이 된다.

- 초고온 과열증기 가열 : 초고온 과열증기는 끓는점 이상의 증기로 포화증기를 가열해서 만든다. 물 분자의 에너지 상태가 높기 때문에 미생물의 회복 시스템을 포함한 여러 생명 활동에 필요한 요소들을 동시다발적으로 비활성화시키고, 미생물을 기존의 열처리보다 빠르고 효과적이게 제어할 수 있다. 이 점을 이용해 열처리에 취약한 신선 제품의 표면을 짧은 시간 안에 살균하는 것에 대한 연구들이 진행되어 왔다. 또한, 초고온 과열증기 내 분자 사이의 거리가 멀어 밀도가 낮고, 수분 함량이 적기 때문에 '건증기'라고도 하며, 식품의 건조공정에서도 많이 쓰인다.

- 적외선 가열 : 적외선 가열은 전자기파 형태로 열에너지를 식품에 전달하는 방법이다. 높은 에너지 밀도로 인해 표면 온도가 빠르게 상승하고 병원성 미생물의 단백질, 세포벽, DNA 등이 파괴된다. 식품 성분에 의해 흡수되는 파장이 다르기 때문에 이론적으로는 선택적 가열이 가능하지만 적외선 파장의 대부분은 식품 속의 물에 흡수되어 얕은 침투 깊이를 보인다. 적외선 가열을 이용하면 빠르게 표면온도를 올릴 수 있기 때문에 병원성 세균을 효과적으로 제어하면서도 식품의 품질을 보존할 수 있는 장점이 있다.

2. 비열처리 방법

- 자외선 조사 : 자외선은 200~400 nm 범위의 전자기 스펙트럼의 부분을 말하며, 단파장 자외선(UV-C, 200~280 nm), 중파장 자외선(UV-B, 280~320 nm), 장파장 자외선(UV-A, 320~400 nm)으로 나뉜다. 자외선 조사기술은 넓은 범위의 광범위한 부패 및 병원성 미생물에 대한 우수한 저감화 효과, 식품의 영양 및 관능 품질의 최소 손실, 처리로 인한 독성 효과 또는 잔류물의 부재, 다른 가열 및 비가열 살균공정에 비해 낮은 에너지 소비와 같은 장점으로 각광을 받고 있다. 최근 식품 산업에서는 액체 식품 및 고체 식품의 표면 살균을 위해 자외선 조사기술을 사용하는 것에 대한 관심이 높아지고 있는 추세이다.

- 방사선 조사 : 방사성 물질에서 나오는 이온화된 방사선 에너지를 식품에 쪼이는 것을 방사선 조사라고 한다. 이는 식품의 발아 및 숙성을 지연시키거나 식품의 병원균, 기생충 및 해충을 사멸시키고 위생적인 식품을 만든다. 방사선 조사 식품이란 발아의 방지나 식중독균의 살균과 같은 유익한 효과를 일으키기 위해 방사선 에너지를 처리한 식품을 말한다. 방사선 에너지가 어떻게 생체에 영향을 미치는가에 대하여 직접 및 간접 작용에 대한 이론

이 있으며. 직접작용은 생체 표적에 방사선이 적중하면 전리가 일어나 치사 효과가 나타난다는 이론이다. 간접작용은 생체 중의 물이나 다른 구성성분이 방사선의 전리작용에 의하여 자유라디칼(free radical)이나 이온을 생성하고 이들이 세포에 화학작용을 하여 치사 효과를 나타낸다는 이론이다.

- 플라스마 : 저온 플라스마란 구성물질들 사이에 전자의 온도가 이온이나 중성입자들에 비해 월등히 높은, 열적으로 비평형인 플라스마를 의미한다. 전자를 제외한 나머지 부분의 온도는 실온에 가깝다. 식품 표면에 존재하는 미생물의 세포막을 물리적으로 파괴하거나 단백질이나 지방 등의 구성물질에 영향을 주어 사멸에 이르게 한다. 식품 산업에서 일반적인 가열살균을 적용하기 어려운 과채류 등의 표면 살균에 주로 이용되며, 식품 품질에 큰 영향을 주지 않으면서 미생물을 효과적으로 제어할 수 있다.

- 가스치환포장 : 가스치환포장(MAP)의 원리는 포장 내부의 공기를 고정된 가스 혼합물로 대체하는 것이다. 일단 혼합가스가 주입되고 나면 이후에 조절할 수 없고 이에 따라 조성의 변화가 불가피하다. 가스치환포장에 사용되는 중요한 세 가지 가스는 이산화탄소, 산소, 질소이다. 식품의 종류에 따라서 이 세 가지 가스가 다양하게 혼합 조성되어 사용된다. 능동포장(active packaging)은 포장물질과 식품과의 능동적인 상호작용이 이루어지는 방법이다. 능동포장방법으로는 산소 제거/흡수제, 이산화탄소 흡수/생산제, 에탄올 발포체, 수분 흡수제 사용 등이 있다.

- 초고압 처리 : 50~1000 MPa 범위의 압력을 통해 식품의 향이나 영양분의 손실 없이 미생물과 미생물의 효소를 효과적으로 제어할 수 있다. 최근 초고압 처리에 따른 미생물 제어에 대한 연구가 많이 이루어지고 있는데 미생물의 종류에 따라 초고압 처리에 각각 다른 저항성을 나타낸다. 포자는 살아 있는 세포보다 초고압 처리에 더 저항성을 나타내기 때문에 1000 MPa 이상의 압력도 견뎌낼 수 있으며 초고압 처리로 인해 포자의 발아가 유도될 수 있다.

- 고전압 펄스 전기장 : 고전압 펄스 전기장(pulsed electric field)은 미생물, 효모, 곰팡이의 사멸에 효과적인 방법으로 각광받고 있다. 미생물이 포함된 액상 식품에 짧은 시간 높은 전압으로 처리하면 세포막에 큰 충격을 주어 미생물을 사멸할 수 있다. 고전압 펄스 전기장 처리는 상온 혹은 냉장온도에서 몇 초 이내에 가능하기 때문에 식품의 품질에는 변화를 주지 않으면서 미생물의 사멸이 가능하다.

- 천연항균물질 : 일반적으로 인간이 장기간 식용으로 사용했던 천연물을 그대로 이용하거나 추출하여 보존제로 사용하는 경우, 미국에서는 이를 generally recognized as safe(GRAS) 리스트로 분류하여 관리하고 있다.
  - 식물 유래 : Phenolic, terpenoid, cumarin, alkaloid, phenol, flavonoid 등이 있다.
  - 동물 유래 : lactoferrin이나 lactoperoxidase, 달걀을 세균의 감염으로부터 오랫동안 막아 주는 역할을 하는 lysozyme, ovotransferrin, avidin, ovoflavoprotein, ovomucoid, cystatin 등이 있다.
  - 미생물 유래 : 유산균이 생성해 낸 항균성 펩티드 또는 단백질인 박테리오신(bacteriocin)이 가장 대표적이다.

1 방사선 조사의 미생물 살균 원리와 식품 산업에서의 응용 방법을 설명하시오.

2 미생물 유래 천연항균물질의 종류를 쓰고, 산업 적용의 한계점을 논하시오.

3 옴 가열방법이 근래에 각광받고 있는 이유와 적용 가능 식품을 설명하시오.

4 초고압 처리 시 미생물 사멸에 영향을 미치는 외부 인자들을 논하시오.

5 고전압 펄스 전기장을 통한 살균의 원리를 설명하시오.

CHAPTER 7

식품안전관리 인증기준 제도

1. HACCP의 정의 및 목적
2. HACCP 적용을 위한 선행요건
3. HACCP 적용원칙(7원칙 12절차)

1. HACCP의 정의 및 목적

HACCP이란 Hazard Analysis and Critical Control Point의 약칭으로 '식품안전관리 인증기준'이라 하며, 식품의 안전성을 확보하기 위하여 개발된 집중적 관리방식이다.

식품의약품안전처에서는 해썹(HACCP)이란 "식품의 원재료부터 제조, 가공, 보존, 유통, 조리 단계를 거쳐 최종 소비자가 섭취하기 전까지의 각 단계에서 발생할 우려가 있는 위해요소를 규명하고, 이를 중점적으로 관리하기 위한 중요관리점을 결정하여 자율적이며 체계적이고 효율적인 관리로 식품의 안전성을 확보하기 위한 과학적인 위생관리체계"라고 정의하고 있다.

HACCP는 위해요소분석(HA)과 중요관리점(CCP)의 두 가지 부분으로 구성된다. 위해요소(hazard)란 인체의 건강을 해할 우려가 있는 생물학적, 화학적 또는 물리적 인자나 조건을 말하며, 위해요소분석(HA)이란 식품 안전에 영향을 줄 수 있는 위해요소와 이를 유발할 수 있는 조건이 존재하는지 여부를 판별하기 위하여 필요한 정보를 수집하고 평가하는 일련의 과정을 말한다. 중요관리점(CCP)이란 위해요소 중점관리기준을 적용하여 식품의 위해요소를 예방·제거하거나 허용 수준 이하로 감소시켜 해당 식품의 안전성을 확보할 수 있는 중요한 단계·과정 또는 공정을 말한다.

식품의 원재료 생산에서부터 최종적으로 소비자가 소비할 때까지의 모든 단계에서의 식품의 안전성을 확보하기 위해 예방적 차원에서 식품공정을 체계적으로 관리하고자 시작된 것이 HACCP이다. 즉 HACCP은 식품의 최종 검사단계에서 발생되는 문제점에 대한 대응이 아니라, 식품위생상의 위해요소의 발생을 최소화시키고자 하는 예방적 차원의 관리 시스템인 것이다. 그러므로 HACCP은 식품공정상에서의 위해요소를 완전히 없애고자 하는 것이 아니라 최소화시키는 데 그 목적이 있다.

1) HACCP의 역사

HACCP의 근원은 1959년 미국 항공우주국(NASA)이 우주 개발에 따른 우주식의 완벽한 안전성 확보 차원에서 미생물학적으로 안전한, 특히 병원미생물에 대한 제어를 목표로 개발한 관리방법으로 Pillsbury사와 NASA, 미 육군 Natik연구소가 공동으로 제조 환경, 원재료, 공정, 종사자, 보관, 유통에 이르기까지 모든 과정에서 위해 가능성을 체계적으로 관리하는 방법을 정립하였으며, 1971년 미국 식품보호위원회(National

Conference of Food Protection)에서 처음으로 공표하였다. 이 방식은 1973년 미국 식품의약국(Food and Drug Administration, FDA)에 의해 저산성 통조림 식품 적정제조기준(Good Manufacturing Practice, GMP)에 도입이 되었다.

1988년 행정기관 및 식품과학 및 미생물 관련 전문가로 구성된 식품의 미생물기준에 관한 자문위원회(National Advisory Committee on Microbiological Criteria for Food, NACMCF)가 미국과학아카데미(National Academy of Science, NAS)의 식품보호위원회에 관한 분과위원회의 권고로 설치되어 1989년에는 HACCP의 지침서(HACCP-Principles for Food Production)와 함께 HACCP의 7원칙을 제시하였다.

우리나라도 보건복지부에서 1995년에 「식품위생법」 제32조의2에서 '식품안전관리인증기준(HACCP)'을 최초로 법으로 규정하였다. 하지만 HACCP은 현재 식품의 안전성을 확보하기 위한 하나의 관리법 수준으로, 법제화가 되지 않아 국제 표준화를 위한 노력이 필요하다.

2) HACCP의 도입 효과

한국뿐만 아니라 전 세계적으로 생산·유통·소비되고 있는 식재료 및 식품에서 병원성대장균 O157:H7, 살모넬라 등의 식중독 세균이 빈번하게 검출되고 있어 체계적인 식품관리가 절실히 요구되고 있는 실정이며, 농약이나 잔류 수의약품, 항생물질, 중금속 및 화학물질에 의한 식품사고도 광범위하게 발생하고 있다. 유럽연합(EU), 미국 등 선진국에서는 이미 자국 내로 수입되는 몇몇 식품에 대하여 HACCP을 적용하도록 요구하고

HACCP 7원칙의 적용 예

단계	세부 사항	적용 예
위해분석	위해분석 및 예방조치 기술	병원성대장균 → 고온, 고압 세척
중요관리점의 설정	위해 예방단계 결정	최종 세척단계
허용한계치 설정	위해관리 목표기준 설정	압력(0~300 psi), 온도(32~38°C)
검사방법 설정	허용한계치 준수 여부 관찰	온도, 압력 등 모니터링
개선 조치	허용한계치 이탈 시 조치방법	작업 중단, 제품검사 등을 통한 위해 제거
기록 유지방법 설정	HACCP 실행에 대한 기록 문서화	HACCP 원칙에 따른 기록
검증방법 설정	HACCP 실행 상태 검증	장비 교정, 최종 제품, 검사기록 검토

있어 수출 분야에 있어서도 HACCP 도입이 절실히 요구되고 있다.

(1) 식품 업체 측면

- HACCP 도입 초기에는 시설·설비 보완 및 집중적 관리를 위한 많은 인력과 소요예산의 증대가 예상되나, 장기적으로는 관리인원의 감축, 관리요소의 감소, 제품 불량률과 반품·폐기량 감소 등으로 궁극적으로는 제품 품질 향상 및 생산비용 절감 효과 등으로 경제적 이익의 도모가 가능해진다.
- HACCP 적용업소는 HACCP 마크 부착과 HACCP 적용 품목에 대한 광고가 가능하므로 소비자에 대한 회사의 이미지와 신뢰성이 향상된다.
- 기존의 정부 주도형 위생관리에서 벗어나 자율적으로 위생관리를 수행할 수 있는 체계적인 위생관리기법의 확립이 가능하다.
- 예상되는 위해요인을 과학적으로 규명하고 이를 효과적으로 제어함으로써 위생적이고 안전성이 충분히 확보된 식품의 생산이 가능해진다.
- 위해가 발생할 수 있는 단계를 사전에 선정하여 집중적으로 관리함으로써 위생관리체계의 효율성을 극대화할 수 있다.

(2) 소비자 측면

- 안전하고 위생적으로 생산된 제품을 안심하고 섭취할 수 있다.
- HACCP 마크를 통해 소비자가 스스로 판단하여 안전한 식품을 선택할 수 있는 기회를 제공받을 수 있다.

(3) 정부 측면

- 국제 식품 교역이 원활해질 수 있다.
- 공중보건 향상, 공중보건 비용감소, 효율적인 식품위생관리 등의 효과가 있다.

2. HACCP 적용을 위한 선행요건

1) HACCP 도입을 위해 갖춰야 할 선행요건

HACCP 도입의 전제 조건으로 선행요건(prerequisite program, PP)이 필요하다. HACCP은 하나의 독립된 프로그램이 아니라 큰 관리 시스템의 일부로 HACCP이 효과적으로 작동하기 위해서는 식품위생법령 및 관련 규정 준수는 물론이고, 우수제조기준(GMP)을 따르고 일반위생관리기준(SSOP)을 준수하여야 한다. 따라서 「식품안전관리인증기준」의 제4조 '적용품목 및 시기 등'에 해당하는 식품에 대하여 제5조 '선행요건'에서 HACCP 적용업소는 다음과 같은 선행요건을 준수하여야 한다고 규정하고 있다.

- 영업장관리
- 위생관리
- 제조·가공·조리시설·설비관리
- 냉장·냉동시설·설비관리
- 용수관리
- 보관·운송관리
- 검사관리
- 회수프로그램 관리

선행요건 프로그램은 식품 제조·가공 업소나 단체급식업소(집단급식소, 식품접객업소, 도시락류 포함)에 따라, 또는 특성 등에 따라 일부 항목별로 기준에 차이가 있으나 거의 대부분은 동일한 항목이다. HACCP 적용업소는 법적으로 위 8개 분야에 식품 제조·가공 업소 84항목과 단체급식 100개의 항목으로 운영·관리를 위한 프로그램이 개발되었으며, 그 기록과 점검방법 등을 정하는 선행요건 관리기준서를 작성해서 비치해야 한다고 되어 있다. 아래 관리방법은 식품 제조·가공 업소나 단체급식업소에 따라 일부 차이가 있을 수 있으나 항목이 대부분 유사하다.

(1) 영업장관리

① 작업장

- 작업장은 독립된 건물이거나 식품 취급 외의 용도로 사용되는 시설과 분리(벽, 층 등에 의하여 별도의 방 또는 공간으로 구별되는 경우를 말함. 이하 같음)되어야 한다.
- 작업장(출입문, 창문, 벽, 천장 등)은 누수, 외부의 오염물질이나 해충, 설치류 등의 유입을 차단할 수 있도록 밀폐 가능한 구조이어야 한다.
- 작업장은 청결 구역(식품의 특성에 따라 청결 구역은 청결 구역과 준청결 구역으로 구별할 수 있음)과 일반 구역으로 분리하고, 제품의 특성과 공정에 따라 분리, 구획 또는 구분할 수 있다.

② **건물 바닥, 벽, 천장**

- 원료 처리실, 제조·가공실 및 내포장실의 바닥, 벽, 천장, 출입문, 창문 등은 제조·가공하는 식품의 특성에 따라 내수성 또는 내열성 등의 재질을 사용하거나 이러한 처리를 하여야 하고, 바닥은 파여 있거나 갈라진 틈이 없어야 하며, 작업 특성상 필요한 경우를 제외하고는 마른 상태를 유지하여야 한다. 이 경우 바닥, 벽, 천장 등에 타일 등과 같이 홈이 있는 재질을 사용한 때에는 홈에 먼지, 곰팡이, 이물 등이 끼지 아니하도록 청결하게 관리하여야 한다.

③ **배수 및 배관**

- 작업장은 배수가 잘 되어야 하고 배수로에 퇴적물이 쌓이지 아니하여야 하며, 배수관, 배수구 등은 역류가 되지 아니하도록 관리하여야 한다.
- (단체급식업소에 해당) 배관과 배관의 연결 부위는 인체에 무해한 재질이어야 하며, 응결수가 발생하지 아니하도록 단열재 등으로 보온 처리하거나 이에 상응하는 적절한 조치를 취하여야 한다.

④ **출입구**

- (단체급식업소에 해당) 작업장 외부로 연결되는 출입문에는 먼지나 곤충 등의 유입을 방지하기 위한 완충 구역이나 방충 이중문 등을 설치하여야 한다.
- 작업장의 출입구에는 구역별 복장 착용방법을 게시하여야 하고, 개인위생관리를 위한 세척, 건조, 소독 설비 등을 구비하여야 하며, 작업자는 세척 또는 소독 등을 통해 오염 가능성 물질 등을 제거한 후 작업에 임하여야 한다.

⑤ **통로**

- 작업장 내부에는 종업원의 이동경로를 표시하여야 하고, 이동경로에는 물건을 적재하거나 다른 용도로 사용하지 아니하여야 한다.

⑥ **창**

- 창의 유리는 파손 시 유리조각이 작업장 내로 흩어지거나 원·부자재 등으로 혼입되지 아니하도록 하여야 한다.

⑦ **채광 및 조명**

- 선별 및 검사 구역 작업장 등은 육안 확인이 필요한 조도(540 lux 이상)를 유지하여야 한다.

- 채광 및 조명 시설은 내부식성 재질을 사용하여야 하며, 식품이 노출되거나 내포장 작업을 하는 작업장에는 파손이나 이물 낙하 등에 의한 오염을 방지하기 위한 보호 장치를 하여야 한다.

⑧ **부대시설(화장실, 탈의실, 휴게실 등)**

- 화장실, 탈의실 등은 내부 공기를 외부로 배출할 수 있는 별도의 환기시설을 갖추어야 하며, 화장실 등의 벽과 바닥, 천장, 문은 내수성, 내부식성의 재질을 사용하여야 한다. 또한 화장실의 출입구에는 세척, 건조, 소독 설비 등을 구비하여야 한다.
- 탈의실은 외출복장(신발 포함)과 위생복장(신발 포함) 간의 교차오염이 발생하지 아니하도록 구분·보관하여야 한다.

(2) 위생관리

① **작업환경관리**

가. 동선계획 및 공정 간 오염 방지

- (식품 제조·가공 업소에 해당) 원·부자재의 입고에서부터 출고까지 물류 및 종업원의 이동 동선을 설정하고 이를 준수하여야 한다.
- (식품 제조·가공 업소에 해당) 원료의 입고에서부터 제조·가공, 보관, 운송에 이르기까지 모든 단계에서 혼입될 수 있는 이물에 대한 관리계획을 수립하고 이를 준수하여야 하며, 필요한 경우 이를 관리할 수 있는 시설·장비를 설치하여야 한다.
- (단체급식업소에 해당) 식자재의 반입부터 배식 또는 출하에 이르는 전 과정에서 교차오염 방지를 위하여 물류 및 출입자의 이동 동선을 설정하고 이를 준수하여야 한다.
- 청결 구역과 일반 구역별로 각각 출입, 복장, 세척·소독 기준 등을 포함하는 위생수칙을 설정하여 관리하여야 한다.

나. 온도·습도 관리

- (식품 제조·가공 업소에 해당) 제조·가공·포장·보관 등 공정별로 온도관리계획을 수립하고 이를 측정할 수 있는 온도계를 설치하여 관리하여야 한다. 필요한 경우 제품의 안전성 및 적합성을 확보하기 위한 습도관리계획을 수립·운영하여야 한다.
- (단체급식업소에 해당) 작업장은 제조·가공·조리·보관 등 공정별로 온도관리를 하여야 하고, 이를 측정할 수 있는 온도계를 설치하여야 한다. 필요한 경우, 제품의 안전성 및 적합성 확보를 위하여 습도관리를 하여야 한다.

다. 환기시설관리

- 작업장 내에서 발생하는 악취나 이취, 유해가스, 매연, 증기 등을 배출할 수 있는 환기시설, 후드 등을 설치하여야 한다.
- (단체급식업소에 해당) 외부로 개방된 흡·배기구, 후드 등에는 여과망이나 방충망, 개폐시설 등을 부착하고 관리계획에 따라 청소 또는 세척하거나 교체하여야 한다.

라. 방충·방서 관리

- 작업장의 방충·방서 관리를 위하여 해충이나 설치류 등의 유입이나 번식을 방지할 수 있도록 사전 관리하여야 하고, 유입 여부를 정기적으로 확인 및 조치하여야 한다.
- 작업장 내에서 해충이나 설치류 등의 구제를 실시할 경우에는 정해진 위생 수칙에 따라 공정이나 식품의 안전성에 영향을 주지 아니하는 범위 내에서 적절한 보호 조치를 취한 후 실시하며, 작업 종료 후 식품 취급시설 또는 식품에 직간접적으로 접촉한 부분은 세척 등을 통해 오염물질을 제거하여야 한다.

② 개인위생관리

- 작업장 내에서 작업 중인 종업원 등은 위생복·위생화·위생모 등을 항시 착용하여야 하며, 개인용 장신구 등을 착용하여서는 아니 된다.

③ 작업위생관리(단체급식업소에 해당)

가. 교차오염의 방지

- 칼과 도마 등의 조리 기구나 용기, 앞치마, 고무장갑 등은 원료나 조리과정에서의 교차오염을 방지하기 위하여 식재료 특성 또는 구역별로 구분하여 사용하여야 한다.
- 식품 취급 등의 작업은 바닥으로부터 60 cm 이상의 높이에서 실시하여 바닥으로부터의 오염을 방지하여야 한다.

나. 전처리

- 해동은 냉장해동(10℃ 이하), 전자레인지 해동 또는 흐르는 물에서 실시하여야 한다.
- 해동된 식품은 즉시 사용하고 즉시 사용하지 못할 경우 조리 시까지 냉장 보관하여야 하며, 사용 후 남은 부분을 재동결시켜서는 아니 된다.

다. 조리

- 가열 조리 후 냉각이 필요한 식품은 냉각 중 오염이 일어나지 않도록 되도록 신속히 냉각하여야 하며, 냉각온도 및 시간 기준을 설정·관리하여야 한다.

• 냉장식품을 절단·소분 등의 처리를 할 때에는 식품의 온도가 가능한 한 15℃를 넘지 아니하도록 한 번에 소량씩 취급하고, 처리 후 냉장고에 보관하는 등의 온도관리를 하여야 한다.

라. 완제품관리

• 조리된 음식은 배식 전까지의 보관온도 및 조리 후 섭취 완료 시까지의 소요시간 기준을 설정·관리하여야 하며, 유통 제품의 경우에는 적정한 유통기한 및 보존 조건을 설정·관리하여야 한다.
• 28℃ 이하의 경우 : 조리 후 2~3시간 이내 섭취 완료
• 보온(60℃ 이상) 유지 시 : 조리 후 5시간 이내 섭취 완료
• 제품의 품온을 5℃ 이하 유지 시 : 조리 후 24시간 이내 섭취 완료

마. 배식

• 냉장식품과 온장식품에 대한 배식 온도관리 기준을 설정·관리하여야 한다.
• 냉장 보관 : 냉장식품 10℃ 이하(다만, 신선편의식품, 훈제연어는 5℃ 이하 보관 등 보관온도 기준이 별도로 정해져 있는 식품의 경우에는 그 기준을 따름)
• 온장 보관 : 온장식품 60℃ 이상
• 위생장갑 및 청결한 도구(국자, 집게 등)를 사용하여야 하며, 배식 중인 음식과 조리 완료된 음식을 혼합하여 배식하여서는 아니 된다.

바. 검식

• 영양사는 조리된 식품에 대하여 배식하기 직전에 음식의 맛, 온도, 이물, 이취, 조리 상태 등을 확인하기 위한 검식을 실시하여야 한다. 다만, 영양사가 없는 경우 조리사가 검식을 대신할 수 있다.

사. 보존식

• 조리한 식품은 소독된 보존식 전용용기 또는 멸균 비닐봉지에 매회 1인분 분량을 -18℃ 이하에서 144시간 이상 보관하여야 한다.

④ **폐기물관리**

폐기물과 폐수를 처리하는 시설은 세척실, 전처리실, 그리고 조리실과 격리된 장소에 설치하여야 하고, 폐기물에 고여 있는 물이나 악취가 밖으로 새어 나오지 않도록 밀폐 가능한 용기를 사용하여야 한다. 또한 이러한 과정은 매뉴얼화된 관리계획에 따라 진행되어야 하고, 처리와 반출 내용을 관리 기록해야 한다.

⑤ **세척 및 소독**

식품 업체는 영업장 내의 조리기구와 용기 그리고 기계와 설비시설을 세척하거나 소독할 수 있는 체계적인 시스템을 운영해야 한다. 예를 들어, 손 세척기구나 수세대 등을 사용하는 방법이나 기준을 눈에 잘 띄는 곳에 게시해야 한다. 또한, 종사자의 옷차림, 식품 취급장소 및 시설, 냉장과 냉동 설비, 식품과 용수의 저장고 등에 대한 세척 및 소독 매뉴얼을 정하여 지속적인 모니터링을 해야 한다.

세척 및 소독 매뉴얼은 다음과 같은 사항을 고려하여 작성해야 한다.

- 대상 식품과 기계에 따른 세척 및 소독 부분과 방법, 주기
- 세척 및 소독에 사용되는 도구와 세척액의 바람직한 사용법
- 세부와 전과정의 관리책임자 선정

(3) 제조시설·설비관리

① **제조시설 및 기계·기구류 등 설비관리(식품 제조·가공 업소에 해당)**

식품 제조시설 및 설비는 각 과정 간의 교차오염과 위해요소에 의한 오염이 일어나지 않도록 취급 식품에 따른 공정의 흐름을 결정한 후에 배치하여야 한다. 취급 식품과 맞닿는 시설과 설비는 열탕소독이나 증기살균, 살균소독제 등으로 소독 및 살균을 해야 하기 때문에 인체에 해를 끼치지 않는 내수성, 내부식성 재질로 구성되어야 한다. 식품 제조에 이용되는 조리기구와 용기는 쓰이는 곳에 따라 분류하여 관리 및 사용하여야 한다. 또한, 온도를 측정하고 기록하는 장비를 설치하여 가열이나 냉각 처리를 하는 시설에서는 처리과정 중의 온도 변화를 관리계획에 따라 유지되도록 관리하여야 한다.

② **조리장비(단체급식소에 해당)**

식품 취급 업체는 자외선이나 전기 살균소독기를 구비하거나 열탕 소독을 위한 시설을 갖추어 식중독을 일으킬 수 있는 병원성 미생물의 잠재적인 생존을 방지해야 한다. 위의 제조설비와 마찬가지로 식품과 맞닿는 조리장비는 내수성 및 내부식성 재질로 된 것이어야 한다. 모니터링을 위해 설치된 기구는 교차오염이 발생하기 쉬우므로 사용 전과 후에 반드시 세척 및 소독을 시행하여야 한다. 또한, 이러한 세척과 소독뿐만 아니라 일정 기간을 정하여 해당 시설과 설비를 점검하여 그 결과를 기록·보관하여야 한다.

(4) 냉장·냉동 시설 및 설비 관리

냉장·냉동 시설 및 설비는 냉장·냉동을 요하는 식재료를 보관하고, 냉동 상태의 식재료를 해동시키거나 조리된 식품을 보관하기에 충분하도록 갖추어야 한다. 온도관리는 냉장시설의 경우 기기의 내부 온도를 10℃ 이하(다만, 신선편의식품, 훈제연어는 5℃ 이하 보관 등 보관온도 기준이 별도로 정해져 있는 식품의 경우에는 그 기준을 따름), 냉동시설의 경우 -18℃가 되도록 유지하여야 한다. 시설과 설비의 온도관리는 기기 내부에서 온도가 가장 높은 위치에 온도 감지 센서를 장착하여, 기기의 문을 열지 않은 상태로 외부에서 확인이 가능하도록 해야 한다. 이러한 시설·설비는 기계적으로 제대로 작동하는지에 대하여 일정한 주기마다 점검하고 그 결과를 기록·보관하여야 한다.

(5) 용수관리

식재료를 가공하여 식품을 조리하는 데 사용되거나 또는 그 과정 중에 식품과 맞닿을 수 있는 조리 기구나 용기, 시설 및 설비를 세척하고, 종사자들의 신체나 작업복을 소독·세척하는 데 사용되는 용수로는 일반적으로 수돗물이 사용된다. 식품 업체에서 지하수를 용수로 사용하는 경우에는 「먹는 물 관리법」 제5조의 규정에 따라 먹는 물 수질 기준에 알맞다는 것이 증명되어야 한다. 또한 해당 지하수의 원천은 폐기물과 폐수를 처리하는 장소, 동물을 사육하는 장소, 화장실 등으로부터 오염될 가능성이 없는 곳이어야 하며, 경우에 따라 용수를 살균하고 소독하는 설비를 구비하여야 한다.

식재료의 제조 및 가공, 시설과 설비 또는 조리 기구와 용기의 세척, 종사자의 신체와 작업복의 소독·세척에 사용되는 용수는 아래와 같은 점검을 시행하여야 한다.

- 먹는 물 수질기준의 미생물학적 점검사항에 따라 한 달에 한 번 이상 실시해야 한다. 이 사항에 대한 점검은 간이검사 키트를 사용하여 업체에서 자체적으로 진행할 수 있다.
- 식품 업체에서 지하수를 용수로 사용하는 경우에는 먹는 물 수질기준에 제시되어 있는 모든 사항에 대하여 일 년에 한 번 이상 점검을 실시하여야 한다. 예외적으로 사람이 직접 음용하는 음료류 등의 경우에는 6개월에 한 번 이상 실시하여야 한다.

상수도와 그 배관은 그 재질이 인체에 해롭지 않은 것으로 설치해야 하며, 배관 바깥으로부터 오염될 수 있는 가능성을 배제하기 위하여 철저한 잠금장치가 포함되어 있어야 한다. 이를 일정한 주기를 정하여 배관이 새거나 내부가 오염되었는지를 점검하여야 한다(「수도시설의 청소 및 위생관리 등에 관한 규칙」에 따라 6개월에 한 번 이상 상수도의 살균·소독을 실시하거나 「수도법」에 따라 상수도 점검 및 청소업체를 통하여 실시하여 그 상태를 기록·보관하여야 함).

(6) 보관·운송 관리

① 구입 및 입고

식료품의 원·부자재는 품질검사 전문기관의 시험성적서나 업체에서 자체적으로 결정한 입고기준과 일정한 표준에 알맞다고 인정되는 것만을 구입하여야 한다. 원·부자재의 검수는 물품이 배송된 직후에 실시되어야 하지만 여건이 좋지 않은 경우에는 식품의 종류별로 냉장 또는 냉동 시설에 보관하여야 한다. 적합하지 않은 원·부자재가 배송된 경우에는 식품에 따른 알맞은 과정을 통하여 구입 업체에 반품하거나 폐기 처분하여야 한다.

② 협력 업체관리(식품 제조·가공 업소에 해당)

식품 업체는 자체적으로 원·부자재를 공급하는 협력 업체 시설의 위생 상태를 점검하여 그 결과를 기록·보관하여야 한다. 예외적으로 협력 업체가 「식품위생법」, 「축산물가공처리법」에 따라 HACCP 적용 업소로 인증받은 경우에는 이 과정을 시행하지 않아도 된다.

③ 운송

운송과정 중 컨테이너 트럭이나 지게차와 같은 운송차량 내에서 (비)식품 원·부자재가 오염되거나 상하는 것을 방지해야 한다. 이를 위하여 냉장설비 차량의 경우에는 10℃ 이하, 냉동설비 차량의 경우에는 −18℃ 이하로 유지·기록되어야 하며, 업체 내부의 설비와 같이 문을 열지 않은 상태에서 내부의 온도를 측정할 수 있는 장치가 설치되어야 한다. 이때, 유통 업체(운전자)가 임의로 조작할 수 없도록 설계된 기기를 사용하여야 한다. 또한 식품과 비식품이 함께 운송되는 경우에는 접촉으로 인한 교차오염을 방지하기 위하여 공간을 철저하게 분리하거나 서로 다른 운송차량을 이용하여야 한다.

④ 보관

원·부자재 및 공정을 마친 제품은 반드시 구분하여 보관하여야 하고, 보관 시에는 보관시설의 벽이나 바닥면과 맞닿지 않도록(오염을 방지하기 위함) 관리하여야 한다. 원·부자재의 경우에는 포장된 상태로 보관하거나 덮개가 있는 용기에 보관하여야 한다. 그리고 익히지 않은 음식과 가열과정을 거친 음식은 반드시 나누어서 교차오염되는 것을 방지하여야 한다. 보관된 원·부자재 및 공정을 마친 제품은 날짜에 따라 선입선출하여야 하고, 보관과 출고 과정을 기록·보관하여야 한다. 인체에 유독하거나 인화성 물질과 같은 식용으로 취급되지 않는 물질은 식품을 처리하는 장소에서 격리되고 공기가 잘 통하는 공간에서만 관리·취급되어야 한다.

(7) 검사관리

① 제품검사

모든 공정을 마친 완제품의 검사는 해당 업체에서 자체적으로 실시하거나 인증된 검사기관을 통하여 실시하여야 한다. 이러한 검사 결과에는 다음의 사항이 세밀하게 기록되어야 한다.

- 검체명과 검사 일시
- 제품의 제조일자 또는 유통기한(품질유지기한)
- 검사항목, 검사기준과 그에 따른 결과

농산물이력추적제도

식품의 안전에 대한 소비자의 인식이 높아짐에 따라 국가적인 차원에서 농산물의 유통 시스템을 체계적으로 구축하여 소비자의 안전을 확보하기 위하여 도입된 제도이다. 2004년 이전에는 농산물 및 축산물 관련 유통 업계에서 자체적으로 시행하던 생산이력제를 적용·발전시켜서 2005년부터 모든 농산물에 적용하도록 하였다.
그 이후, 모든 농산물에는 해당 농산물에 대한 정보(재배방법, 재배지, 재배 농가, 유통과정 등)를 포함하고 있는 바코드가 부착된다. 식품 안전사고가 발생한 경우 정보를 역추적하여 빠른 시일 내에 위해요소의 유입경로를 밝히고, 조치를 취할 수 있게 되었다. 또 소비자가 인터넷을 통해 이러한 농산물 이력에 대한 정보를 무료로 얻을 수 있다.

정부의 'HACCP 의무 적용 대상 업소' 확대 시행

단계	대상	시행 시기
1	연 매출액 20억 원 이상이면서 종업원 수 51인 이상인 업체	2014. 12. 01부터
2	연 매출액 5억 원 이상이면서 종업원 수 21인 이상인 업체	2016. 12. 01부터
3	연 매출액 1억 원 이상이면서 종업원 수 6인 이상인 업체	2018. 12. 01부터
4	연 매출액 1억 원 미만이면서 종업원 수 5인 이하인 업체	2020. 12. 01부터

자료 : 식품의약품안전처, 식품소비안전과 보도자료, 2013

• 판정 결과 및 일자
• 검사를 실시한 자와 판정자의 서명날인
• 기타 사항

② 시설·설비·기구 등 검사

가열 처리시설 및 냉장·냉동 시설의 온도를 계측하는 기기는 일 년에 한 번 이상 점검하여야 하며, 검사에 사용되는 장치와 기기는 일정한 주기마다 보정하여야 한다. 이 과정은 업체에서 자체적으로 실시하거나 인증된 외부의 국가보정기관을 통해 실시하며 그 결과는 기록·보관하여야 한다.

작업장 내부의 공중낙하세균 등의 측정을 통해 기준에 알맞도록 관리하여 청정 상태를 유지·관리하여야 한다. 예외적으로 공정에 자동화 시스템을 이용하는 경우, 식품을 포장된 상태로 취급하여 식품이 외부와 접촉하지 않는 경우 또는 시설과 제품의 특성에 의하여 작업장 내부의 공기 청정도가 제품의 품질에 영향을 미치지 않는 경우에는 이 검사과정을 생략할 수 있다.

(8) 회수 프로그램관리(시중에 유통·판매되는 포장 제품에 한함)

식품 업체는 자사의 제품이 유통·판매되는 경로와 구매 대상자를 확실하게 이해·관리하여 제품을 회수해야 하는 경우에 대비하여 업체명과 담장자의 연락처 등을 기록·보관하여야 한다. 모든 제품별로 제조 일시와 제조 라인 등의 정보를 기록·보관하여 제품이 회수되었을 경우, 그 정보에 따라 추적하여 원인을 밝혀야 한다. 또한 알맞지 않다고 판정된 제품을 회수하기 위한 실제적인 순서나 방법을 서술한 회수 시스템을 구축하여야 한다.

2) HACCP 관련 용어의 정리

다음은 HACCP 프로그램에서 주로 사용되는 용어의 정의이다.

(1) HACCP

식품 원료가 제조·가공 및 유통되는 모든 단계에서 인체에 해로운 물질이 식품에 섞여 들어가거나 오염되기 이전에 막기 위하여 각 단계를 통제·관리하는 기준을 말한다.

(2) 위해요소

식품의약품안전처에서 발행한 「농장부터 판매·조리까지 영업종류별, 식품·축산물별 HACCP 관리 표준기준서」에 의하면 위해요소(hazard)는 "인체의 건강을 해할 우려가 있는 생물학적(식중독균 등), 화학적(납, 카드뮴 등), 물리적(금속조각, 유리조각 등 이물) 위해물질"이라고 한다.

(3) 위해요소분석

위해요소분석(hazard analysis, HA)은 위의 위해요소가 일어날 수 있는 상태나 위해요소 자체를 판단하고 구별하기 위하여 요구되는 정보를 수집하고 그 수준을 분석하는 과정을 말한다.

(4) 중요관리점

중요관리점(critical control point, CCP)이란 해당 식품을 제조하는 공정 중에 발생할 수 있는 위해요소를 미연에 방지하거나 일정한 허용기준 이하로 줄여서 그 식품의 안전성을 확실히 보증되도록 할 수 있는 단계·과정 또는 공정을 말한다. 참고로 관리점(control point)은 위의 위해요소를 통제할 수 있는 과정 또는 공정을 말한다.

(5) 한계기준

한계기준(critical limits, CL)은 각 공정의 중요관리점에서 위해요소의 통제가 일정한 허용기준치 이하에서 진행되고 있는지를 판정할 수 있는 기준을 말한다.

(6) 모니터링(감시)

모니터링(monitoring)은 일종의 감시 시스템으로 각 공정이 중요관리점에 정해진 한계기준에 따라 지속적으로 진행되고 있는지를 알아보는 것을 말한다.

(7) 개선 조치

개선 조치(corrective action)는 모니터링을 통해 도출된 결과가 한계기준을 벗어나는 경우에 즉각적으로 시행해야 하는 조치를 말한다.

(8) 검증

검증(verification)은 일정한 주기마다 설계·실행되는 HACCP 프로그램이 해당 업체의 공정에 알맞은 것인지 확인·평가하는 일련의 조치를 말한다.

(9) HACCP 관리계획

HACCP 관리계획(HACCP plan)은 HACCP 규칙에 따라 식품 제조 업체가 원·부자재를 구매하는 과정에서부터 소비자에게 판매되는 과정까지 식품이나 식품의 안전에 좋지 않은 영향을 미칠 수 있는 위해요소의 발생을 미연에 방지하거나 일정한 허용기준 이하로 줄여서 방지할 목적으로 수립한 계획이나 공공기관에서 정한 관리계획을 말한다.

(10) HACCP 적용 업소

식품 취급 업소 중에서 식품의약품안전처장이 고시한 HACCP을 자사 제품의 제조·가공 또는 조리과정에 적절하게 적용하여 운영하는 업소를 말한다.

3) HACCP 구조 및 체계

HACCP 시스템이 효과적으로 실행되기 위해서는 식품을 위생적으로 생산할 수 있는 시설 및 설비, 즉 우수제조기준(Good Manufacturing Practices, GMP)의 여건하에서 일반위생관리기준(Sanitation Standard Operating Procedure, SSOP)을 준수하여야 한다.

(1) GMP(우수제조기준)

식품을 원료로 한 제품을 위생적으로 생산하기 위하여 해당 공장의 입지, 공장시설과 설비의 구조 또는 재질에 요하는 기준을 말한다.

(2) SSOP(일반위생관리기준)

공정에 사용되는 용수, 부·원자재 및 완제품의 검사와 회수 그리고 보관과 운송, 종사자와 해당 업소에 대하여 일반적으로 통용되는 관리 절차를 말한다.

우수제조기준(GMP)과 일반위생관리기준(SSOP)이 해당 업체에 알맞게 구축되고 지속적으로 유지·관리되지 못하면 HACCP 프로그램은 프로그램 설계 시 의도했던 만큼의 효과를 얻을 수 없게 된다. 그 이유는 해당 업체의 위생관리가 제대로 지켜지고 있다는 것이 HACCP 프로그램의 밑바탕이기 때문이다. 또한 GMP와 SSOP을 고려하지 않는다면 HACCP 프로그램의 효율성이 떨어지기 때문에, 이 두 가지 기준을 HACCP 프로그램을 적용하기 위한 선행요건 프로그램이라고 일컫는다.

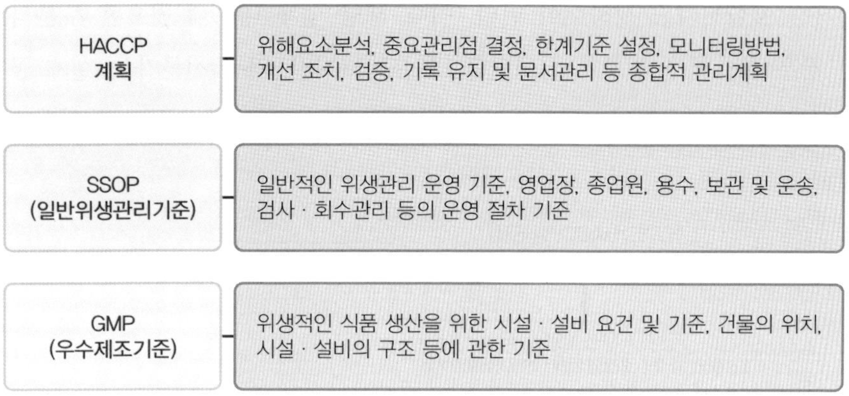

그림 7-1 HACCP 적용 가이드라인

자료 : 식품의약품안전처, 2013

3. HACCP 적용원칙(7원칙 12절차)

품질(및 안전성)을 갖춘 완제품을 얻기 위해 공정에 HACCP 프로그램을 적용하려면 해당 식품이 입고되어 조리되는 모든 과정을 단계별로 나누어 그에 따른 물리화학적이고 생물학적인 잠재적 위해요소를 파악하여야 한다. 그리고 단계별 위해요소의 유입을 방지하기 위하여 체계적인 HACCP 프로그램을 설계하여야 한다. 해당 업체에서 다루는 식품의 종류에 따라 알맞은 선행요건 프로그램을 구축하고, 주요 위해요소를 철저하게 관리하여 소비자에게 안전한 식품을 제공할 수 있도록 HACCP 관리계획(HACCP Plan)을 세워야 한다. HACCP 관리계획은 식품을 제조·가공하기 이전에 먼저 수행해야 하는 5가지 절차와 공정 중에 수행해야 하는 6가지 절차로 총 12절차이며, 이는 7가지의 원칙을 바탕으로 시행·관리되고 있다.

1) HACCP 예비(준비) 작업단계(1~5단계)

(1) HACCP팀 구성

HACCP 프로그램은 위생을 담당하는 한 사람만으로 수행될 수 있는 것이 아니라 제품을 생산하는 모든 공정에 대한 이해와 그에 따른 관련 지식을 바탕으로 완제품(식품)의 안전성을 확보하기 위한 팀 활동이다. 그렇기 때문에 HACCP팀을 구성하는 것은 HACCP계획을 수립하기 위한 첫 번째 예비작업이다. HACCP팀원은 각 분야에서 전문적인 기술과 지식을 가지고 있는 전문가뿐만 아니라 공정의 상황을 잘 알고 있는 제조·조리 책임자를 포함시켜 구성하여야 한다. 이때, 해당 업체 내부에 필요한 부분의 전문가가 없는 경우에는 외부 전문가의 지원을 받아도 되지만, 외부 전문가는 실제 공정의 상황을 제대로 파악하지 못한 상태이기 때문에 효율적이지 못한 HACCP계획이 될 수 있

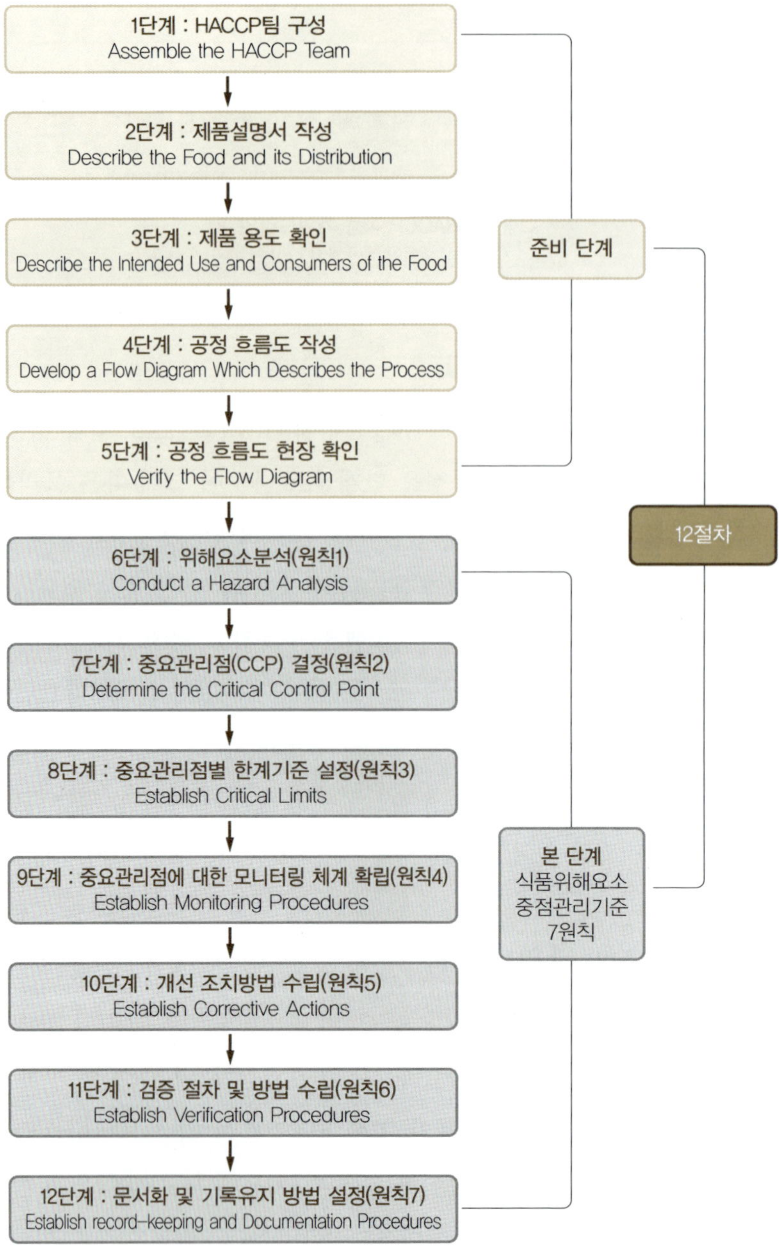

그림 7-2 HACCP 적용순서

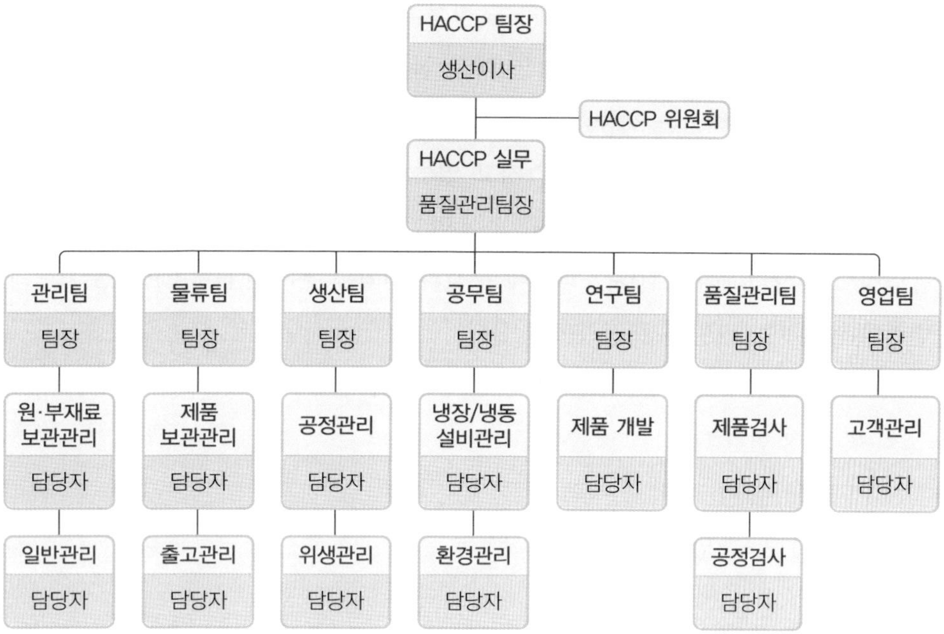

그림 7-3 HACCP팀 구성 예(식품 제조·가공 업체)

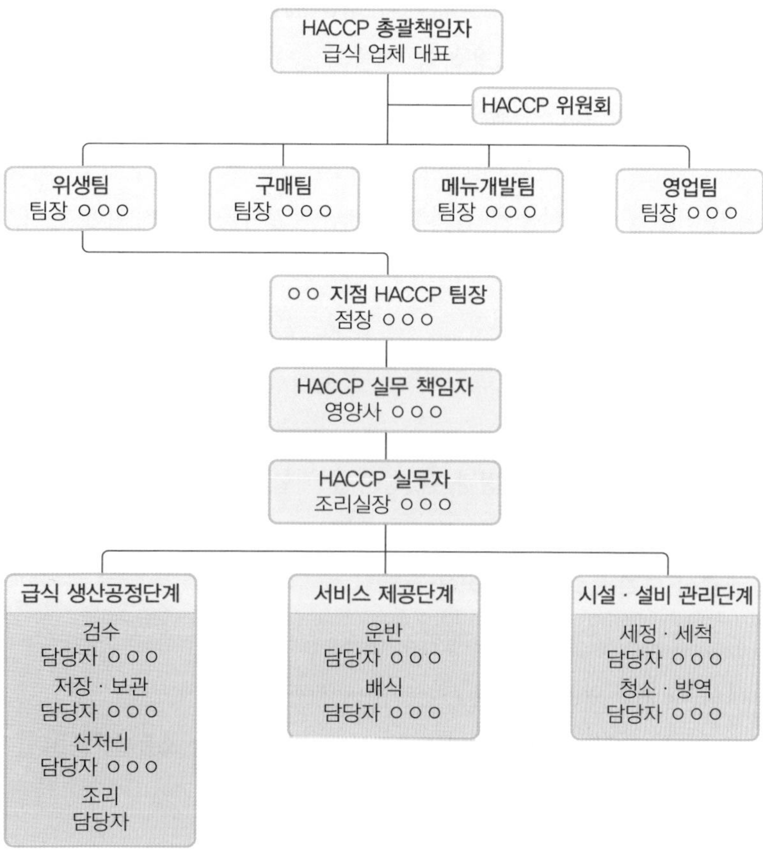

그림 7-4 HACCP팀 구성(급식업체)

으므로 주의해야 한다. 또한 최고경영자를 직접적으로 참여시켜서 HACCP 프로그램을 효율적으로 진행시켜야 한다. 요약하자면 해당 업체의 실정에 맞는 성공적인 HACCP 프로그램을 도입하기 위해서는 제품 생산의 전 공정과 제품 자체에 대한 지식과 기술을 숙지하고 있고, 업체 내에서 영향력을 가지고 있는 전문가 위주로 HACCP팀을 구성해야 한다. 팀의 구성원 중 업체 내에서 해당 분야의 경험이 많고 팀원을 선도할 수 있는 사람을 팀장으로 선출하여야 한다. 그 후에 분석과 회의를 통하여 HACCP 프로그램의 관리 범위와 의도하는 방향을 결정하여야 한다.

다음은 HACCP팀을 구성할 때 참고해야 하는 항목이다.

- 조직 및 인력 현황
- HACCP팀 구성원별 역할
- 교대근무 시 인수·인계 방법

(2) 제품설명서 작성

구성된 HACCP팀이 프로그램을 적용할 제품과 그 공정에 대하여 숙지하고, 발생 가능한 위해요소의 분별을 원활하게 하기 위하여 해당 제품의 설명서를 작성하여야 한다.

식품을 제조하는 업체에서는 사용하는 식품의 종류가 한정되어 있기 때문에 그중에서 일반적으로 위해성이 높은 식품에 대한 설명서를 먼저 작성한다. 하지만 단체급식소에서는 사용하는 식품의 종류가 매우 다양하므로 탕류, 김치류, 볶음류 등과 같이 조리공정에 따라 가장 전형적인 식품을 선택하여 제품설명서를 작성하여야 한다.

다음은 제품설명서에 포함되어야 하는 항목이다.

- 제품의 종류와 상태, 그리고 명칭
- 품목 제조 보고 일시(해당 제품만 기입)
- 작성한 사람 및 일시
- 제품을 구성하는 식자재의 특징과 각 성분을 배합한 비율
- 제품의 제조 또는 포장 단위(해당 제품만 기입)
- 판매될 제품의 규격(해당 제품만 기입)
- 제품이 최종 소비자에게 전달될 때까지의 유의사항
- 제품의 사용 가능한 용도와 유통기한(또는 적합한 배식시간)
- 해당 제품에 이용 가능한 포장지의 재질과 포장 방법(해당 제품만 기입)

<table>
<tr><th colspan="4">제품설명서</th></tr>
<tr><td>① 제품명</td><td colspan="3">제품명(농장·양식·도축·집유·제조·가공·보관·운반·판매·조리 제품명 등)</td></tr>
<tr><td>② 제품 유형 및 성상</td><td colspan="3">식품 · 축산물 기준 및 규격상 유형 및 성상</td></tr>
<tr><td>③ 품목 제조 보고 연월일</td><td colspan="3">품목 제조 보고 연월일 작성</td></tr>
<tr><td>④ 작성자 및 작성 연월일</td><td colspan="3">작성자 및 작성 연월일 작성</td></tr>
<tr><td>⑤ 성분 배합비율</td><td colspan="3">성분 배합비율 작성(성분명, 함량)</td></tr>
<tr><td>⑥ 제조(포장) 단위</td><td colspan="3">제조(포장) 단위 작성</td></tr>
<tr><td rowspan="4">⑦ 완제품의 규격</td><td>항목</td><td>법적 규격</td><td>자사(사내) 규격</td></tr>
<tr><td>생물학적 위해요소</td><td>식품·축산물 기준 및 규격</td><td>항목 : 중요관리점 위해요소
규격 : 한계기준 유효성 평가 결과</td></tr>
<tr><td>화학적 위해요소</td><td>식품·축산물 기준 및 규격</td><td>항목 : 중요관리점 위해요소
규격 : 한계기준 유효성 평가 결과</td></tr>
<tr><td>물리적 위해요소</td><td>식품·축산물 기준 및 규격</td><td>항목 : 중요관리점 위해요소
규격 : 한계기준 유효성 평가 결과</td></tr>
<tr><td>⑧ 보관, 유통 시 주의사항</td><td colspan="3">· 냉장 : 0~10℃ 보관, 유통
· 온장 : 60℃ 이상 보관, 유통
· 상온 : 15~25℃ 보관, 유통 등 보관, 유통 조건 작성</td></tr>
<tr><td>⑨ 제품 용도 및 유통기한</td><td colspan="3">· 제품 용도 : 일반 건강인의 식사용 등 용도 작성
· 유통기한 : 유통기한 작성</td></tr>
<tr><td>⑩ 포장 방법 및 재질</td><td colspan="3">· 포장방법 : 포장방법 작성
· 포장재질 : 내포장 재질 작성, 외포장 재질 작성</td></tr>
<tr><td>⑪ 살균방법</td><td colspan="3">살균방법 : 살균방법 작성</td></tr>
<tr><td>⑫ 표시사항</td><td colspan="3">제품명, 신고번호, 식품 · 축산물 등의 유형, 내용량, 원재료명 및 함량,
포장 재질, 보관방법, 제조원, 판매원, 유통기한, 원산지 등</td></tr>
</table>

그림 7-5 제품설명서 예시(급식업)

자료 : 식품의약품안전처, 농장부터 판매·조리까지 영업 종류별, 식품·축산물별 HACCP 관리 표준기준

- 법적으로 반드시 제품에 표시해야 하는 사항(해당 제품만 기입)
- 기타 사항(보관방법과 사용방법)

(3) 제품 용도 확인

세 번째 예비(준비)단계는 해당 식품의 예상 소비자와 사용방법을 파악하여 생산자가

어떠한 의도로(또는 어떤 소비자를 대상으로) 생산했는지를 확실히 하는 것이다.

즉, 소비자가 구매한 제품을 별도의 조리과정 없이 바로 섭취할 것인가, 또는 가열과 같은 가공과정을 거친 후 섭취할 것인가, 그리고 해당 제품에 사용되지 않은 다른 식자재를 이용해도 되는가 등 HACCP팀에서 예측이 가능한 사용방법과 범위, 제품에 포함될 수 있는 잠재성을 가진 위해요소에 대하여 민감한 대상(예를 들어 어린이, 노인, 면역 관련 환자 등)을 파악하는 것이다. 그러므로 위에서 작성한 제품설명서는 위해평가와 위해요소의 한계기준 결정에 중요한 자료이다.

(4) 공정 흐름도 작성

HACCP팀은 원료가 입고되는 과정부터 제품이 완성되어 시장으로 나가는 과정까지 해당 식품을 생산하기 위해 거치는 모든 공정과정을 파악하여 공정 흐름도(Flow Diagram)을 작성하여야 한다. 이때, 생산라인의 각 공정에 따라 주의해야 하는 가공 조건과 실질적인 가공방법에 대하여 표기해야 한다 아울러, 공정별 특성에 따른 공간의 분리, 세척 및 살균조의 위치, 출입문과 창문의 위치, 시설 및 설비의 배치, 공정과정에

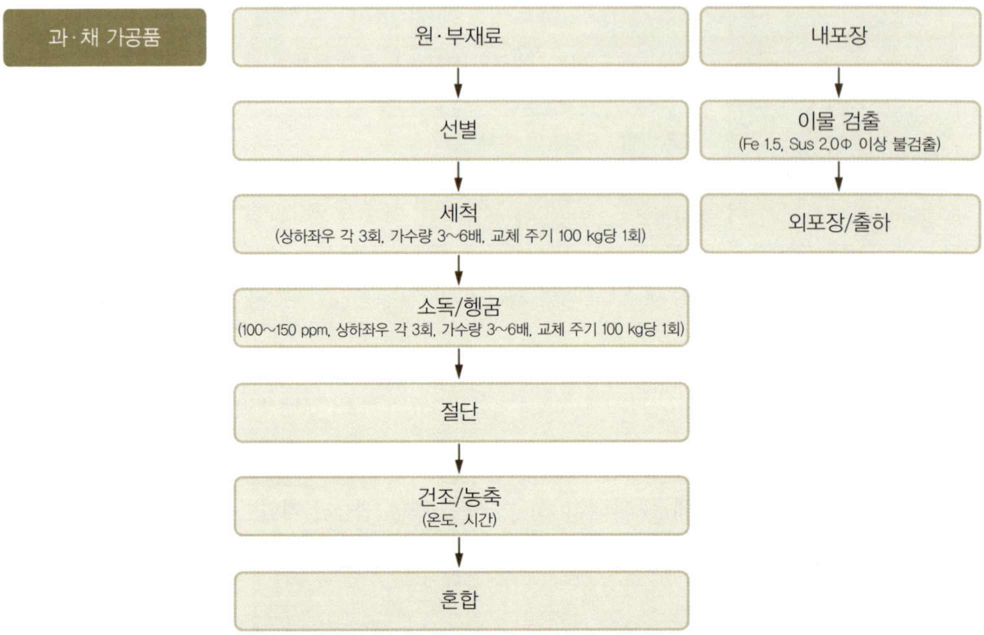

그림 7-6 과채 가공품의 조리 공정도

자료 : 식품의약품안전처, 농장부터 판매·조리까지 영업 종류별, 식품·축산물별 HACCP 관리 표준기준서, p1493, 2016

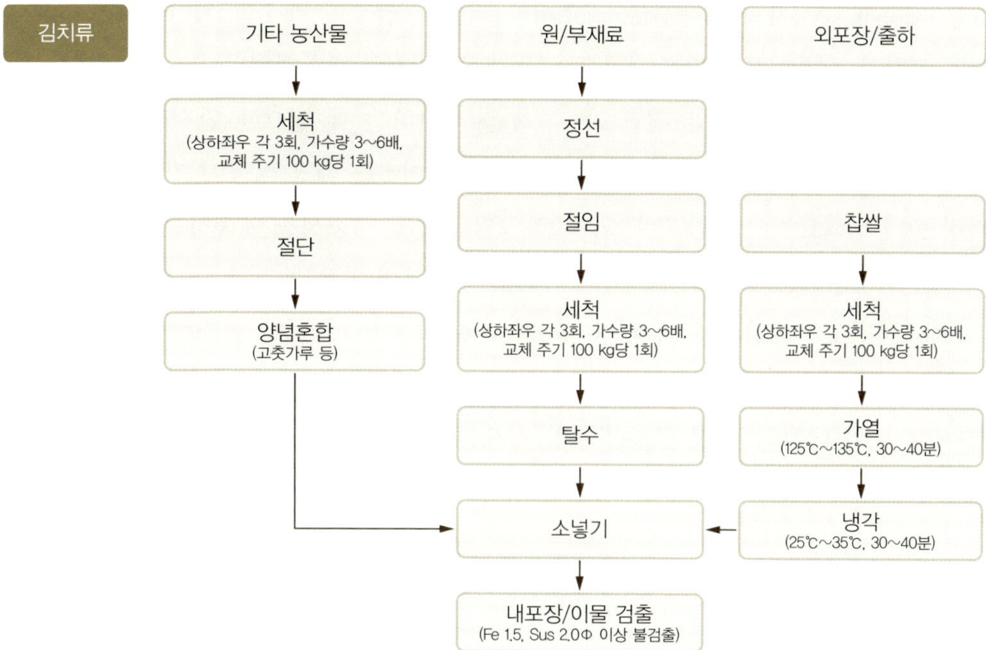

그림 7-7 김치류의 조리 공정도

자료 : 식품의약품안전처, 농장부터 판매·조리까지 영업 종류별, 식품·축산물별 HACCP 관리 표준기준서, 2016

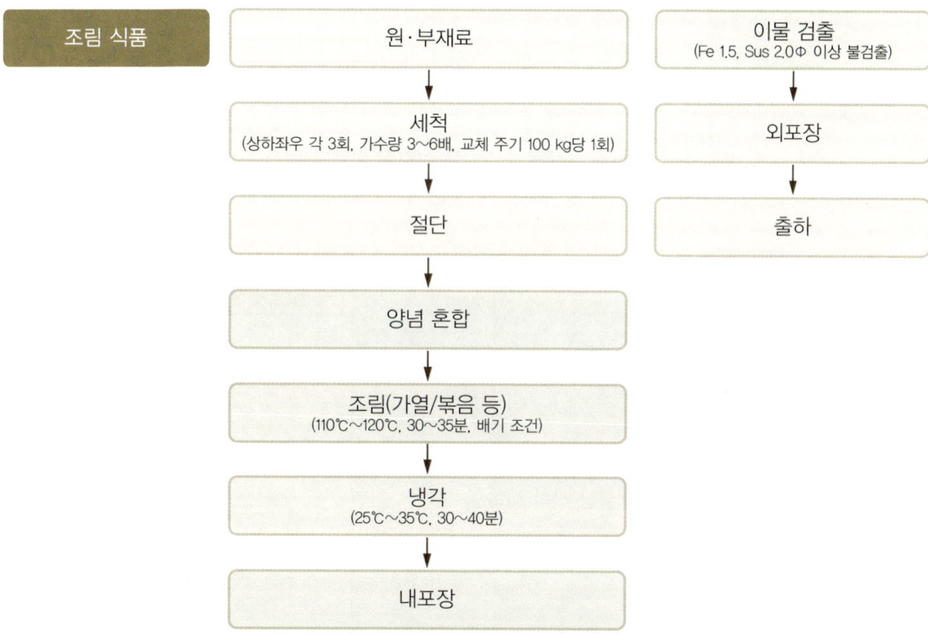

그림 7-8 조림 식품의 조리 공정도

자료 : 식품의약품안전처, 농장부터 판매·조리까지 영업 종류별, 식품·축산물별 HACCP 관리 표준기준서, 2016

따른 제품과 종사자의 이동경로, 공조시설 계통도, 급수와 배수의 처리에 대한 계통도 등을 포함하는 작업장 평면도(plant schematic)을 작성하여야 한다.

이와 같은 공정 흐름도와 평면도는 제품을 생산하는 데 필요한 원·부자재가 입고되는 과정부터 완제품이 시장으로 출하되는 과정에 이르는 해당 식품이 거치는 모든 공정 과정 중의 위해요소의 오염(교차오염과 2차 오염을 포함) 가능성을 예측하는 데 이용된다.

이를 작성할 때는 포함하여야 하는 내용을 정리하면 다음과 같다.

- 제조공정도 : 해당 공정의 명칭, 중요관리점(CCP) 번호, 해당 공정에 이용되는 주요 가공의 조건 등
- 공정별 가공방법 : 해당 공정의 명칭, 상세한 가공방법 및 조건 등

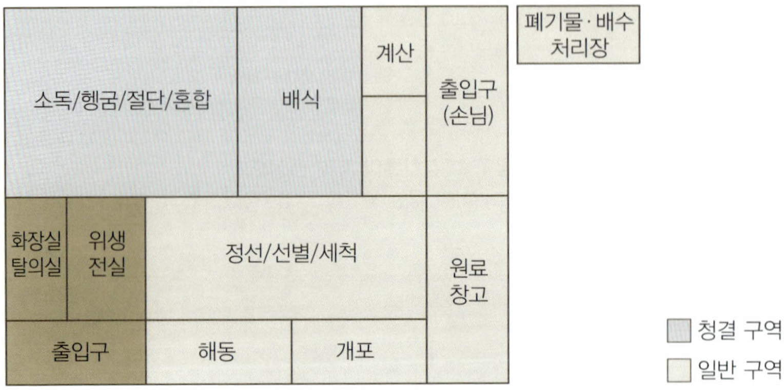

그림 7-9 비가열 조리식품 작업장 평면도 예시

자료 : 식품의약품안전처, 농장부터 판매·조리까지 영업 종류별, 식품·축산물별 HACCP 관리 표준기준서, 2016

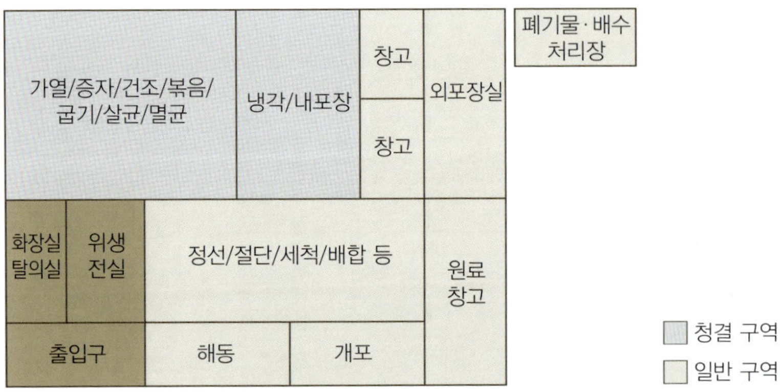

그림 7-10 가열과정이 있는 식품 작업장 평면도 예시

자료 : 식품의약품안전처, 농장부터 판매·조리까지 영업 종류별, 식품·축산물별 HACCP 관리 표준기준서, 2016

- 공정 흐름도 : 영업장과 작업장의 평면도(공간 분리, 종사자/제품의 이동동선, 세척·살균조 위치, 출입문 및 창문의 위치 등), 환기 또는 공조 시설 계통도, 급수 및 배수 처리 계통도

(5) 공정 흐름도 현장 확인

예비(준비)의 마지막 단계는 (4)에서 작성한 공정 흐름도와 평면도가 실제 작업장의 배치와 일치하는지 현장을 확인하는 것이다. 이를 위하여 HACCP팀은 실제 작업현장에서 공정에 따라 비교하면서 공정 흐름도와 평면도의 신뢰도를 검증하여야 한다. 또한 공정

HACCP 실시 상황평가표

<table>
<tr><td rowspan="7">신청인</td><td colspan="2">(1) 영업허가(신고) 번호</td><td colspan="2"></td><td colspan="2">(2) 영업허가(신고) 연 월 일</td><td colspan="2"></td></tr>
<tr><td colspan="2">(3) 회사명</td><td colspan="2"></td><td colspan="2">(4) 전화번호</td><td colspan="2"></td></tr>
<tr><td colspan="2" rowspan="2">(5) 소재지</td><td>본사</td><td colspan="5"></td></tr>
<tr><td>공장</td><td colspan="5">※집단급식소 중 위탁운영의 경우 그 이름과 소재지, 신고번호를 기재</td></tr>
<tr><td colspan="2">(6) 대표자 성명</td><td colspan="2"></td><td colspan="2">(7) 주민등록번호</td><td colspan="2"></td></tr>
<tr><td colspan="2">(8) HACCP 적용 식품(유형)</td><td colspan="6"></td></tr>
<tr></tr>
<tr><td>HACCP 팀장</td><td colspan="2">(9) 직위</td><td colspan="2"></td><td colspan="2">(10) 성명</td><td colspan="2"></td></tr>
<tr><td rowspan="3">면적 (m^2)</td><td colspan="2">(11) 작업장(조리장)</td><td colspan="2"></td><td colspan="2">(12) 보관소</td><td colspan="2"></td></tr>
<tr><td colspan="2">(13) 실험실</td><td colspan="2"></td><td colspan="2">(14) 기타</td><td colspan="2"></td></tr>
<tr><td colspan="2">(15) 합계</td><td colspan="6"></td></tr>
<tr><td>작업장(조리장)의 종류</td><td>(16) 원료 처리실</td><td>(17) 제조 가공실(조리실)</td><td>(18) 충전실</td><td>(19) 포장실</td><td>(20) 검사실</td><td>(21) 보일러실</td><td>(22) 일반·청결 구역 구분</td><td>(23) 기타</td></tr>
<tr><td>평가 (○/×)</td><td></td><td></td><td></td><td></td><td></td><td></td><td></td><td></td></tr>
<tr><td rowspan="2">작업인원 (명)</td><td colspan="2">(24) 제조(조리) 관리부서</td><td colspan="2"></td><td colspan="2">(25) 검사 관리부서</td><td colspan="2"></td></tr>
<tr><td colspan="2">(26) 기타 작업원</td><td colspan="2"></td><td colspan="2">(27) 합계</td><td colspan="2"></td></tr>
</table>

그림 7-11 HACCP 실시상황평가표 : 회사(사업장) 현황

흐름도와 평면도를 작성한 이유는 식품을 제조하는 동안 각 공정에서 위해요소가 일어날 수 있는 모든 가능성을 찾아서 이를 방지하기 위한 것이기 때문에 현장 확인 시에 공정 흐름도(평면도 포함)와 실제 작업장과의 차이가 밝혀진 경우에는 이를 수정하여 정확성이 반드시 유지되도록 해야 한다.

2) HACCP 본단계(7원칙)

(1) 위해요소분석Hazard Analysis, 원칙1

HACCP 관리계획의 첫 번째 원칙은 위해요소를 분석, 파악하는 것으로 이는 HACCP 팀이 실행해야 하며, 제품설명서에 기입된 제품의 원·부재료 그리고 공정 흐름도에서 밝혀진 공정과정에 따라 개별적으로 실행되어야 한다. 이러한 분석과 파악을 통하여 원·부재료나 공정에 따라 잠재적인 물리적·화학적·생물학적 위해요소를 밝혀 알아보기 쉽도록 문서(또는 표)로 작성하고, 또한 각각의 위해요소가 공정 내로 침범한 경로를 바탕으로 이를 인체에 무해한 정도 또는 허용기준 이하로 감소시키거나 완전히 제거할 수 있는 예방책을 확인하여 첨가해야 한다. 이후에는 밝혀진 위해요소에 대한 정보를 토대로 해당 위해요소가 식품의 안전과 품질에 영향을 미칠 수 있는 가능성과 심각성을 고려하여 위해(risk)를 평가기준으로 이용하여 위해요소를 평가해야 한다.

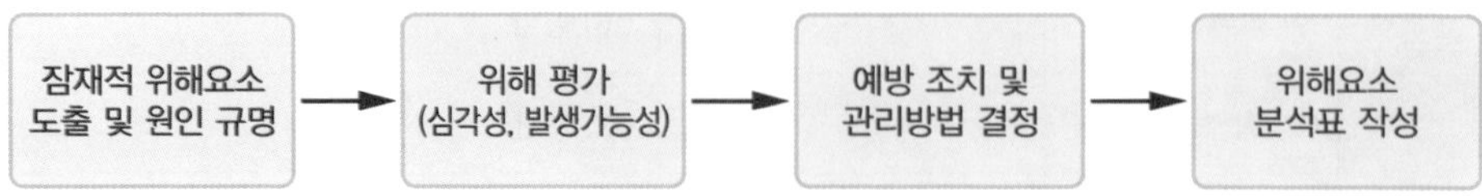

그림 7-12 위해요소분석절차

식품의 안전과 품질에 영향을 미칠 수 있는 위해요소는 다음과 같이 분류된다.

① 생물학적 위해요소 Biological hazards

대장균, 대장균군, *Escherichia coli* O157:H7, *Listeria monocytogenes*, 효모, 곰팡이, 바이러스, 기생충 등이 제품의 원·부자재 자체나 공정 내부에 존재하여 식품을 섭취한 사람의 체내에 생물학적으로 좋지 않은 영향을 끼칠 수 있는 요소를 말한다. 이는 식품의 원·부자재를 생산하고 운송하는 과정에서 유입될 가능성이 크다. 병원성 미생물의 경우

표 7-1 위해요소분석표

일련번호	원·부자재/제조공정	위해요소 개략	잠재적 위해요소		위험도 평가			예방 조치방법	
			위해요소 종류	발생 원인	심각성	발생가능성	종합평가	관리공정	관리방법
1	주재료 입고/보관	B	병원성 세균	협력 업체 가공 부주의에 의한 오염	상	중	상	입고	시험성적서 수령 협력 업체 위생지도
								저장	저장 온도/시간 관리
		B	병원성세균	(냉동 제품)보관 온도/시간 초과에 의한 증식	상	하	중	보관	보관 온도/시간 관리
								저장	저장 온도/시간 관리
		P	이물	협력 업체 가공 부주의에 의한 오염	중	중	중	입고	육안검사
								선별	육안검사/금속 검출
2	부재료 입고/보관	B	병원성 세균	협력 업체 가공 부주의에 의한 오염	상	하	하	입고	시험성적서 수령 협력 업체 위생지도
								저장	저장 온도/시간 관리
		B	병원성 세균	보관 중 포장 파손 방치에 의한 오염	상	하	하	보관	포장관리
								저장	저장 온도/시간 관리
		P	이물	보관 중 포장 파손 방치에 의한 오염	중	하	하	보관	포장관리
								선별	육안검사/금속 검출
3	용수 입고/보관	B	병원성 세균	오염된 지하수 사용에 의한 오염	상	하	중	입고	사용금지
								저장	저장 온도/시간 관리
		B	병원성 세균	용수탱크/배관의 청결관리 미흡에 의한 오염	상	중	상	보관	청소/소독 관리
								저장	저장 온도/시간 관리
4	(해동)	B	병원성 세균	(냉동 제품)해동 온도/시간 관리 미흡에 의한 증식	상	하	중	해동	해동 온도/시간 관리
								저장	저장 온도/시간 관리
5	선별/세정								
6	계량	B	공중낙하균	계량 후 밀폐관리 부족에 의한 공중낙하균 오염	중	하	하	계량	밀폐관리
								저장	저장 온도/시간 관리
		C	보존료	계량관리 미흡에 의한 과다 혼입	중	하	하	계량	적정 계량, 표시관리
		P	해충	계량후 밀폐관리 부족에 의한 혼입	하	중	중	계량	밀폐관리
								선별	육안검사
7	비가식부 제거	P	경질성 비가식부	제거 불충분에 의한 잔류	중	중	중	제거	육안 확인
								선별	육안검사
8	반포/성형								
9	조미/숙성	B	병원성 세균	숙성 온도/시간 관리 미흡에 의한 증식	상	중	상	숙성	숙성 온도/시간 관리
								저장	저장 온도/시간 관리

(계속)

일련번호	원·부자재/제조공정	위해요소 개략	잠재적 위해요소		위험도 평가			예방 조치방법	
			위해요소 종류	발생 원인	심각성	발생 가능성	종합 평가	관리 공정	관리방법
9	조미/숙성	C	보존료	첨가 실수에 의한 과다 혼입	중	중	중	조미	표시 확인 후 첨가
10	배소/롤링/인열	B	병원성 세균	저장 온도/시간 관리 미흡에 의한 잔존	상	하	중	저장	저장 온도/시간 관리
		B	병원성 세균	바닥 낙하 제품의 사용에 의한 오염	상	중	상	저장	낙하 제품 재배소
		P	이물	컨베이어 이탈품의 혼입	중	하	하	저장	낙하 방지 관리
								선별	육안검사
11	건조	B	병원성 세균	오염된 공기의 사용에 의한 오염	상	중	상	건조	-
		B	병원성 세균	건조 불충분에 의한 수분 함량 초과로 증식	상	하	중	건조	건조 상태관리, 수분 함량 측정
		P	해충 잔해	개방된 상태로 건조에 의한 혼입	하	상	중	건조	그물망 사용관리
								선별	육안검사
12	선별	P	이물	선별작업 및 금속검출기 불량에 의한 잔류	상	하	중	선별	선별표준 준수, 금속검출기 작동 상태 관리
13	포장	B	병원성 세균	박스 분진에 의한 오염	상	하	중	포장	구획작업 준수
		B	병원성 세균	유통기한 미표기, 표기 오류에 의한 증식	상	하	중	포장	표기 상태 확인
14	제품 보관/출하	B	병원성 세균	보관 중 온도/시간 관리 미흡에 의한 증식	상	중	상	보관	보관 온도/시간 관리
		P	이물	보관 중 포장 파손에 의한 혼입	중	하	하	보관	포장관리
15	기계, 기구 위생관리	B	병원성 세균	작업대, 작업도구의 청결관리 미흡에 의한 오염	상	중	상	기계, 기구 위생	-
	작업자 위생관리	B	병원성 세균	작업자 청결관리 미흡에 의한 오염	상	중	상	작업자 위생	-

에는 식품을 가열 조리하는 과정에서 대부분이 사멸되거나 그 활성을 잃게 되지만, 열처리에 강한 포자가 존재하는 경우에는 보통의 가열 조리온도보다 높은 온도에서 처리하지 않으면 사멸되지 않아 인체에 위해를 끼칠 수 있다.

② **화학적 위해요소**Chemical hazards

식품에 잔류하는 농약이나 항생물질, 중금속 또는 허용한계기준을 넘거나 식품에 처리가 금지된 식품첨가물 등이 완제품에 존재하여 섭취한 사람에게 화학적으로 위해를 가할 수 있는 요소를 말한다. 화학적 위해요소는 크게 식품 내에 자연적으로 내재하는 위해요소와 부·원자재를 재배(또는 생산)하는 과정부터 소비자가 완제품을 섭취하는 전 과정 중에 오염되는 위해요소로 나눌 수 있다. 이러한 요소에 노출된 사람은 만성 알레르기, 신경 장애와 같은 임상증상을 나타내기도 한다. 하지만 경우에 따라 임상증상이 나타난 이후의 치료는 효과적이지 못할 수도 있다.

③ 물리적 위해요소physical hazards

원·부자재를 재배(또는 생산)하는 과정에서 최종 소비자가 섭취하기까지 전 과정 중이나 적절하지 않은 공정 시스템에 의해 유입될 수 있는 유리, 플라스틱, 철 조각이나 돌, 해충 등과 같이 제품에 내재하여 인체에 해로운 영향을 미치는 요소를 말한다.

(2) 중요관리점 결정determine the Critical Control Point, 원칙2

위해요소분석(HA)를 마친 후 다음 과정은 중요관리점(CCP)을 결정하는 것이다. 중요관리점이란 위해요소분석을 통해 밝혀진 제품의 원·부자재 또는 공정 내부의 위해요소의 유입을 방지 또는 허용한계기준 이하로 감소시키기 위해 철저한 관리가 필요한 지점을 말한다. 다시 말하자면 중요관리점으로 지정된 공정이 제대로 관리되지 않는다면 완제품에 좋지 않은 영향을 미칠 수 있으므로 이를 미연에 방지하기 위하여 HACCP 계획의 수립이 필요한 것이다. 중요관리점을 지정하기 위해서는 위해요소분석 결과로 밝혀진 주요 위해요소에 대하여 다음의 중요관리점 결정도를 알맞게 이용하여야 한다.

(3) 중요관리점 한계기준 설정Establish Critical Limits, 원칙3

중요관리점 한계기준 설정이란 HACCP의 원칙3으로 주요 위해요소에 의한 피해를 방지하기 위해 설정된 각각의 중요관리점마다 허용한계기준을 확립하는 것을 말한다. 허용한계기준(critical limits)은 중요관리점에서 제어가 필요한 물리적·화학적·생물학적 위해요소를 방지하거나 인체에 해로운 영향을 끼치지 않을 정도의 수준까지 감소시킬 수 있는 최대 또는 최소치를 말한다. 이때 설정된 허용한계기준을 준수했을 경우 식품을 섭취한 사람에게 위해를 가하지 않는다는 과학적 자료를 토대로 밝힐 수 있어야 한다.

확립된 한계기준은 실제 작업장에서 간단한 조작이나 눈으로 직접 관찰하여 비교·확인이 가능하도록 다음과 같은 일반적인 수치 또는 지표로 나타내어야 한다.

- 제품의 조리 및 냉장·냉동 온도 및 처리·보관 시간
- 제품의 pH나 수분활성도(a_w) 같은 고유의 특성

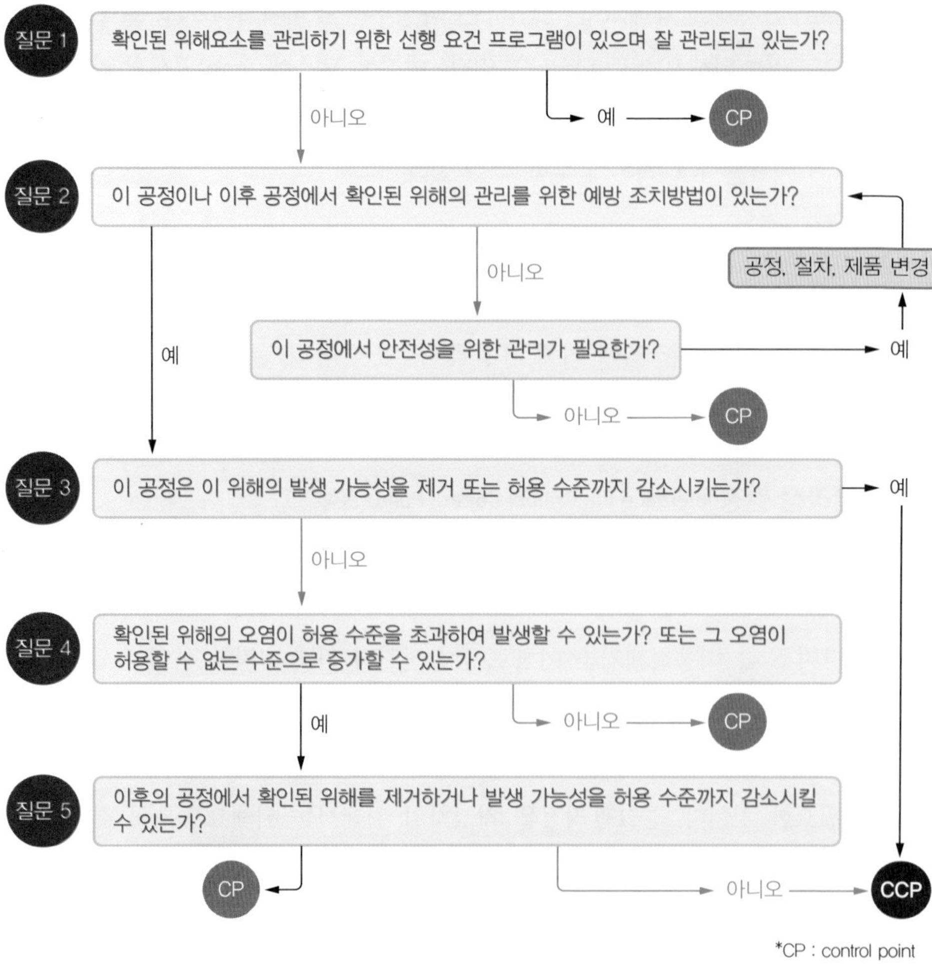

그림 7-13 중요관리점(CCP) 결정도

- 입고 내역, 사용설명서와 같은 그 공정에 관련된 서류 확인
- 작업장 내부의 습도
- 세척·살균 시에 사용되는 용액의 염소 농도 같은 화학적 특성
- 제품의 검사 시 사용되는 금속검출기 민감도

이러한 한계기준은 관련 법규, 출판된 논문이나 전문서적 또는 해당 공정에 대한 전문가에게 얻은 조언, 해당 공정에 대한 물리적 이해 등을 통하여 설정하여야 한다. 제품을 가열하는 공정을 예로 들어 보면 가열공정 중 허용되는 중심부의 최저 온도, 생물학적

위해를 방지할 수 있는 최소 조리시간 등의 제어를 통하여 식품의 품질과 안전성을 높을 수 있으므로 한계기준으로 결정될 수 있다.

(4) 중요관리점에 대한 모니터링 체계 확립Establish Monitoring Procedures, 원칙4

HACCP의 원칙4는 결정된 중요관리점을 유지·관리하기 위하여 효과적인 모니터링 체계를 확립하는 것이다. 이때 모니터링이란 작업현장의 실무 담장자가 중요관리점에서의 위해요소 수준이 한계기준을 초과하지 않은 상태로 유지되어 제품의 생산이 진행되도록 공정의 상황을 지켜보고 일정한 주기에 따라 해당 공정의 상황을 측정하는 과정을 말한다.

지속적인 모니터링은 어떤 중요관리점에서 위해요소가 발생하였고, 그 위해요소가 어디에서 유입되었는지를 밝히는 과정을 쉽게 확인할 수 있도록 도와준다. 또한 출고된 제품에서 식품안전사고가 발생한 경우에 모니터링을 하며 작성한 기록을 해당 사고의 증빙자료로 사용할 수 있다. 그러므로 모니터링은 전 공정에 걸쳐 지속적으로 진행되어야 하며, 불가피한 경우에는 위해요소가 한계기준을 초과하지 않게 유지되도록 모니터링의 방법과 주기를 설정하여야 한다. 일반적으로 미생물학적 위해요소에 대한 모니터링보다 물리적·화학적 모니터링에서 결과를 신속하게 도출할 수 있으므로 우선적인 개선조치에 이용된다.

중요관리점의 모니터링은 해당 중요관리점에서 지정된 방법에 따라 효율적으로 모니터링과정을 수행하도록 기술적 교육과 훈련을 받은 사람이 담당해야 한다. 모니터링의 결과는 해당 공정이 제품에 적합하게 진행되고 있는지 여부를 기록하는 것이 아니라, 설정된 한계기준과 비교가 가능한 정확한 수치나 지표로 기록해야 한다.

모니터링 후 공정의 관리에 개선할 사항이 발견된 경우 해당 공정에 대한 이해와 실무경험, 그리고 조치를 취할 수 있다고 인정받은 사람이 그 결과를 확인·평가하여야 한다.

(5) 개선조치방법 수립Establish Corrective Actions, 원칙5

다음 원칙으로는 모니터링 결과가 중요관리점에서 위해요소의 수준이 확립되어 있는 한계기준을 초과한다고 나온 경우를 대비하여 해당 공정을 개선하는 절차와 방법을 사전에 체계화해 두는 것이다. 이를 통하여 적절하지 못한 모니터링 결과가 발견되었을 때, 신속하고 정확하게 대처하여 제품에 미칠 수 있는 좋지 않은 영향을 최소화할 수 있다.

개선 조치에는 흔히 해당 공정의 한계기준 초과에 영향을 받은 제품의 사후 처리, 해

개선 조치방법 설정 시 체크사항

1. 한계기준의 범위를 초과하는 제품의 관리책임자는 누구이며, 모니터링 담당자가 한계기준을 초과하는 공정을 발견한 경우 누구에게 보고하여야 하는가?
2. 해당 공정에서 한계기준을 초과한 이유를 어떻게 밝힐 것인가?
3. 그 이유가 밝혀진 후에 어떤 조치를 통하여 공정의 상태를 한계기준 이하로 낮출 것인가?
4. 이미 한계기준을 초과한 상태에서 생산된 제품은 어떻게 처리할 것인가?
5. 개선과정 중이 실행한 조치내용은 누가 기록하고 관리할 것인가?
6. 개선과정의 실제 책임자가 부재중인 경우 그 책임을 누구에게 위임할 것인가?
7. 개선과정은 어떤 조건과 상황에서도 즉시 실행할 수 있는가?

당 공정의 규정된 상태로 복원하는 절차와 과정, 문제 발생의 원인 규명을 통한 진행 중이던 HACCP 계획의 수정 등이 포함된다.

개선 조치 확립 순서

1. 각각의 중요관리점에 따라 적절한 개선 조치의 방법과 단계를 수립한다.
2. 개선 조치의 방법은 해당 중요관리점에서 발생 가능한 위해요소의 영향력에 따라 결정한다.
3. 개선과정 중의 조치사항을 기록할 일정한 양식을 결정한다.
4. 실제로 개선 조치 담당할 실무자와 책임자를 정하여 관련 업무에 대해 교육·훈련시킨다.

개선 조치를 마친 후에는 일반적으로 다음 사항을 확인해야 한다.

개선조치 확인 순서

1. 해당 공정에서 한계기준을 초과한 분명한 이유를 밝히고 재발되지 않도록 완전히 제거되었는가?
2. 개선 조치를 취한 후 해당 중요관리점의 관리가 잘 유지되고 있는가?
3. 같은 상황이 발생하지 않도록 HACCP 계획이 수정되었는가?
4. 문제 발생 시 생산된 제품이 시장으로 출고되지 않도록 취한 조치가 잘 시행되고 있는가?

(6) 검증 절차 및 방법 수립Establish Verification Procedures, 원칙6

HACCP의 원칙6은 HACCP 프로그램이 의도한 대로 적절하고 정확하게 실행되고 있는지를 검증하는 절차나 방법을 수립하는 것이다. 즉, 중요관리점의 관리와 완제품을 검사하여 HACCP 계획이 잘 진행되고 있는지 확인하기 위한 것이다. 수립된 검증방법은 HACCP 계획이 실제 작업장에 처음 도입되었을 때, 모니터링 결과나 공정의 기계적인 변화에 의해 HACCP 계획을 수정해야 할 때 진행해야 하지만, 일반적으로 일 년에 한 번 이상 HACCP 프로그램 도입의 효과를 검증하기 위해서 진행되기도 한다.

이때 해당 공정에 도입된 HACCP 계획의 유효성과 실행성에 대한 검증을 실시하여야 한다. 먼저, 해당 공정에서 발생할 수 있는 모든 위해요소를 제어할 수 있도록 중요관리점이 적절하게 설정되었는지를 과학적 증거자료를 통하여 수립된 HACCP 계획이 해당 공정에 효과적이라는 것을 밝히는 유효성 검증을 해야 한다. 다음으로 이미 실제 공정에 적용된 HACCP 계획이 의도한 대로 유지·관리되고 있는지를 밝히는 실행성 검증을 해야 한다. 이 과정에서는 모니터링의 효율적인 실행, 한계기준을 검사하거나 모니터링에 사용되는 장비의 보정 기간, 한계기준 초과 제품의 발생 시 개선 조치 방법과 절차 등의 내용이 제대로 진행되고 있는지 확인해야 한다.

이와 같은 HACCP 프로그램의 검증과정은 선행 요건 프로그램의 검증과정과 동시에 실행하여도 된다.

(7) 문서화 및 기록유지 방법 설정Establish record-keeping and Documentation Procedures, 원칙7

HACCP 프로그램의 마지막 원칙은 전 과정에 대한 정확한 기록유지이다. 이를 문서화하여 기록·유지하는 것은 HACCP 프로그램 도입의 이유와 그 효율성을 증명하는 근거자료가 되기 때문에 HACCP 프로그램을 구상하는 단계에서부터 실제 공정에 적용하여 운영하는 모든 과정의 정보를 효과적으로 기록·유지할 수 있는 방법을 결정해야 한다. 이때 실제로 기록을 담당할 사람과 작성된 문서를 확인·분석할 사람, 그리고 해당 공정에 대하여 기록하여야 할 내용과 주기, 완성된 기록문서를 보관할 장소와 기간 등의 사항도 함께 고려해야 한다. 참고로 효과적인 기록의 유지·관리 문서는 한 눈에 알아보기 쉽도록 필요한 내용만 간략하게 작성한 문서이므로 기록에 필요한 서식은 복잡하지 않고 간단한 것으로 개발하여야 한다.

단원요약

- HACCP 프로그램이란 식품 원료가 제조·가공 및 유통되는 모든 단계에서 인체에 해로운 물질이 식품에 섞여 들어가거나 오염되기 이전에 막기 위하여 각 단계를 통제·관리하는 기준을 말한다. 이 프로그램은 식품을 제조·가공하기 이전에 먼저 수행해야 하는 5가지 절차와 공정 중에 수행해야 하는 6가지 절차로 총 12절차이며, 이는 7가지의 원칙을 바탕으로 시행·관리되고 있다.

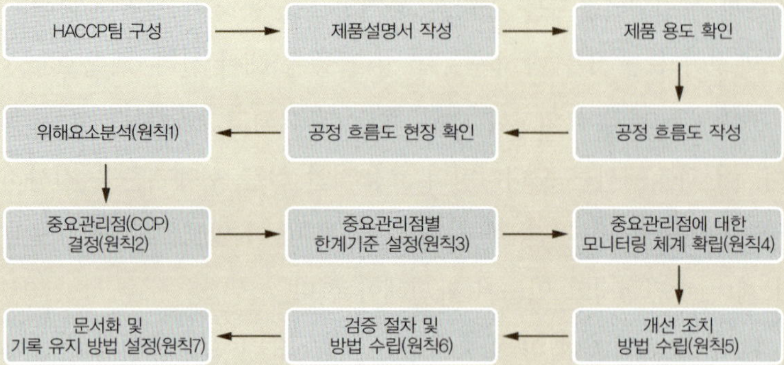

연습문제

1 HACCP의 정의에 따라 프로그램을 설명하시오.

2 식품 업체에서 사용하는 용수를 바람직하게 관리하는 방법을 설명하시오.

3 HACCP 예비(준비) 작업단계에는 어떤 것이 있는지 서술하시오.

4 HACCP 프로그램 진행단계에서 모니터링이 중요한 이유를 설명하시오.

5 HACCP의 계획과정 중 설정해야 하는 식품 위해요소 중점관리기준 7원칙을 서술하시오.

6 식품에서 발생할 수 있는 위해요소를 분석·제어하는 과정을 설명하시오.

CHAPTER 8

식품영업의 위생관리

1. 식품 취급자의 위생관리
2. 식품 취급시설의 구비 조건
3. 식품의 위생적인 취급

1. 식품 취급자의 위생관리

1) 조리종사자 건강관리

(1) 법적 요구에 의한 건강진단

「식품위생법」에 의하면 식품을 조리하는 업무를 맡은 사람은 1년에 한 번씩 장티푸스, 결핵, 전염성 피부 질환에 관련된 건강검진을 받아야 한다. 또한 해당 지역에 전염성 질병이 발생할 위험이 있거나 이미 발생한 경우에는 시장, 군수, 구청장이 건강진단을 받도록 지시하는 경우에도 검진을 받아야 한다. 해당 관리자는 조리종사자들이「식품위생법」에 따라 정기적으로 건강검진을 받을 수 있도록 해야 하며, 검진 결과 위 사항에 대하여 문제가 발견된 사람은 식품과 접촉할 기회가 있는 모든 작업에서 즉시 제외시켜야 한다.

(2) 종사자를 쉬게 해야 할 경우

관리자는 조리업무를 시작하기 전에 아래의 항목에 따라 조리종사자들의 건강 상태를 확인하여야 하며, 조리업무를 하기에 부적합한 증상을 보이는 사람은 해당 업무에서 제외시켜야 한다.

- 열 또는 감기(재채기) 등의 증상
- 설사를 동반하는 복통 또는 구토 등의 증상
- 폐와 관련된 증상이나 인후염, 후두염 등의 증상

(3) 근무 중 종사자 상해관리

조리종사자가 업무를 수행하는 도중에 건강에 이상이 생기거나 상해를 입은 경우에는 즉시 해당 관리자에게 보고하여야 한다. 관리자는 조리종사자의 건강 상태를 확인하고 그 증상이 식품이나 조리기구 등에 좋지 않은 영향을 미칠 수도 있다고 판단되는 경우에는 해당 작업을 다른 종사자에게 위임시키고 병원에 가도록 조치를 취해야 한다. 신체에 베이거나 데인 상처가 있거나, 염증이나 종기가 생긴 곳이 있으면 반창고(붕대)를 이용하여 상처가 외부에 노출되지 않도록 하고, 만약 손에 상처가 있는 경우에는 반창고를 붙인 후 일회용 장갑(합성수지)을 반드시 착용한 후에 업무에 임해야 한다. 하지만 이러한 조치를 취한 후에도 해당 종사자는 식품과 접촉할 가능성이 없는 작업에 배치해야 한다.

2) 조리종사자의 개인위생관리

작업장 내에서 식품이 오염되는 것을 막기 위해서는 조리종사자의 개인의 위생관리가 중요하다. 그러므로 관리자는 조리업무에 종사하는 사람들의 건강 상태를 확인하여 적절한 조치를 취해야 하며 종사자 개인의 위생적이지 못한 습관을 관찰하여 이를 시정할 수 있도록 해야 한다. 또한 작업장 내에서 개인위생을 관리할 수 있는 방법과 절차를 확립하고 필요한 경우에는 시설 및 설비를 구축해야 한다.

(1) 종업원의 손관리

조리 중 식품을 오염시킬 수 있는 가장 큰 위험은 조리종사자들의 위생적이지 못한 손관리에 있다. 그러므로 관리자는 종사자들이 위생적인 손관리의 중요성을 알도록 교육하고, 수시로 적절한 방법과 절차로 손 씻기를 할 수 있도록 관리해야 한다. 기본적으로 화장실을 이용한 후, 머리카락과 상처를 포함한 신체를 만진 후, 폐기물을 처리한 후, 고기나 생선류 등의 생고기를 만지고 난 후에는 반드시 손을 씻어 청결한 상태를 유지해야 한다. 또한 세척·소독 시설에는 올바른 손 세척방법에 대한 지침을 눈에 잘 보이도록 게시해 두어야 한다. 손 세척 후에도 남아 있는 미생물로부터의 오염을 방지하기 위해 사용하는 소독액은 조리실에 들어가기 직전에 사용하도록 해야 한다.

여러 차례의 손 세척과 소독을 하여 청결한 상태의 손이라고 해도 식품을 맨손으로 직접 만져서는 안 된다. 그리고 로션은 손에 존재하는 미생물에 수분을 공급하여 미생물 번식에 적합한 환경을 만드는 역할을 할 수 있기 때문에, 실제 공정에서 작업하는 사람들은 손 세척 직후에 로션을 사용하면 안 된다.

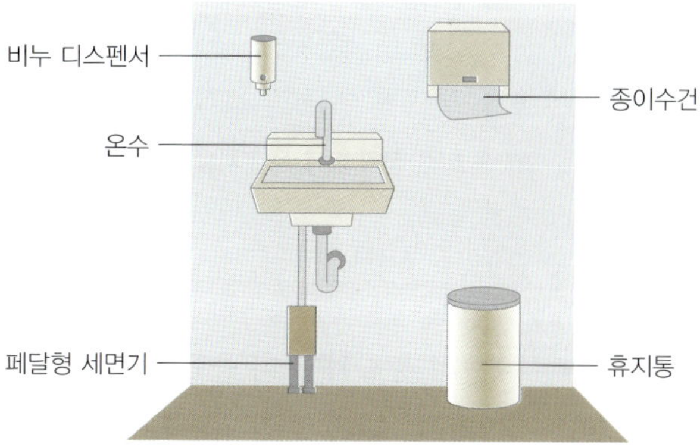

그림 8-1 손 세척 설비 예

손 씻기 10단계

1. 흐르는 물에 손과 팔목을 적신다.
2. 손에 고루 비누를 바른다.
3. 양 손바닥을 맞대고 문지른다.
4. 한쪽 손을 다른 쪽 손 위에 겹치게 깍지 낀 후 손바닥으로 손등을 닦는다.
5. 양쪽 손을 포갠 모양으로 손가락을 깍지 낀 후 양 손바닥을 닦는다.
6. 양손의 손가락 부분을 겹쳐서 돌리면서 닦는다.
7. 반대편 손으로 엄지손을 쥐고 돌리면서 씻는다.
8. 손바닥 위에 반대편 손가락을 올려놓고 손톱 밑을 씻는다.
9. 마지막으로 손목을 잡고 돌리면서 씻는다.
10. 흐르는 물에 비눗기를 완전히 씻어낸다.

① 손관리

개인위생관리는 조리업무 중에 손을 청결하게 씻는 것뿐만 아니라, 오염 위험을 줄이기 위하여 평상 시에도 지속적으로 해야 한다. 손톱은 항상 짧게 유지하여 손톱 사이에 이물질이 끼지 않도록 관리해야 한다. 그리고 개인의 습관으로 머리카락이나 얼굴, 옷 등을 만지는 것을 금해야 한다. 조리과정 중 손에 상처가 난 경우에는 그 즉시 소독과 치료를 해야 하며, 그 후에 반창고(붕대)를 붙이고 합성수지제로 된 일회용 장갑 또는 골무를 이용하여 상처가 외부와 접촉되는 것을 철저히 차단해야 한다.

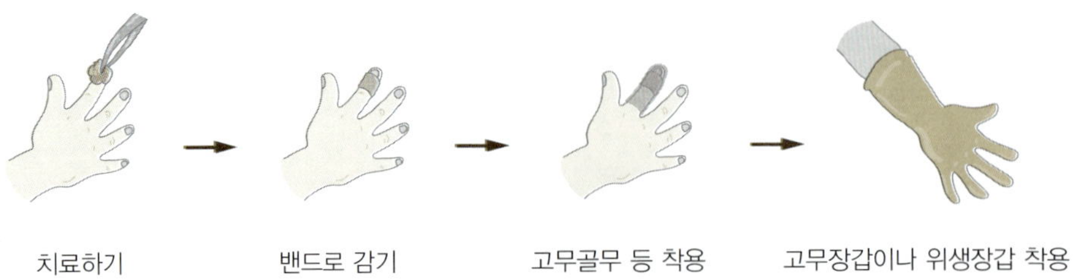

그림 8-2 **손 상처 발생 시 조치방법**

② 장갑 사용

식품 업체에서는 취급하는 식재료의 종류와 조리 유형에 따라 여러 가지 색깔의 장갑을 구분하여 사용하는 것이 바람직하다. 다음은 장갑을 사용할 때 주의해야 하는 항목이다.

- 장갑을 착용하기 전에는 손 씻기 방법에 따라 잘 세척하고 물기가 없도록 완전히 건조시켜야 한다.
- 종사자의 손보다 장갑이 너무 작은 경우에는 손에 열과 땀이 나서 잔존해 있던 미생물이 증식할 가능성이 있다.
- 종사자의 손보다 장갑이 너무 큰 경우에는 업무를 수행하는 데에 불편함을 느낄 뿐만 아니라 맨손이 식품과 접촉할 가능성이 커서 손에 존재하는 미생물이 식품에 오염될 수 있다.
- 작업 특성상 장갑이 쉽게 오염되거나 그 기능을 못하게 된 경우에는 즉시 새것으로 교체·착용해야 한다.
- 다른 작업을 시작하거나 같은 작업을 계속하는 경우에도 4시간이 경과하기 전에 새것으로 교체·착용하여야 한다.
- 면장갑은 점도를 가진 식품이나 포장 전의 식품을 다루는 경우에는 사용하지 않도록 해야 하며, 한 번 사용한 면장갑은 반드시 세척·살균한 후에 사용해야 한다.
- 장갑은 손과 식품 사이의 미생물 오염을 방지하기 위해 착용하는 것이지만, 장갑의 기능을 지나치게 신뢰하여 손의 위생관리를 소홀히 해서는 안 된다.

(2) 위생적인 복장

① 복장

조리종사자의 손과 마찬가지로 작업복 또한 항상 청결한 상태를 유지해야 한다. 그러므로 작업장 안에서 착용하는 작업복과 작업장 밖에서 착용하는 복장은 반드시 장소를 구분해 보관하여야 한다. 같은 맥락으로, 외부와의 교차오염을 방지하기 위해서 작업복을 착용한 상태로 외부에 출입하는 것은 금해야 하고, 조리종사자들의 탈의실과 작업장은 물리적으로 공간이 분리되어 있어야 한다. 또한 종사자가 작업복을 손으로 만진 경우에는 옷에 존재하는 미생물이 손으로 옮겨질 수 있으므로 반드시 손을 씻어야 한다.

식품에서 가장 빈번하게 발생하는 이물질 오염의 원인은 모발이기 때문에 이러한 사고가 발생하지 않도록 조리종사자나 작업장에 출입하는 모든 사람이 위생모를 착용하도록 해야 한다.

② 신발

작업장 내에서 착용하는 위생화는 하루에 한 번씩 표면을 소독해야 하고, 일주일에

그림 8-3 **식품 조리 및 가공 종사자의 복장**

한 번 이상은 내부를 세척·소독해야 한다. 조리종사자들이 이용하는 화장실에는 전용화를 구비해 두어야 한다. 또한 작업장의 출입구, 일반 구역과 청결 구역이 맞닿아 있는 곳에 소독액이 들어 있는 발판을 비치하여 출입하는 모든 사람의 신발 바닥을 소독해야 한다. 이 소독판에 쓰이는 소독액으로는 주로 시중에 판매되는 락스를 희석하거나 역성비누가 사용된다.

③ **장신구**

반지, 귀걸이, 목걸이 등과 같은 장신구의 틈새에는 오염물질이 존재할 가능성이 높고 장신구 자체가 식품에 혼입되어 식품사고를 발생시킬 수도 있으므로 작업장 내부에서는 장신구의 착용은 일체 금해야 한다. 또한 기기설비를 다루는 종사자의 경우에는 장신구로 인한 안전사고가 발생할 수 있으므로 주의해야 한다.

3) 조리종사자 위생교육

소비자에게 안전한 식품을 제공하기 위해서는 조리종사자의 식품위생교육이 필요하다. 현재 애니메이션이나 동영상, 그림이나 교재를 비롯한 다양한 매체를 통하여 실시되고 있으며 식품위생 전문가의 강의를 통한 교육도 이루어지고 있다.

(1) 위생교육 목표

위생교육의 궁극적인 목표는 소비자가 안심할 수 있도록 위생적으로 안전한 식품을 생산하기 위함이다. 그러므로 이를 통해 조리종사자가 개인의 위생을 비롯하여 식품 조리 시에 요구되는 위생의 중요성을 알게 하고, 식품안전사고를 방지하기 위한 방안을 교육해야 한다.

위생교육을 실시할 때에는 교육 대상자에 따라 적합한 전달 매체와 방법을 선정하고, 세부적인 주제를 가지고 목적과 실천방법을 구체적으로 제시하는 것이 바람직하다.

(2) 위생교육 내용

다음은 식품위생교육에 기본적으로 포함되어야 하는 내용이다.

- 식품을 취급하고 섭취하는 과정에서 위생이 중요한 이유와 잘못된 식품위생관리로 인한 질병
- 모든 작업과정에서 준수해야 하는 개인위생관리
- 식품의 종류별 취급방법과 그에 대한 기본지식
- 작업장 내에 있는 시설 및 기기를 청결하게 유지하는 방법
- 작업장 내부로 침입하여 식품안전에 영향을 미칠 수 있는 곤충 및 설치류를 관리하는 방법

이외에도 식품위생교육의 대상에 따라 교육 내용을 달리 첨가해야 한다. 즉, 작업장의 관리자는 장소와 시설, 조리종사자는 식품의 취급방법, 그리고 서비스 종사자는 개인위생관리에 대하여 집중적으로 교육되어야 한다.

(3) 위생교육의 방법

① 개인교육

개인교육은 해당 업체에서 새롭게 일하게 된 종사자나 재교육이 필요한 종사자의 경우처럼 교육 대상자의 수가 극히 적을 때 사용되는 방법이다. 소수를 대상으로 진행되기 때문에 종사자가 맡은 직무에 중점을 두고 교육할 수 있다는 것과, 교육 대상자가 일하는 작업장에서 교육을 진행하기 때문에 별도로 교육장소가 필요하지 않다는 장점이 있다.

② **그룹교육**

그룹교육은 개인교육과 달리 다수의 종사자를 대상으로 한번에 교육하는 방법이다. 교육 대상자의 수가 많으므로 일방적인 강의 형식이 아닌 토의이나 역할극 등의 방법으로 종사자들의 참여를 유도할 수 있지만, 개인의 이해도에 차이가 있기 때문에 위생교육을 마친 후 교육을 받은 모든 사람이 그 내용을 이해하고 실제 작업환경에서 적용하지 못할 수도 있다는 단점이 있다.

(4) 위생교육 시 고려해야 할 점

다음은 위생교육 진행에 있어서 고려해야 할 사항이다.

- 교육 대상자들의 관심이 지속되도록 교육 일정을 정해야 하고, 집중력이 분산되는 것을 고려하여 교육 시간을 조절해야 한다.
- 이해하기 까다로운 위생 관련 전문용어는 그 뜻을 쉽게 풀어서 설명해야 한다.
- 준비한 내용을 일방적으로 전달하는 것보다는 교육 대상자들과 대화하는 형식으로 진행하는 것이 바람직하다.
- 한 주제에 대한 교육의 마지막 부분에는 그 주제에서 가장 중요한 부분을 되짚어 주어야 한다.
- 교육 중 대상자들이 반드시 기억해야 하는 내용은 여러 번 반복하여 설명하여야 하고, 교육이 끝나기 전에 그 내용들을 확인해야 한다.

2. 식품 취급시설의 구비 조건

1) 건물의 입지적 조건

식품을 제조·가공하는 업체는 건물이나 토지를 매수하기 전에 그 입지적 조건에 대하여 고려해야 한다. 일반적으로 교통과 전력의 공급이 원활하고 공정 후에 발생하는 폐기물을 처리하기 쉬워야 하는 것이 식품 제조·가공 업체의 설비 구축에 적합한 환경이다. 또한 외부에서 위생학적으로 좋지 못한 물질들이 유입되는 것을 방지하기 위하여 주변에 가축 사육 농가나 오수 처리시설 등이 없고, 깨끗한 용수를 이용하기 쉬운 곳에 위치하는 것이 바람직하다.

2) 건물의 내부 구조 및 설비

식품을 취급하는 작업장 내부는 종사자들의 작업효율을 높이기 위하여 식품 처리공정에 따라 예상되는 작업동선을 고려하여 단순하지만 효율적인 형태로 설계되어야 한다. 그리고 공정 간의 교차오염 가능성을 감소시키기 위하여 일반 구역과 청결 구역을 분명히 구분해야 하며, 각 공정 간의 경계도 구획하여 관리해야 한다. 또한 공정 흐름도에 따라 필요한 조리기구를 차례대로 배치해야 한다.

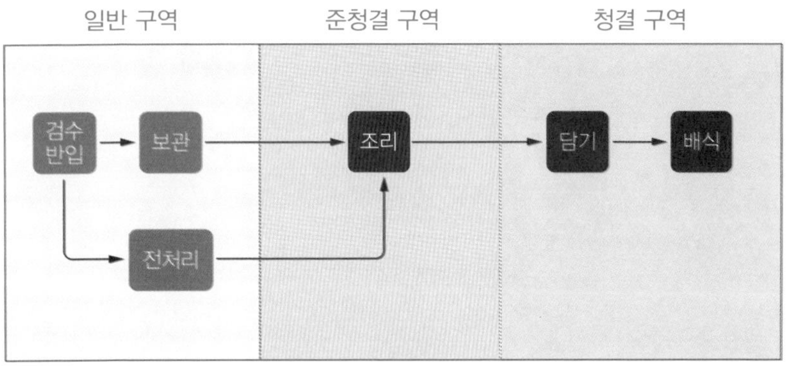

그림 8-4 조리장 작업구분

자료 : 식품의약품안전처, 농장부터 판매·조리까지 영업 종류별, 식품·축산물별 HACCP 관리 표준기준서, p 15, 2016

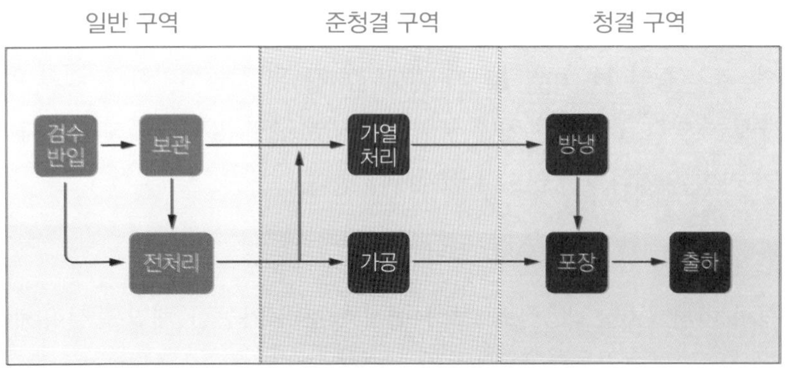

그림 8-5 식품 가공 공장의 작업구분

자료 : 식품의약품안전처, 농장부터 판매·조리까지 영업 종류별, 식품·축산물별 HACCP 관리 표준기준서, p 15, 2016

(1) 바닥 및 배수구

식품을 취급하는 작업장의 바닥은 항상 마른 상태를 유지하여야 하지만 작업 특성상

바닥이 젖는 경우가 많으므로 벽면에서 배수구까지 작업환경에 영향을 주지 않는 정도의 경사가 생기도록 만들어야 한다. 바닥 면이 거칠 경우에는 그 틈에서 각종 오염물질과 미생물이 성장하게 되므로 작업의 특성에 따라 내수성, 내열성, 내약품성, 항균성, 내부식성 등의 적절한 재질을 사용하여 부드럽고 청소하기 쉬운 재질로 시공되어야 한다. 또한 바닥과 벽이 만나는 모서리 부분은 그림 8-6과 같이 그 단면이 직각이 아닌 곡면 타일이나 몰딩을 이용하여 최소 반경이 2.5 cm 이상의 곡면이 되도록 설계하여 모서리에 오염물질이 축적되는 것을 방지하여야 한다.

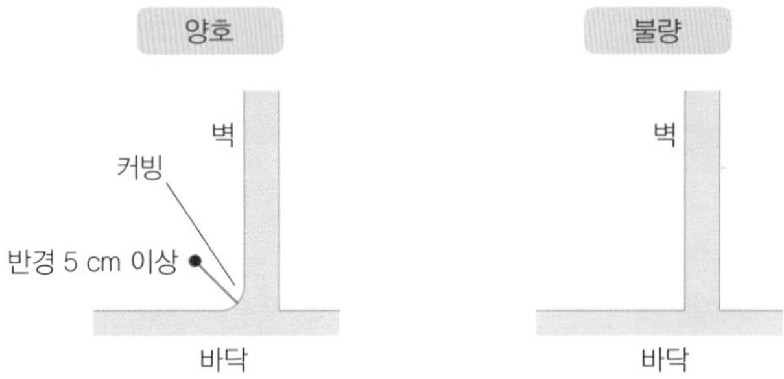

그림 8-6 바닥과 벽 모서리의 커빙

배수구에는 물과 각종 퇴적물이 쌓이지 않도록 해야 하며, U자형 트랩을 설치하여 곤충이나 설치류 등의 침입을 방지하여야 한다. 배수구는 벽면으로부터 최소 15 cm 이상 떨어진 곳에 최소 깊이 15 cm, 최소 내경 10 cm가 되도록 설치하는 것이 바람직하다. 그리고 배수로는 청결 구역에서 일반 구역이나 오염 구역 방향으로 흐르도록 해야 하며 반드시 조리 라인은 지나치지 않도록 설계해야 한다.

(2) 벽과 창문

벽은 바닥과 마찬가지로 내수성이 좋아 쉽게 청소가 가능한 재질을 사용해야 하는데, 바닥 면에서 1.5 m까지는 내수성, 내산성, 내열성 등이 있는 적절한 자재로 설비하거나 세균 방지용 페인트로 도색해야 한다. 그리고 벽면은 밝은색으로 맞추어 오염된 경우 한눈에 보이도록 해야 한다. 여기서 음식물이나 기름이 벽면에 묻는 경우에는 페인트가 쉽게 벗겨져 식품이 오염될 수 있으므로 음식물을 조리하는 작업장에는 벽면을 페인트 도색이 아닌 타일을 부착하는 것이 바람직하다.

창문은 바닥 면적의 5% 이상, 벽 면적의 70% 이상 되는 크기로 설계해야 작업장 내의

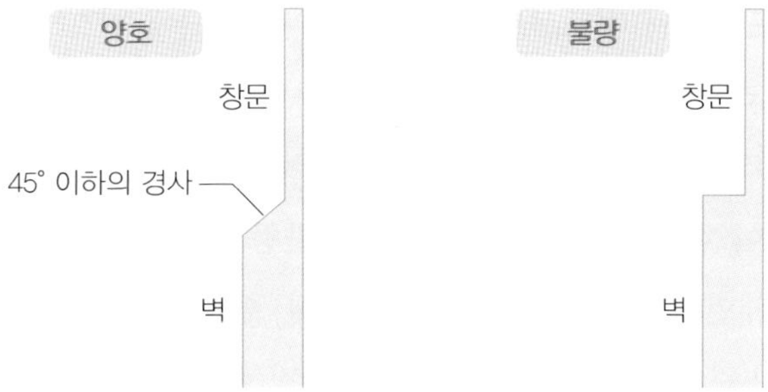

그림 8-7 **벽에 부착되는 창문의 접착부**

공기를 환기시키기에 충분하다. 창문의 위치는 되도록이면 천장에 가까운 위치(바닥으로부터는 1m 이상)에 설치해야 한다. 내수성, 내부식성의 재질로 밀폐가 가능하도록 만들어야 하고 철저하게 방충·방서 시설이 설치되어 있어야 한다. 또한 창문이 설치된 부분의 벽면은 경사지게 만들어서 먼지가 쌓이는 것을 방지하고, 곤충이 서식하지 못하도록 해야 한다.

(3) 천장

천장은 바닥과 벽면과 마찬가지로 작업 특성에 따라 내수성, 내열성, 내약품성, 항균성, 내부식성 등의 적절한 재질을 사용해야 한다. 작업장의 내부가 뜨거운 경우 천장에 응축수가 맺히게 되는데, 이 응축수가 떨어져 식품의 안전사고나 기계의 고장을 일으킬 수 있다. 또한 응축수가 맺힌 주위에 곰팡이가 생성되어 해당 작업장에서 생산되는 식품의 위생에 부정적인 영향을 미칠 수도 있다. 그러므로 작업장의 천장에는 빈틈없이 단열 처리하고 환기를 자주 시켜서 응축수가 맺히지 않도록 해야 한다. 또한 곰팡이 살균

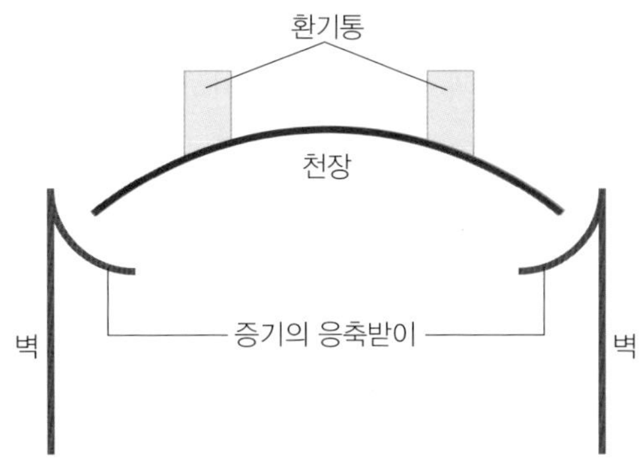

그림 8-8 **천장의 구조**

용 방균 페인트를 도색하는 것도 작업장 천장의 위생관리에 필요하다.

작업장 천장의 물리적인 조건으로는 바닥으로부터 천장의 높이가 최소 2 m 이상이어야 하고, 먼지의 축적, 각종 곤충이나 미생물의 성장을 막기 위해 파여 있거나 갈라진 틈이나 구멍이 없어야 한다. 또한 전기 배선이나 환풍기의 덕트가 작업장 안쪽으로 노출되어 있는 경우에는 먼지가 쌓여 작업장의 위생에 좋지 않은 영향을 미치기 때문에 이러한 설비는 천장 안쪽으로 배치시키는 것이 바람직하다.

(4) 조명 및 채광

채광 및 조명은 불충분한 조명 아래에서 일어날 수 있는 사고를 예방하고 종사자들의 작업효율을 높이며, 작업장 내의 먼지나 오염을 한눈에 식별할 수 있도록 도와주어 청결 유지 역할을 하는 작업장의 주요 요소 중 하나이다.

이상적인 자연채광을 위해서는 작업장 내부의 창문 면적이 바닥 면적의 20~30%, 벽 면적의 70%가 되도록 해야 하지만, 대부분의 경우는 이런 환경이 아니기 때문에 인공조명을 이용하여 적절한 조도를 유지해야 한다.

다음은 일반적으로 요구되는 작업장의 조도이다.

- 선별 및 검사 구역(육안 확인이 필요한 경우에 한함) : 540 lux(50피트 촉광) 이상
- 일반 작업 구역 : 220 lux(20피트 촉광) 이상
- 기타 부대시설 : 110 lux(10피트 촉광) 이상(창고, 화장실, 탈의실 포함)

또한 채광 및 조명 시설은 내부식성 재질을 사용하여야 하며, 파손이나 이물 낙하 등에 의한 오염을 방지하기 위한 보호장치를 설치하여 청결하게 유지·관리해야 한다.

(5) 환기

작업장 내에서는 종사자의 건강과 작업효율을 위하여 발생하는 악취나 이취, 유해가스, 매연, 증기 등을 배출할 수 있는 환기시설이 설치되어 있어야 한다. 또한 환기를 충분히 시키지 않은 경우에는 공정 중에 발생한 열과 증기로 인해 작업장 내부에 존재하는 미생물의 증식이 촉진되어 작업 중인 식품의 품질에 부정적인 영향을 미칠 수도 있다.

외부로 개방된 흡·배기구 등에는 여과망이나 방충망 등을 부착하고, 관리계획에 따라 청소 또는 세척하거나 교체하여야 한다. 후드는 스테인리스강 재질로 적정 각도를 유지하며, 열기구보다 큰 크기로 제작 설치하여야 하며, 볶음이나 튀김 등에 사용되는 설

비의 후드시설은 유분을 여과하는 필터를 반드시 부착하여 정기적으로 유지·관리하여야 한다. 환풍기의 덕트와 배기후드의 연결부분에는 외부의 오염물질이 역류하지 않도록 자동 개폐시설을 설치하여야 한다.

조리장의 적정 온도는 21~22℃, 적정 습도는 30~79%이다. 환풍기의 가동은 실제 조리하는 공간의 경우 체적 1 m^3당 20~30 m^3/hr, 원·부자재를 보관하는 공간은 체적 1 m^3당 5 m^3/hr의 세기로 설치하는 것이 바람직하다.

(6) 방충 및 방서

작업장에 곤충이나 설치류가 존재하면 식품에 식품 매개성 병원균이 오염될 가능성이 매우 높으므로 방충·방서 관리를 위하여 해충이나 설치류 등의 유입 또는 번식 여부를 관리계획에 따라 확인하여야 한다. 작업장 내에서 해충이나 설치류 등의 구제를 실시할 경우에는 정해진 위생수칙에 따라 공정이나 식품의 안전성에 영향을 주지 않는 범위 내에서 적절한 보호조치를 취한 후 실시하며, 작업 종료 후 식품 취급시설 또는 식품에 직간접적으로 접촉한 부분은 세척 등을 통하여 오염물질을 제거하여야 한다.

식품을 취급·조리하는 공간과 화장실에 있는 창문에 30 메시(mesh) 크기의 금속망을 설치하여 곤충의 출입을 방지하여야 한다. 또한 작업장이나 화장실의 내부와 연결된 배수구에는 U자형의 트랩을 설치하는 등의 조치를 취하여야 한다.

(7) 출입구

출입문은 내수성, 내부식성의 재질로 설치하여 오염되었을 때 청소가 용이하고, 부식되어 틈이 생기지 않도록 해야 한다. 또한 외부물질이 유입을 방지하기 위해 밀폐가 가능한 구조로 설계되어야 하고, 해충과 설치류의 침입을 막기 위한 방충 및 방서 시설이 있어야 한다. 작업장의 출입구에는 HACCP 관리계획에 따라 손과 신발을 세척·소독할 수 있는 설비가 갖춰져 있어야 하고, 종사자나 방문객을 위한 탈의실과 신발장(전용 신발)이 있어야 한다.

(8) 화장실

화장실의 위치는 식품을 취급하는 장소와 철저하게 격리된 곳으로 선정하여야 한다. 단체급식소나 음식점의 경우에는 작업장에서 일하는 종사자, 서비스업을 하는 직원, 고객의 화장실을 분리하여 설계하는 것이 바람직하다. 화장실 내부는 내수성, 내부식성 재질을 사용하여야 하며, 환기시설을 설치하여 화장실 내부의 공기를 작업장에 영향을 미치지 않는 곳으로 내보내도록 해야 한다. 화장실 내에서는 페달을 이용하여 개폐가 가능한 휴지통을 비치하고 적외선 센서가 있는 수도, 핸드 드라이어를 설치하여 가능한 한 손을 사용하지 않도록 해야 한다. 또한 화장실에서 나가는 문도 자동으로 개폐가 가능한 것이 바람직하지만, 여건상 어려운 경우에는 화장실 외부와 작업장 출입구에 손을 소독할 수 있는 장치를 설치하여야 한다.

(9) 식품 저장실

식품 저장실에 제품의 원·부자재는 그 완성 정도에 따라 분리된 공간에 보관해야 한다. 보관장소마다 보관 중인 물품의 목록을 한눈에 알아볼 수 있도록 표시해 두어야 하고, 선입선출 원칙에 따라 입출목록을 기록·관리해야 한다. 작업장과 마찬가지로 방충·방서 시설을 설치해야 하고, 세척·소독제와 같은 비식용 화학물질은 함께 보관하여서는 아니 되며, 바닥에 양탄자를 깔아서도 안 된다. 또한 보관 중인 제품의 특성에 알맞은 채광 및 조명, 환기 시설이 설치되어 있어야 한다. 작업장과 연결되어 있는 저장실은 물이 흘러들 수 있으므로 바닥의 높이를 작업장보다 높게 설계해야 한다. 식품 저장실의 선반은 보관 중인 식품의 교차오염을 방지하고, 저장실의 청소 및 통풍이 잘 되도록 바닥과 벽으로부터 15 cm 이상 거리를 확보하여 적재·관리해야 한다. 식품 저장실 내부에는 온·습도계를 비치하여 제품의 품질 및 유지를 위한 온·습도를 측정하고 관리하여야 한다. 권장되는 식품 저장실의 온도는 10~15℃, 습도는 70~80%이다. 하지만 원·부자재의 종류와 조리 정도에 따라 최적 범위가 다르므로 관리자는 이를 확인한 후에 적용해야 한다.

(10) 냉장고와 냉동고

냉장·냉동고는 해당 업체가 사용하는 식재료를 보관, 해동, 냉각하기에 충분한 용량이어야 한다. 온도관리는 냉장고는 5℃ 이하, 냉동시설의 경우 -18℃가 되도록 유지해야 한다. 온도 감응 센서는 기기 내에서 온도가 가장 높은 부분에 위치하도록 해야 하며, 이때 기기 내부의 온도는 기기의 외부에서 확인하고 관리할 수 있도록 설계해야 한다. 또한 기기 내에 물이 고여 있지 않도록 외부로 연결된 배수관이 장착되어 있어야 한다. 내부의 모서리 부분은 작업장과 마찬가지로 청소가 용이하도록 곡면으로 처리하여 오염을 방지해야 한다. 냉장·냉동고의 선반은 적재된 식품 사이로 차가운 공기가 잘 순환하도록 격자 또는 그물형이어야 한다.

단체급식소나 음식점 같이 처리해야 하는 물량이 많은 업체에서는 사람이 들어갈 수 있는 대형 냉장·냉동고를 사용하기 때문에 종사자들의 신발에 의해 교차오염이 발생하지 않도록 출입구에 소독판을 비치해 두는 것이 바람직하다.

(11) 급수 및 하수 설비

급수 및 하수 설비는 식품 및 작업장의 청결을 유지하도록 설계되어야 한다.

① 급수

작업장 내에서 사용하는 물은 공인기관에 의뢰하여 검사를 받아야 하며, 검사성적서는 보관하도록 한다. 검사는 '먹는 물 수질기준'의 전 항목에 대하여 1년에 한 번 이상 실시하도록 하며, 추가적으로 직접 마시는 용도의 물은 반기에 1회 이상의 검사를, 미생물학적 항목은 한 달에 한 번 이상 검사하도록 한다. 지하수를 사용하는 경우에는 반드시 업체 자체적으로 지하수를 살균·소독하는 설비를 갖추고 있어야 한다.

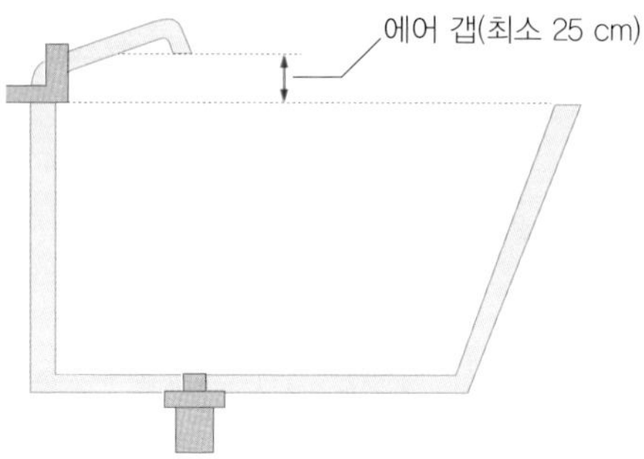

그림 8-9 수도꼭지의 에어 갭

② 배관

배관은 음용수와 비음용수를 구별하여 표시하고, 교차되거나 합류하지 않도록 해야 한다. 배관시설이 잘못되어 음용수가 오염된 경우에는 이를 섭취한 사람에게 콜레라나 이질 같은 질병을 유발할 수도 있으므로 배관시설을 배치할 때에는 반드시 주의해야 한다. 또한 수도꼭지가 낮은 위치에 방치되어 배수구과 맞닿아 교차오염을 일으킬 수도 있으므로 수도꼭지와 배수구의 사이 거리가 충분하도록 에어 갭을 두어 시공해야 한다.

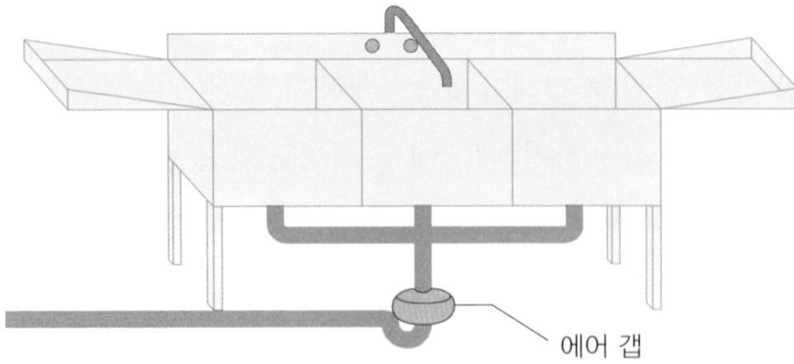

그림 8-10 배관 연결 지점의 에어

③ **하수**

하수설비는 해당 업체가 배출하는 하수를 처리할 수 있는 용량이어야 한다. 사용하는 물의 양이 많은 세척실과 조리실 같은 경우에는 바닥에 배수관을 설치하여 작업장 내에 고인 물이 없도록 해야 한다. 배수구에는 망이나 트랩 같은 여과장치를 설치하여 하수관이 막히는 것을 방지하여야 한다. 또한 하수설비는 작업장의 외부와 연결된 일종의 통로이므로 외부에서 해충이나 설치류가 유입되지 않도록 작업장 내외의 하수관이 교차되는 곳에 방충·방서 장치를 설치하고, 작업장 외의 배수구에는 기름 트랩을 설치해야 한다.

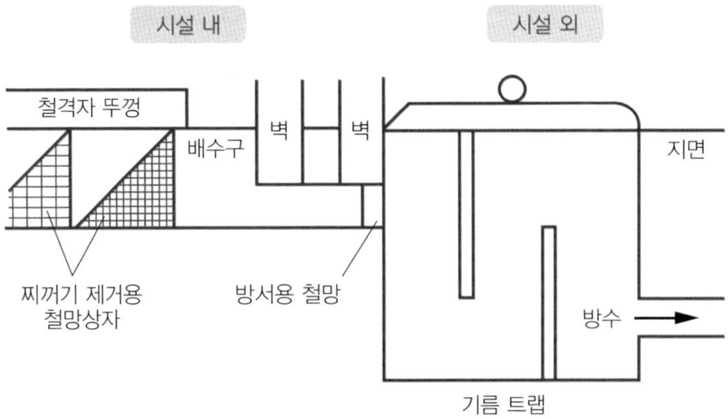

그림 8-11 배수구의 구조

(12) 폐기물 처리설비

폐기물을 버리는 쓰레기통은 작업 중에 발생하는 폐기물을 처리하기에 충분한 용량으로 비치되어 있어야 한다. 또한 내수성과 내구성이 있는 스테인리스강이나 플라스틱으로 만들어진 것으로 준비하여 폐기물에서 나오는 폐수가 작업장 내로 새어나오지 않도록 해야 한다. 음식물 쓰레기의 경우에는 자체에 물기가 많으므로 쓰레기통 안에 플라스틱 바구니를 놓아 두어 폐수를 분리하는 것도 좋은 방법이다. 폐기물의 성분이 공기 중에 부유하여 제품에 영향을 미칠 수도 있으므로 쓰레기통은 반드시 뚜껑이 있는 제품이어야 한다.

기본적으로 폐기물을 처리하는 기구나 시설은 식품을 취급하는 장소와 분리되어 있어야 하고, 폐수가 흘러나오더라도 해당 장소에 고여 있거나 흡수되지 않도록 코팅 처리된 타일 등으로 마감되어 있어야 한다. 폐기물을 처리하는 장소에는 찬물과 뜨거운 물의 급수가 원활히 되도록 하고, 일정한 주기를 정하여 기구와 시설을 철저하게 살균·소독하여 항상 청결을 유지해야 한다.

3. 식품의 위생적인 취급

1) 식품의 구매 및 검수

(1) 구매요령

식품의 원·부자재를 공급하는 업체는 일반 도·소매 업자로 분류되기 때문에 「식품위생법」에 관련된 규정을 준수하지 않아도 법적인 제재를 받지 않는 경우가 많다. 그러므로 식품 제조·가공 업체로서는 신뢰할 수 있는 공급 업체를 선정하는 것이 소비자에게 품질 좋고 안전한 식품을 제공하기 위하여 매우 중요한 부분을 차지한다. 식품 제조·가공 업체는 공급 업체를 결정하기 전에 반드시 해당 업체를 방문하여 위생관리 상태를 확인해야 한다. 그리고 공급계약서에 운송차량의 유지 온도(냉장 보관의 경우 10℃ 이하, 냉동 보관의 경우 영하 18℃ 이하를 유지할 수 있도록 함), 검수 시 반품 처리를 할 수 있는 기준과 같이 식품 안전과 위생에 관련된 항목을 포함시켜야 한다. 외부의 위생 점검기관에 의뢰하여 검사성적표를 요구한 후에 거래 여부를 결정하는 경우도 있다.

(2) 검수

단체급식소나 음식점의 경우에는 날마다 입고되는 식품의 종류와 양이 많기 때문에 모든 품목을 검사하는 것은 시간적으로 가능하지 않을 수도 있다. 그러므로 공급 업체

별로 식품이 입고되는 시간을 조정하여 정확한 검수를 할 수 있도록 해야 한다. 또한 관리자는 검수를 담당하는 종사자가 식품의 위생검사와 관리하는 법에 대하여 주기적으로 교육을 받을 수 있도록 도와야 한다.

다음은 검수를 담당하는 종사자가 반드시 수행해야 하는 항목이다.

- 식재료는 배달되는 즉시 검수해야 한다.
- 식재료를 운송한 차량의 위생 상태를 확인해야 한다.
- 식품안전 관련 검사 확인내용을 증명할 수 있는 서류나 도장을 확인해야 한다.
- 해당 식재료의 제조일자와 유통기한을 확인해야 한다.
- 냉장·냉동 식품을 운송한 차량은 운송 중 유지 온도를 확인해야 한다.
- 냉장·냉동 식품의 경우 반드시 식품의 온도를 확인해야 한다.
- 검수 결과는 모두 기록 관리하고, 허용기준에 부적합한 물품은 반품 처리를 해야 한다.
- 검수를 마친 식재료는 즉시 식품 저장고에 보관해야 한다.

2) 식품의 안전한 저장

(1) 저장요령

다음은 식품 저장고의 관리를 담당한 종사자가 반드시 수행해야 하는 항목이다.

- 식품 저장고 관리의 기본적인 원칙은 선입선출이므로 새로 입고된 물품은 사용 가능한 기일을 한눈에 잘 보이도록 표시한 후에 해당 선반의 가장 뒤쪽에 두고, 정기적으로 저장고에 사용 가능 기일을 확인하여 사용할 수 없는 물품이 저장고에 방치되지 않도록 해야 한다.
- HACCP 계획을 따라 저장고와 저장 중인 식품의 온도가 허용기준을 벗어나지 않도록 적절하게 유지·관리해야 한다.
- 저장 중인 식품에서 물기가 새어 나오거나 검수 후 포장지가 그대로 방치되면 저장고가 오염될 수 있으므로 정기적으로 저장고의 청결 상태를 관리해야 한다.

(2) 냉장고

식품을 단기간 보관할 때에는 냉장고를 이용하여 식품의 온도를 4.4°C로 유지되도록 해야 한다. 원·부자재와 완제품의 보관은 서로 다른 냉장고를 이용하는 것이 바람직하

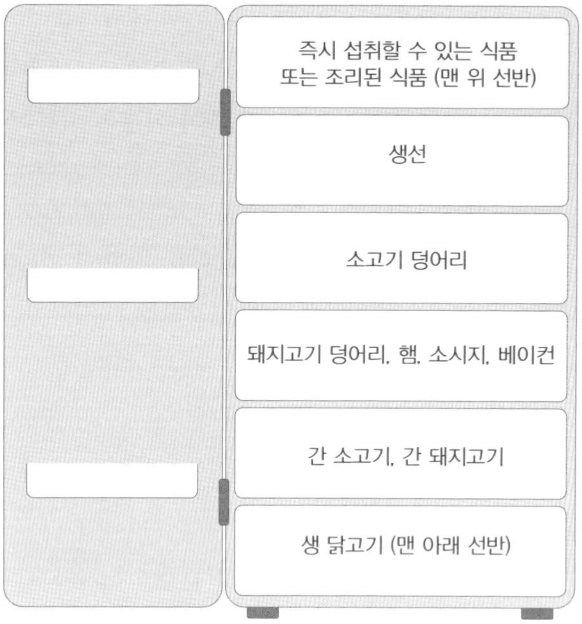

그림 8-12 냉장고 식품 보관의 예

지만, 여건이 되지 않는 경우에는 원·부자재를 아래쪽에, 완제품을 위쪽에 보관하여 교차오염을 방지하여야 한다.

(3) 냉동고

식품의 장기간 보관 또는 이미 냉각된 식품을 단기간 보관할 때에는 냉동고를 이용하여 식품의 온도를 17.8℃ 이하로 유지되도록 해야 한다. 냉동고의 온도 조절 시스템에 이상이 생겨 내부 온도가 상승하여 냉동된 식품이 녹으면 식품 미생물이 증식할 가능성이 높아지므로, 일정한 주기로 냉동고의 온도를 모니터링해야 한다. 또한 냉동고의 위생적인 사용을 위해 주기적으로 서리를 제거해야 한다. 일반적으로 냉동고는 식품을 장기 보관하기 위해 이용하지만 생선류, 칠면조고기, 돼지고기, 커스터드, 크림류 등은 냉동 상태로 장기간 보관하면 품질이 저하되므로 주의해야 한다.

(4) 건조 저장실

수분에 민감한 식재료는 건조 저장을 해야 한다. 해당 식품은 건조 저장실에는 높이가 15 cm 이상인 선반에 적재하고 직사광선을 피하여 보관하여야 한다. 건조 저장실의 적정 온도는 10~21.1℃, 적정 습도는 50~60% 되도록 유지해야 한다. 습도가 높은 여름철의 경우 식품 미생물이 증식할 가능성이 높기 때문에 제습기를 사용하여 적정 습도를 유지해야 한다. 건조 저장실에는 주로 곡류나 마른 과일 등을 보관하기 때문에 쥐나 해충이 생길 가능성이 높으므로 통풍이 잘 되도록 하여 이를 방지하여야 한다.

(5) 식품별 보관 시 유의사항

보관이 필요한 모든 식품은 체계적인 사용과 관리를 위하여 선입선출의 법칙을 준수해야 한다. 이를 위하여 포장 또는 보관 용기에 입고일을 표기하고, 저장실별로 구분하여 기록지를 관리하여야 한다.

다음은 주요 식품별 보관 시 유의사항이다.

- 곡류, 건어물을 보관하는 건조 저장실은 환기가 잘 되도록 하여 쥐와 해충의 발생을 방지해야 한다.
- 채소류의 품질은 온도에 민감하므로 채소류 보관장소는 온도관리에 특별히 유의해야 한다.
- 달걀은 기본적으로 냉장 보관을 원칙으로 한다.
- 큰 조각의 고기는 살균된 갈고리를 이용하여 걸어 놓거나 살균된 선반 위에 올려 두어야 한다.
- 한 번 이상 사용한 기름을 보관할 경우 여과지를 이용하여 불순물을 제거한 후 그늘지고 서늘한 곳에 보관해야 한다.
- 조리된 식품을 냉장 보관하는 경우, 뜨거운 상태의 식품을 바로 냉장고에 넣으면 내부 전체의 온도가 상승하여 보관 중인 다른 식품의 안전에 위험을 미칠 수 있으므로, 반드시 실온으로 식힌 후 보관하여야 한다.

3) 전처리

전처리 과정은 식품을 세척, 다듬기, 해동하는 등 조리·가공을 준비하는 단계이다. 이 과정에서는 해동방법이 잘못된 경우, 식재료를 구분 없이 처리하여 교차오염이 발생한 경우, 냉장·냉동 보관 식품을 장기간 실내에 방치한 경우, 해당 업무를 맡은 종사자의 개인위생 상태가 부적절한 경우 등의 상황은 식품안전사고의 원인이 될 수 있다. 그러므로 조리법의 이해, 적절한 온도·시간 관리, 철저한 개인위생관리가 반드시 필요하다.

(1) 일반적인 유의사항

식품의 전처리 과정에 사용되는 모든 기구 및 기기는 세척·소독된 것을 사용해야 한다. 그리고 식품 종류별로 기구 및 기기를 분류하여 사용하여야 교차오염을 방지할 수 있다. 신선채소나 과일은 세척 후 바로 섭취하는 음식이므로 철저하게 살균된 전용 싱크대에서 세척해야 한다. 전처리 업무를 담당하는 종사자는 해당 조리법을 숙지하여, 조리시간을 감안하여 필요한 식재료만 준비해야 한다.

(2) 올바른 해동방법

냉동식품을 해동하는 것은 식품안전에 중요한 영향을 미치는 과정이다. 완전히 해동되지 않은 식품을 조리할 경우 열 전달이 식품의 내부까지 고루 일어나지 않기 때문에 식품 미생물이 생존할 수 있다. 바람직한 냉동의 해동방법은 다음과 같이 크게 네 가지 방법이 있다.

- 보관장소를 냉장고로 옮겨서 해동
- 흐르는 물에 담가서 해동
- 조리 중 서서히 해동
- 전자레인지를 이용한 급속 해동

냉동식품을 실온에서 해동하는 방법은 완전히 해동되는 데 시간이 오래 걸리므로 대기 중의 미생물이 식품 표면에 오염되거나 식품 자체에 존재하던 미생물이 활성화되어 증식할 가능성이 높기 때문에 식품안전사고가 발생할 위험이 있다.

(3) 올바른 세척 및 소독

바람직한 식재료의 세척·소독의 기본은 식품의 종류별로 싱크대와 작업대를 구분하여 교차오염을 방지하는 것이다. 채소나 과일과 같은 농산물은 표면에 잔류하는 농약은 중성세제를 이용하는 경우 0.15~0.25% 농도로 희석하여 씻어낸 후 흐르는 물에 헹궈야 한다. 신선식품을 세척한 후 바로 섭취하는 음식의 경우에는 채소용 소독제나 50배 희석한 4% 염소수(일반적인 시판품)에 5분 이상 침지시킨 후 흐르는 물에 헹궈야 한다. 생선류를 세척·소독할 경우에는 머리와 내장을 완전히 제거한 후 작업대는 즉시 소독하고, 사용한 도마와 칼은 다른 식품에 이용한 기구와 반드시 분리하여 세척해야 한다.

그림 8-13 칼 · 도마 관리방법

4) 조리와 배식

식품은 보관·가공·조리·배식하는 여러 처리과정을 거치면서 식품에 내재하는 미생물이 증식하거나 외부의 미생물이 부착되어 식품이 오염될 가능성이 높은 '위험 온도구간(4.4~60℃)'을 여러 번 지나치게 된다. 식품 미생물의 증식 속도는 매우 빠르므로 식품이 위험 온도 구간에 방치되는 것은 최대 4시간으로 제한하여 관리하여야 한다. 그러므로 가열 조리된 식품은 따뜻하게, 냉장·냉동식품은 차갑게 유지·관리하여 위험 온도 구간에서 일어날 수 있는 위험을 배제시켜야 한다.

(1) 조리

효율적이고 원활한 공정의 운영을 위해서 조리법에는 조리시간과 가열 또는 냉각 조건 등이 기록되어 있어야 한다.

다음은 조리법에 반드시 주의해야 하는 사항이다.

- 조리업무를 맡은 종사자는 작업 전에 반드시 손을 세척·소독해야 한다.
- 조리업무는 반드시 조리장 내에서만 이루어져야 한다.
- 조리를 마친 후 식품과 접촉하는 표면은 반드시 전용 세척제나 소독제, 뜨거운 물로 세척·살균해야 한다.
- 채소나 과일류는 전용 세척제로 세척하고 흐르는 물에 깨끗이 씻어낸 후 조리해야

한다.

- 조리를 마친 육류는 즉시 섭취해야 하고, 장기간 냉장 보관하는 것은 삼가야 한다.
- 조개류와 같은 해산물의 표면과 내부에는 다양한 식품 미생물이 존재하므로 그 껍질을 잘 세척한 후 조리해야 한다.
- 조리과정을 마친 식품은 배식시간 동안 반드시 뚜껑이 있는 용기나 랩을 씌워 냉장·냉동고 또는 식품 저장실에 보관하여야 한다.
- 인체에 해로운 물질이나 검증되지 않은 성분으로 되어 있는 조미료, 또는 공업용 화학물질을 사용해서는 안 된다.

(2) 재가열

한 번 가열했던 식품을 재가열하는 경우에는 식품 내부의 미생물을 살균할 수 있는 온도까지 빠르게 가열해야 식품의 품질을 유지할 수 있다.

다음은 바람직한 식품의 재가열방법이다.

- 식품의 재가열 원칙은 저장고에서 꺼낸 후 2시간 이내에 73.9℃에서 15초 이상 가열해야 한다는 것이다. 그렇지 못한 경우에는 즉시 폐기처분해야 한다.
- 전자레인지를 이용한 재가열은 저장고에서 꺼낸 후 2시간 이내에 87.8℃에서 2분 이상 가열해야 한다.
- 효율적인 재가열을 위해서 소량씩 나누어 처리해야 한다.

(3) 배식 및 서빙

다음은 식품을 배식·서빙하는 종사자들이 주의해야 하는 사항이다(그림 8-14).

- 식품을 최종적으로 소비자에게 전달하는 위치이므로 개인위생관리를 철저히 해야 한다.
- 식기를 옮길 때에는 손으로 식품접촉표면을 만져서는 안 되고, 식기를 쌓아서도 안 된다.
- 찬 음식을 취급하는 조리기구는 반드시 플라스틱이나 금속 재질로 사용해야 한다.

5) 세척 및 소독

식품접촉표면이란 식품을 취급하는 사람의 손을 포함하여 식품의 운송과정에서부터 최종 소비자에게 전달되기까지 전 과정에서 식품과 접촉하는 차량, 기기 및 조리기구 등

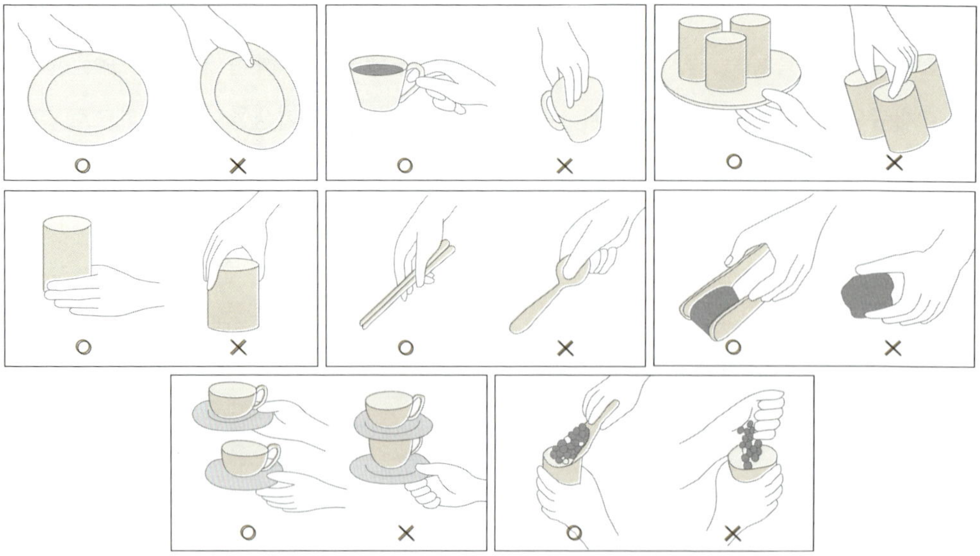

그림 8-14 **식기와 음식의 위생적인 취급방법**

을 말한다. 이러한 식품접촉표면이 청결하지 않으면 식품의 품질에 직접적인 영향을 미치기 때문에 철저하고 계획적인 위생관리가 필요하다.

(1) 세척

세척제는 표면에 존재하는 불순물이나 금속물질을 제거하기 위해 이용되는 화학물질을 말한다. 식품 관련 작업장에서 이러한 세척제를 사용하는 경우에는 식품접촉표면에 존재하는 이물질의 제거를 위해 세척력이 좋고, 식품접촉표면을 부식시키지 않으며 인체에 위해를 가하지 않는 물질을 사용하여야 한다.

표 8-1은 일반적으로 사용되는 세제의 종류와 용도이다.

표 8-1 세제의 종류와 용도

종류	용도
일반 세제(비누, 합성세제)	손 세척, 기물 및 식기 세척, 청소작업 등 거의 모든 세척 용도에 사용
솔벤트(용해성 세척제)	진한 기름때나 오븐, 가스레인지를 세척할 때 사용 자주 사용하지 않는 표면에 묻은 오염물질을 세척할 때 사용
산성세제	세척기의 때(scale), 세제 찌꺼기 때를 제거할 때 사용(기구나 설비에 손상을 줄 수 있으므로 산성 내구성 확인 후 사용)
연마세제	바닥, 천장의 오염물질을 제거할 때 사용(플라스틱 제품에는 부적격)

(2) 소독

소독이란 섭취했을 경우 인체에 해로운 영향을 미치는 미생물을 허용기준 이하로 감소시키는 과정을 말한다. 세척과 소독 과정에서 제어되는 물질은 서로 다르므로 반드시 식품접촉표면을 세척한 후에 소독을 해야 한다.

표 8-2는 일반적으로 사용되는 소독의 종류이다.

표 8-2 소독의 종류 및 방법

종류	대상	소독방법	비고

자비소독
(열탕소독)
	식기
	행주
		• 열탕에서는 100℃에서 5분 이상
		• 증기소독기 : 100~120℃에서 10분 이상
		• 재질에 따른 방법
		  • 금속재 : 100℃에서 5분, 80℃에서 30분
		  • 사기, 토기 : 80℃에서 1분
		  • 천류 : 70℃에서 25분, 95℃에서 10분, 160~180℃에서 15~16초
			그릇을 포개어 소독할 때에는 끓이는 시간을 연장해야 함

건열소독	식기	• 160~180℃에서 30~45분	
자외선 소독	소도구 용기류	• 살균력이 가장 강한 2,537Å의 자외선에서 30~60분 조사 • 기구 등을 포개거나 엎어서 살균하지 말고 자외선이 바로 닿도록 배치	자외선은 빛이 닿는 부분만 살균되므로 유의

화학소독	작업대
	기기
	도마
	생채소
	과일
		• 염소 용액 소독
		  • 생채소, 과일의 소독 : 50~75 ppm 이상의 염소 용액에 최소 5분간 침지
		  • 발판 소독조 : 100 ppm
		  • 식품접촉표면의 소독 : 200 ppm, 1분 이상
		• 요오드 용액(기구, 용기 소독) : pH 5 이하, 24℃ 이상, 요오드 25 ppm이 함유된 용액에 최소 1분 침지
		• 70% 에틸알코올 소독(손, 용기 등) : 분무하여 건조
			반드시 세척 후 사용

단원정리

- 식품 업체에 HACCP 프로그램을 적용하는 데 있어서 가장 중요한 것은 작업장을 비롯한 모든 공정 내의 철저한 위생관리이다. 이를 위해서 식품의 원·부자재의 운송, 입고, 저장, 조리, 출고에 이르는 전 과정의 시설·설비와 담당하는 종사자의 청결한 위생이 요구된다. 설계된 프로그램을 따라 공정을 운영하는 것 외에도 종사자들의 식품안전 위생교육을 통하여 개인이 스스로 위생의 중요성을 인식하고 실행하는 것도 중요하다.
- 식품을 제조·가공하는 업체는 공장이나 시설을 설립하기 전에 그 입지적 조건에 대하여 충분한 사전조사를 거친 후에 결정해야 한다. 그리고 종사자들의 작업동선, 교차오염 위험성, 공정 흐름도에 따라 건물의 내부 구조 및 설비를 설치해야 한다.

연습문제

1 식품 업체에서 종사하는 개인의 위생관리의 중요성과 이를 관리하는 방법을 설명하시오.

2 조리장 건물의 내부를 구상할 때 벽과 바닥, 천장 부분에서 주의해야 할 사항을 설명하시오.

3 입고된 식품을 검수할 때 담당자가 반드시 확인해야 하는 것은 무엇인지 서술하시오.

4 식품 종류별 보관 시 유의사항을 설명하시오.

5 바람직한 식품의 해동방법을 설명하시오.

참고문헌

김덕웅·정수현·염동민·신성균·여생규·조원대, 21C 식품위생학, 수학사, 2011

노봉수·김석신·장판식·이현규·김태집, 식품저장학, 수학사, 2008

강근옥 외 11인, 식품위생학, 보문각, 2009

금종화 외 13인, 컬러로 보는 알기 쉬운 식품위생학, 도서출판 효일, 2010

김창민·신동화·이인선·장동석·정덕화, 자세히 쓴 식품위생학, 정문각, 2003

방병호 외 6인, 식품위생학, 도서출판 진로, 2009

송형익·김영만·이웅수·임용숙·채기수·하상철, 현대 식품위생학, 지구문화사, 2009

식품의약품안전처. 농장부터 판매·조리까지 영업 종류별, 식품·축산물별 HACCP 관리 표준기준서. 2016.

식품의약품안전청(현 식품의약품안전처), 2011 위해평가지침서, 식품의약품안전청 화학물질과, 2011

식품의약품안전청(현 식품의약품안전처), 식품공전, 2011

식품의약품안전청(현 식품의약품안전처), 알기 쉬운 HACCP 관리, 2009

신동화 외, 식품위생안전성학, 한미의학, 2011

심상국·이영근·주난영·허남윤, 실무 식품위생학, 진로연구사, 2008

장동석·신동화·정덕화·김창민·이인선, 자세히 쓴 식품위생학, 정문각, 2006

주난영·이경미·정현아·나혜진·송태희, 식품위생 HACCP 실무, 파워북, 2009

질병관리본부. 국내 생물안전 3등급 연구시설 설치·운영 및 안전관리 현황, 2017

Do-Kyun Kim, Soo-Ji Kim, Dong-Hyun Kang. Bactericidal effect of 266 to 279 nm wavelength UVC-LEDs for inactivation of Gram positive and Gram negative foodborne pathoenic bacteria and yeasts. Food Research International 97, 280-287. 2017.

F. Yin, Y. Zhu, T. Koutchma, J. Gong. Inactivation and potential reactivation of pathogenic Escherichia coli O157: H7 in bovine milk exposed to three monochromatic ultraviolet UVC lights. Food microbiology 49, 74-81. 2015.

J-W Ha, J-I Lee. & D-H Kang. Application of a 222-nm krypton-chlorine excilamp to control foodborne pathogens on sliced cheese surfaces and characterization of the bactericidal mechanisms. International Journal of Food Microbiology, 243, 96-102. 2017.

M. Orlowska, T. Koutchma, M. Kostrzynska, & J. Tang. Surrogate organisms for pathogenic O157: H7 and non-O157 Escherichia coli strains for apple juice treatments by UV-C light at three monochromatic wavelengths. Food Control, 47, 647-655. (2015.

Nehra, Vijay, Ashok Kumar, and H.K. Dwivedi. "Atmospheric non-thermal plasma sources." International Journal of Engineering 2.1 (2008): 53-68.

Soo-Ji Kim, Do-Kyun Kim, Dong-Hyun Kang. Using UVC Light-Emitting Diodes at Wavelengths of 266 to 279 Nanometers To Inactivate Foodborne Pathogens and Pasteurize Sliced Cheese. Applied and Environmental Microbiology 82, 11-17. 2016.

U. Kogelschatz. Excimer lamps: history, discharge physics, and industrial application. In Atomic and molecular pulsed laser. V. Edited by V.F. Tarasenko, G.V. Mayer, and G.G. Petrash. proc. SPIE, 5483: 272-286. 2004.

식품위생법 시행규칙. 2017.5.19.

질병관리본부(http://www.cdc.go.kr)

http://www.cdc.go.kr/CDC/info/CdcKrInfo0301.jsp?menuIds=HOME006-MNU3003-MNU2950-MNU2951&cid=74516

사진자료

DifcoTM & BBLTM Manual(Manual of Microbiological Culture Media), BD Diagnostics

국립수목원

찾아보기

영문

저자 소개

서울대학교 농업생명과학대학
농생명공학부 식품위생공학실
교수 강동현

생각이 필요한 식품위생학

2021년 2월 10일 개정판 2쇄 발행
2019년 2월 28일 개정판 1쇄 발행
2013년 3월 10일 초 판 2쇄 발행
2012년 2월 29일 초 판 1쇄 발행

저 자 서울대학교 농업생명과학대학 농생명공학부 식품위생공학실
강동현

발행인 이 영 호
발행처 **수 학 사**
10881 경기도 파주시 회동길 56 기한재 1층
출판등록 1953년 7월 23일 제2020-000143호
전화번호 031) 946-4642(代) 팩스 031) 944-1457
http://www.soohaksa.co.kr
디자인 북큐브
© 강동현 외 2019 Printed in Korea

정가 24,000원

ISBN 978 89-7140-722-6 (93510)

이 책의 무단 전재와 복제 행위는 저작권법 제136조(권리의 침해죄)에 따라
5년 이하의 징역 또는 5천만 원 이하의 벌금에 처하거나 이를 병과할 수 있습니다.